de Gruyter Lehrbuch
Kowalsky · Vektoranalysis I

Hans-Joachim Kowalsky

Vektoranalysis I

Walter de Gruyter · Berlin · New York 1974

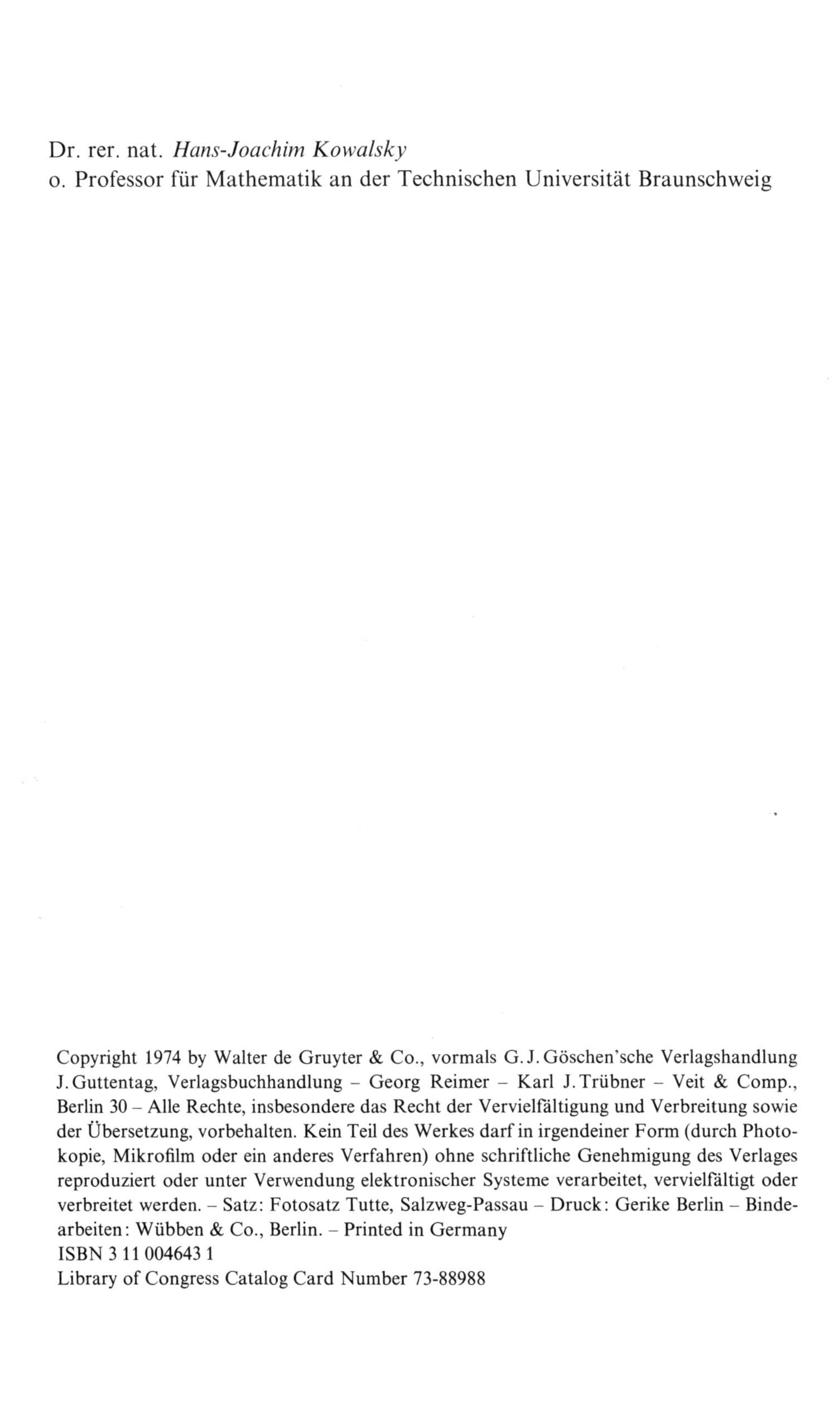

Dr. rer. nat. *Hans-Joachim Kowalsky*
o. Professor für Mathematik an der Technischen Universität Braunschweig

 – Satz: Fotosatz Tutte, Salzweg-Passau – Druck: Gerike Berlin – Bindearbeiten: Wübben & Co., Berlin. – Printed in Germany
ISBN 3 11 004643 1
Library of Congress Catalog Card Number 73-88988

Inhaltsverzeichnis

Einleitung

In der Differential- und Integralrechnung der reellen Funktionen mehrerer Veränderlicher hat man es bekanntlich mit Funktionen zu tun, die nicht nur von einer Variablen x, sondern etwa von n Variablen $x_1, \ldots, x_n$ abhängen, wobei diese Anzahl eben im allgemeinen größer als Eins ist. Es ist nun naheliegend, diese Variablen $x_1, \ldots, x_n$ als Koordinaten-n-Tupel eines Vektors $\mathfrak{x}$ aus einem n-dimensionalen Vektorraum bezüglich einer fest gewählten Basis aufzufassen. Da aber die Vektoren selbst basisunabhängig sind, gelangt man so zu einer koordinatenfreien Beschreibung der reellen Analysis, zur Vektoranalysis. An die Stelle der Funktionen treten dabei allgemeine Abbildungen zwischen Vektorräumen, die lediglich hinsichtlich gegebener Basen durch Koordinatenfunktionen beschrieben werden können, die aber selbst ebenfalls basisunabhängig sind.
Es ist jedoch nicht nur diese koordinatenfreie, vektorielle Beschreibung, die die lineare Algebra mit der Analysis in Verbindung bringt. Die Bedeutung der linearen Algebra für die Analysis liegt vielmehr bereits im Grundprinzip der Differentialrechnung, das in der Vektoranalysis besonders deutlich wird. Differenzierbare Funktionen einer Veränderlichen sind ja gerade diejenigen Funktionen, die sich lokal durch besonders einfache, nämlich lineare Funktionen hinreichend gut approximieren lassen. Geometrisch bedeutet diese Eigenschaft, daß die die Funktion beschreibende Kurve (Graph der Funktion) in dem betrachteten Punkt eine Tangente besitzt. Analog heißt nun eine Abbildung zwischen Vektorräumen differenzierbar, wenn sie sich lokal durch eine lineare Abbildung hinreichend gut approximieren läßt. Diese dann eindeutig bestimmte approximierende lineare Abbildung wird das (totale) Differential der Abbildung an der betreffenden Stelle genannt. Inhalt der Differentialrechnung (und teilweise auch der Integralrechnung) ist die Untersuchung des lokalen Verhaltens von Abbildungen mit Hilfe ihrer Differentiale. Dabei spiegeln sich dann lokale Eigenschaften der Abbildungen in entsprechenden Eigenschaften ihrer Differentiale wider. Da die Differentiale jedoch lineare Abbildungen sind, die sich besonders einfach handhaben lassen, können an ihnen diese Eigenschaften wesentlich übersichtlicher studiert werden. In diesem Sinn ist die Vektoranalysis also nicht nur eine Fortsetzung der Analysis der Funktionen einer Veränderlichen. In mindestens demselben Umfang gehen in sie umfassende Teile der linearen Algebra ein, die nicht nur ein bequemes Be-

schreibungsmittel liefert, sondern die mit zum Wesen der Differentialrechnung gehört.

Der Tatsache, daß in die Vektoranalysis in gleichem Maß die Analysis der Funktionen einer Veränderlichen und die lineare Algebra einmünden, entsprechen die Voraussetzungen dieses Buches. Von dem Leser wird erwartet, daß er mit den Grundbegriffen der Differential- und Integralrechnung der reellen Funktionen einer Veränderlichen vertraut ist, wobei allerdings in diesem ersten, ausschließlich der Differentiationstheorie gewidmeten Teil Kenntnisse aus der Integralrechnung nur selten gebraucht werden. Da die hier behandelte Theorie im Spezialfall eindimensionaler Räume wieder auf die Funktionen einer Veränderlichen zurückführt, stellt sie gleichzeitig eine Wiederholung der vorausgesetzten Begriffe und Sätze in allgemeinerem Rahmen dar. Andererseits aber wird vielfach auch an die als bekannt vorausgesetzten Begriffe angeknüpft, und Beweise neuer Sätze stützen sich bisweilen auf die bereits bekannten Spezialfälle wie z. B. das *Cauchy*'sche Konvergenzkriterium oder den Mittelwertsatz. Ähnlich verhält es sich mit den Voraussetzungen aus der linearen Algebra. Hier soll der Leser mit Vektorräumen, linearen Abbildungen, ihrer matrizentheoretischen Beschreibung, mit Determinanten, Eigenwerten und Eigenvektoren vertraut sein bis hin zu den euklidischen Räumen, den selbstadjungierten Abbildungen und den orthogonalen Abbildungen. Die hier benutzte Nomenklatur und Bezeichnungsweise knüpft an das entsprechende Lehrbuch „Kowalsky, Lineare Algebra" an, ohne jedoch seine Kenntnis vorauszusetzen. Nur in wenigen Einzelfällen wird auf dieses Buch (abgekürzt L.A.) verwiesen.

Über die angegebenen Voraussetzungen hinaus werden bei der Behandlung höherer Differentiale und altnierender Differentiale auch geringe Kenntnisse über mehrfach lineare und alternierende Abbildungen gebraucht. Weitgehend werden jedoch die hierfür erforderlichen Grundlagen neu entwickelt, da die in diesem Zusammenhang zweckmäßige Auffassung teilweise von der in der „Linearen Algebra" benutzten abweicht. Trotz der Beschränkung des ersten Teils auf die reine Differentiationstheorie bedurfte es einer den Aspekten der Vektoranalysis entsprechenden Stoffauswahl. Erläuternde Übungen und Ergänzungen, die zum Teil ebenfalls in Form von Aufgaben gegeben werden, sind jedem Paragraphen angehängt. Die im Rahmen des verfügbaren Platzes verhältnismäßig ausführlich gehaltenen Lösungen finden sich am Ende des Buches.

Unabhängig von den einzelnen Kapiteln sind alle Paragraphen durchnumeriert. Definitionen, Sätze, Beispiele und Aufgaben sind an erster Stelle durch die Nummer des Paragraphen gekennzeichnet. An zweiter Stelle steht bei Definitionen ein kleiner lateinischer Buchstabe, bei Sätzen eine arabische Zahl, bei Beispielen eine römische Zahl und bei Ergänzungen oder Aufgaben ein großer lateinischer Buchstabe. Neue Begriffe sind jeweils erstmals durch Fettdruck hervorgehoben; auf sie wird im Namen- und Sachverzeichnis verwiesen. Das Ende eines Beweises ist durch das Zeichen ◆ kenntlich gemacht. Schließlich werden an einzelnen Stellen der Präzision und Übersichtlichkeit halber logische Symbole verwandt, die nachfolgend zusammengestellt sind:

$\neg$	Negation,
$\wedge$	„und“,
$\vee$	„oder“ (nicht ausschließendes „oder“),
$\Rightarrow$	„wenn – so“ (Implikation),
$\Leftrightarrow$	„genau dann – wenn“ (logische Äquivalenz),
$\bigwedge_{x}$, $\bigwedge_{x \in M}$	„für alle x (aus der Mengen M) ...“ (Generalisator),
$\bigvee_{x}$, $\bigvee_{x \in M}$	„es gibt mindestens ein x (in der Menge M) mit ...“ (Existenz-Quantor).

Erstes Kapitel

Vektorfolgen und Vektorreihen

Grundlage der Analysis ist der Grenzwertbegriff, der hier von Zahlenfolgen auf Vektorfolgen übertragen werden soll. Dabei werden in diesen einleitenden Untersuchungen die Begriffe und Sätze in weitgehender Parallelität zu den Verhältnissen auf der Zahlengeraden entwickelt werden. Es wird sich also in wesentlichen Teilen um eine Wiederholung und Verallgemeinerung von Bekanntem handeln, auf das andererseits aber auch vielfach zurückgegriffen wird.
Wie in dem gesamten Buch wird es sich auch in diesem Kapitel stets um endlichdimensionale euklidische Vektorräume handeln, also um reelle Vektorräume endlicher Dimension, in denen außerdem ein skalares Produkt erklärt ist. Da dies eine generelle Voraussetzung des Buchs ist, wird sie im allgemeinen nicht besonders erwähnt werden.

§ 1 Konvergenz in Vektorräumen

Um in einem Vektorraum X für Vektorfolgen $(\mathfrak{x}_\nu)_{\nu \in \mathbb{N}}$, oder kürzer $(\mathfrak{x}_\nu)$, einen Konvergenzbegriff einzuführen, kann man verschiedene Wege einschlagen: Einmal kann man diese neu zu definierende Konvergenz auf den bekannten Konvergenzbegriff bei Folgen reeller Zahlen zurückführen. Hierfür bieten sich mehrere Möglichkeiten an, auf die anschließend eingegangen wird. Ein zweiter Weg besteht in einer axiomatischen Fassung des Konvergenzbegriffs, indem man ihn einigen natürlichen und naheliegenden Forderungen unterwirft, die überdies von den Zahlenfolgen her geläufig sind.

Definition 1a: *Ein* **Konvergenzbegriff** *in X ist eine Vorschrift, die gewissen, konvergent genannten Vektorfolgen $(\mathfrak{x}_\nu)$ eindeutig einen mit* $\lim(\mathfrak{x}_\nu)$ *oder* $\lim\limits_{\nu \to \infty} \mathfrak{x}_\nu$ *bezeichneten Vektor als Grenzwert so zuordnet, daß folgende Axiome erfüllt sind:*

(1) *Die konstante Folge* $(\mathfrak{x})$ (d.h. $\mathfrak{x}_\nu = \mathfrak{x}$ für alle ν) *konvergiert gegen* $\mathfrak{x}$.

(2) *Jede Teilfolge einer konvergenten Folge konvergiert gegen denselben Grenzvektor.*

(3) *Mit konvergenten Folgen* $(\mathfrak{x}_\nu)$, $(\mathfrak{y}_\nu)$ *und mit einer im üblichen Sinn konvergenten Folge* (c_ν) *reeller Zahlen sind auch die Folgen* $(\mathfrak{x}_\nu + \mathfrak{y}_\nu)$ *und* $(c_\nu \mathfrak{x}_\nu)$ *konvergent, und es gilt*

$$\lim(\mathfrak{x}_\nu + \mathfrak{y}_\nu) = \lim(\mathfrak{x}_\nu) + \lim(\mathfrak{y}_\nu),$$
$$\lim(c_\nu \mathfrak{x}_\nu) = \big(\lim(c_\nu)\big)\big(\lim(\mathfrak{x}_\nu)\big).$$

Durch die dritte Forderung wird der Konvergenzbegriff mit der Vektorraumstruktur verknüpft. Sie besagt, daß die linearen Operationen stetig, nämlich mit der Grenzwertbildung vertauschbar sein sollen. Zwei Konvergenzbegriffe in X sind offenbar genau dann verschieden, wenn es mindestens eine Vektorfolge gibt, die hinsichtlich des einen Konvergenzbegriffs konvergent ist, die aber bei dem anderen Konvergenzbegriff nicht konvergiert oder aber gegen einen anderen Grenzvektor.
Derartige Konvergenzbegriffe lassen sich in einem Vektorraum auf sehr unterschiedliche Art definieren, wie die folgenden Beispiele zeigen, die alle an den bekannten Grenzwertbegriff bei Zahlenfolgen anknüpfen.

1.I Es sei $\{\mathfrak{a}_1, \ldots, \mathfrak{a}_r\}$ eine Basis von X. Jeder Vektor $\mathfrak{x}_\nu$ einer Folge besitzt dann eine eindeutig bestimmte Basisdarstellung

$$\mathfrak{x}_\nu = x_{\nu,1}\mathfrak{a}_1 + \cdots + x_{\nu,r}\mathfrak{a}_r.$$

Bei festem Index $\varrho\,(\varrho = 1, \ldots, r)$ bilden die ϱ-ten Koordinaten eine Zahlenfolge $(x_{\nu,\varrho})_{\nu\in\mathbb{N}}$, die die ϱ-te Koordinatenfolge der Vektorfolge $(\mathfrak{x}_\nu)$ genannt wird. Jeder Vektorfolge entsprechen also eindeutig r Koordinatenfolgen. Umgekehrt gibt es offenbar zu je r Zahlenfolgen genau eine Vektorfolge mit diesen Koordinatenfolgen.

Definition 1b: (Koordinaten-Konvergenz.) *Eine Vektorfolge* $(\mathfrak{x}_\nu)$ *heißt hinsichtlich der Basis* $\{\mathfrak{a}_1, \ldots, \mathfrak{a}_r\}$ *von* X *gegen den Vektor*

$$\mathfrak{x} = x_1\mathfrak{a}_1 + \cdots + x_r\mathfrak{a}_r$$

konvergent, wenn alle ihre Koordinatenfolgen $(x_{\nu,\varrho})_{\nu\in\mathbb{N}}$ *konvergent sind und wenn*

$$\lim_{\nu\to\infty}(x_{\nu,\varrho}) = x_\varrho \qquad (\varrho = 1, \ldots, r)$$

gilt.

Unmittelbar überzeugt man sich davon, daß bei dieser Definition die Axiome (1) – (3) aus 1a erfüllt sind, daß es sich also auch im Sinn der axiomatischen Charakterisierung um einen Konvergenzbegriff handelt. Dieser hängt aber seiner Definition nach noch von der Wahl der Basis ab. Im Anschluß an die

Beispiele wird allerdings bewiesen werden, daß dies nicht der Fall ist, daß also alle Basen eines Raumes denselben Konvergenzbegriff erzeugen. Jedoch wird dieses Ergebnis entscheidend von der vorausgesetzten endlichen Dimension des Raumes abhängen. In den Ergänzungen am Ende dieses Paragraphen wird sich nämlich zeigen, daß in unendlichdimensionalen Räumen verschiedene Basen auch verschiedene Konvergenzbegriffe definieren.

1.II In X sei zusätzlich eine **Normfunktion** gegeben, die jedem $\mathfrak{x} \in X$ eine mit $|\mathfrak{x}|$ bezeichnete reelle Zahl so zuordnet, daß die bekannten Betragseigenschaften erfüllt sind:

(N1) $|\mathfrak{x}| \geqq 0,$ (N2) $|\mathfrak{x}| = 0 \Leftrightarrow \mathfrak{x} = \mathfrak{o},$

(N3) $|c\mathfrak{x}| = |c|\,|\mathfrak{x}|,$ (N4) $|\mathfrak{x} + \mathfrak{y}| \leqq |\mathfrak{x}| + |\mathfrak{y}|.$

So ist z.B. immer durch ein skalares Produkt auch ein Betrag definiert, der diese Normeigenschaften besitzt. Umgekehrt wird jedoch nicht etwa jede Normfunktion in dieser Weise durch ein skalares Produkt erzeugt (vgl. L.A. 19A).

Definition 1c: (Norm-Konvergenz.) *Eine Vektorfolge* $(\mathfrak{x}_\nu)$ *heißt gegen den Grenzvektor* $\mathfrak{x}$ *normkonvergent, wenn die Zahlenfolge* $(|\mathfrak{x}_\nu - \mathfrak{x}|)$ *gegen Null konvergiert:*

$$\lim(\mathfrak{x}_\nu) = \mathfrak{x} \underset{Df}{\Leftrightarrow} \lim_{\nu \to \infty} |\mathfrak{x}_\nu - \mathfrak{x}| = 0.$$

Setzt man hier noch die bekannte Grenzwertdefinition für Zahlenfolgen ein, so erhält man als unmittelbare Verallgemeinerung

$$\lim(\mathfrak{x}_\nu) = \mathfrak{x} \Leftrightarrow \bigwedge_{\varepsilon > 0} \bigvee_{n \in \mathbb{N}} \bigwedge_{\nu \geqq n} |\mathfrak{x}_\nu - \mathfrak{x}| < \varepsilon.$$

Auch hier prüft man unmittelbar nach, daß es sich im Sinn von 1a um einen Konvergenzbegriff handelt, der allerdings seiner Definition nach noch von der Wahl der Normfunktion abhängt.

1.III Es bedeute $X^* = L(X, \mathbb{R})$ den Vektorraum aller Linearformen von X, also aller linearen Abbildungen von X in die reellen Zahlen. Für jede Vektorfolge $(\mathfrak{x}_\nu)$ und für jede Linearform $\alpha \in X^*$ ist also die Wertfolge $(\alpha\mathfrak{x}_\nu)$ eine Folge reeller Zahlen.

Definition 1d: (Linearformen-Konvergenz.) *Eine Vektorfolge* $(\mathfrak{x}_\nu)$ *heißt linearformenkonvergent gegen* $\mathfrak{x}$ *als Grenzvektor, wenn für jede Linearform* α *die Wertfolge* $(\alpha\mathfrak{x}_\nu)$ *gegen* $\alpha\mathfrak{x}$ *konvergiert:*

$$\lim(\mathfrak{x}_\nu) = \mathfrak{x} \underset{Df}{\Leftrightarrow} \bigwedge_{\alpha \in X^*} \lim(\alpha\mathfrak{x}_\nu) = \alpha\mathfrak{x}.$$

Bekanntlich kann man den Vektoren einer Basis beliebige Werte zuordnen, um dadurch eine Linearform festzulegen. Da aber jeder vom Nullvektor verschiedene Vektor als Basisvektor fungieren kann, folgt, daß es zu jedem Vektor $\mathfrak{a} \neq \mathfrak{o}$ eine Linearform α mit $\alpha\mathfrak{a} \neq 0$ gibt. Dies hat nun zur Folge, daß der Grenzvektor einer linearformen-konvergenten Folge eindeutig bestimmt ist: Sind nämlich $\mathfrak{x}$ und $\mathfrak{x}'$ Grenzvektoren der Folge $(\mathfrak{x}_\nu)$, so folgt

$$\alpha\mathfrak{x} = \lim(\alpha\mathfrak{x}_\nu) = \alpha\mathfrak{x}'$$

und daher

$$0 = \alpha\mathfrak{x} - \alpha\mathfrak{x}' = \alpha(\mathfrak{x} - \mathfrak{x}')$$

für alle $\alpha \in X^*$, also $\mathfrak{x} - \mathfrak{x}' = \mathfrak{o}$. Die Gültigkeit der Axiome (1) – (3) ergibt sich jetzt wieder unmittelbar, so daß es sich bei der Linearformen-Konvergenz ebenfalls um einen Konvergenzbegriff im Sinn von 1a handelt. Und dieser Konvergenzbegriff ist nicht mehr wie die anderen Beispiele von zusätzlichen, noch wählbaren Gegebenheiten abhängig, sondern ist allein durch die Struktur des Raumes X festgelegt.

Um die behandelten Konvergenzbegriffe näher untersuchen zu können, muß jetzt noch auf den Begriff der *Cauchy*-Folge eingegangen werden.

Definition 1e: *Hinsichtlich eines gegebenen Konvergenzbegriffs heißt eine Folge* $(\mathfrak{x}_\nu)$ *eine Cauchy-Folge, wenn für jede Funktion* $\varphi: \mathbb{N} \to \mathbb{N}$ mit $\varphi\nu \geqq \nu$

$$\lim_{\nu\to\infty}(\mathfrak{x}_\nu - \mathfrak{x}_{\varphi(\nu)}) = \mathfrak{o}$$

gilt.

Dieser Begriff stimmt speziell für Zahlenfolgen hinsichtlich der gewöhnlichen Konvergenz oder allgemeiner auch in Vektorräumen hinsichtlich einer Norm-Konvergenz mit dem bekannten Begriff der *Cauchy*-Folge überein, wie der folgende Satz zeigt.

1.1 *Eine Folge* $(\mathfrak{x}_\nu)$ *ist hinsichtlich einer gegebenen Norm-Konvergenz genau dann eine Cauchy-Folge, wenn sie die Bedingung*

$$(*) \quad \bigwedge_{\varepsilon > 0} \; \bigvee_{n \in \mathbb{N}} \; \bigwedge_{\mu, \nu \geqq n} |\mathfrak{x}_\mu - \mathfrak{x}_\nu| < \varepsilon$$

erfüllt.

Beweis: Bei gegebener Funktion φ folgt aus (*) unmittelbar $|\mathfrak{x}_\nu - \mathfrak{x}_{\varphi(\nu)}| < \varepsilon$ für $\nu \geqq n$, also $\lim(\mathfrak{x}_\nu - \mathfrak{x}_{\varphi(\nu)}) = \mathfrak{o}$ im Sinn der Norm-Konvergenz. Umgekehrt sei (*) nicht erfüllt. Dann gibt es eine Fehlerschranke $\varepsilon > 0$ und monoton wachsende Folgen (s_ν) und (t_ν) natürlicher Zahlen mit $s_\nu < t_\nu$, so daß $|\mathfrak{x}_{s_\nu} - \mathfrak{x}_{t_\nu}| \geqq \varepsilon$ für alle ν erfüllt ist. Definiert man nun die Funktion $\varphi: \mathbb{N} \to \mathbb{N}$ so, daß speziell $\varphi(s_\nu) = t_\nu$ gilt, so kann die Folge $(\mathfrak{x}_\nu - \mathfrak{x}_{\varphi(\nu)})$ im Sinn der Norm-Konvergenz nicht gegen den Nullvektor konvergieren. ◆

1.2 *Hinsichtlich eines gegebenen Konvergenzbegriffs ist jede konvergente Folge eine Cauchy-Folge.*

Beweis: Es gelte $\lim(\mathfrak{x}_\nu) = \mathfrak{x}$, und $\varphi: \mathbb{N} \to \mathbb{N}$ sei eine Funktion mit $\varphi\nu \geqq \nu$. Wegen Axiom (2) gilt dann auch $\lim\limits_{\nu\to\infty}(\mathfrak{x}_{\varphi(\nu)}) = \mathfrak{x}$ und wegen (3)

$$\lim_{\nu\to\infty}(\mathfrak{x}_\nu - \mathfrak{x}_{\varphi(\nu)}) = \lim_{\nu\to\infty}(\mathfrak{x}_\nu) - \lim_{\nu\to\infty}(\mathfrak{x}_{\varphi(\nu)}) = \mathfrak{x} - \mathfrak{x} = \mathfrak{o}.$$ ◆

Nach diesen Vorbereitungen kann jetzt der zentrale Satz dieses Paragraphen bewiesen werden.

1.3 *In einem Vektorraum X endlicher Dimension gibt es im Sinn von* 1a *nur genau einen Konvergenzbegriff. Ferner gilt in X das Cauchy'sche Konvergenzkriterium:*
Eine Vektorfolge ist genau dann konvergent, wenn sie eine Cauchy-Folge ist.

Beweis: In X sei ein Konvergenzbegriff gegeben, und $\{\mathfrak{a}_1, \ldots, \mathfrak{a}_r\}$ sei eine Basis von X. Gezeigt werden soll, daß der gegebene Konvergenzbegriff mit der Koordinaten-Konvergenz hinsichtlich dieser Basis übereinstimmt, daß also eine Folge $(\mathfrak{x}_\nu)$ hinsichtlich des gegebenen Konvergenzbegriffs genau dann gegen $\mathfrak{x}$ konvergiert, wenn sie hinsichtlich der Basis $\{\mathfrak{a}_1, \ldots, \mathfrak{a}_r\}$ koordinatenweise gegen $\mathfrak{x}$ konvergiert.
Zunächst sei die Folge $(\mathfrak{x}_\nu)$ koordinatenweise gegen $\mathfrak{x}$ konvergent; für ihre Koordinatenfolgen gelte also

$$\lim_{\nu\to\infty}(x_{\nu,\varrho}) = x_\varrho \qquad (\varrho = 1, \ldots, r).$$

Wegen der Axiome (1) und (3) ergibt sich dann auch hinsichtlich des gegebenen Konvergenzbegriffs

$$\begin{aligned}\lim_{\nu\to\infty}\mathfrak{x}_\nu &= \big(\lim_{\nu\to\infty}(x_{\nu,1})\big)\big(\lim_{\nu\to\infty}(\mathfrak{a}_1)\big) + \cdots + \big(\lim_{\nu\to\infty}(x_{\nu,r})\big)\big(\lim_{\nu\to\infty}(\mathfrak{a}_r)\big)\\ &= x_1\mathfrak{a}_1 + \cdots + x_r\mathfrak{a}_r = \mathfrak{x}.\end{aligned}$$

Umgekehrt gelte jetzt hinsichtlich des gegebenen Konvergenzbegriffs $\lim(\mathfrak{x}_\nu) = \mathfrak{x}$. Durch Induktion über die Dimension von X soll dann gezeigt werden: Die Folge $(\mathfrak{x}_\nu)$ konvergiert auch koordinatenweise gegen $\mathfrak{x}$, und in X ist jede *Cauchy*-Folge konvergent.

Zuvor kann jedoch eine Vorbetrachtung für den Induktionsbeginn und den Induktionsschluß gemeinsam durchgeführt werden: Wegen Axiom (3) ist $\lim(\mathfrak{x}_\nu) = \mathfrak{x}$ gleichwertig mit $\lim(\mathfrak{x}_\nu - \mathfrak{x}) = \mathfrak{o}$. Ohne Einschränkung der Allgemeinheit kann daher beim Beweis $\mathfrak{x} = \mathfrak{o}$, also $\lim(\mathfrak{x}_\nu) = \mathfrak{o}$ angenommen werden. Weiter wird in beiden Fällen der Beweis indirekt geführt. Es wird also vorausgesetzt, daß eine der Koordinatenfolgen – sei es etwa gerade die r-te – nicht gegen Null konvergiert. Dann gibt es eine Zahl $a > 0$, mit der

$$|x_{n_\nu,r}| \geqq a \qquad \text{und damit} \qquad \frac{1}{|x_{n_\nu,r}|} \leqq \frac{1}{a}$$

für eine geeignete Teilfolge gilt. Da die reziproke Teilfolge beschränkt ist, enthält sie nach einem bekannten Satz über Zahlenfolgen ihrerseits eine konvergente Teilfolge. Zur Vereinfachung der Schreibweise kann jedoch angenommen werden, daß dies bereits für die ursprüngliche Teilfolge erfüllt ist, daß also

$$\lim_{\nu \to \infty} \frac{1}{x_{n_\nu,r}} = c$$

gilt. Mit

$$\mathfrak{y}_\nu = \frac{1}{x_{n_\nu,r}} \mathfrak{x}_{n_\nu} = \frac{x_{n_\nu,1}}{x_{n_\nu,r}} \mathfrak{a}_1 + \cdots + \frac{x_{n_\nu,r-1}}{x_{n_\nu,r}} \mathfrak{a}_{r-1} + \mathfrak{a}_r$$

folgt daher mit Hilfe der Axiome (2) und (3)

$$\lim_{\nu \to \infty} \mathfrak{y}_\nu = \left(\lim_{\nu \to \infty} \frac{1}{x_{n_\nu,r}}\right)\left(\lim_{\nu \to \infty} \mathfrak{x}_{n_\nu}\right) = c\mathfrak{o} = \mathfrak{o}.$$

Induktionsbeginn: Im Fall $r = 1$ gilt mit der vorangehenden Bezeichnung $\mathfrak{y}_\nu = \mathfrak{a}_1$ für alle ν, und wegen Axiom (1) ergibt sich der Widerspruch

$$\mathfrak{a}_1 = \lim_{\nu \to \infty}(\mathfrak{y}_\nu) = \mathfrak{o}.$$

Ist weiter $(\mathfrak{x}_\nu)$ eine *Cauchy*-Folge, so gilt für jede Funktion $\varphi : \mathbb{N} \to \mathbb{N}$ mit $\varphi\nu \geqq \nu$

$$\lim_{\nu \to \infty} (\mathfrak{x}_\nu - \mathfrak{x}_{\varphi(\nu)}) = \mathfrak{o}$$

und nach dem bereits Bewiesenen ebenfalls

$$\lim_{\nu \to \infty} (x_{\nu,1} - x_{\varphi(\nu),1}) = 0.$$

Daher ist auch die Koordinatenfolge eine *Cauchy*-Folge, als Zahlenfolge also konvergent, da ja das *Cauchy*'sche Kriterium für Zahlenfolgen gilt. Nach dem ersten Teil des Beweises ist dann aber auch die Vektorfolge $(\mathfrak{x}_\nu)$ konvergent.

Induktionsschluß: Wegen $\lim(\mathfrak{y}_\nu) = \mathfrak{o}$ und wegen (1), (3) gilt

$$\lim_{\nu\to\infty}\left(\frac{x_{n_\nu,1}}{x_{n_\nu,r}}\,\mathfrak{a}_1 + \cdots + \frac{x_{n_\nu,r-1}}{x_{n_\nu,r}}\,\mathfrak{a}_{r-1}\right) = -\mathfrak{a}_r.$$

Die links stehende Vektorfolge ist also konvergent und nach 1.2 somit eine *Cauchy*-Folge. Da sie jedoch in dem von den Vektoren $\mathfrak{a}_1, \ldots, \mathfrak{a}_{r-1}$ aufgespannten $(r-1)$-dimensionalen Unterraum U liegt, ist sie nach Induktionsvoraussetzung als *Cauchy*-Folge gegen einen Vektor aus U konvergent. Wegen der Eindeutigkeit des Grenzvektors folgt der Widerspruch $-\mathfrak{a}_r \in U = [\mathfrak{a}_1, \ldots, \mathfrak{a}_{r-1}]$.
Der Beweis für die Gültigkeit des *Cauchy*'schen Kriteriums ergibt sich jetzt ebenso wie beim Induktionsbeginn: Aus $\lim(\mathfrak{x}_\nu - \mathfrak{x}_{\varphi(\nu)}) = \mathfrak{o}$ folgt $\lim(x_{\nu,\varrho} - x_{\varphi(\nu),\varrho}) = 0$ für $\varrho = 1, \ldots, r$ und für alle entsprechenden Funktionen φ. Alle Koordinatenfolgen sind somit ebenfalls *Cauchy*-Folgen, als Zahlenfolgen also konvergent. Damit ist dann aber auch die Vektorfolge $(\mathfrak{x}_\nu)$ selbst konvergent. ◆
Da es nach dem soeben bewiesenen Satz in einem endlichdimensionalen Vektorraum nur einen Konvergenzbegriff gibt, stimmen also alle vorher definierten speziellen Konvergenzbegriffe überein. Alle Basen eines Raumes führen somit über die Koordinaten-Konvergenz zu demselben Konvergenzbegriff, und dasselbe gilt für alle Normfunktionen, insbesondere für alle skalaren Produkte, hinsichtlich der Norm-Konvergenz. Schließlich aber stimmen auch Koordinaten-Konvergenz, Norm-Konvergenz und Linearformen-Konvergenz überein. Weiterhin kann daher ohne Spezifizierung von Konvergenz gesprochen werden, und man kann sich, der jeweiligen Situation entsprechend, auf die gerade passende Konvergenzdefinition stützen.

1.4 *In X seien eine Normfunktion und eine Basis $\{\mathfrak{a}_1, \ldots, \mathfrak{a}_r\}$ gegeben. Dann gibt es positive Konstanten s und S, die nur von der Normfunktion und der Basis abhängen und mit denen folgende Ungleichungen für alle Vektoren $\mathfrak{x} = x_1\mathfrak{a}_1 + \cdots + x_r\mathfrak{a}_r$ erfüllt sind:*

$$s \cdot \max\{|x_1|, \ldots, |x_r|\} \leqq |\mathfrak{x}| \leqq S \cdot \max\{|x_1|, \ldots, |x_r|\}.$$

Beweis: Wegen

$$\begin{aligned}|\mathfrak{x}| = |x_1\mathfrak{a}_1 + \cdots + x_r\mathfrak{a}_r| &\leqq |x_1|\,|\mathfrak{a}_1| + \cdots + |x_r|\,|\mathfrak{a}_r| \\ &\leqq (|\mathfrak{a}_1| + \cdots + |\mathfrak{a}_r|)\max\{|x_1|, \ldots, |x_r|\}\end{aligned}$$

ist die rechte Ungleichung mit $S = |\mathfrak{a}_1| + \cdots + |\mathfrak{a}_r|$ erfüllt. Weiter sei vorausgesetzt, daß die linke Ungleichung mit keiner Zahl $s > 0$ allgemein gilt. Dann gibt es Vektoren $\mathfrak{x}_\nu$ ($\nu = 1, 2, 3, \ldots$) mit

$$|\mathfrak{x}_\nu| < \frac{1}{\nu} \max\{|x_{\nu,1}|, \ldots, |x_{\nu,r}|\}.$$

Setzt man

$$\mathfrak{y}_\nu = \frac{1}{\max\{|x_{\nu,1}|, \ldots, |x_{\nu,r}|\}} \mathfrak{x}_\nu,$$

so folgt

$$|\mathfrak{y}_\nu| < \frac{1}{\nu} \qquad \text{und} \qquad \max\{|y_{\nu,1}|, \ldots, |y_{\nu,r}|\} = 1.$$

Wegen der ersten Ungleichung gilt $\lim(\mathfrak{y}_\nu) = \mathfrak{o}$. Im Widerspruch dazu können aber wegen der zweiten Ungleichung nicht alle Koordinatenfolgen gegen Null konvergieren. ◆

Wie bisher sollen bei gegebener Basis die Koordinaten von Vektoren $\mathfrak{x}, \mathfrak{y} \ldots$ sinngemäß mit $x_1, \ldots, x_r$ bzw. $y_1, \ldots, y_r$ usw. bezeichnet werden, ohne daß dies jedesmal vorher ausdrücklich angegeben wird.

1.5 *Für Teilmengen M von X sind folgende Aussagen paarweise gleichwertig:*

(1) *Hinsichtlich einer Basis $\{\mathfrak{a}_1, \ldots, \mathfrak{a}_r\}$ von X sind alle Koordinatenmengen*

$$M_\varrho = \{x_\varrho : \mathfrak{x} \in M\} \qquad (\varrho = 1, \ldots, r)$$

von M beschränkt.

(2) *Hinsichtlich einer Normfunktion ist die Menge*

$$N(M) = \{|\mathfrak{x}| : \mathfrak{x} \in M\}$$

der Normwerte beschränkt.

(3) *Für jede Linearform $\alpha \in X^*$ ist die Wertmenge*

$$M_\alpha = \{\alpha\mathfrak{x} : \mathfrak{x} \in M\}$$

beschränkt.

Beweis:

(1) $\Rightarrow$ (2): Nach Voraussetzung gilt mit geeigneten Schranken S_ϱ für alle $\mathfrak{x} \in M$

$$|x_\varrho| \leqq S_\varrho \qquad (\varrho = 1, \ldots, r).$$

Wegen 1.4 folgt

$$|\mathfrak{x}| \leqq S \max\{|x_1|, \ldots, |x_r|\} \leqq S \max\{S_1, \ldots, S_r\};$$

d. h. auch $N(M)$ ist beschränkt.

(2) $\Rightarrow$ (3): Für alle $\mathfrak{x} \in M$ gelte $|\mathfrak{x}| \leqq c$ mit einem $c > 0$, jedoch sei für ein $\alpha \in X^*$ die Menge M_α nicht beschränkt. Dann gibt es zu jedem $\nu \in \mathbb{N}$ einen Vektor $\mathfrak{x}_\nu \in M$ mit $|\alpha\mathfrak{x}_\nu| > \nu$. Für die Vektoren $\mathfrak{y}_\nu = \dfrac{1}{\alpha\mathfrak{x}_\nu}\mathfrak{x}_\nu$ folgt dann wegen $|\mathfrak{x}_\nu| \leqq c$

$$|\mathfrak{y}_\nu| < \frac{1}{\nu}c \qquad \text{und} \qquad \alpha\mathfrak{y}_\nu = \frac{1}{\alpha\mathfrak{x}_\nu}(\alpha\mathfrak{x}_\nu) = 1.$$

Im Widerspruch zu der rechten Gleichung folgt aus der linken Ungleichung $\lim(\mathfrak{y}_\nu) = \mathfrak{o}$.

(3) $\Rightarrow$ (1): Es sei α_ϱ $(\varrho = 1, \ldots, r)$ diejenige Linearform, die jedem Vektor $\mathfrak{x}$ als Wert seine ϱ-te Koordinate x_ϱ zuordnet. Die Behauptung folgt dann wegen $M_\varrho = M_{\alpha_\varrho}$. ◆

Definition 1f: *Eine Teilmenge von X heißt* **beschränkt**, *wenn sie eine der Bedingungen aus* 1.5 (und damit alle) *erfüllt. Eine Vektorfolge heißt beschränkt, wenn die Menge ihrer Glieder beschränkt ist.*

1.6 *Jede konvergente Vektorfolge ist beschränkt.*

Beweis: Alle Koordinatenfolgen sind als konvergente Zahlenfolgen beschränkt. ◆

Definition 1g: *Ein Vektor $\mathfrak{x}$ heißt* **Häufungspunkt** *der Folge* $(\mathfrak{x}_\nu)$, *wenn diese eine gegen $\mathfrak{x}$ konvergente Teilfolge enthält.*

Ebenso wie bei Zahlenfolgen gilt

1.7 (*Bolzano-Weierstraß.*) *In einem endlichdimensionalen Vektorraum X besitzt jede beschränkte Folge* $(\mathfrak{x}_\nu)$ *mindestens einen Häufungspunkt.*

Beweis: Im Fall $\operatorname{Dim} X = 1$ gilt $\mathfrak{x}_\nu = x_\nu\mathfrak{a}$ mit einem Vektor $\mathfrak{a} \neq \mathfrak{o}$. Die Koordinatenfolge (x_ν) enthält als beschränkte Zahlenfolge eine konvergente Teilfolge (x_{n_ν}). Mit $\lim\limits_{\nu\to\infty}(x_{n_\nu}) = x$ gilt dann auch $\lim\limits_{\nu\to\infty}(\mathfrak{x}_{n_\nu}) = x\mathfrak{a}$; d. h. $\mathfrak{x} = x\mathfrak{a}$ ist Häufungspunkt.

Im Fall $\operatorname{Dim} X = r > 1$ sei $\{\mathfrak{a}_1, \ldots, \mathfrak{a}_r\}$ eine Basis von X. Mit $\mathfrak{x}_\nu = x_{\nu,1}\mathfrak{a}_1 + \cdots + x_{\nu,r}\mathfrak{a}_r$ ist dann die durch

$$\mathfrak{y}_\nu = x_{\nu,1}\mathfrak{a}_1 + \cdots + x_{\nu,r-1}\mathfrak{a}_{r-1}$$

definierte Folge $(\mathfrak{y}_\nu)$ ebenfalls beschränkt und liegt in einem Unterraum der Dimension $r-1$. Nach Induktionsvoraussetzung existiert daher eine konvergente Teilfolge $(\mathfrak{y}_{n_\nu})$, die gegen einen Vektor $\mathfrak{y} \in [\mathfrak{a}_1, \ldots, \mathfrak{a}_{r-1}]$ konvergiert. Die entsprechend gebildete Teilfolge $(x_{n_\nu,r})$ der r-ten Koordinatenfolge besitzt nun ihrerseits als beschränkte Zahlenfolge eine konvergente Teilfolge $(x_{m_{n_\nu},r})$, die gegen x konvergieren möge. Dann ist wegen

$$\mathfrak{x}_{m_{n_\nu}} = \mathfrak{y}_{m_{n_\nu}} + x_{m_{n_\nu},r}\mathfrak{a}_r$$

$(\mathfrak{x}_{m_{n_\nu}})$ eine gegen $\mathfrak{y} + x\mathfrak{a}_r$ konvergente Teilfolge der ursprünglichen Vektorfolge $(\mathfrak{x}_\nu)$. ◆

Ergänzungen und Aufgaben

1A In einem euklidischen Raum sei $\mathfrak{e}$ ein Einheitsvektor, $\mathfrak{x}_0$ sei ein beliebiger Vektor, und es gelte

$$\mathfrak{x}_{\nu+1} = \tfrac{1}{2}\left(\mathfrak{x}_\nu + (\mathfrak{x}_\nu \cdot \mathfrak{e})\mathfrak{e}\right).$$

Aufgabe: Man untersuche das Konvergenzverhalten der Folge $(\mathfrak{x}_\nu)$ und bestimme ggf. den Grenzvektor.

1B Es sei X ein Vektorraum unendlicher Dimension, und $\{\mathfrak{a}_\iota : \iota \in I\}$ sei eine Basis von X. Jeder Vektor $\mathfrak{x}_\nu$ einer Folge besitzt dann eine eindeutige Basisdarstellung

$$\mathfrak{x}_\nu = \sum_{\iota \in I} x_{\nu,\iota}\mathfrak{a}_\iota,$$

wobei jedoch nur endlich viele der Koordinaten $x_{\nu,\iota}$ von Null verschieden sind, so daß es sich tatsächlich immer nur um eine endliche Summe handelt. Die Koordinaten-Konvergenz kann nun ähnlich wie im endlichdimensionalen Fall erklärt werden: Die Folge $(\mathfrak{x}_\nu)$ heißt koordinatenkonvergent, wenn die Koordinatenfolgen $(x_{\nu,\iota})_{\nu\in\mathbb{N}}$ für alle $\iota \in I$ konvergent sind und wenn $\lim_{\nu\to\infty}(x_{\nu,\iota}) = x_\iota \neq 0$ für höchstens endlich viele Indizes gilt. Der Grenzvektor ist dann $\mathfrak{x} = \Sigma x_\iota \mathfrak{a}_\iota$. Die Definitionen der Norm-Konvergenz und der Linearformen-Konvergenz können auch im Fall unendlicher Dimension direkt übernommen werden.

Speziell sei jetzt X ein Vektorraum abzählbar-unendlicher Dimension, und

$\{\mathfrak{e}_\mu : \mu \in \mathbb{N}\}$ sei eine Basis von X. Ferner gelte

$$\mathfrak{e}_\mu^* = \mathfrak{e}_\mu - \mu \mathfrak{e}_0 \qquad (\mu \in \mathbb{N}).$$

Aufgabe: (1) Man zeige, daß $\{\mathfrak{e}_\mu^* : \mu \in \mathbb{N}\}$ ebenfalls eine Basis von X ist.
(2) Man untersuche das Konvergenzverhalten der durch

$$\mathfrak{x}_\nu = \mathfrak{e}_\nu, \quad \mathfrak{y}_\nu = \frac{1}{\nu}\mathfrak{e}_\nu, \quad \mathfrak{z}_\nu = \frac{1}{\nu^2}\mathfrak{e}_\nu \qquad (\nu = 1, 2, 3, \ldots)$$

definierten Folgen hinsichtlich der Koordinaten-Konvergenz einmal bezüglich der Basis $\{\mathfrak{e}_\mu : \mu \in \mathbb{N}\}$ und andererseits bezüglich der Basis $\{\mathfrak{e}_\mu^* : \mu \in \mathbb{N}\}$.

1C Es sei X der Vektorraum aller auf $[-1, +1]$ stetigen reellwertigen Funktionen.

Aufgabe: (1) Man zeige, daß durch

$$\|f\| = \sup\{|f(t)| : -1 \leqq t \leqq +1\}$$

auf X eine Normfunktion definiert wird, die jedoch nicht einem skalaren Produkt entstammt, da sie nicht die Parallelogrammgleichung erfüllt. (Der durch sie bestimmte Konvergenzbegriff ist der der gleichmäßigen Konvergenz auf dem Definitionsintervall.)
(2) Man beweise, daß eine Funktionenfolge, die im Sinn der in (1) definierten Normfunktion konvergiert, gegen dieselbe Grenzfunktion auch im Sinn der durch das skalare Produkt

$$(f, g) = \int_{-1}^{+1} f(t)g(t)\,dt$$

bestimmten Normfunktion konvergiert.
(3) Es gelte

$$f_\nu(t) = \begin{cases} 1 + \nu t & -\frac{1}{\nu} \leqq t \leqq 0 \\ 1 - \nu t \quad \text{für} & 0 < t \leqq \frac{1}{\nu} \\ 0 & \frac{1}{\nu} < |t| \leqq 1. \end{cases}$$

Man untersuche das Konvergenzverhalten der Folge (f_ν) hinsichtlich der beiden Normfunktionen.

1D Es sei X ein unendlich-dimensionaler euklidischer Raum, in dem eine Orthonormalbasis B existiert.

Aufgabe: (1) Man zeige: Konvergiert eine Vektorfolge im Sinn der durch das skalare Produkt bestimmten Norm, so konvergiert sie auch im Sinn der durch B bestimmten Koordinaten-Konvergenz gegen denselben Grenzvektor.
(2) Jede Folge paarweise verschiedener Vektoren aus B konvergiert hinsichtlich der durch B bestimmten Koordinaten-Konvergenz, divergiert aber hinsichtlich der Norm-Konvergenz.

1E Aufgabe: Man beweise, daß eine im Sinn der Linearformen-Konvergenz konvergente Folge auch im Fall eines unendlich-dimensionalen Raumes stets in einem endlich-dimensionalen Unterraum enthalten ist.

1F Mit den Bezeichnungen aus 1B gelte $\mathfrak{x}_\nu = \mathfrak{e}_0 + \cdots + \mathfrak{e}_\nu$.
Aufgabe: Man zeige, daß $(\mathfrak{x}_\nu)$ hinsichtlich der Koordinaten-Konvergenz bezüglich der Basis $\{\mathfrak{e}_\mu : \mu \in \mathbb{N}\}$ eine *Cauchy*-Folge ist, die in X nicht konvergiert.

§ 2 Rechengesetze

Die Stetigkeit der linearen Operationen, also die Vertauschbarkeit des Grenzprozesses mit diesen Operationen, war bereits am Anfang als Axiom gefordert worden. Hier sollen nun derartige Vertauschungseigenschaften auch für andere, mit den Linearitätseigenschaften verknüpfte Operationen bewiesen werden.

Es seien $X_1, \ldots, X_k$ und Y Vektorräume. Eine k-fach lineare Abbildung $\phi : (X_1, \ldots, X_k) \to Y$ ordnet dann je k Vektoren $\mathfrak{x}_1 \in X_1, \ldots, \mathfrak{x}_k \in X_k$ eindeutig einen Bildvektor $\phi(\mathfrak{x}_1, \ldots, \mathfrak{x}_k)$ im Raum Y so zu, daß ϕ hinsichtlich jedes seiner Argumente die Linearitätseigenschaften besitzt. Hier gilt nun die folgende Abschätzung, die allerdings wesentlich die generelle Voraussetzung ausnutzt, daß alle auftretenden Räume endliche Dimension besitzen.

2.1 *Es sei $\phi : (X_1, \ldots, X_k) \to Y$ eine k-fach lineare Abbildung, und in den Räumen $X_1, \ldots, X_k$, Y sei je eine Normfunktion gegeben. Dann gilt mit einer von den Vektoren $\mathfrak{x}_1, \ldots, \mathfrak{x}_k$ unabhängigen Konstante c*

$$|\phi(\mathfrak{x}_1, \ldots, \mathfrak{x}_k)| \leqq c\,|\mathfrak{x}_1| \cdots |\mathfrak{x}_k|.$$

Beweis: Für $\kappa = 1, \ldots, k$ sei $\{\mathfrak{a}_1^\kappa, \ldots, \mathfrak{a}_{m_\kappa}^\kappa\}$ eine Basis von X_κ. Bei sinngemäßer Bezeichnung der entsprechenden Koordinaten gilt dann wegen der Linearitätseigenschaften von ϕ

$$\phi(\mathfrak{x}_1, \ldots, \mathfrak{x}_k) = \sum_{\mu_1, \ldots, \mu_k} x_{1,\mu_1} \cdots x_{k,\mu_k} \phi(\mathfrak{a}^1_{\mu_1}, \ldots, \mathfrak{a}^k_{\mu_k}).$$

Nun gilt wegen 1.4 mit einer Konstante s, die gleich für alle Räume gemeinsam gewählt werden kann,

$$|x_{\kappa,\mu_\kappa}| \leqq \frac{1}{s} |\mathfrak{x}_\kappa|$$

und daher

$$\begin{aligned} |\phi(\mathfrak{x}_1, \ldots, \mathfrak{x}_k)| &\leqq \sum_{\mu_1, \ldots, \mu_k} |x_{1,\mu_1}| \cdots |x_{k,\mu_k}| \cdot |\phi(\mathfrak{a}^1_{\mu_1}, \ldots, \mathfrak{a}^k_{\mu_k}) \\ &\leqq \frac{1}{s^k} \Big(\sum_{\mu_1, \ldots, \mu_k} |\phi(\mathfrak{a}^1_{\mu_1} \ldots, \mathfrak{a}^k_{\mu_k})|\Big) |\mathfrak{x}_1| \cdots |\mathfrak{x}_k|, \end{aligned}$$

also die Behauptung mit

$$c = \frac{1}{s^k} \Big(\sum_{\mu_1, \ldots, \mu_k} |\phi(\mathfrak{a}^1_{\mu_1}, \ldots, \mathfrak{a}^k_{\mu_k})|\Big). \qquad \blacklozenge$$

Der folgende Satz zeigt, daß auch k-fach lineare Abbildungen mit der Grenzwertbildung vertauschbar sind.

2.2 *Für* $\kappa = 1, \ldots, k$ *sei* $(\mathfrak{x}^\kappa_\nu)_{\nu \in \mathbb{N}}$ *eine Vektorfolge aus* X_κ *mit* $\lim_{\nu \to \infty} \mathfrak{x}^\kappa_\nu = \mathfrak{x}^\kappa$. *Ist dann* $\phi : (X_1, \ldots, X_k) \to Y$ eine *k-fach lineare Abbildung, so gilt*

$$\lim_{\nu \to \infty} \phi(\mathfrak{x}^1_\nu, \ldots, \mathfrak{x}^k_\nu) = \phi(\mathfrak{x}^1, \ldots, \mathfrak{x}^k).$$

Beweis: Mit den entsprechenden Bezeichnungen wie im vorangehenden Beweis gilt

$$\phi(\mathfrak{x}^1_\nu, \ldots, \mathfrak{x}^k_\nu) = \sum_{\mu_1, \ldots, \mu_k} x^1_{\nu,\mu_1} \cdots x^k_{\nu,\mu_k} \phi(\mathfrak{a}^1_{\mu_1}, \ldots, \mathfrak{a}^k_{\mu_k}).$$

Aus der Voraussetzung des Satzes folgt $\lim_{\nu \to \infty} x^\kappa_{\nu,\mu_\kappa} = x^\kappa_{\mu_\kappa}$, und wegen der für Zahlenfolgen und Vektorfolgen geltenden Rechengesetze erhält man

$$\lim_{\nu \to \infty} \phi(\mathfrak{x}^1_\nu, \ldots, \mathfrak{x}^k_\nu) = \sum_{\mu_1, \ldots, \mu_k} x^1_{\mu_1} \cdots x^k_{\mu_k} \phi(\mathfrak{a}^1_{\mu_1}, \ldots, \mathfrak{a}^k_{\mu_k}) = \phi(\mathfrak{x}^1, \ldots, \mathfrak{x}^k). \qquad \blacklozenge$$

Im Spezielfall $k = 1$ besagt dieser Satz, daß insbesondere lineare Abbildungen mit der Limesbildung vertauschbar, also stetig sind.

Hinsichtlich eines skalaren Produkts von X wird durch

$$\phi(\mathfrak{x}, \mathfrak{y}) = \mathfrak{x} \cdot \mathfrak{y}$$

eine Bilinearform $\phi : (X, X) \to \mathbb{R}$ definiert. Ist X speziell ein dreidimensionaler orientierter euklidischer Raum, so wird außerdem durch

$$\Psi(\mathfrak{x}, \mathfrak{y}) = \mathfrak{x} \times \mathfrak{y} \qquad \text{(Vektorprodukt)}$$

eine bilineare Abbildung $\Psi : (X, X) \to X$ erklärt. Aus dem letzten Satz folgt daher

2.3 *Mit* $\lim_{\nu \to \infty} (\mathfrak{x}_\nu) = \mathfrak{x}$ *und* $\lim_{\nu \to \infty} (\mathfrak{y}_\nu) = \mathfrak{y}$ *gilt auch* $\lim_{\nu \to \infty} (\mathfrak{x}_\nu \cdot \mathfrak{y}_\nu) = \mathfrak{x} \cdot \mathfrak{y}$ *und* $\lim_{\nu \to \infty} (\mathfrak{x}_\nu \times \mathfrak{y}_\nu) = \mathfrak{x} \times \mathfrak{y}$.

Weiter ist die Determinante einer k-reihigen quadratischen Matrix, aufgefaßt als Funktion ihrer Zeilen- bzw. Spaltenvektoren, eine k-fache Linearform. Daher gilt weiter

2.4 *Aus* $\lim_{\nu \to \infty} (\mathfrak{x}_\nu^\kappa) = \mathfrak{x}^\kappa$ *für* $\kappa = 1, \ldots, k$ *folgt* $\lim_{\nu \to \infty} \operatorname{Det}(\mathfrak{x}_\nu^1, \ldots, \mathfrak{x}_\nu^k) = \operatorname{Det}(\mathfrak{x}^1, \ldots, \mathfrak{x}^k)$.

Mit X und Y besitzt auch der Vektorraum $L(X, Y)$ aller linearen Abbildungen $X \to Y$ endliche Dimension: Es gilt ja $\operatorname{Dim} L(X, Y) = (\operatorname{Dim} X)(\operatorname{Dim} Y)$. Daher ist auch in $L(X, Y)$ ein Konvergenzbegriff eindeutig definiert. Zu seiner Beschreibung sei zunächst daran erinnert, wie man eine Basis von $L(X, Y)$ gewinnen kann.

Ist $\{\mathfrak{a}_1, \ldots, \mathfrak{a}_m\}$ eine Basis von X und $\{\mathfrak{b}_1, \ldots, \mathfrak{b}_r\}$ eine Basis von Y, so bilden die durch

$$\omega_{\mu,\varrho}\,\mathfrak{a}_\lambda = \begin{cases} \mathfrak{b}_\varrho & \text{für } \mu = \lambda \\ \mathfrak{o} & \phantom{\text{für }} \mu \neq \lambda \end{cases} \qquad (\mu = 1, \ldots, m;\ \varrho = 1, \ldots, r)$$

eindeutig bestimmten linearen Abbildungen $\omega_{\mu,\varrho}$ eine Basis von $L(X, Y)$. Gilt dann für $\varphi \in L(X, Y)$ die Basisdarstellung

$$\varphi = \sum_{\mu,\varrho} a_{\mu,\varrho}\,\omega_{\mu,\varrho},$$

so bilden die Koordinaten $a_{\mu,\varrho}$ gerade die der Abbildung hinsichtlich der Basen von X und Y zugeordnete Matrix $A = (a_{\mu,\varrho})$. Außerdem gilt

$$\varphi\,\mathfrak{a}_\lambda = \sum_{\mu,\varrho} a_{\mu,\varrho}(\omega_{\mu,\varrho}\,\mathfrak{a}_\lambda) = \sum_{\varrho} a_{\lambda,\varrho}\,\mathfrak{b}_\varrho.$$

Die Zahlen $a_{\lambda,1}, \ldots, a_{\lambda,r}$ sind also auch die Koordinaten des Bildvektors $\varphi\,\mathfrak{a}_\lambda$ bezüglich der Basis $\{\mathfrak{b}_1, \ldots, \mathfrak{b}_r\}$ von Y.

2.5 *Folgende Aussagen sind paarweise gleichwertig:*

(1) $\lim(\varphi_\nu) = \varphi$ *in* $L(X, Y)$.

(2) *Für die Vektoren einer Basis* $\{\mathfrak{a}_1, \ldots, \mathfrak{a}_m\}$ *von* X *gilt*

$$\lim_{\nu\to\infty} (\varphi_\nu \mathfrak{a}_\mu) = \varphi \mathfrak{a}_\mu \qquad (\mu = 1, \ldots, m) \text{ in } Y.$$

(3) *Für alle* $\mathfrak{x} \in X$ *gilt* $\lim\limits_{\nu\to\infty} (\varphi_\nu \mathfrak{x}) = \varphi \mathfrak{x}$ *in* Y.

Beweis: Nach der Vorbemerkung bestimmen Basen $B = \{\mathfrak{a}_1, \ldots, \mathfrak{a}_m\}$ von X und $B^* = \{\mathfrak{b}_1, \ldots, \mathfrak{b}_r\}$ von Y eindeutig die Basis $\Omega = \{\omega_{\mu,\varrho} : \mu = 1, \ldots, m;$ $\varrho = 1, \ldots, r\}$ von $L(X, Y)$, und die Koordinaten von φ_ν, φ bezüglich Ω sind gleichzeitig die Koordinaten von $\varphi_\nu \mathfrak{a}_\mu$, $\varphi \mathfrak{a}_\mu$ $(\mu = 1, \ldots, m)$ bezüglich B^*. Hieraus folgt unmittelbar die Gleichwertigkeit von (1) und (2). Aus (2) folgt weiter mit $\mathfrak{x} = \sum x_\mu \mathfrak{a}_\mu$

$$\lim_{\nu\to\infty} (\varphi_\nu \mathfrak{x}) = \lim_{\nu\to\infty} \Big(\sum_\mu x_\mu (\varphi_\nu \mathfrak{a}_\mu)\Big) = \sum_\mu x_\mu (\varphi \mathfrak{a}_\mu) = \varphi \mathfrak{x},$$

also (3). Und umgekehrt ist (2) nur eine Spezialisierung von (3). ◆

Mit Vektoren $\mathfrak{x} \in X$ und linearen Abbildungen $\varphi \in L(X, Y)$, $\psi \in L(Y, Z)$ werden durch

$$\phi_1(\mathfrak{x}, \varphi) = \varphi \mathfrak{x}, \quad \phi_2(\varphi, \psi) = \psi \circ \varphi$$

bilineare Abbildungen $\phi_1 : (X, L(X, Y)) \to Y$ und $\phi_2 : (L(X, Y), L(Y, Z)) \to L(X, Z)$ definiert. Wegen 2.2 folgt daher

2.6 *Aus* $\lim(\mathfrak{x}_\nu) = \mathfrak{x}$ *in* X, $\lim(\varphi_\nu) = \varphi$ *in* $L(X, Y)$ *und* $\lim(\psi_\nu) = \psi$ *in* $L(Y, Z)$ *folgt*

$$\lim(\varphi_\nu \mathfrak{x}_\nu) = \varphi \mathfrak{x} \quad \text{und} \quad \lim(\psi_\nu \circ \varphi_\nu) = \psi \circ \varphi$$

in Y *bzw.* $L(X, Z)$.

Ist einer linearen Abbildung $\varphi : X \to Y$ hinsichtlich je einer Basis von X und Y die Matrix $A = (a_{\mu,\varrho})$ zugeordnet, so sind nach der Vorbemerkung zu 2.5 die Matrizenelemente $a_{\mu,\varrho}$ gerade die Koordinaten von φ bezüglich der entsprechenden Basis von $L(X, Y)$. Für Abbildungen φ_ν, φ und die ihnen zugeordneten Matrizen $A_\nu = (a_{\mu,\varrho}^{(\nu)})$, $A = (a_{\mu,\varrho})$ gilt daher:

$$\lim_{\nu\to\infty} (A_\nu) = A \Leftrightarrow \lim_{\nu\to\infty} (a_{\mu,\varrho}^{(\nu)}) = a_{\mu,\varrho} \qquad (\mu = 1, \ldots, m;\ \varrho = 1, \ldots, r),$$

$$\lim_{\nu\to\infty} (\varphi_\nu) = \varphi \Leftrightarrow \lim_{\nu\to\infty} (A_\nu) = A.$$

Sinngemäß übertragen sich dann auch die für Folgen linearer Abbildungen geltenden Sätze auf Matrizenfolgen.

2.7 *Die linearen Abbildungen* $\varphi_\nu: X \to Y$ *seien Isomorphismen, seien also invertierbar. Gilt dann* $\lim(\varphi_\nu) = \varphi$ *und ist* φ *ebenfalls ein Isomorphismus, so folgt*

$$\lim(\varphi_\nu^{-1}) = \varphi^{-1}.$$

Beweis: Die Behauptung wird für die zugeordneten Matrizen bewiesen. Für die Elemente der zu $A = (a_{\mu,\varrho})$ inversen Matrix $A^{-1} = (a'_{\varrho,\mu})$ gilt bekanntlich

$$a'_{\varrho,\mu} = \frac{\operatorname{Adj} a_{\mu,\varrho}}{\operatorname{Det} A}.$$

Da die Adjunkten ganze rationale Funktionen der Matrizenelemente sind, folgt aus $\lim(A_\nu) = A$, daß auch die Folgen entsprechender Adjunkten gegen die jeweilige Adjunkte von A konvergieren. Da wegen 2.4 außerdem $\lim(\operatorname{Det} A_\nu) = \operatorname{Det} A$ gilt, folgt unmittelbar die Behauptung. ◆

In diesem Satz ist die Voraussetzung, daß die Limesabbildung φ selbst ein Isomorphismus ist, nicht entbehrlich: Mit der Identität ε sind für alle natürlichen Zahlen $\nu > 0$ auch die Abbildungen $\frac{1}{\nu}\varepsilon$ sämtlich regulär; es ist aber $\lim\left(\frac{1}{\nu}\varepsilon\right)$ die singuläre Null-Abbildung.

Ergänzungen und Aufgaben

2A Bei den Beweisen von 2.1 und 2.2 wurde entscheidend benutzt, daß alle auftretenden Räume endliche Dimension besaßen. In unendlich-dimensionalen Räumen gelten die entsprechenden Aussagen im allgemeinen auch tatsächlich nicht; sie bedingen sich aber gegenseitig.

Aufgabe: (1) In den Räumen $X_1, \ldots, X_k$, Y sei je eine Normfunktion gegeben, jedoch seien diese Räume nicht notwendig endlich-dimensional. Ferner sei $\phi: (X_1, \ldots, X_k) \to Y$ eine k-fach lineare Abbildung. Man zeige: Die Ungleichung aus 2.1 gilt für ϕ genau dann, wenn ϕ die Aussage von 2.2 hinsichtlich der Norm-Konvergenz erfüllt.
(2) Es sei X ein euklidischer Raum, und $\{\mathfrak{e}_\mu: \mu \in \mathbb{N}\}$ sei eine Orthonormalbasis von X. Man konstruiere eine Linearform $\varphi: X \to \mathbb{R}$, die die Ungleichung aus 2.1 hinsichtlich der durch das skalare Produkt bestimmten Norm nicht erfüllt, und zeige an einem Beispiel, daß auch die Aussage von 2.2 nicht gilt.

2B Aufgabe: Für welche linearen Abbildungen $\varphi : \mathbb{R}^2 \to \mathbb{R}^2$ ist die Abbildungsfolge $(\varphi^\nu)_{\nu \in \mathbb{N}}$ konvergent? Wie können die entsprechenden Abbildungen im Fall $\varphi : \mathbb{R}^n \to \mathbb{R}^n$ gekennzeichnet werden?

2C Aufgabe: Es sei $\{\mathfrak{e}_1, \mathfrak{e}_2, \mathfrak{e}_3\}$ eine positiv orientierte Orthonormalbasis von X. Durch

$$\mathfrak{x}_{\nu+1} = \mathfrak{x}_\nu + (\mathfrak{y}_\nu \times \mathfrak{e}_1), \quad \mathfrak{y}_{\nu+1} = \tfrac{1}{2}(\mathfrak{x}_\nu + \mathfrak{y}_\nu)$$

werden dann in Abhängigkeit von $\mathfrak{x}_0$, $\mathfrak{y}_0$ zwei Vektorfolgen definiert. Bei welcher Wahl der Anfangsvektoren $\mathfrak{x}_0$, $\mathfrak{y}_0$ sind diese Folgen konvergent?

2D Aufgabe: Es gelte $\lim(\varphi_\nu) = \varphi$. Man beweise

$$\operatorname{Rg}\varphi \leqq \lim(\operatorname{Rg}\varphi_\nu)$$

und zeige, daß $\operatorname{Rg}\varphi$ jeden möglichen Wert unterhalb dieser Schranke annehmen kann.

2E Aufgabe: Es gelte $\lim(\varphi_\nu) = \varphi$. Man beweise:
(1) Sind alle Abbildungen φ_ν selbstadjungiert (anti-selbstadjungiert, orthogonal), so gilt dasselbe für φ.
(2) Sind im Fall eines dreidimensionalen Raumes alle φ_ν Drehungen, so auch φ. Die Drehwinkel der φ_ν konvergieren gegen den Drehwinkel von φ. Ist φ nicht die Identität, so konvergieren auch die Drehachsen der φ_ν (durch Einheitsvektoren repräsentiert) gegen die Drehachse von φ.

§ 3 Vektorreihen

Da die Theorie der Vektorreihen in weitgehender Analogie zu der der Zahlenreihen verläuft, soll sie hier nur knapp behandelt werden.

Definition 3a: *Eine unendliche Vektorreihe* $\sum_\nu \mathfrak{x}_\nu$ *heißt konvergent gegen den Vektor* $\mathfrak{s}$, *wenn die Folge ihrer Partialsummen gegen* $\mathfrak{s}$ *konvergiert:*

$$\sum_\nu \mathfrak{x}_\nu = \mathfrak{s} \quad \underset{Df}{\Leftrightarrow} \quad \lim_{n\to\infty} \Big(\sum_{\nu=0}^{n} \mathfrak{x}_\nu\Big) = \mathfrak{s}.$$

Wie bei Vektorfolgen entsprechen auch einer Vektorreihe hinsichtlich einer Basis des Raumes Koordinatenreihen, deren Konvergenz dann mit der Konvergenz der Vektorreihe gleichwertig ist und deren Grenzwerte gerade die

Koordinaten des Grenzvektors bilden. Daher überträgt sich auch der bekannte Satz, daß die Glieder einer konvergenten Zahlenreihe eine Nullfolge bilden, unmittelbar auf Vektorreihen.

3.1 *Wenn die Reihe* $\sum_{\nu} \mathfrak{x}_\nu$ *konvergent ist, gilt* $\lim (\mathfrak{x}_\nu) = \mathfrak{o}$.

Das *Cauchy*'sche Konvergenzkriterium kann von Vektorfolgen folgendermaßen auf Vektorreihen übertragen werden.

3.2 (Cauchy'sches Konvergenzkriterium.) *Eine Reihe* $\sum_{\nu} \mathfrak{x}_\nu$ *ist genau dann konvergent, wenn für jede Abbildung* $\varphi : \mathbb{N} \to \mathbb{N}$ *mit* $\varphi(n) \geqq n$ *für alle* $n \in \mathbb{N}$ *die Bedingung*

$$(*) \quad \lim_{n \to \infty} \left(\sum_{\nu = n}^{\varphi(n)} \mathfrak{x}_\nu \right) = \mathfrak{o}$$

erfüllt ist. Ist in dem Vektorraum eine Norm gegeben, so ist (*) *gleichwertig mit*

$$(**) \quad \bigwedge_{\varepsilon > 0} \ \bigvee_{n \in \mathbb{N}} \ \bigwedge_{k \in \mathbb{N}} \left| \sum_{\nu = n}^{n+k} \mathfrak{x}_\nu \right| < \varepsilon.$$

Beweis: Zunächst wird die Gleichwertigkeit von (*) und (**) bewiesen. Bei gegebenem $\varepsilon > 0$ gibt es nach (**) einen Index n_0, so daß

$$\left| \sum_{\nu = n_0}^{n_0 + k} \mathfrak{x}_\nu \right| < \frac{\varepsilon}{2}$$

für alle natürlichen Zahlen k gilt. Bei gegebener Abbildung $\varphi : \mathbb{N} \to \mathbb{N}$ mit $\varphi(n) \geqq n$ folgt hieraus im Fall $n > n_0$

$$\left| \sum_{\nu = n}^{\varphi(n)} \mathfrak{x}_\nu \right| = \left| \sum_{\nu = n_0}^{\varphi(n)} \mathfrak{x}_\nu - \sum_{\nu = n_0}^{n-1} \mathfrak{x}_\nu \right| \leqq \left| \sum_{\nu = n_0}^{\varphi(n)} \mathfrak{x}_\nu \right| + \left| \sum_{\nu = n_0}^{n-1} \mathfrak{x}_\nu \right| < \frac{\varepsilon}{2} + \frac{\varepsilon}{2} = \varepsilon$$

und daher (*).
Umgekehrt sei (**) nicht erfüllt. Dann existiert ein $\varepsilon > 0$ mit folgender Eigenschaft: Zu jedem $n \in \mathbb{N}$ gibt es ein $k_n \in \mathbb{N}$ mit

$$\left| \sum_{\nu = n}^{n + k_n} \mathfrak{x}_\nu \right| \geqq \varepsilon.$$

Setzt man nun $\varphi(n) = n + k_n$, so folgt unmittelbar, daß (*) mit dieser Abbildung φ nicht erfüllt ist.
Die Bedingung (*) ist gleichwertig damit, daß alle Koordinatenreihen diese Bedingung und wegen des bereits Bewiesenen also auch die Bedingung (**) hinsichtlich des absoluten Betrages als Norm erfüllen. Da diese aber bei

Zahlenreihen wegen des dort gültigen *Cauchy*'schen Kriteriums mit der Konvergenz gleichwertig ist, folgt die Behauptung. ◆

Weiter sei jetzt vorausgesetzt, daß in dem Vektorraum eine Norm gegeben ist.

Definition 3b: *Eine Reihe* $\sum \mathfrak{x}_\nu$ *heißt* **absolut konvergent**, *wenn die Zahlenreihe* $\sum |\mathfrak{x}_\nu|$ *konvergent ist.*

3.3 *Aus der absoluten Konvergenz einer Reihe* $\sum \mathfrak{x}_\nu$ *folgt auch ihre Konvergenz.*

Beweis: Wegen $|\sum_{\nu=n}^{n+k} \mathfrak{x}_\nu| \leqq \sum_{\nu=n}^{n+k} |\mathfrak{x}_\nu|$ folgt die Behauptung mit Hilfe des *Cauchy*'schen Kriteriums. ◆

3.4 (Majoranten-Kriterium.) *Von einem Index an gelte* $|\mathfrak{x}_\nu| \leqq c_\nu$, *und die Zahlenreihe* $\sum c_\nu$ *sei konvergent. Dann ist auch die Vektorreihe* $\sum \mathfrak{x}_\nu$ *konvergent und sogar absolut konvergent.*

Der Beweis ergibt sich wie vorher mit Hilfe der Dreiecksungleichung und des *Cauchy*'schen Kriteriums.

3.5 (Quotienten-Kriterium.) *Von einem Index* n *an gelte* $\mathfrak{x}_\nu \neq \mathfrak{o}$ *und mit einer Konstante* $c < 1$ *außerdem*

$$\frac{|\mathfrak{x}_{\nu+1}|}{|\mathfrak{x}_\nu|} \leqq c.$$

Dann ist die Reihe $\sum \mathfrak{x}_\nu$ *konvergent und sogar absolut konvergent. Gilt jedoch von einem Index* n *an*

$$\frac{|\mathfrak{x}_{\nu+1}|}{|\mathfrak{x}_\nu|} \geqq 1,$$

so ist die Reihe $\sum \mathfrak{x}_\nu$ *divergent.*

Beweis: Im ersten Fall ergibt sich durch Induktion

$$|\mathfrak{x}_\nu| \leqq c^{\nu-n} |\mathfrak{x}_n| \qquad (\nu \geqq n),$$

und die Behauptung folgt nach 3.4 aus der Konvergenz der geometrischen Reihe $\sum c^\nu$. Im zweiten Fall gilt $|\mathfrak{x}_\nu| \geqq |\mathfrak{x}_n| > 0$ für $\nu \geqq n$. Daher ist $\lim(\mathfrak{x}_\nu) = \mathfrak{o}$ nicht erfüllt, und die Reihe ist nach 3.1 divergent. ◆

3.6 (Wurzel-Kriterium.) *Von einem Index n an gelte mit einer Konstante* $c < 1$

$$\sqrt[\nu]{|\mathfrak{x}_\nu|} \leqq c.$$

Dann ist die Reihe $\sum \mathfrak{x}_\nu$ *konvergent und sogar absolut konvergent. Gilt jedoch* $|\mathfrak{x}_\nu| \geqq 1$ *lediglich für unendlich viele Indizes* ν, *so ist die Reihe* $\sum \mathfrak{x}_\nu$ *divergent.*

Beweis: Wegen $|\mathfrak{x}_\nu| \leqq c^\nu$ für $\nu \geqq n$ folgt im ersten Fall die Behauptung wieder aus der Konvergenz der geometrischen Reihe $\sum c^\nu$ mit Hilfe von 3.4. Im zweiten Fall gilt $|\mathfrak{x}_\nu| \geqq 1$ für unendlich viele Indizes, weswegen $\lim(\mathfrak{x}_\nu) = \mathfrak{o}$ nicht erfüllt sein kann. Nach 3.1 ist die Reihe daher divergent. ◆

Etwas ausführlicher soll auf eine Verallgemeinerung des für Zahlenreihen geltenden *Multiplikationssatzes* eingegangen werden.

3.7 *Es sei* $\phi: (X_1, \ldots, X_k) \to Y$ *eine k-fach lineare Abbildung. Ferner gelte* $\sum_\nu \mathfrak{x}_\nu^{(\kappa)} = \mathfrak{s}^{(\kappa)}$ *in* X_κ *für* $\kappa = 1, \ldots, k$, *und diese Reihen seien sogar absolut konvergent. Ordnet man dann die Bildvektoren* $\phi(\mathfrak{x}_{\nu_1}^{(1)}, \ldots, \mathfrak{x}_{\nu_k}^{(k)})$, *bei denen die Indizes* $\nu_1, \ldots, \nu_k$ *unabhängig die natürlichen Zahlen durchlaufen, in beliebiger Weise als Folge, deren Glieder dann mit* $\mathfrak{y}_\mu$ *bezeichnet werden sollen, so gilt: Die Reihe* $\sum_\mu \mathfrak{y}_\mu$ *ist absolut konvergent mit* $\sum_\mu \mathfrak{y}_\mu = \phi(\mathfrak{s}^{(1)}, \ldots, \mathfrak{s}^{(k)})$.

Beweis: Ohne Beschränkung der Allgemeinheit kann vorausgesetzt werden, daß in jedem der Vektorräume eine Normfunktion (etwa durch ein skalares Produkt) gegeben ist. Wegen 2.1 gilt dann mit einer Konstante c

$$(1) \qquad |\phi(\mathfrak{x}_{\nu_1}^{(1)}, \ldots, \mathfrak{x}_{\nu_k}^{(k)})| \leqq c\,|\mathfrak{x}_{\nu_1}^{(1)}| \cdots |\mathfrak{x}_{\nu_k}^{(k)}|.$$

Wegen der absoluten Konvergenz der Reihen $\sum_\nu \mathfrak{x}_\nu^{(\kappa)}$ existieren die Grenzwerte $M_\kappa = \sum_\nu |\mathfrak{x}_\nu^{(\kappa)}|$, und mit $M = \max\{M_1, \ldots, M_k\}$ gilt

$$(2) \qquad \sum_\nu |\mathfrak{x}_\nu^{(\kappa)}| \leqq M \qquad (\kappa = 1, \ldots, k).$$

Bei gegebenem $\varepsilon > 0$ ergibt sich außerdem mit Hilfe des *Cauchy*'schen Kriteriums 3.2

$$(3) \qquad \sum_{\nu=n}^{n'} |\mathfrak{x}_\nu^{(\kappa)}| < \frac{\varepsilon}{ckM^{k-1}} \qquad (\kappa = 1, \ldots, k)$$

mit einem gemeinsamen Index n für alle $n' \geqq n$.

Betrachtet man nun eine Summe der Form $\sum_{\mu=m}^{m'} |\mathfrak{y}_\mu|$ mit $m' \geqq m$, so gilt für die in $\mathfrak{y}_\mu = \phi(\mathfrak{x}_{\nu_1}^{(1)}, \ldots, \mathfrak{x}_{\nu_k}^{(k)})$ auftretenden Indizes $\nu_1, \ldots, \nu_k$ jedenfalls, daß sie unterhalb einer geeigneten Schranke n' liegen. Wegen (1) erhält man daher zunächst mit Hilfe der *Schwarz*'schen Ungleichung

$$\sum_{\mu=m}^{m'} |\mathfrak{y}_\mu| \leqq c\Big(\sum_{\nu_1=0}^{n'} |\mathfrak{x}_{\nu_1}^{(1)}|\Big) \cdots \Big(\sum_{\nu_k=0}^{n'} |\mathfrak{x}_{\nu_k}^{(k)}|\Big).$$

Wählt man hierbei noch m hinreichend groß, so muß bei jedem $\mathfrak{y}_\mu$ unter den entsprechenden Indizes $\nu_1, \ldots, \nu_k$ mindestens einer $\geqq n$ sein. Die zu ihm gehörende, erst mit n statt mit 0 beginnende Summe kann daher nach (3) abgeschätzt werden, während das Produkt der übrigen $k-1$ Summen nach (2) durch M^{k-1} abgeschätzt wird. Und da die Abschätzung nach (3) bei allen k Faktoren auftreten kann, erhält man schließlich

$$\sum_{\mu=m}^{m'} |\mathfrak{y}_\mu| \leqq ckM^{k-1} \frac{\varepsilon}{ckM^{k-1}} = \varepsilon.$$

Nach dem *Cauchy*'schen Kriterium ist daher die Reihe $\sum \mathfrak{y}_\mu$ absolut konvergent und somit wegen 3.3 auch konvergent. Es ist also nur noch $\sum \mathfrak{y}_\mu = \phi(\mathfrak{s}^{(1)}, \ldots, \mathfrak{s}^{(k)})$ nachzuweisen.

Bezeichnet man die n-te Partialsumme der Reihe $\sum_\nu \mathfrak{x}_\nu^{(\kappa)}$ mit $\mathfrak{s}_n^{(\kappa)}$, so gilt wegen 2.1

$$\phi(\mathfrak{s}^{(1)}, \ldots, \mathfrak{s}^{(k)}) = \lim_{n\to\infty} \phi(\mathfrak{s}_n^{(1)}, \ldots, \mathfrak{s}_n^{(k)}),$$

weswegen die Behauptung mit

$$\lim_{n\to\infty} \Big|\sum_\mu \mathfrak{y}_\mu - \phi(\mathfrak{s}_n^{(1)}, \ldots, \mathfrak{s}_n^{(k)})\Big| = 0$$

gleichwertig ist. Nun gilt aber

$$\phi(\mathfrak{s}_n^{(1)}, \ldots, \mathfrak{s}_n^{(k)}) = \sum_{\nu_1,\ldots,\nu_k=0}^{n} \phi(\mathfrak{x}_{\nu_1}^{(1)}, \ldots, \mathfrak{x}_{\nu_k}^{(k)}),$$

wobei die Summanden der rechten Seite gewisse Vektoren $\mathfrak{y}_\mu$ sind. Wählt man bei gegebenem m daher n hinreichend groß, so heben sich bei der Differenzbildung alle $\mathfrak{y}_\mu$ mit $\mu < m$ heraus, und man erhält

$$\Big|\sum_\mu \mathfrak{y}_\mu - \phi(\mathfrak{s}_n^{(1)}, \ldots, \mathfrak{s}_n^{(k)})\Big| \leqq \sum_{\mu=m}^{\infty} |\mathfrak{y}_\mu|.$$

Hieraus folgt die Behauptung wegen der schon bewiesenen Konvergenz der Reihe $\sum |\mathfrak{y}_\mu|$. ◆

Wie bei Zahlenreihen gilt, daß man in absolut konvergenten Vektorreihen die Glieder beliebig umordnen und zusammenfassen darf, ohne an der Konvergenz und an dem Grenzwert etwas zu ändern. Da sich die entsprechenden Beweise wörtlich übertragen lassen, soll hier auf sie verzichtet werden. Speziell kann man in dem vorangehenden Satz die Vektoren

$$\mathfrak{z}_\mu = \sum_{\nu_1 + \cdots + \nu_k = \mu} \phi(\mathfrak{x}^{(1)}_{\nu_1}, \ldots, \mathfrak{x}^{(k)}_{\nu_k})$$

bilden. Mit ihnen gilt dann wieder

$$\sum_\mu \mathfrak{z}_\mu = \phi(\mathfrak{s}^{(1)}, \ldots, \mathfrak{s}^{(k)}).$$

Als Spezialfälle erhält man Multiplikationssätze für Reihen hinsichtlich aller bilinearen Produktbildungen, wie Multiplikation von Vektoren mit Skalaren, skalare Produkte, Vektorprodukte usw.

Beispiele

3.I Im $\mathbb{R}^2$ wird eine Folge von Vektoren $\mathfrak{x}_\nu = (x_\nu, y_\nu)$ durch folgende Rekursionsvorschrift definiert:

$$(1) \quad x_0 = 2, \qquad y_0 = -3,$$
$$x_{\nu+1} = \frac{1}{6}(8x_\nu + 3y_\nu), \qquad y_{\nu+1} = \frac{1}{6}(-10x_\nu - 3y_\nu).$$

Durch vollständige Induktion bestätigt man

$$(2) \quad \mathfrak{x}_\nu = \frac{1}{6^\nu}(3^{\nu+1} - 2^\nu,\ 2^{\nu+1} - 5 \cdot 3^\nu) \qquad (\nu \in \mathbb{N}).$$

Wegen

$$\sum_{\nu=0}^{\infty} \frac{1}{6^\nu}(3^{\nu+1} - 2^\nu) = 3 \sum_{\nu=0}^{\infty} \frac{1}{2^\nu} - \sum_{\nu=0}^{\infty} \frac{1}{3^\nu} = 6 - \frac{3}{2} = \frac{9}{2},$$

$$\sum_{\nu=0}^{\infty} \frac{1}{6}(2^{\nu+1} - 5 \cdot 3^\nu) = 2 \sum_{\nu=0}^{\infty} \frac{1}{3^\nu} - 5 \sum_{\nu=0}^{\infty} \frac{1}{2^\nu} = 3 - 10 = -7$$

konvergiert auch die Vektorreihe $\sum \mathfrak{x}_\nu$ gegen den Grenzvektor

$$\mathfrak{s} = (\tfrac{9}{2}, -7).$$

Die Schwierigkeit bestand hier in der Gewinnung des expliziten Ausdrucks (2), der unmotiviert angegeben wurde. Leichter gelangt man zum Ziel, wenn man die Rekursionsformel (1) matrizentheoretisch schreibt:

$$(3) \qquad (x_{\nu+1}, y_{\nu+1}) = (x_\nu, y_\nu) \begin{pmatrix} \frac{4}{3} & -\frac{5}{3} \\ \frac{1}{2} & -\frac{1}{2} \end{pmatrix}.$$

Nach Berechnung der Eigenwerte und Eigenvektoren zeigt sich, daß die aufgetretene Matrix auf Diagonalform transformierbar ist:

$$\begin{pmatrix} \frac{4}{3} & -\frac{5}{3} \\ \frac{1}{2} & -\frac{1}{2} \end{pmatrix} = \begin{pmatrix} 2 & 5 \\ 1 & 3 \end{pmatrix} \begin{pmatrix} \frac{1}{2} & 0 \\ 0 & \frac{1}{3} \end{pmatrix} \begin{pmatrix} 2 & 5 \\ 1 & 3 \end{pmatrix}^{-1}.$$

Mit

$$\mathfrak{x}_\nu^* = (x_\nu, y_\nu) \begin{pmatrix} 2 & 5 \\ 1 & 3 \end{pmatrix}$$

gilt daher

$$\mathfrak{x}_0^* = (1,1), \quad \mathfrak{x}_{\nu+1}^* = \left(\frac{1}{2^\nu}, \frac{1}{3^\nu}\right)$$

und somit

$$\mathfrak{s}^* = \sum_{\nu=0}^{\infty} \mathfrak{x}_\nu^* = (2, \tfrac{3}{2}).$$

Rücktransformation liefert

$$\mathfrak{s} = (2, \tfrac{3}{2}) \begin{pmatrix} 2 & 5 \\ 1 & 3 \end{pmatrix}^{-1} = (2, \tfrac{3}{2}) \begin{pmatrix} 3 & -5 \\ -1 & 2 \end{pmatrix} = (\tfrac{9}{2}, -7),$$

also das vorher gewonnene Ergebnis.

3.II Es sei $\varphi : X \to X$ eine lineare Abbildung des endlichdimensionalen Vektorraums X in sich. Die mit ihr gebildete „geometrische Reihe“ $\sum_{\nu=0}^{\infty} \varphi^\nu$ kann zunächst wie üblich behandelt werden. Für die Partialsummen

$$\sigma_\nu = \varphi^0 + \varphi^1 + \cdots + \varphi^\nu$$

gilt

$$(\varepsilon - \varphi) \circ \sigma_\nu = \sigma_\nu - \varphi \circ \sigma_\nu = \varepsilon - \varphi^{\nu+1} \qquad (\varepsilon = \text{Identität}).$$

Wenn also $\varepsilon - \varphi$ regulär ist, folgt

$$\sigma_\nu = (\varepsilon - \varphi)^{-1} \circ (\varepsilon - \varphi^{\nu+1}),$$

und die Reihe ist genau dann konvergent, wenn die Abbildungsfolge (φ^ν) konvergiert. Dies aber ist genau dann der Fall, wenn alle Eigenwerte von φ den Wert Eins oder einen Betrag <1 besitzen (vgl. 2B).
Nun ist $\varepsilon - \varphi$ genau dann singulär, wenn Null Eigenwert ist, wenn also ein Vektor $\mathfrak{a} \neq \mathfrak{o}$ mit $(\varepsilon - \varphi)\mathfrak{a} = \mathfrak{o}$ oder gleichwertig mit $\varphi\mathfrak{a} = \mathfrak{a}$ existiert. In diesem Fall kann die Reihe $\Sigma\, \varphi^\nu$ nicht konvergent sein, weil ihre Anwendung auf $\mathfrak{a}$ eine divergente Reihe ergibt. Es bleibt also nur der zweite Fall übrig, in dem $\varepsilon - \varphi$ automatisch regulär ist, in dem $\lim(\varphi^\nu) = 0$ gilt und in dem daher $\lim(\sigma_\nu) = (\varepsilon - \varphi)^{-1}$ folgt.

3.8 *Die Reihe* $\sum_{\nu=0}^{\infty} \varphi^\nu$ *mit einer linearen Abbildung* $\varphi: X \to X$ *ist genau dann konvergent, wenn alle Eigenwerte von* φ *einen Betrag* <1 *besitzen. Es gilt dann*

$$\sum_{\nu=0}^{\infty} \varphi^\nu = (\varepsilon - \varphi)^{-1}.$$

Die im ersten Beispiel in Gleichung (3) aufgetretene Matrix besaß die Eigenwerte $\frac{1}{2}$ und $\frac{1}{3}$. Bezeichnet man die durch sie beschriebene lineare Abbildung mit φ, so gilt für die dort behandelte Vektorreihe:

$$\mathfrak{x}_0 = (2, -3), \quad \mathfrak{x}_{\nu+1} = \varphi\mathfrak{x}_\nu = \varphi^{\nu+1}\, \mathfrak{x}_0$$

und daher

$$\mathfrak{s} = \sum_{\nu=0}^{\infty} \mathfrak{x}_\nu = \left(\sum_{\nu=0}^{\infty} \varphi^\nu\right) \mathfrak{x}_0 = (\varepsilon - \varphi)^{-1}\, \mathfrak{x}_0.$$

Es folgt

$$\mathfrak{s} = (2, -3)\begin{pmatrix} 1 - \frac{4}{3} & \frac{5}{3} \\ -\frac{1}{2} & 1 + \frac{1}{2} \end{pmatrix}^{-1} = (2, -3)\begin{pmatrix} \frac{9}{2} & -5 \\ \frac{3}{2} & -1 \end{pmatrix} = (\tfrac{9}{2}, -7),$$

also das alte Ergebnis.

3.III Die explizite Auflösung eines linearen Gleichungssystems

$$\sum_{\nu=1}^{n} a_{\mu,\nu} x_\nu = b_\mu \qquad (\mu = 1, \ldots, n)$$

mit regulärer Koeffizientenmatrix $A = (a_{\mu,\nu})$ durch Elimination gestaltet sich bei einer großen Zahl von Unbekannten häufig recht aufwendig und fehleranfällig. Numerisch günstiger sind im allgemeinen iterative Verfahren, die die Invertierung der Koeffizientenmatrix mit Hilfe der geometrischen Reihe durchführen. Wegen 3.8 gilt ja

$$A^{-1} = (E - (E - A))^{-1} = \sum_{\nu=0}^{\infty} (E - A)^{\nu},$$

sofern die Eigenwerte der Matrix $E - A$ alle einen Betrag <1 besitzen. Der Lösungsvektor $\mathfrak{x}$ des Gleichungssystems ist dann

$$\mathfrak{x} = \sum_{\nu=0}^{\infty} (E - A)^{\nu} \mathfrak{b},$$

wobei $\mathfrak{b}$ die aus den Zahlen $b_1, \ldots, b_n$ gebildete Spalte bedeutet. Setzt man also

$$\mathfrak{b}_0 = \mathfrak{b}, \quad \mathfrak{b}_{\nu+1} = (E - A)\mathfrak{b}_{\nu} \qquad (\nu \in \mathbb{N}),$$

so gilt

$$\mathfrak{x} = \sum_{\nu=0}^{\infty} \mathfrak{b}_{\nu}.$$

Je kleiner die Beträge der Eigenwerte der Matrix $E - A$ sind, desto schneller konvergiert die Reihe. Es ist daher günstig, wenn die Matrix A möglichst wenig von der Einheitsmatrix abweicht. Vielfach kann man dies erreichen, wenn man das Gleichungssystem vorher in geeigneter Weise umformt. Überwiegen z.B. in A die Glieder der Hauptdiagonale dem Betrage nach sehr stark, so braucht man die einzelnen Gleichungen nur durch die entsprechenden Glieder der Hauptdiagonale zu dividieren. $E - A$ ist dann eine Matrix mit Nullen in der Hauptdiagonale, während die übrigen Elemente betragsmäßig klein sind. Bisweilen läßt sich auch eine grobe (etwa ganzzahlige) Näherungsmatrix von A^{-1} angeben. Multipliziert man mit ihr das Gleichungssystem, so erreicht man häufig ebenfalls die Konvergenz der Reihe.
Das Verfahren soll abschließend an einem numerischen Beispiel erläutert werden.

In dem Gleichungssystem

$$\begin{aligned} 5x \quad - y \quad + z &= 2 \\ 2x + 12y \quad - z &= -6 \\ -x \quad + 3y - 15z &= 3 \end{aligned}$$

überwiegen die Hauptdiagonalglieder. Nach Division ergibt sich für die Berechnung der Lösung folgendes Rechenschema, bei dem vier Stellen berücksichtigt wurden:

$E-A$			$\mathfrak{b}_0$	$\mathfrak{b}_1$	$\mathfrak{b}_2$	$\mathfrak{b}_3$	$\mathfrak{b}_4$	$\mathfrak{s}_4$
0	$\frac{1}{5}$	$-\frac{1}{5}$	0,4	−0,0600	0,0086	0,0024	−0,0004	0,3507
$-\frac{1}{6}$	0	$\frac{1}{12}$	−0,5	−0,0834	−0,0006	−0,0025	−0,0005	−0,5870
$-\frac{1}{15}$	$\frac{1}{5}$	0	−0,2	−0,1267	−0,0127	−0,0007	−0,0007	−0,3408

Der Leser überzeuge sich durch Einsetzen in das Gleichungssystem davon, daß $\mathfrak{s}_4$ eine gute Näherung der gesuchten Lösung darstellt.

Ergänzungen und Aufgaben

3A Aufgabe: Man löse das lineare Gleichungssystem

$$\begin{aligned} 5{,}3x + 1{,}1y + 1{,}7z &= 2{,}8 \\ 0{,}4x + 4{,}7y + 1{,}2z &= -11{,}7 \\ 1{,}2x + 0{,}8y + 6{,}3z &= 6{,}2 \end{aligned}$$

iterativ. (Rechenschieber-Genauigkeit.)

3B Es sei $\varphi: X \to X$ eine nicht notwendig lineare Abbildung, und mit einer Konstante $c < 1$ gelte für alle $\mathfrak{x}, \mathfrak{y} \in X$

$$|\varphi\mathfrak{x} - \varphi\mathfrak{y}| \leqq c|\mathfrak{x} - \mathfrak{y}|.$$

Aufgabe: Man zeige, daß eine solche „kontrahierende" Abbildung φ genau einen Fixpunkt $\mathfrak{x}^*$ (d.h. $\varphi\mathfrak{x}^* = \mathfrak{x}^*$) besitzt. Ferner beweise man, daß bei beliebigem Anfangsvektor $\mathfrak{x}_0$ die durch $\mathfrak{x}_{\nu+1} = \varphi\mathfrak{x}_\nu$ definierte Folge gegen $\mathfrak{x}^*$ konvergiert, und schätze den Approximationsfehler mit Hilfe der Konstante c in Abhängigkeit von $\mathfrak{x}_0$ ab.

3C Aufgabe: Es sei $\varphi: X \to X$ eine selbstadjungierte Abbildung. Für die Eigenwerte $c_1, \ldots, c_r$ von φ gelte $c_1 = \ldots = c_k$ und $|c_1| = \ldots = |c_k| > |c_{k+1}| \geqq \ldots \geqq |c_r|$.
(1) Man zeige, daß die mit einem beliebigen Vektor $\mathfrak{a} \neq \mathfrak{o}$ gebildete Folge

$$\mathfrak{x}_\nu = \frac{1}{|\varphi^\nu \mathfrak{a}|}(\varphi^\nu \mathfrak{a})$$

im allgemeinen gegen einen zu c_1 gehörenden Eigenvektor und die Zahlenfolge

$$a_\nu = \frac{(\varphi^{\nu+1}\mathfrak{a}) \cdot (\varphi^\nu \mathfrak{a})}{|\varphi^\nu \mathfrak{a}|^2}$$

im allgemeinen gegen c_1 konvergieren. Welche Ausnahmefälle sind hierbei auszuschließen?

(2) Wie ändern sich die Verhältnisse, wenn die Eigenwerte $c_1, \ldots, c_k$ lediglich gleichen Betrag besitzen, jedoch nicht gleich sind?

(3) Man berechne auf diesem Weg zu der durch die Matrix

$$\begin{pmatrix} 1 & -1 & 1 \\ -1 & 5 & -4 \\ 3 & -4 & 4 \end{pmatrix}$$

beschriebenen Abbildung den Eigenwert größten Betrages und einen zugehörigen Eigenvektor. ($\mathfrak{a} = (0, 0, 1)$, Rechenschieber-Genauigkeit.)

Zweites Kapitel

Topologische Grundlagen

Teilmengen von Vektorräumen können durch algebraische Eigenschaften gekennzeichnet sein, wie dies z. B. bei Unterräumen oder linearen Mannigfaltigkeiten der Fall ist. Häufig aber interessieren auch Eigenschaften von Teilmengen, die nicht an die algebraische Struktur geknüpft sind: ob z. B. die Häufungspunkte von Folgen aus einer Teilmenge wieder in dieser Teilmenge liegen, ob sich zwei Punkte einer Teilmenge innerhalb dieser Teilmenge durch einen Streckenzug verbinden lassen, wann Punkte als Randpunkte oder innere Punkte einer Teilmenge anzusprechen sind usw. Derartige „topologische" Begriffe können in wesentlich allgemeineren Strukturen formuliert werden, nämlich in topologischen Räumen. Sie sollen hier aber nur im Rahmen der Vektorräume, die spezielle topologische Räume sind, behandelt werden und auch nur in dem unbedingt erforderlichen Umfang.

§ 4 Abgeschlossene und offene Mengen

Wie bisher sei X stets ein endlich-dimensionaler Vektorraum. Im Sinn einer geometrischen Interpretation sollen die Vektoren aus X weiterhin auch als Punkte von X bezeichnet werden.

Definition 4a: *Es sei M eine Teilmenge von X. Ein Punkt $\mathfrak{x}$ heißt* **adhärenter Punkt** *von M, wenn es eine Folge $(\mathfrak{x}_\nu)$ von Punkten $\mathfrak{x}_\nu \in M$ mit* $\lim(\mathfrak{x}_\nu) = \mathfrak{x}$ *gibt. Die Menge aller adhärenten Punkte von M wird mit $\overline{M}$ bezeichnet und* **Hülle** *von M genannt.*
M heißt **abgeschlossen**, *wenn jeder adhärente Punkt von M in M liegt, wenn also $\overline{M} \subset M$ gilt.*
Jeder Punkt $\mathfrak{x} \in M$ ist auch adhärenter Punkt von M, da mit $\mathfrak{x}_\nu = \mathfrak{x}$ für alle ν ja $\mathfrak{x}_\nu \in M$ und $\lim(\mathfrak{x}_\nu) = \mathfrak{x}$ erfüllt ist. Gleichwertig hiermit ist $M \subset \overline{M}$. Da die abgeschlossenen Mengen durch die umgekehrte Inklusion definiert sind, gilt für sie sogar $\overline{M} = M$. Umgekehrt muß aber ein adhärenter Punkt einer Menge nicht bereits schon selbst in der Menge liegen. In einem normierten Raum ist z. B. jeder Punkt $\mathfrak{x}$ mit $|\mathfrak{x}| = 1$ ein adhärenter Punkt der Menge $\{\mathfrak{y} : |\mathfrak{y}| < 1\}$,

die somit nicht abgeschlossen ist. Unmittelbar aus der Definition ergibt sich noch, daß aus $M \subset N$ auch $\overline{M} \subset \overline{N}$ folgt.

Trivialerweise gilt $\overline{X} = X$. Ebenso gilt für die leere Menge $\overline{\emptyset} = \emptyset$, weil die leere Menge keine Punktfolgen enthalten kann und daher auch keine adhärenten Punkte besitzt. Der ganze Raum X und die leere Menge sind somit abgeschlossen.

Weiter sei in X eine Basis, eine Normfunktion oder auch eine Linearform gegeben. Dann ist jede Teilmenge M von X, die durch (beliebig viele) Gleichungen oder Ungleichungen unter Einschluß der Gleichheit ($\leqq$) zwischen den Koordinaten, Normwerten oder Linearformenwerten definiert werden kann, eine abgeschlossene Menge: Ist nämlich $\mathfrak{x}$ ein adhärenter Punkt von M und gilt $\mathfrak{x} = \lim(\mathfrak{x}_\nu)$ mit $\mathfrak{x}_\nu \in M$, so überträgt sich die Gültigkeit der Gleichungen bzw. Ungleichungen von den $\mathfrak{x}_\nu$ auf $\mathfrak{x}$; d. h. es gilt $\mathfrak{x} \in M$. Da jede lineare Mannigfaltigkeit durch Gleichungen in den Koordinaten beschrieben werden kann, ergibt sich insbesondere

4.1 *Jede lineare Mannigfaltigkeit von X* (speziell also jeder Unterraum) *ist abgeschlossen.*

4.2 *Der Durchschnitt beliebig vieler und die Vereinigung endlich vieler abgeschlossener Teilmengen von X sind selbst abgeschlossen.*

Beweis: Die Mengen M_ι ($\iota \in I$) seien abgeschlossen, und $\mathfrak{x}$ sei ein adhärenter Punkt von $D = \bigcap\{M_\iota : \iota \in I\}$. Es gibt also Punkte $\mathfrak{x}_\nu \in D$ mit $\lim(\mathfrak{x}_\nu) = \mathfrak{x}$. Wegen $\mathfrak{x}_\nu \in D$ folgt bei festem $\iota \in I$ auch $\mathfrak{x}_\nu \in M_\iota$ und daher $\mathfrak{x} \in \overline{M}_\iota = M_\iota$. Da dies für alle Indizes ι gilt, ergibt sich schließlich $\mathfrak{x} \in D$.

Weiter gelte $V = M_1 \cup \ldots \cup M_n$ mit abgeschlossenen Mengen $M_1, \ldots, M_n$ und $\mathfrak{x} \in \overline{V}$. Ist dann $(\mathfrak{x}_\nu)$ eine Folge von Punkten aus V mit $\lim(\mathfrak{x}_\nu) = \mathfrak{x}$, so muß mindestens eine der Mengen $M_1, \ldots, M_n$ – etwa M_1 – eine unendliche Teilfolge von $(\mathfrak{x}_\nu)$ enthalten. Da diese ebenfalls gegen $\mathfrak{x}$ konvergiert, ist $\mathfrak{x}$ auch adhärenter Punkt von M_1. Da M_1 aber abgeschlossen ist, folgt sogar $\mathfrak{x} \in M_1 \subset V$. ◆

Sind M und N Teilmengen von X, so heißt die Menge

$$M \backslash N = \{\mathfrak{x} : \mathfrak{x} \in M \wedge \mathfrak{x} \notin N\}$$

das **relative Komplement** von N in M. Das relative Komplement einer Menge M in dem Gesamtraum X wird auch das **Komplement** von M genannt und mit $\complement M$ bezeichnet. Es gilt also $\complement M = X \backslash M$. Für die Komplemente von Vereinigungen und Durchschnitten folgt unmittelbar aus den Definitionen

$$\complement\left(\bigcup_{\iota \in I} M_\iota\right) = \bigcap_{\iota \in I} (\complement M_\iota), \quad \complement\left(\bigcap_{\iota \in I} M_\iota\right) = \bigcup_{\iota \in I} (\complement M_\iota).$$

Definition 4b: *Eine Teilmenge M von X heißt* **offen**, *wenn ihr Komplement* $\complement M$ *abgeschlossen ist.*

Da X und $\emptyset$ abgeschlossene Mengen und wechselseitige Komplemente sind, sind diese Mengen auch offen. X und $\emptyset$ sind also gleichzeitig abgeschlossene und offene Mengen. Weiter ergibt sich aus 4.2 unmittelbar durch Komplementbildung

4.3 *Die Vereinigung beliebig vieler und der Durchschnitt endlich vieler offener Teilmengen von X sind selbst offen.*

Eine Teilmenge von X, die durch eine Ungleichung zwischen Koordinaten, Normwerten oder Linearformenwerten unter Ausschluß des Gleichheitszeichens ($<$) definiert ist, ist eine offene Menge, weil ihre Komplementärmenge durch die entgegengesetzte Ungleichung unter Einschluß der Gleichheit bestimmt und damit abgeschlossen ist. Entsprechendes gilt wegen 4.3 für Mengen, die durch das gleichzeitige Bestehen endlich vieler derartiger Ungleichungen definiert sind.

Ist in X eine Normfunktion gegeben, so ist z. B.

$$U_\varepsilon(\mathfrak{x}) = \{\mathfrak{y} : |\mathfrak{y} - \mathfrak{x}| < \varepsilon\} \qquad (\varepsilon > 0)$$

eine offene Menge, die als ε-Umgebung des Punktes $\mathfrak{x}$ hinsichtlich der gegebenen Normfunktion bezeichnet wird. Entsprechend werden hinsichtlich einer Basis von X durch die Koordinaten offene Mengen

$$U_\varepsilon(\mathfrak{x}) = \{\mathfrak{y} : \max_\nu \{|y_\nu - x_\nu|\} < \varepsilon\} \qquad (\varepsilon > 0)$$

bestimmt, die ebenfalls als ε-Umgebungen bezüglich der gegebenen Basis bezeichnet werden.

Definition 4c: *Eine Teilmenge U von X heißt* **Umgebung** *des Punktes $\mathfrak{x}$, wenn es eine offene Menge V mit $\mathfrak{x} \in V$ und $V \subset U$ gibt. Das System aller Umgebungen von $\mathfrak{x}$ soll mit $\mathfrak{U}(\mathfrak{x})$ bezeichnet werden.*

Speziell ist jede offene Menge U, die $\mathfrak{x}$ enthält, auch eine Umgebung von $\mathfrak{x}$, weil man in der Definition $V = U$ setzen kann. Unter diese offenen Umgebungen fallen insbesondere die vorher definierten ε-Umgebungen. Es gilt sogar

4.4 *Eine Teilmenge U von X ist genau dann eine Umgebung von $\mathfrak{x}$, wenn sie mit geeignetem $\varepsilon > 0$ die hinsichtlich einer gegebenen Normfunktion bzw. Basis gebildete ε-Umgebung von $\mathfrak{x}$ enthält:*

$$U \in \mathfrak{U}(\mathfrak{x}) \Leftrightarrow \bigvee_{\varepsilon > 0} U_\varepsilon(\mathfrak{x}) \subset U.$$

Beweis: Da die ε-Umgebungen offene Mengen sind, folgt aus $U_\varepsilon(\mathfrak{x}) \subset U$ unmittelbar $U \in \mathfrak{U}(\mathfrak{x})$ nach 4c. Umgekehrt gelte $U \in \mathfrak{U}(\mathfrak{x})$. Es existiere also eine offene Menge V mit $\mathfrak{x} \in V$ und $V \subset U$. Weiter werde jedoch angenommen, daß $U_\varepsilon(\mathfrak{x}) \subset U$ für kein $\varepsilon > 0$ erfüllt ist. Speziell für $\varepsilon = \frac{1}{\nu}$ $(\nu = 1, 2, 3, \ldots)$ gibt es dann Punkte $\mathfrak{x}_\nu \in U_{\frac{1}{\nu}}(\mathfrak{x}) \cap \complement U$. Im Fall einer Normfunktion gilt also $|\mathfrak{x} - \mathfrak{x}_\nu| < \frac{1}{\nu}$ und im Fall der Koordinatendefinition $|x_1 - x_{\nu,1}| < \frac{1}{\nu}, \ldots,$ $|x_n - x_{\nu,n}| < \frac{1}{\nu}$. In beiden Fällen folgt $\lim(\mathfrak{x}_\nu) = \mathfrak{x}$, und $\mathfrak{x}$ ist wegen $\mathfrak{x}_\nu \in \complement U$ adhärenter Punkt von $\complement U$. Aus $V \subset U$ folgt $\complement U \subset \complement V$, und man erhält $\mathfrak{x} \in \overline{\complement U} \subset \overline{\complement V} = \complement V$, da ja V offen, $\complement V$ also abgeschlossen ist. Dies ist ein Widerspruch zu $\mathfrak{x} \in V$. ◆

Die mit demselben ε hinsichtlich verschiedener Normfunktionen oder Basen gebildeten ε-Umgebungen eines Punktes sind im allgemeinen verschieden. Aus dem letzten Satz folgt jedoch, daß jede ε-Umgebung der einen Sorte eine mit geeignetem δ gebildete δ-Umgebung der anderen Sorte enthält.

4.5 *Genau dann ist $\mathfrak{x}$ adhärenter Punkt von M, wenn jede Umgebung von $\mathfrak{x}$ mindestens einen Punkt aus M enthält:*

$$\mathfrak{x} \in \overline{M} \Leftrightarrow \bigwedge_{U \in \mathfrak{U}(\mathfrak{x})} U \cap M \neq \emptyset.$$

Beweis: Ohne Einschränkung der Allgemeinheit sei in X eine Normfunktion gegeben. Gilt $\mathfrak{x} \in \overline{M}$, so existiert eine Folge von Punkten $\mathfrak{x}_\nu \in M$ mit $\lim(\mathfrak{x}_\nu) = \mathfrak{x}$. Bei gegebenem $\varepsilon > 0$ gilt daher $|\mathfrak{x} - \mathfrak{x}_\nu| < \varepsilon$ von einem Index an oder gleichwertig $\mathfrak{x}_\nu \in U_\varepsilon(\mathfrak{x})$ und daher $U_\varepsilon(\mathfrak{x}) \cap M \neq \emptyset$. Da jede Umgebung von $\mathfrak{x}$ nach 4.4 eine ε-Umgebung von $\mathfrak{x}$ enthält, gilt sogar $U \cap M \neq \emptyset$ für alle $U \in \mathfrak{U}(\mathfrak{x})$.
Umgekehrt sei $U \cap M \neq \emptyset$ für alle Umgebungen U von $\mathfrak{x}$ erfüllt, insbesondere also für alle ε-Umgebungen mit $\varepsilon = \frac{1}{\nu}$. Es gibt somit Punkte $\mathfrak{x}_\nu \in U_{\frac{1}{\nu}}(\mathfrak{x}) \cap M$ $(\nu = 1, 2, 3, \ldots)$. Sie bilden eine Punktfolge aus M, die wegen $\mathfrak{x}_\nu \in U_{\frac{1}{\nu}}(\mathfrak{x})$, also $|\mathfrak{x} - \mathfrak{x}_\nu| < \frac{1}{\nu}$, gegen $\mathfrak{x}$ konvergiert. Daher ist $\mathfrak{x}$ ein adhärenter Punkt von M, und es folgt $\mathfrak{x} \in \overline{M}$. ◆

4.6 *Die Hülle $\overline{M}$ einer beliebigen Teilmenge M von X ist abgeschlossen; es gilt also $\overline{(\overline{M})} = \overline{M}$.*

Beweis: Es sei $\mathfrak{x}$ ein adhärenter Punkt von $\overline{M}$. Zu zeigen ist $\mathfrak{x} \in \overline{M}$, wegen 4.5 also $U \cap M \neq \emptyset$ für alle $U \in \mathfrak{U}(\mathfrak{x})$. Es werde nun $U \cap M = \emptyset$, also $M \subset \complement U$, für ein $U \in \mathfrak{U}(\mathfrak{x})$ angenommen. Wegen 4c gibt es dann eine offene Menge V mit $\mathfrak{x} \in V$ und $V \subset U$. Es folgt $M \subset \complement U \subset \complement V$ und daher $\overline{M} \subset \overline{\complement V} = \complement V$, da

$\complement V$ als Komplement einer offenen Menge abgeschlossen ist. Da dies mit $V \cap \overline{M} = \emptyset$ gleichwertig ist und V außerdem als offene Menge eine Umgebung von $\mathfrak{x}$ ist, kann $\mathfrak{x}$ im Widerspruch zur Voraussetzung nach 4.5 nicht adhärenter Punkt von $\overline{M}$ sein. ◆

Definition 4d: *Ein Punkt $\mathfrak{x}$ heißt* **innerer Punkt** *der Menge M, wenn M Umgebung von $\mathfrak{x}$ ist, wenn es also eine offene Umgebung $V \in \mathfrak{U}(\mathfrak{x})$ mit $V \subset M$ gibt. Punkte aus M, die keine inneren Punkte von M sind, werden* **Randpunkte** *von M genannt.*

Zum Beispiel sind innere Punkte der Menge $\{\mathfrak{x} : |\mathfrak{x}| \leqq 1\}$ genau diejenigen Punkte, für die sogar $|\mathfrak{x}| < 1$ gilt, während die Punkte $\mathfrak{x}$ mit $|\mathfrak{x}| = 1$ Randpunkte dieser Menge sind. Ein von X verschiedener Unterraum besitzt keine inneren Punkte, sondern besteht nur aus Randpunkten. Dieses Beispiel zeigt die Relativität der Begriffe bezüglich des Gesamtraumes X. Faßt man nämlich einen echten Unterraum von X als neuen Gesamtraum auf, so besteht er bei dieser neuen Auffassung aus lauter inneren Punkten.

4.7 *Eine Teilmenge M von X ist genau dann offen, wenn alle Punkte aus M sogar innere Punkte von M sind.*

Beweis: Ist M offen, so ist die Menge M Umgebung jedes ihrer Punkte, die somit alle innere Punkte von M sind. Umgekehrt sei jeder Punkt $\mathfrak{x} \in M$ ein innerer Punkt von M, besitze also eine offene Umgebung $V_\mathfrak{x} \in \mathfrak{U}(\mathfrak{x})$ mit $V_\mathfrak{x} \subset M$. Wegen $\mathfrak{x} \in V_\mathfrak{x}$ folgt

$$M \subset \bigcup \{V_\mathfrak{x} : \mathfrak{x} \in M\} \subset M,$$

also die Gleichheit dieser Mengen. Da aber die in der Mitte stehende Vereinigung offener Mengen nach 4.3 ebenfalls offen ist, ergibt sich die Behauptung. ◆

Definition 4e: *Ein Punkt $\mathfrak{x}$ heißt* **Häufungspunkt** *einer Menge M, wenn $\mathfrak{x}$ adhärenter Punkt von $M \setminus \{\mathfrak{x}\}$ ist. Ein Punkt aus M, der kein Häufungspunkt von M ist, wird ein* **isolierter Punkt** *von M genannt.*

Offenbar ist $\mathfrak{x}$ genau dann Häufungspunkt von M, wenn es in M eine gegen $\mathfrak{x}$ konvergente Folge gibt, die aus lauter von $\mathfrak{x}$ verschiedenen Punkten besteht. Gleichwertig damit ist auch, daß jede Umgebung von $\mathfrak{x}$ einen von $\mathfrak{x}$ verschiedenen Punkt aus M enthält.

Jede endliche Menge besteht nur aus isolierten Punkten. Es gibt aber auch unendliche Mengen, die nur isolierte Punkte enthalten, wie die Menge $\mathbb{Z}$ der ganzen Zahlen im $\mathbb{R}^1$ zeigt. Hingegen besteht die Menge $\mathbb{Q}$ der rationalen Zahlen nur aus Häufungspunkten.

4.8 (*Bolzano-Weierstraß.*) *Jede unendliche beschränkte Menge M besitzt mindestens einen Häufungspunkt.*

Beweis: Da M unendlich ist, gibt es eine Folge $(\mathfrak{x}_\nu)$, die aus lauter verschiedenen Punkten von M besteht. Da M außerdem beschränkt ist, muß auch die Folge $(\mathfrak{x}_\nu)$ beschränkt sein. Wegen 1.7 besitzt sie daher einen Häufungspunkt $\mathfrak{x}$, enthält also eine gegen $\mathfrak{x}$ konvergierende Teilfolge. Da $\mathfrak{x}$ höchstens einmal als Glied der Gesamtfolge $(\mathfrak{x}_\nu)$ auftreten kann, darf vorausgesetzt werden, daß die gegen $\mathfrak{x}$ konvergente Teilfolge sogar aus lauter von $\mathfrak{x}$ verschiedenen Punkten besteht. Daher ist $\mathfrak{x}$ Häufungspunkt von M. ◆

Trotz der Verwandtschaft der Begriffe muß zwischen Häufungspunkten von Folgen und Häufungspunkten von Mengen unterschieden werden. Ein Häufungspunkt einer Folge braucht nicht auch Häufungspunkt der durch die Folge bestimmten Menge zu sein: So ist z. B. $\mathfrak{x}$ Häufungspunkt der konstanten Folge $(\mathfrak{x})$, nicht aber Häufungspunkt der einelementigen Menge $\{\mathfrak{x}\}$.

Ergänzungen und Aufgaben

4A Über die bereits bewiesenen Hülleneigenschaften

$$\overline{\emptyset} = \emptyset, \quad M \subset \overline{M}, \quad \overline{\overline{M}} = \overline{M}$$

hinaus zeige man

Aufgabe: $\overline{M \cup N} = \overline{M} \cup \overline{N}$.

Gilt eine entsprechende Gleichung für den Durchschnitt?

4B Es bedeute $\underline{M}$ die Menge aller inneren Punkte von M.

Aufgabe: Man beweise, daß $\underline{M}$ die größte offene Teilmenge von M ist und daß $\underline{M} = \complement(\overline{\complement M})$ gilt. Weiter zeige man an einem Beispiel, daß $\underline{M}$ und $\underline{(\overline{M})}$ verschiedene Mengen sein können.

4C **Aufgabe:** Man zeige, daß es in einem Vektorraum zu je zwei abgeschlossenen Teilmengen M_1, M_2 mit $M_1 \cap M_2 = \emptyset$ offene Teilmengen U_1, U_2 gibt mit $M_1 \subset U_1$, $M_2 \subset U_2$ und $U_1 \cap U_2 = \emptyset$.

4D Ein System $\mathfrak{B}$ aus Teilmengen von X heißt eine **offene Basis** von X, wenn $\mathfrak{B}$ aus lauter nicht leeren offenen Teilmengen von X besteht und wenn sich jede nicht leere offene Teilmenge von X als Vereinigung von Mengen aus $\mathfrak{B}$

darstellen läßt. Dieser Begriff hat nichts mit dem algebraischen Begriff der Basis eines Vektorraums zu tun. Allgemein spricht man in topologischen Räumen sogar nur von „Basen" statt von „offenen Basen", was aber hier wegen der Doppeldeutigkeit vermieden werden soll.

Aufgabe: Es sei $\{\mathfrak{a}_1, \ldots, \mathfrak{a}_r\}$ eine Basis von X, und Q sei die Menge aller derjenigen Vektoren aus X, die bezüglich dieser Basis lauter rationale Zahlen als Koordinaten besitzen. Man zeige, daß das Mengensystem

$$\mathfrak{B} = \{U_{\frac{1}{n}}(\mathfrak{x}) : \mathfrak{x} \in Q, \ n = 1, 2, 3, \ldots\}$$

eine offene Basis von X ist.

4E Eine Teilmenge M von X heißt **dicht** (in X), wenn $\overline{M} = X$ gilt. Zum Beispiel ist $\mathbb{Q}$ eine dichte Teilmenge von $\mathbb{R}$.

Aufgabe: Es sei M eine dichte Teilmenge des Vektorraums X. Man zeige, daß dann

$$\mathfrak{B} = \{U_{\frac{1}{n}}(\mathfrak{x}) : \mathfrak{x} \in M, \ n = 1, 2, 3, \ldots\}$$

eine offene Basis von X ist (vgl. 4D). Umgekehrt sei $\mathfrak{B}$ eine beliebige offene Basis von X, und für jede Menge $B \in \mathfrak{B}$ sei $\mathfrak{x}_B$ ein Punkt mit $\mathfrak{x}_B \in B$. Man zeige weiter, daß die Menge $M = \{\mathfrak{x}_B : B \in \mathfrak{B}\}$ eine dichte Teilmenge von X ist.

§ 5 Kompaktheit und Zusammenhang

X sei stets ein endlich-dimensionaler Vektorraum.

Definition 5a: *Ein System $\mathfrak{S}$ aus Teilmengen von X heißt eine* **Überdeckung** *der Teilmenge M von X, wenn*

$$M \subset \bigcup \{S : S \in \mathfrak{S}\}$$

gilt. Eine Überdeckung $\mathfrak{S}$ von M heißt offen, wenn $\mathfrak{S}$ aus lauter offenen Teilmengen von X besteht.

5.1 *Jede offene Überdeckung $\mathfrak{S}$ einer beliebigen Teilmenge M von X enthält ein abzählbares Teilsystem, das M ebenfalls überdeckt.*

Beweis: Es sei in X eine Orthonormalbasis gegeben, die dann ein skalares Produkt und damit eine Norm bestimmt, hinsichtlich derer ε-Umgebungen gebildet werden sollen. Ferner sei R die Menge aller derjenigen Punkte aus

$\bigcup\{S : S \in \mathfrak{S}\}$, deren sämtliche Koordinaten rational sind. Wegen der Abzählbarkeit der rationalen Zahlen ist R eine abzählbare Punktmenge. Jedem Punkt $\mathfrak{r} \in R$ wird nun folgendermaßen eine Menge $S_\mathfrak{r} \in \mathfrak{S}$ und außerdem eine natürliche Zahl $k(\mathfrak{r})$ zugeordnet: Da die Mengen $S \in \mathfrak{S}$ offen sind, folgt aus $\mathfrak{r} \in S$, daß sogar $U_{\frac{1}{k}}(\mathfrak{r}) \subset S$ mit einer geeigneten natürlichen Zahl k gilt. $S_\mathfrak{r}$ sei dann eine solche Menge aus $\mathfrak{S}$, bei der diese Beziehung mit einer kleinsten natürlichen Zahl $k(\mathfrak{r})$ erfüllt ist. Es gilt also

$$U_{\frac{1}{k(\mathfrak{r})}}(\mathfrak{r}) \subset S\,, \quad U_{\frac{1}{k}}(\mathfrak{r}) \subset S \;\Rightarrow\; k \geqq k(\mathfrak{r}) \qquad (S \in \mathfrak{S}).$$

Ist nun $\mathfrak{x}$ ein beliebiger Punkt aus M, so gibt es zunächst ein $S \in \mathfrak{S}$ mit $\mathfrak{x} \in S$, und mit einer geeigneten natürlichen Zahl k gilt sogar $U_{\frac{2}{k}}(\mathfrak{x}) \subset S$. Da die Koordinaten von $\mathfrak{x}$ beliebig genau durch rationale Zahlen approximiert werden können, gibt es weiter ein $\mathfrak{r} \in R$ mit $\mathfrak{r} \in U_{\frac{1}{k}}(\mathfrak{x})$. Es folgt

$$U_{\frac{1}{k}}(\mathfrak{r}) \subset U_{\frac{2}{k}}(\mathfrak{x}) \subset S,$$

also $k \geqq k(\mathfrak{r})$ und daher

$$\mathfrak{x} \in U_{\frac{1}{k}}(\mathfrak{r}) \subset U_{\frac{1}{k(\mathfrak{r})}}(\mathfrak{r}) \subset S_\mathfrak{r}.$$

Das abzählbare Teilsystem $\{S_\mathfrak{r} : \mathfrak{r} \in R\}$ von $\mathfrak{S}$ ist somit eine Überdeckung von M. ◆

Definition 5b: *Eine Teilmenge M von X heißt* **kompakt**, *wenn jede Folge von Punkten aus M einen in M liegenden Häufungspunkt besitzt, wenn also diese Folge eine gegen einen Punkt von M konvergierende Teilfolge enthält.*

In dem folgenden Satz werden mehrere gleichwertige Kennzeichnungen der Kompaktheit zusammengestellt. Die Gleichwertigkeit mit (3) ist der **Überdeckungssatz von Heine-Borel**, die Gleichwertigkeit mit (4) der **Durchschnittssatz von Cantor.**

5.2 *Für Teilmengen M von X sind folgende Aussagen paarweise gleichwertig:*

(1) *M ist kompakt.*

(2) *M ist beschränkt und abgeschlossen.*

(3) *Jede offene Überdeckung von M enthält ein endliches Teilsystem, das M ebenfalls überdeckt.*

(4) *Für jede absteigende Folge* $A_0 \supset A_1 \supset A_2 \supset \ldots$ *nicht leerer Teilmengen von M gilt* $D = M \cap \bigcap_{\nu=0}^{\infty} \bar{A}_\nu \neq \emptyset$.

Beweis: Der Beweis folgt dem Schema

$$(1) \Rightarrow (3) \Rightarrow (4) \Rightarrow (2) \Rightarrow (1).$$

(1) $\Rightarrow$ (3): $\mathfrak{S}$ sei eine offene Überdeckung von M. Nach 5.1 enthält $\mathfrak{S}$ ein abzählbares Teilsystem $\mathfrak{S}' = \{S_\nu : \nu \in \mathbb{N}\}$, das M ebenfalls überdeckt. Es soll dann die Annahme „Je endlich viele Mengen aus $\mathfrak{S}'$ überdecken M nicht" zum Widerspruch geführt werden. Aus dieser Annahme folgt die Existenz von Punkten $\mathfrak{x}_\nu \in M$ mit $\mathfrak{x}_\nu \notin S_0 \cup \ldots \cup S_\nu$ ($\nu \in \mathbb{N}$). Wegen der Kompaktheit von M besitzt die Folge $(\mathfrak{x}_\nu)$ einen Häufungspunkt $\mathfrak{x} \in M$. Und da $\mathfrak{S}'$ eine Überdeckung von M ist, gilt $\mathfrak{x} \in S_k$ mit einem geeigneten Index k. Als offene Menge ist S_k eine Umgebung von $\mathfrak{x}$ und enthält daher unendlich viele Glieder der Folge $(\mathfrak{x}_\nu)$. Es gibt also ein $\nu \geqq k$ mit $\mathfrak{x}_\nu \in S_k$. Dies ist ein Widerspruch zu $\mathfrak{x}_\nu \notin S_0 \cup \ldots \cup S_k \cup \ldots \cup S_\nu$.

(3) $\Rightarrow$ (4): Es gelte $D = \emptyset$, also $M \subset \complement(\bigcap \bar{A}_\nu) = \bigcup (\complement \bar{A}_\nu)$. Hiernach ist $\mathfrak{S} = \{\complement \bar{A}_\nu : \nu \in \mathbb{N}\}$ eine offene Überdeckung von M. Wegen

$$M \cap \complement(\complement \bar{A}_0 \cup \ldots \cup \complement \bar{A}_k) = M \cap \bar{A}_0 \cap \ldots \cap \bar{A}_k = \bar{A}_k \neq \emptyset$$

wird jedoch M von je endlich vielen Mengen aus $\mathfrak{S}$ nicht überdeckt.

(4) $\Rightarrow$ (2): Ist M nicht beschränkt, so bilden die hinsichtlich einer Normfunktion gebildeten Mengen

$$A_\nu = M \cap \{\mathfrak{x} : |\mathfrak{x}| \geqq \nu\}$$

eine absteigende Folge aus Teilmengen von M mit $M \cap \bigcap \bar{A}_\nu = \emptyset$. Ist andererseits M nicht abgeschlossen, so gibt es einen adhärenten Punkt $\mathfrak{x}^*$ von M mit $\mathfrak{x}^* \notin M$, und Entsprechendes wie vorher gilt für die Mengen

$$A_\nu = M \cap \{\mathfrak{x} : |\mathfrak{x} - \mathfrak{x}^*| \leqq \frac{1}{\nu}\}.$$

(2) $\Rightarrow$ (1): Es sei $(\mathfrak{x}_\nu)$ eine Folge aus M. Da M beschränkt ist, enthält sie nach 1.7 eine gegen einen Punkt $\mathfrak{x}$ konvergente Teilfolge. Dann ist $\mathfrak{x}$ adhärenter Punkt von M, und wegen der Abgeschlossenheit von M folgt $\mathfrak{x} \in M$. ◆

Bereits im vorangehenden Paragraphen wurde darauf hingewiesen, daß die dort behandelten Begriffe wesentlich von dem zugrundegelegten Raum abhingen. Man kann nun insbesondere die zentralen Begriffe „abgeschlossen" und „offen" relativieren, nämlich auf beliebige Teilmengen von X beziehen. Dazu sei jetzt M eine fest gewählte Teilmenge von X.

Definition 5c: *Eine Teilmenge N von M heißt* **abgeschlossen in M (offen in M)**, *wenn es eine abgeschlossene (offene) Teilmenge N^* von X mit $N = N^* \cap M$ gibt.*

Die Relativierung erfolgt also einfach durch Durchschnittsbildung. Zum Beispiel ist im $\mathbb{R}^2$ die Menge $\{(x, y): -1 < x < 1 \wedge y = 0\}$ keine offene Menge. Sie ist aber offen in dem durch $y = 0$ bestimmten eindimensionalen Unterraum; sie ist nämlich Durchschnitt dieses Unterraums mit der im $\mathbb{R}^2$ offenen Menge $\{(x, y): -1 < x < 1 \wedge -1 < y < 1\}$.

5.3 *Es sei N eine Teilmenge von M.*

(1) *N ist genau dann abgeschlossen in M, wenn $N = \bar{N} \cap M$ gilt.*

(2) *N ist genau dann offen in M, wenn es zu jedem $\mathfrak{x} \in N$ eine Umgebung $U \in \mathfrak{U}(\mathfrak{x})$ mit $U \cap M \subset N$ gibt.*

(3) *N ist genau dann offen in M, wenn $M \setminus N$ in M abgeschlossen ist.*

Beweis:

(1) Aus $N = N^* \cap M$ mit einer abgeschlossenen Menge N^* folgt $N \subset N^*$ und daher $\bar{N} \subset \bar{N}^* = N^*$. Es ergibt sich $N \subset \bar{N} \cap M \subset N^* \cap M = N$ und damit $N = \bar{N} \cap M$. Umgekehrt folgt aus dieser Gleichung die Abgeschlossenheit von N in M mit $N^* = \bar{N}$.

(2) Es gelte $N = N^* \cap M$ mit einer offenen Menge N^*. Aus $\mathfrak{x} \in N$ folgt dann $\mathfrak{x} \in N^*$, und wegen der Offenheit von N^* gibt es eine Umgebung $U \in \mathfrak{U}(\mathfrak{x})$ mit $U \subset N^*$, also mit $U \cap M \subset N^* \cap M = N$. Umgekehrt existiere zu jedem $\mathfrak{x} \in N$ ein $U_\mathfrak{x} \in \mathfrak{U}(\mathfrak{x})$ mit $U_\mathfrak{x} \cap M \subset N$. Nach 4.3 ist $N^* = \bigcup \{U_\mathfrak{x} : \mathfrak{x} \in N\}$ eine offene Menge mit $N \subset N^* \cap M = \bigcup \{U_\mathfrak{x} \cap M : \mathfrak{x} \in N\} \subset N$, also mit $N = N^* \cap M$.

(3) Die Behauptung folgt unmittelbar aus der Gleichwertigkeit von $N = N^* \cap M$ und $M \setminus N = (X \setminus N^*) \cap M$. ◆

Definition 5d: *Eine Teilmenge M von X heißt* **zusammenhängend**, *wenn aus*

$$M = M_0 \cup M_1 \qquad \text{und} \qquad M_0 \cap M_1 = \emptyset$$

mit in M offenen Mengen M_0, M_1 stets $M_0 = \emptyset$ oder $M_1 = \emptyset$ folgt.

Diese Definition besagt, daß bei einer Zerlegung von M in zwei nicht leere Mengen diese Mengen nicht beide offen in M sein können. Wegen 5.3 (3) ist hiermit gleichwertig, daß M auch nicht in zwei nicht leere, in M abgeschlossene Mengen zerlegt werden kann. Schließlich sind die Mengen M_0, M_1 einer Zerlegung von M wegen $M_0 = M \setminus M_1$, $M_1 = M \setminus M_0$ genau dann offen in M, wenn M_0 (und ebenso M_1) gleichzeitig offen und abgeschlossen in M ist. Daher ist eine Menge auch genau dann zusammenhängend, wenn $\emptyset$ und M die einzigen Teilmengen von M sind, die gleichzeitig offen und abgeschlossen in M sind.

5.4 *Die Teilmengen M, M' von X seien zusammenhängend, und es gelte $M \cap M' \neq \emptyset$. Dann ist auch ihre Vereinigungsmenge $M \cup M'$ zusammenhängend.*

Beweis: Es gelte

$$M \cup M' = N_0 \cup N_1 \qquad \text{und} \qquad N_0 \cap N_1 = \emptyset$$

mit in $M \cup M'$ offenen Mengen N_0 und N_1. Die Mengen $M \cap N_0$ und $M \cap N_1$ bilden dann eine Zerlegung von M in zwei in M offene Mengen. Da M zusammenhängend ist, folgt $M \cap N_0 = \emptyset$ oder $M \cap N_1 = \emptyset$. Es kann $M \cap N_1 = \emptyset$ und daher $M \subset N_0$ angenommen werden. Entsprechend ergibt sich $M' \cap N_0 = \emptyset$ oder $M' \cap N_1 = \emptyset$. Aus $M' \cap N_0 = \emptyset$, also $M' \subset N_1$ würde wegen $N_0 \cap N_1 = \emptyset$ auch $M \cap M' = \emptyset$ im Widerspruch zur Voraussetzung folgen. Es muß also $M' \cap N_1 = \emptyset$ und damit $M' \subset N_0$ gelten. Es ergibt sich $M \cup M' \subset N_0$, also $N_0 = M \cup M'$ und daher $N_1 = \emptyset$. ◆

Eine Teilmenge M von X heißt bekanntlich **konvex**, wenn sie mit je zwei Punkten auch deren Verbindungsstrecke enthält, wenn also mit $\mathfrak{x}_0$ und $\mathfrak{x}_1$ auch alle Punkte $\mathfrak{y}(t) = t\mathfrak{x}_0 + (1-t)\mathfrak{x}_1$ $(0 \leqq t \leqq 1)$ in M liegen. Zum Beispiel sind alle ε-Umgebungen und alle Unterräume von X konvexe Mengen.

5.5 *Jede konvexe Teilmenge M von X ist zusammenhängend.*

Beweis: Es gelte $M = M_0 \cup M_1$ und $M_0 \cap M_1 = \emptyset$ mit in M abgeschlossenen Teilmengen M_0, M_1. Ferner werde $M_0 \neq \emptyset$ und $M_1 \neq \emptyset$ angenommen. Es gibt also Punkte $\mathfrak{x}_0 \in M_0$, $\mathfrak{x}_1 \in M_1$, und wegen der Konvexität von M gilt $\mathfrak{y}(t) = t\mathfrak{x}_0 + (1-t)\mathfrak{x}_1 \in M$ für $0 \leqq t \leqq 1$. Wegen $\mathfrak{y}(0) = \mathfrak{x}_0 \in M_0$ existiert $s = \sup\{t : 0 \leqq t \leqq 1 \wedge \mathfrak{y}(t) \in M_0\}$. Im Fall $s = 0$ gilt $\mathfrak{y}(s) = \mathfrak{x}_0 \in M_0$. Im Fall $s > 0$ ist $\mathfrak{y}(s)$ Grenzwert einer Folge von Punkten $\mathfrak{y}(t_\nu) \in M_0$ mit $t_\nu \leqq s$. Da aber M_0 in M abgeschlossen ist, folgt wieder $\mathfrak{y}(s) \in M_0$. Andererseits gilt im Fall $s = 1$ unmittelbar $\mathfrak{y}(s) = \mathfrak{x}_1 \in M_1$, während im Fall $s < 1$ jetzt $\mathfrak{y}(s)$ Grenzwert einer Punktfolge $\mathfrak{y}(t_\nu) \in M_1$ mit $t_\nu \geqq s$ ist, und $\mathfrak{y}(s) \in M_1$ wegen der Abgeschlossenheit von M_1 in M folgt. In jedem Fall hat sich $\mathfrak{y}(s) \in M_0 \cap M_1$ ergeben im Widerspruch zu $M_0 \cap M_1 = \emptyset$. ◆

Speziell folgt aus diesem Satz, daß ε-Umgebungen und Unterräume zusammenhängende Mengen sind. Insbesondere ist der ganze Raum X zusammenhängend. Aus der Bemerkung im Anschluß an Definition 5d ergibt sich daher, daß $\emptyset$ und X die einzigen gleichzeitig offenen und abgeschlossenen Teilmengen von X sind.
Der folgende Satz zeigt, daß der recht abstrakte und unanschauliche Zusammenhangsbegriff im Fall offener Mengen durchaus mit der Anschauung übereinstimmt.

5.6 *Eine offene Menge M ist genau dann zusammenhängend, wenn es zu je zwei verschiedenen Punkten von M einen in M verlaufenden Streckenzug gibt, der diese beiden Punkte verbindet.*

Beweis: M sei zusammenhängend, und $\mathfrak{x}_0$, $\mathfrak{x}_1$ seien zwei verschiedene Punkte aus M. Dann bestehe M_0 aus $\mathfrak{x}_0$ und allen denjenigen Punkten von M, die sich in M mit $\mathfrak{x}_0$ durch einen Streckenzug verbinden lassen.
Aus $\mathfrak{x} \in M$ folgt wegen der Offenheit von M sogar $U_\varepsilon(\mathfrak{x}) \subset M$ hinsichtlich einer gegebenen Normfunktion und mit einem geeigneten $\varepsilon > 0$. Jeder Punkt $\mathfrak{y} \in U_\varepsilon(\mathfrak{x})$ kann in dieser Umgebung und daher auch in M mit $\mathfrak{x}$ durch eine Strecke verbunden werden. Gilt nun sogar $\mathfrak{x} \in M_0$, so ist auch jeder Punkt $\mathfrak{y} \in U_\varepsilon(\mathfrak{x})$ über $\mathfrak{x}$ mit $\mathfrak{x}_0$ in M durch einen Streckenzug verbindbar. Es folgt $U_\varepsilon(\mathfrak{x}) \subset M_0$, weswegen M_0 eine offene Menge ist. Ist andererseits $\mathfrak{x} \in M$ ein adhärenter Punkt von M_0, so gibt es einen Punkt $\mathfrak{y} \in U_\varepsilon(\mathfrak{x}) \cap M_0$. Daher kann $\mathfrak{x}$ über $\mathfrak{y}$ mit $\mathfrak{x}_0$ in M durch einen Streckenzug verbunden werden. Es folgt $\mathfrak{x} \in M_0$, und M_0 ist auch eine in M abgeschlossene Mengen. M_0 ist also eine in M gleichzeitig offene und abgeschlossene Teilmenge, die wegen $\mathfrak{x}_0 \in M_0$ nicht leer ist. Da M zusammenhängend ist, folgt $M_0 = M$ und speziell $\mathfrak{x}_1 \in M_0$. Daher ist $\mathfrak{x}_1$ in M mit $\mathfrak{x}_0$ durch einen Streckenzug verbindbar.
Umgekehrt seien in M je zwei verschiedene Punkte durch einen Streckenzug verbindbar, M sei jedoch nicht zusammenhängend. Dann kann M in zwei nicht leere, in M offene Teilmengen M_0, M_1 zerlegt werden. Weiter gelte $\mathfrak{x}_0 \in M_0$, $\mathfrak{x}_1 \in M_1$, und S sei ein $\mathfrak{x}_0$ und $\mathfrak{x}_1$ in M verbindender Streckenzug. Da jede Strecke als konvexe Menge nach 5.5 zusammenhängend ist und da in S aufeinander folgende Strecken je einen gemeinsamen Punkt besitzen, folgt mit Hilfe von 5.4, daß S zusammenhängend ist. Dies steht im Widerspruch dazu, daß $M_0 \cap S$, $M_1 \cap S$ eine Zerlegung von S in nicht leere, in S offene Mengen bilden. ◆

Definition 5e: *Eine offene und zusammenhängende Menge wird ein* **Gebiet** *genannt.*
Nach dem letzten Satz können also in einem Gebiet je zwei verschiedene Punkte durch einen Streckenzug verbunden werden.

Ergänzungen und Aufgaben

5A Eine Teilmenge J der Zahlengeraden heißt ein Intervall, wenn aus $a \in J$, $c \in J$ und $a < b < c$ stets $b \in J$ folgt.

Aufgabe: Man zeige, daß die Intervalle die einzigen zusammenhängenden Teilmengen der Zahlengeraden sind.

5B Aufgabe: Es gelte $N \subset M$, M sei eine offene (abgeschlossene) Menge, und N sei offen (abgeschlossen) in M. Man zeige, daß dann N selbst eine offene (abgeschlossene) Menge ist.

5C In X sei eine Normfunktion gegeben, und M, N seien nicht leere Teilmengen von X. Dann wird die Zahl

$$\delta(M, N) = \inf\{|\mathfrak{x} - \mathfrak{y}| : \mathfrak{x} \in M \wedge \mathfrak{y} \in N\}$$

der **Abstand** der Mengen M und N genannt.

Aufgabe: Die Mengen M und N seien nicht leer und kompakt. Ferner gelte $M \cap N = \emptyset$. Man beweise $\delta(M, N) > 0$. Gilt dies auch, wenn bei einer der beiden Mengen die Voraussetzung „kompakt" durch „abgeschlossen" ersetzt wird?

5D Aufgabe: Im $\mathbb{R}^2$ gelte

$$M_1 = \{(x, y) : 0 < |x| \leqq 1 \wedge y = \sin\frac{1}{x}\},$$

$$M_2 = M_1 \cup \{(0, 0)\},$$

$$M_3 = M_1 \cup \{(0, y) : -1 \leqq y \leqq +1\}.$$

Welche dieser Mengen sind kompakt? Welche sind zusammenhängend?

5E Aufgabe: Im $\mathbb{R}^2$ gelte

$$M = \{(\frac{1}{t}\cos t, \quad \frac{1}{t}\sin|t|) : 0 < |t|\}.$$

Man zeige, daß die Komplementärmenge $\complement M$ zusammenhängend ist, daß sich in ihr aber nicht je zwei Punkte durch einen Streckenzug verbinden lassen. Wie ist dieses Ergebnis mit 5.6 vereinbar?

Drittes Kapitel

Stetigkeit und Abbildungsfolgen

In diesem Kapitel werden Abbildungen zwischen Vektorräumen untersucht, die im allgemeinen nicht mehr linear sind. Zunächst handelt es sich darum, wie sich solche Abbildungen hinsichtlich gegebener Basen koordinatenmäßig beschreiben lassen. Zum Grenzwertbegriff können Abbildungen auf zwei Arten in Beziehung gesetzt werden: Einmal kann man bei einer einzelnen Abbildung Grenzübergänge bei den Argumentvektoren durchführen und untersuchen, ob sich die Konvergenz vom Originalraum mit Hilfe der Abbildung auf den Bildraum überträgt. Man gelangt so zum Begriff der Stetigkeit, der sich außerdem auch durch topologische Eigenschaften kennzeichnen läßt. Zweitens aber kann man auch Folgen oder Reihen untersuchen, deren Glieder Abbildungen sind. Hier ergeben sich verschiedene Konvergenzbegriffe wie die punktweise, die gleichmäßige oder die kompakte Konvergenz.

§ 6 Abbildungen

In diesem und den folgenden Paragraphen seien X und Y stets zwei endlichdimensionale Vektorräume. Es werden Abbildungen in den Raum Y betrachtet, die jedoch nicht auf dem ganzen Raum X definiert zu sein brauchen. Ihr Definitionsbereich wird im allgemeinen mit D bezeichnet, so daß D stets eine Teilmenge von X bedeutet.
Eine Abbildung $\varphi: D \to Y$ ordnet jedem Punkt $\mathfrak{x} \in D$ eindeutig einen mit $\varphi\mathfrak{x}$ oder $\varphi(\mathfrak{x})$ bezeichneten Bildpunkt in Y zu. Ist M eine Teilmenge von D, so wird die Menge aller Bildpunkte von Punkten aus M mit φM bezeichnet:

$$\varphi M = \{\varphi\mathfrak{x} : \mathfrak{x} \in M\}.$$

Ist umgekehrt N eine Teilmenge von Y, so besteht ihr Urbild $\varphi^- N$ aus allen Punkten des Definitionsbereichs, deren Bildpunkt in N liegt:

$$\varphi^- N = \{\mathfrak{x} : \mathfrak{x} \in D \wedge \varphi\mathfrak{x} \in N\}.$$

Offenbar gilt $\varphi^- N = \varphi^- (N \cap \varphi D)$. Deswegen kann $\varphi^- N$ die leere Menge sein, auch wenn $N \neq \emptyset$ gilt.

Die Abbildung $\varphi: D \to Y$ heißt **injektiv**, eineindeutig oder eine **1–1-Abbildung**, wenn verschiedene Punkte aus D auch verschiedene Bildpunkte besitzen; d.h. wenn umgekehrt aus $\varphi \mathfrak{x}_1 = \varphi \mathfrak{x}_2$ auch $\mathfrak{x}_1 = \mathfrak{x}_2$ folgt. Weiter heißt φ **surjektiv** oder eine **Abbildung auf** Y, wenn $\varphi D = Y$ gilt, wenn also jeder Punkt aus Y Bild eines Punktes aus D ist. Eine gleichzeitig injektive und surjektive Abbildung wird **bijektiv** oder eine **Bijektion** genannt.
Es sei nun zunächst $B^* = \{\mathfrak{b}_1, \ldots, \mathfrak{b}_r\}$ eine Basis von Y, und für $\varrho = 1, \ldots, r$ sei π_ϱ diejenige Linearform von Y, die jedem Vektor $\mathfrak{y} \in Y$ als Wert seine zum Basisvektor $\mathfrak{b}_\varrho$ gehörende Koordinate y_ϱ zuordnet. Ist dann $\varphi: D \to Y$ eine beliebige Abbildung, so entsprechen ihr hinsichtlich der Basis B^* die durch $\varphi_\varrho = \pi_\varrho \circ \varphi$ definierten reellwertigen **Koordinatenabbildungen** $\varphi_\varrho: D \to \mathbb{R}$ $(\varrho = 1, \ldots, r)$. Mit ihnen gilt für alle $\mathfrak{x} \in D$

$$\varphi \mathfrak{x} = (\varphi_1 \mathfrak{x})\mathfrak{b}_1 + \cdots + (\varphi_r \mathfrak{x})\mathfrak{b}_r.$$

Hinsichtlich einer Basis B^* von Y entsprechen also die Abbildungen $\varphi: D \to Y$ umkehrbar eindeutig den r-Tupeln $(\varphi_1, \ldots, \varphi_r)$ ihrer Koordinatenabbildungen.

Weiter sei jetzt außerdem auch in X eine Basis $B = \{\mathfrak{a}_1, \ldots, \mathfrak{a}_n\}$ gegeben. Die Werte der Koordinatenabbildungen φ_ϱ im Punkt $\mathfrak{x} = x_1 \mathfrak{a}_1 + \cdots + x_n \mathfrak{a}_n$ hängen dann von den Koordinaten von $\mathfrak{x}$ ab, sind also Funktionen f_ϱ der n **Koordinatenveränderlichen** $x_1, \ldots, x_n$. Hinsichtlich je einer Basis von X und Y entsprechen also den Abbildungen $\varphi: D \to Y$ umkehrbar eindeutig die r-Tupel $(f_1, \ldots, f_r)$ von Koordinatenfunktionen der Veränderlichen $x_1, \ldots, x_n$ mit dem Definitionsbereich D. Bezeichnet man noch die Koordinaten des Bildvektors $\mathfrak{y} = \varphi \mathfrak{x}$ mit $y_1, \ldots, y_r$, so wird die Abbildung durch die Koordinatengleichungen

$$y_\varrho = f_\varrho(x_1, \ldots, x_n) \qquad (\varrho = 1, \ldots, r)$$

beschrieben.

Beispiele

6.I Es gelte $n = 1$, und der Definitionsbereich D sei ein Intervall $[a, b]$ der Zahlengeraden. Die Bildmenge φD einer Abbildung $\varphi: D \to Y$ ist dann im allgemeinen eine Raumkurve in Y, die hinsichtlich einer Basis $\{\mathfrak{b}_1, \ldots, b_r\}$ von Y durch Koordinatengleichungen

$$y_1 = f_1(t), \ldots, y_r = f_r(t) \qquad (a \leqq t \leqq b)$$

beschrieben wird, wobei jetzt die Koordinatenfunktionen nur von der einen reellen Veränderlichen t abhängen. Man bezeichnet diese Gleichungen auch als eine Parameterdarstellung der Raumkurve und schreibt für sie bisweilen kürzer $\mathfrak{y} = \mathfrak{y}(t)$. So wird z. B. durch

$$\mathfrak{y}(t) = (r\cos t,\ r\sin t,\ at)$$

im dreidimensionalen Raum eine Schraubenlinie mit dem Radius $r > 0$ und der Ganghöhe $2\pi a$ beschrieben.

6.II Im Fall $n = 2$ sei D ein Gebiet der Ebene, deren Koordinaten hinsichtlich eines gegebenen Koordinatensystems mit u, v bezeichnet werden sollen. Die Bildmenge φD einer Abbildung $\varphi : D \to Y$ ist dann im allgemeinen ein gekrümmtes Flächenstück in Y, das durch Koordinatengleichungen

$$y_1 = f_1(u, v), \ldots, y_r = f_r(u, v)$$

beschrieben wird, die auch kürzer durch $\mathfrak{y} = \mathfrak{y}(u, v)$ wiedergegeben und als Parameterdarstellung des Flächenstücks bezeichnet werden. So wird z. B. bei festem $r > 0$ durch

$$\mathfrak{y}(u, v) = (r\cos u\cos v,\ r\sin u\cos v,\ r\sin v) \qquad (0 \leqq u \leqq 2\pi,\ \ -\pi \leqq v \leqq \pi)$$

im dreidimensionalen Raum die Oberfläche der Kugel mit dem Radius r und dem Nullpunkt als Mittelpunkt beschrieben (2-dimensionale Sphäre). Die Parameter u und v können dabei als „geographische Länge“ bzw. „geographische Breite“ interpretiert werden.

6.III Eine Abbildung $\varphi : D \to X$ $(D \subset X)$ ordnet jedem Punkt $\mathfrak{x} \in D$ wieder einen Vektor $\mathfrak{v} = \varphi\mathfrak{x}$ aus X zu, den man sich anschaulich im Punkt $\mathfrak{x}$ angeheftet denken kann. Es entsteht so ein **Vektorfeld**, das hinsichtlich einer Basis $\{\mathfrak{a}_1, \ldots, \mathfrak{a}_n\}$ von X durch Koordinatengleichungen

$$v_1 = f_1(x_1, \ldots, x_n), \ldots,\ v_n = f_n(x_1, \ldots, x_n)$$

beschrieben wird. Beispiele für dreidimensionale Vektorfelder sind etwa das elektrische Feld einer stationären Ladungsverteilung oder das Geschwindigkeitsfeld einer stationären Strömung, die jedem Punkt mit den Ortskoordinaten x, y, z den entsprechenden elektrischen Feldvektor bzw. den Vektor der Strömungsgeschwindigkeit zuordnen. Handelt es sich jedoch um ein instationäres Vektorfeld, so hängen die Koordinatenfunktionen außer von den Ortskoordinaten x, y, z auch noch von der Zeit t als vierter Koordinate ab, und das Vektorfeld wird jetzt durch eine Abbildung $\varphi : D \to \mathbb{R}^3$ mit einem 4-dimensionalen Definitionsbereich D beschrieben.

Sind φ: $D \longrightarrow Y$ und ψ: $D \longrightarrow Y$ zwei Abbildungen mit gemeinsamem Definitions- und Bildbereich, so wird in üblicher Weise die Summenabbildung $\varphi + \psi$ durch

$(\varphi + \psi)\mathfrak{x} = \varphi\mathfrak{x} + \psi\mathfrak{x}$ $(\mathfrak{x} \in D)$ definiert. Entsprechend ist $c\varphi$ die durch $(c\varphi)\mathfrak{x} = c(\varphi\mathfrak{x})$ $(\mathfrak{x} \in D)$ erklärte Abbildung. Diese linearen Operationen übertragen sich sinngemäß auf die Koordinatenfunktionen.

Weiter seien jetzt $\varphi: D \to Y$ und $\psi: D^* \to Z$ zwei Abbildungen mit Definitionsbereichen $D \subset X$ und $D^* \subset Y$. Dann ist die durch Hintereinanderschaltung gewonnene Abbildung $\psi \circ \varphi$ nur in solchen Punkten $\mathfrak{x} \in D$ definiert, für die $\varphi\mathfrak{x} \in D^*$ gilt. Ihr Definitionsbereich ist also die Menge $\varphi^- D^*$, die auch leer sein kann.

Hinsichtlich je einer Basis $\{\mathfrak{a}_1, \ldots, \mathfrak{a}_n\}$ von X, $\{\mathfrak{b}_1, \ldots, \mathfrak{b}_r\}$ von Y und $\{\mathfrak{c}_1, \ldots, \mathfrak{c}_s\}$ von Z seien nun die Abbildungen φ und ψ durch folgende Koordinatengleichungen beschrieben:

$$y_\varrho = f_\varrho(x_1, \ldots, x_n) \qquad (\varrho = 1, \ldots, r),$$
$$z_\sigma = g_\sigma(y_1, \ldots, y_r) \qquad (\sigma = 1, \ldots, s).$$

Dann gilt für einen beliebigen Punkt $\mathfrak{x} \in \varphi^- D^*$

$$\mathfrak{y} = \varphi\mathfrak{x} = f_1(x_1, \ldots, x_n)\mathfrak{b}_1 + \cdots + f_r(x_1, \ldots, x_n)\mathfrak{b}_r$$

und

$$\mathfrak{z} = (\psi \circ \varphi)\mathfrak{x} = \psi\mathfrak{y} = g_1(y_1, \ldots, y_r)\mathfrak{c}_1 + \cdots + g_s(y_1, \ldots, y_r)\mathfrak{c}_s$$
$$\text{mit} \quad y_\varrho = f_\varrho(x_1, \ldots, x_n) \qquad (\varrho = 1, \ldots, r).$$

Der zusammengesetzten Abbildung $\psi \circ \varphi$ entsprechen daher hinsichtlich der Basen von X und Z Koordinatenfunktionen $h_1, \ldots, h_s$, die durch den folgenden Einsetzungsprozeß gewonnen werden:

$$h_\sigma(x_1, \ldots, x_n) = g_\sigma(f_1(x_1, \ldots, x_n), \ldots, f_r(x_1, \ldots, x_n)) \qquad (\sigma = 1, \ldots, s).$$

Zum Beispiel gelte $n = r = 3$ und $s = 1$. Mit einer anderen Bezeichnung der Koordinaten werde die Abbildung φ durch die Koordinatengleichungen

$$x = r\cos u \cos v, \qquad y = r \sin u \cos v, \qquad z = r \sin v$$

und die Abbildung ψ durch die Koordinatenfunktion

$$g(x, y, z) = (x^2 - y^2) \cdot z$$

beschrieben. Dann ist $\psi \circ \varphi$ die Koordinatenfunktion

$$\begin{aligned} h(r, u, v) &= (r^2 \cos^2 u \cos^2 v - r^2 \sin^2 u \cos^2 v) r \sin v \\ &= r^3 \cos(2u) \cos^2 v \sin v \end{aligned}$$

zugeordnet. Man kann hier den Übergang von der Funktion g zur Funktion h auch so auffassen, daß in g statt der kartesischen Koordinaten x, y, z räum-

liche **Polarkoordinaten** r, u, v substituiert werden. Interpretiert man diese Koordinatentransformation im Sinn der Vorschaltung der Abbildung φ, so werden zwar durch x, y, z einerseits und durch r, u, v andererseits die Punkte desselben Raumes als Menge gekennzeichnet. Diese Menge trägt jedoch verschiedene Vektorraumstrukturen: Im Originalraum der Abbildung φ werden r, u, v in üblicher Weise als Koordinaten hinsichtlich der kanonischen Basis des $\mathbb{R}^3$ aufgefaßt, während sie im Bildraum die Bedeutung von sogenannten krummlinigen Koordinaten haben, die nicht als Koordinaten von Vektoren hinsichtlich einer Basis aufgefaßt werden können.
Die Abbildungen sollen jetzt mit dem Konvergenzbegriff in Zusammenhang gebracht werden. Dabei werden Abbildungen $\varphi: D \to Y$ nicht immer auf dem ganzen Definitionsbereich D, sondern bisweilen nur auf Teilmengen betrachtet werden. Es sei daher stets M eine nicht leere Teilmenge von D, und $\mathfrak{x}^*$ bedeute immer einen Häufungspunkt von M (also erst recht von D).

Definition 6a: *Die Abbildung φ heißt bei Annäherung auf M an $\mathfrak{x}^*$ gegen den Punkt $\mathfrak{y}^* \in Y$ konvergent, wenn für jede Folge $(\mathfrak{x}_\nu)$ von Punkten $\mathfrak{x}_\nu \in M$ mit $\mathfrak{x}_\nu \neq \mathfrak{x}^*$ und $\lim(\mathfrak{x}_\nu) = \mathfrak{x}^*$ die Bildfolge $(\varphi\mathfrak{x}_\nu)$ stets gegen $\mathfrak{y}^*$ konvergiert:*

$$\lim_{\substack{\mathfrak{x} \to \mathfrak{x}^* \\ \mathfrak{x} \in M}} \varphi\mathfrak{x} = \mathfrak{y}^* \Leftrightarrow \bigwedge_{\substack{(\mathfrak{x}_\nu) \subset M \\ \mathfrak{x}_\nu \neq \mathfrak{x}^*}} [\lim(\mathfrak{x}_\nu) = \mathfrak{x}^* \Rightarrow \lim(\varphi\mathfrak{x}_\nu) = \mathfrak{y}^*].$$

Wird hierbei die Menge M, auf der die Annäherung erfolgen soll, nicht ausdrücklich angegeben, so ist $M = D$ zu setzen.

Für die Anwendung dieses Konvergenzbegriffs ist es häufig zweckmäßig, die definierende Bedingung durch eine gleichwertige Forderung zu ersetzen, die das Heranziehen von Folgen vermeidet.

6.1 *Die Abbildung φ konvergiert bei Annäherung auf M an $\mathfrak{x}^*$ genau dann gegen $\mathfrak{y}^*$, wenn es zu jeder Umgebung U von $\mathfrak{y}^*$ eine Umgebung V von $\mathfrak{x}^*$ gibt mit $\varphi(M \cap (V \setminus \{\mathfrak{x}^*\})) \subset U$:*

$$\lim_{\substack{\mathfrak{x} \to \mathfrak{x}^* \\ \mathfrak{x} \in M}} \varphi\mathfrak{x} = \mathfrak{y}^* \Leftrightarrow \bigwedge_{U \in \mathfrak{U}(\mathfrak{y}^*)} \bigvee_{V \in \mathfrak{U}(\mathfrak{x}^*)} \varphi(M \cap (V \setminus \{\mathfrak{x}^*\})) \subset U.$$

Gleichwertig hiermit ist bei gegebenen Normfunktionen

$$\lim_{\substack{\mathfrak{x} \to \mathfrak{x}^* \\ \mathfrak{x} \in M}} \varphi\mathfrak{x} = \mathfrak{y}^* \Leftrightarrow \bigwedge_{\varepsilon > 0} \bigvee_{\delta > 0} \bigwedge_{\mathfrak{x} \in M} (0 < |\mathfrak{x} - \mathfrak{x}^*| < \delta \Rightarrow |\varphi\mathfrak{x} - \mathfrak{y}^*| < \varepsilon).$$

Beweis: Die Gleichwertigkeit beider Bedingungen ergibt sich unmittelbar mit Hilfe von 4.4, wobei die Ausschließung von $\mathfrak{x}^*$ aus V durch $0 < |\mathfrak{x} - \mathfrak{x}^*|$ erreicht wird. Es genügt also, die zweite Behauptung zu beweisen.

$\Rightarrow$: (Kontraposition.) Die Negation der rechten Seite lautet

$$\bigvee_{\varepsilon>0} \bigwedge_{\delta>0} \bigvee_{\mathfrak{x}\in M} (0 < |\mathfrak{x} - \mathfrak{x}^*| < \delta \wedge |\varphi\mathfrak{x} - \mathfrak{y}^*| \geqq \varepsilon).$$

Zu einem festen $\varepsilon > 0$ gibt es also – man setze $\delta = \frac{1}{\nu}$ – Punkte $\mathfrak{x}_\nu \in M$ mit $0 < |\mathfrak{x}_\nu - \mathfrak{x}^*| < \frac{1}{\nu}$ und $|\varphi\mathfrak{x}_\nu - \mathfrak{y}^*| \geqq \varepsilon$ für $\nu = 1, 2, 3, \ldots$. Wegen $0 < |\mathfrak{x}_\nu - \mathfrak{x}^*|$ gilt $\mathfrak{x}_\nu \neq \mathfrak{x}^*$ und wegen $|\mathfrak{x}_\nu - \mathfrak{x}^*| < \frac{1}{\nu}$ außerdem $\lim(\mathfrak{x}_\nu) = \mathfrak{x}^*$. Die Abschätzung $|\varphi\mathfrak{x}_\nu - \mathfrak{y}^*| > \varepsilon$ besagt jedoch, daß die Folge $(\varphi\mathfrak{x}_\nu)$ nicht gegen $\mathfrak{y}^*$ konvergiert.

$\Leftarrow$: Es gelte $\mathfrak{x}_\nu \in M$, $\mathfrak{x}_\nu \neq \mathfrak{x}^*$ und $\lim(\mathfrak{x}_\nu) = \mathfrak{x}^*$. Zu gegebenem $\varepsilon > 0$ gibt es dann ein $\delta > 0$ mit der in der Voraussetzung angegebenen Eigenschaft. Wegen $\lim(\mathfrak{x}_\nu) = \mathfrak{x}^*$ und $\mathfrak{x}_\nu \neq \mathfrak{x}^*$ gilt aber $0 < |\mathfrak{x}_\nu - \mathfrak{x}^*| < \delta$ für alle ν von einem Index n an. Es folgt $|\varphi\mathfrak{x}_\nu - \mathfrak{y}^*| < \varepsilon$ für $\nu \geqq n$, es gilt also $\lim(\varphi\mathfrak{x}_\nu) = \mathfrak{y}^*$. ◆

Da speziell reellwertigen Abbildungen nur eine Koordinatenfunktion entspricht, überträgt sich dieser Konvergenzbegriff sinngemäß auf Funktionen von n Veränderlichen. Umgekehrt ist dann die Konvergenz einer Abbildung gleichwertig mit der Konvergenz ihrer Koordinatenfunktionen gegen die entsprechenden Koordinaten des Grenzvektors.

Beispiele

6.IV Im orientierten $\mathbb{R}^3$ sei $\mathfrak{e}$ ein Einheitsvektor. Durch

$$\varphi\mathfrak{x} = \frac{1}{|\mathfrak{x}|^2}(\mathfrak{e} \times \mathfrak{x}) \times \mathfrak{x}$$

wird eine Abbildung $\varphi: D \to \mathbb{R}^3$ definiert, deren Definitionsbereich D aus allen von $\mathfrak{o}$ verschiedenen Vektoren des $\mathbb{R}^3$ besteht. Nach einer bekannten Formel gilt

$$\varphi\mathfrak{x} = \frac{1}{|\mathfrak{x}|^2}\big((\mathfrak{x}\cdot\mathfrak{e})\mathfrak{x} - (\mathfrak{x}\cdot\mathfrak{x})\mathfrak{e}\big) = \frac{\mathfrak{x}\cdot\mathfrak{e}}{|\mathfrak{x}|^2}\mathfrak{x} - \mathfrak{e}.$$

Für alle Punkte $\mathfrak{x} \neq \mathfrak{o}$ aus der von $\mathfrak{e}$ erzeugten Geraden $G = [\mathfrak{e}]$ erhält man $\varphi\mathfrak{x} = \mathfrak{o}$, und es folgt

$$\lim_{\substack{\mathfrak{x}\to\mathfrak{o}\\ \mathfrak{x}\in G}} \varphi\mathfrak{x} = \mathfrak{o}.$$

Andererseits gilt $\varphi\mathfrak{x} = -\mathfrak{e}$ für jeden Punkt $\mathfrak{x} \neq \mathfrak{o}$ aus der Orthogonalebene $E = [\mathfrak{e}]^\perp$ zu G und damit

$$\lim_{\substack{\mathfrak{x}\to\mathfrak{o}\\ \mathfrak{x}\in E}} \varphi\mathfrak{x} = -\mathfrak{e}.$$

Da sich bei Annäherung an $\mathfrak{o}$ in G und E verschiedene Grenzwerte ergeben haben, existiert der Grenzwert auf dem gesamten Definitionsbereich nicht.

6.V Zur Vermeidung von Indizes seien im $\mathbb{R}^2$ die Koordinaten eines Punktes $\mathfrak{x}$ wie üblich mit x, y bezeichnet. Durch

$$f(x, y) = \frac{xy}{x^2 + y^2}, \quad g(x, y) = \frac{x^2 y}{x^2 + y^2}, \quad h(x, y) = \frac{x^2 y}{x^4 + y^2}$$

werden drei Funktionen definiert, deren gemeinsamer Definitionsbereich D wieder aus allen vom Nullpunkt verschiedenen Punkten besteht.
Auf der durch die Parameterdarstellung

$$x = at, \quad y = bt \qquad (a^2 + b^2 \neq 0)$$

gegebenen Geraden G nehmen die Funktionen folgende Werte an:

$$f(at, bt) = \frac{ab}{a^2 + b^2}, \quad g(at, bt) = \frac{a^2 b}{a^2 + b^2}\, t, \quad h(at, bt) = \frac{a^2 b}{a^4 t^2 + b^2}\, t.$$

Der Annäherung an den Nullpunkt auf G entspricht der Grenzübergang $t \to 0$.
Man erhält

$$\lim_{\substack{\mathfrak{x} \to \mathfrak{o} \\ \mathfrak{x} \in G}} f(x, y) = \frac{ab}{a^2 + b^2}, \quad \lim_{\substack{\mathfrak{x} \to \mathfrak{o} \\ \mathfrak{x} \in G}} g(x, y) = 0, \quad \lim_{\substack{\mathfrak{x} \to \mathfrak{o} \\ \mathfrak{x} \in G}} h(x, y) = 0.$$

Da dieser Grenzwert aber bei der Funktion f für verschiedene Geraden unterschiedlich ausfällt, existiert der Grenzwert auf ganz D nicht.
Für die Funktion g gilt wegen $x^2 \leqq x^2 + y^2$

$$|g(x, y)| \leqq |y|.$$

Aus $|\mathfrak{x} - \mathfrak{o}| < \varepsilon$ folgt daher wegen $|y| \leqq |\mathfrak{x}|$ auch $|g(x, y) - 0| < \varepsilon$. Die Bedingung aus 6.1 ist also mit $\delta = \varepsilon$ erfüllt, und es gilt sogar $\lim g(x, y) = 0$ auf ganz D.
Es wäre jedoch falsch, auf dieses Ergebnis bereits aus der Tatsache schließen zu wollen, daß g längs jeder Geraden bei Annäherung an den Nullpunkt gegen denselben Grenzwert 0 strebt. Ein Gegenbeispiel liefert die Funktion h, die diese Eigenschaft ebenfalls besitzt. Nähert man sich nämlich dem Nullpunkt längs der durch $x = t$, $y = t^2$ bestimmten Parabel P, so erhält man wegen $h(t, t^2) = \frac{1}{2}$ auch

$$\lim_{\substack{\mathfrak{x} \to \mathfrak{o} \\ \mathfrak{x} \in P}} h(x, y) = \lim_{t \to 0} h(t, t^2) = \frac{1}{2},$$

also einen anderen Grenzwert.

Ob eine Abbildung bei Annäherung an einen Punkt konvergiert, kann auch ohne Kenntnis des Grenzwerts entschieden werden. In dem folgenden Satz wird dabei sogleich das Vorhandensein von Normfunktionen vorausgesetzt.

6.2 (*Cauchy*'sches Kriterium.) *Die Abbildung φ ist bei Annäherung auf M an $\mathfrak{x}^*$ genau dann konvergent, wenn sie folgende Bedingung erfüllt:*

$$\bigwedge_{\varepsilon>0} \bigvee_{\delta>0} \bigwedge_{\mathfrak{x}_1, \mathfrak{x}_2 \in M} (0 < |\mathfrak{x}_1 - \mathfrak{x}^*| < \delta \wedge 0 < |\mathfrak{x}_2 - \mathfrak{x}^*| < \delta \Rightarrow |\varphi\mathfrak{x}_1 - \varphi\mathfrak{x}_2| < \varepsilon).$$

Beweis: Es gelte $\lim\limits_{\substack{\mathfrak{x} \to \mathfrak{x}^* \\ \mathfrak{x} \in M}} \varphi\mathfrak{x} = \mathfrak{y}^*$. Zu gegebener Fehlerschranke $\frac{\varepsilon}{2}$ existiert dann nach 6.1 ein $\delta > 0$, so daß aus $0 < |\mathfrak{x} - \mathfrak{x}^*| < \delta$ auch $|\varphi\mathfrak{x} - \mathfrak{y}^*| < \frac{\varepsilon}{2}$ folgt. Gilt daher $0 < |\mathfrak{x}_1 - \mathfrak{x}^*| < \delta$ und $0 < |\mathfrak{x}_2 - \mathfrak{x}^*| < \delta$, so ergibt sich

$$|\varphi\mathfrak{x}_1 - \varphi\mathfrak{x}_2| \leqq |\varphi\mathfrak{x}_1 - \mathfrak{y}^*| + |\mathfrak{y}^* - \varphi\mathfrak{x}_2| < \frac{\varepsilon}{2} + \frac{\varepsilon}{2} = \varepsilon.$$

Umgekehrt sei die *Cauchy*'sche Bedingung erfüllt, und mit Punkten $\mathfrak{x}_\nu \in M$, $\mathfrak{x}_\nu \neq \mathfrak{x}^*$ gelte $\lim(\mathfrak{x}_\nu) = \mathfrak{x}^*$. Bei gegebenem $\varepsilon > 0$ gilt für das damit bestimmte δ wegen $\lim(\mathfrak{x}_\nu) = \mathfrak{x}^*$ jedenfalls $0 < |\mathfrak{x}_\nu - \mathfrak{x}^*| < \delta$ von einem Index n an. Aus $\mu, \nu \geqq n$ folgt daher $|\varphi\mathfrak{x}_\mu - \varphi\mathfrak{x}_\nu| < \varepsilon$. Somit ist die Bildfolge $(\varphi\mathfrak{x}_\nu)$ nach 1.4 jedenfalls konvergent. Ist also neben $(\mathfrak{x}_\nu)$ auch $(\mathfrak{x}'_\nu)$ eine ebensolche Folge, so gilt

$$\lim(\varphi\mathfrak{x}_\nu) = \mathfrak{y} \qquad \text{und} \qquad \lim(\varphi\mathfrak{x}'_\nu) = \mathfrak{y}'.$$

Zu zeigen ist nur noch $\mathfrak{y} = \mathfrak{y}'$. Wie vorher gilt aber $0 < |\mathfrak{x}_\nu - \mathfrak{x}^*| < \delta$ und $0 < |\mathfrak{x}'_\nu - \mathfrak{x}^*| < \delta$ von einem Index n an und daher $|\varphi\mathfrak{x}_\nu - \varphi\mathfrak{x}'_\nu| < \varepsilon$. Es folgt $\lim(\varphi\mathfrak{x}_\nu - \varphi\mathfrak{x}'_\nu) = \mathfrak{o}$, also $\mathfrak{y} = \mathfrak{y}'$. ◆

Ergänzungen und Aufgaben

6A Aufgabe: Man berechne die Koordinatenfunktionen der Abbildung aus 6.IV hinsichtlich einer positiv orientierten Orthonormalbasis $\{\mathfrak{e}_1, \mathfrak{e}_2, \mathfrak{e}_3\}$ mit $\mathfrak{e} = \mathfrak{e}_3$. Wie lauten die Koordinatenfunktionen nach Substitution räumlicher Polarkoordinaten, und wie drückt sich die Länge des Bildvektors in diesen Koordinaten aus?

6B Aufgabe: Für Abbildungen $\varphi: D \to Y$ mit $D \subset X$ beweise man folgende Beziehungen:

(1) $\varphi^-(\complement M) = \complement(\varphi^- M)$ für Teilmengen M von Y.

(2) $\varphi(\bigcup\limits_{\iota \in I} M_\iota) = \bigcup\limits_{\iota \in I}(\varphi M_\iota)$ und $\varphi(\bigcap\limits_{\iota \in I} M_\iota) \subset \bigcap\limits_{\iota \in I}(\varphi M_\iota)$

für beliebig viele Teilmengen M_ι von D. Man zeige jedoch an einem Beispiel, daß in der zweiten Beziehung Gleichheit auch bei nur endlich vielen Mengen im allgemeinen nicht besteht. Andererseits beweise man, daß bei injektivem φ das Gleichheitszeichen stets gilt.

(3) $$\varphi^-\Big(\bigcup_{\iota\in I} M_\iota\Big) = \bigcup_{\iota\in I}(\varphi^- M_\iota) \quad \text{und} \quad \varphi^-\Big(\bigcap_{\iota\in I} M_\iota\Big) = \bigcap_{\iota\in I}(\varphi^- M_\iota)$$

für beliebig viele Teilmengen M_ι von Y.

6C Aufgabe: Hinsichtlich einer Orthonormalbasis des $\mathbb{R}^3$ sei der linearen Abbildung $\varphi: \mathbb{R}^3 \to \mathbb{R}^3$ die Matrix

$$\begin{pmatrix} 1 & 2 & 2 \\ 2 & 1 & -2 \\ -2 & 2 & -1 \end{pmatrix}$$

zugeordnet. Durch

$$\psi\mathfrak{x} = \frac{(\varphi\mathfrak{x} - 3\mathfrak{x})\cdot(\varphi^2\mathfrak{x} - 3\varphi\mathfrak{x})}{|\mathfrak{x}|^4 + |\varphi\mathfrak{x} - 3\mathfrak{x}|^2}$$

wird dann auf der Menge aller vom Nullvektor verschiedenen Vektoren eine reellwertige Abbildung ψ definiert. Auf welchen Teilmengen des Definitionsbereichs konvergiert ψ bei Annäherung an $\mathfrak{o}$, und welcher Grenzwert ergibt sich?

§ 7 Stetigkeit

Wie bei Funktionen einer Veränderlichen wird auch die Stetigkeit von Abbildungen durch die Vertauschbarkeit mit der Grenzwertbildung definiert.

Definition 7a: *Eine Abbildung $\varphi: D \to Y$ heißt in dem Punkt $\mathfrak{x}^* \in D$* **stetig**, *wenn entweder $\mathfrak{x}^*$ ein isolierter Punkt von D ist oder andernfalls*

$$\lim_{\mathfrak{x}\to\mathfrak{x}^*} \varphi\mathfrak{x} = \varphi\mathfrak{x}^*$$

gilt. Die Abbildung φ heißt stetig, wenn sie in jedem Punkt ihres Definitionsbereichs stetig ist.

$\lim_{x\to x^*} \varphi(x) = \varphi(x^*) = \varphi(\lim_{n\to\infty} x_n) \Rightarrow$ Es ist $\lim_{n\to\infty} x_n = x^*$

$\Rightarrow \lim_{x\to x^*} \varphi(x) = \lim_{n\to\infty} \varphi(x_n) = \varphi(x^*) = \varphi(\lim_{n\to\infty} x_n)$

Die eigentliche Stetigkeitsbedingung ist die Grenzwertbeziehung, die jedoch nur in Häufungspunkten $\mathfrak{x}^*$ von D einen Sinn hat. Im Fall eines isolierten Punkts stellt die Stetigkeit keine zusätzliche Bedingung dar.
In Analogie zu 6.1 kann die Stetigkeit auch folgendermaßen gleichwertig gekennzeichnet werden.

7.1 *Die Abbildung $\varphi : D \to Y$ ist genau dann in $\mathfrak{x}^* \in D$ stetig, wenn es zu jeder Umgebung U des Bildpunktes $\varphi\mathfrak{x}^*$ eine Umgebung V von $\mathfrak{x}^*$ gibt mit $\varphi(V \cap D) \subset U$:*

$$\varphi \text{ stetig in } \mathfrak{x}^* \Leftrightarrow \bigwedge_{U \in \mathfrak{U}(\varphi\mathfrak{x}^*)} \bigvee_{V \in \mathfrak{U}(\mathfrak{x}^*)} \varphi(V \cap D) \subset U.$$

Hinsichtlich gegebener Normfunktionen ist dies gleichwertig mit

$$\varphi \text{ stetig in } \mathfrak{x}^* \Leftrightarrow \bigwedge_{\varepsilon > 0} \bigvee_{\delta > 0} \bigwedge_{\mathfrak{x} \in D} (|\mathfrak{x} - \mathfrak{x}^*| < \delta \Rightarrow |\varphi\mathfrak{x} - \varphi\mathfrak{x}^*| < \varepsilon).$$

Beweis: Die Gleichwertigkeit beider Bedingungen ergibt sich wieder wegen 4.4. Die Gleichwertigkeit mit der Stetigkeitsdefinition folgt im Fall eines Häufungspunkts $\mathfrak{x}^*$ von D unmittelbar aus 6.1. Die dort auftretende Zusatzbedingung $\mathfrak{x} \neq \mathfrak{x}^*$ bzw. $|\mathfrak{x} - \mathfrak{x}^*| > 0$ kann hier entfallen, weil aus $\mathfrak{x} = \mathfrak{x}^*$ trivialerweise $\varphi\mathfrak{x} \in U$ bzw. $|\varphi\mathfrak{x} - \varphi\mathfrak{x}^*| < \varepsilon$ folgt. Wenn jedoch $\mathfrak{x}^*$ ein isolierter Punkt von D ist, kann V bzw. δ von vornherein so gewählt werden, daß V bzw. $U_\delta(\mathfrak{x}^*)$ außer $\mathfrak{x}^*$ keinen weiteren Punkt von D enthalten und die Bedingung somit wieder trivial erfüllt ist. ◆

Der Spezialfall reellwertiger Abbildungen ermöglicht die unmittelbare Übertragung der Stetigkeitsdefinition auf Funktionen von n Veränderlichen. Und weiter ist eine Abbildung in einem Punkt genau dann stetig, wenn alle ihre Koordinatenfunktionen in diesem Punkt stetig sind. Unmittelbar ergibt sich

7.2 *Wenn die Abbildungen $\varphi : D \to Y$ und $\psi : D \to Y$ in dem Punkt $\mathfrak{x}^* \in D$ stetig sind, so sind es auch die Abbildungen $\varphi + \psi$ und $c\varphi$.*

Weiter folgt aus 2.2

7.3 *Es sei $\phi : (X_1, \ldots, X_k) \to Y$ eine k-fach lineare Abbildung. Ferner seien die Abbildungen $\varphi_\kappa : D \to X_\kappa$ $(\kappa = 1, \ldots, k)$ im Punkt $\mathfrak{x}^* \in D$ stetig. Dann ist auch die durch*

$$\psi\mathfrak{x} = \phi(\varphi_1\mathfrak{x}, \ldots, \varphi_k\mathfrak{x})$$

definierte Abbildung $\psi : D \to Y$ in $\mathfrak{x}^*$ stetig.

Setzt man hier $k = 1$ und wählt für φ_1 die Identität, so erhält man als Spezialfall

7.4 *Lineare Abbildungen sind stetig.*

Weiter ergibt sich durch entsprechende Spezialisierungen wie in 2.3 und 2.4, daß man durch Bildung von skalaren Produkten oder Vektorprodukten, sowie durch Determinantenbildung aus stetigen Abbildungen wieder stetige Abbildungen gewinnt.

7.5 *Die Abbildung φ sei in $\mathfrak{x}^*$ und die Abbildung ψ im Bildpunkt $\varphi\mathfrak{x}^*$ stetig. Dann ist auch $\psi\circ\varphi$ in $\mathfrak{x}^*$ stetig. Die Hintereinanderschaltung stetiger Abbildungen ergibt eine stetige Abbildung.*

Beweis: Es kann angenommen werden, daß $\mathfrak{x}^*$ und $\varphi\mathfrak{x}^*$ Häufungspunkte der entsprechenden Definitionsbereiche sind, da sonst nichts zu beweisen ist. Aus $\lim(\mathfrak{x}_\nu)=\mathfrak{x}^*$ folgt wegen der Stetigkeit von φ in $\mathfrak{x}^*$ zunächst $\lim(\varphi\mathfrak{x}_\nu)=\varphi\mathfrak{x}^*$. Wegen der Stetigkeit von ψ in $\varphi\mathfrak{x}^*$ ergibt sich weiter $\lim\big(\psi(\varphi\mathfrak{x}_\nu)\big)=\psi(\varphi\mathfrak{x}^*)$, also $\lim\big((\psi\circ\varphi)\mathfrak{x}_\nu\big)=(\psi\circ\varphi)\mathfrak{x}^*$. ◆

Da der Hintereinanderschaltung von Abbildungen bei den Koordinatenfunktionen der Einsetzungsprozeß entspricht, folgt noch

7.6 *Einsetzung stetiger Funktionen in stetige Funktionen ergibt wieder stetige Funktionen.*

Beispiele

7.I Die durch $f_\nu(x_1,\ldots,x_n)=x_\nu$ $(\nu=1,\ldots,n)$ definierten Funktionen entsprechen den linearen Projektionsabbildungen und sind wegen 7.4 stetig. Da man aus ihnen durch Addition, Multiplikation und Multiplikation mit Konstanten wieder stetige Funktionen gewinnt, sind auch alle Polynome in n Veränderlichen, nämlich die Funktionen der Form

$$P(x_1,\ldots,x_n)=\sum_{\mu_1,\ldots,\mu_n=0}^{m} c_{\mu_1,\ldots,\mu_n}\, x_1^{\mu_1}\ldots x_n^{\mu_n},$$

stetig. Weiter ist die durch $q(x,y)=\dfrac{x}{y}$ definierte Funktion auf ihrem Definitionsbereich, der ja die Punkte mit $y=0$ nicht enthält, stetig. Setzt man für x und y stetige Funktionen ein, so folgt, daß die Quotientenfunktion stetiger Funktionen (zu deren Definitionsbereich die Nullstellen der Nennerfunktion nicht gehören) stetig ist. Speziell sind also alle rationalen Funktionen in n Veränderlichen, nämlich die Quotienten von Polynomen, stetig.

7.II Eine stetige Abbildung $\varphi: D\to Y$ heißt auf eine Obermenge D^* von D **stetig fortsetzbar**, wenn es eine stetige Abbildung $\varphi^*: D^*\to Y$ gibt, die in den

Punkten von D mit φ übereinstimmt. Die Funktionen aus 6.V sind als rationale Funktionen außerhalb des Nullpunkts (der einzigen Nullstelle ihrer Nenner) stetig. Die Funktion g kann durch die Festsetzung $g(0, 0) = 0$ auf die ganze Ebene stetig fortgesetzt werden. Die Funktionen f und h lassen sich jedoch in den Nullpunkt nicht stetig fortsetzen.

7.III Hinsichtlich einer gegebenen Normfunktion ist die durch $\varphi\mathfrak{x} = |\mathfrak{x}|$ definierte Abbildung $\varphi: X \to \mathbb{R}$ nach 7.1 wegen

$$|\varphi\mathfrak{x} - \varphi\mathfrak{x}^*| = |\mathfrak{x}| - |\mathfrak{x}^*| \leqq |\mathfrak{x} - \mathfrak{x}^*|$$

stetig (man setze $\delta = \varepsilon$). Sind weiter $\varphi_1 : D \to \mathbb{R}$ und $\varphi_2 : D \to \mathbb{R}$ stetige reellwertige Abbildungen, so werden durch

$$\psi_1\mathfrak{x} = \max\{\varphi_1\mathfrak{x}, \varphi_2\mathfrak{x}\}, \quad \psi_2\mathfrak{x} = \min\{\varphi_1\mathfrak{x}, \varphi_2\mathfrak{x}\}$$

zwei weitere reellwertige Abbildungen auf D definiert. Nun gilt aber

$$\psi_1\mathfrak{x} = \tfrac{1}{2}((\varphi_1\mathfrak{x} + \varphi_2\mathfrak{x}) + |\varphi_1\mathfrak{x} - \varphi_2\mathfrak{x}|),$$

$$\psi_2\mathfrak{x} = \tfrac{1}{2}((\varphi_1\mathfrak{x} + \varphi_2\mathfrak{x}) - |\varphi_1\mathfrak{x} - \varphi_2\mathfrak{x}|).$$

ψ_1 und ψ_2 entstehen also aus φ_1 und φ_2 durch rationale Operationen und Einsetzung in die stetige Betragsfunktion, sind also selbst stetig.
Die folgenden Sätze beziehen sich nicht mehr auf die Stetigkeit in einem Punkt, sondern behandeln stetige Abbildungen, die also in allen Punkten ihres Definitionsbereichs stetig sind.

7.7 *Für Abbildungen $\varphi: D \to Y$ sind folgende Aussagen paarweise gleichwertig:*

(1) *φ ist stetig.*
(2) *Für jede offene Teilmenge N von Y ist das Urbild $\varphi^- N$ offen in D.*
(3) *Für jede abgeschlossene Teilmenge N von Y ist das Urbild $\varphi^- N$ abgeschlossen in D.*
(4) *Für alle Teilmengen M von D gilt $\varphi(\overline{M} \cap D) \subset \overline{\varphi M}$.*

Beweis:

(1) $\Leftrightarrow$ (2): Aus $\mathfrak{x} \in \varphi^- N$ folgt $\varphi\mathfrak{x} \in N$ und wegen der Offenheit von N auch $U \subset N$ mit einer geeigneten Umgebung U von $\varphi\mathfrak{x}$. Nach 7.1 gilt $\varphi(V \cap D) \subset$ $\subset U \subset N$ mit einer Umgebung V von $\mathfrak{x}$, also $V \cap D \subset \varphi^- N$. Daher ist $\varphi^- N$ nach 5.3 offen in D. Umgekehrt sei für $\mathfrak{x} \in D$ eine Umgebung U von $\varphi\mathfrak{x}$ gegeben, die dann eine offene Umgebung U' von $\varphi\mathfrak{x}$ enthält. Nach Vorausset-

zung ist jetzt $\varphi^- U'$ offen in D, und wegen $\mathfrak{x} \in \varphi^- U'$ und 5.3 gibt es eine Umgebung V von $\mathfrak{x}$ mit $V \cap D \subset \varphi^- U' \subset \varphi^- U$. Es folgt $\varphi(V \cap D) \subset U$, wegen 7.1 also die Stetigkeit von φ.
(2) $\Leftrightarrow$ (3): Wegen $\varphi^-(Y \backslash N) = D \backslash (\varphi^- N)$ ergibt sich die Behauptung durch Komplementbildung unter Berücksichtigung von 5.3.
(3) $\Leftrightarrow$ (4): Es gilt $\varphi M \subset \overline{\varphi M}$, also $M \subset \varphi^-(\overline{\varphi M})$. Da $\varphi^-(\overline{\varphi M})$ als Urbild einer abgeschlossenen Menge nach Voraussetzung in D abgeschlossen ist, folgt nach 5.3 sogar $\overline{M} \cap D \subset \varphi^-(\overline{\varphi M})$ und somit $\varphi(\overline{M} \cap D) \subset \overline{\varphi M}$. Umgekehrt gilt für eine abgeschlossene Teilmenge N von Y nach Voraussetzung

$$\varphi(\overline{\varphi^- N} \cap D) \subset \overline{\varphi(\varphi^- N)} \subset \overline{N} = N,$$

also $\varphi^- N \subset \overline{\varphi^- N} \cap D \subset \varphi^- N$ und daher $\varphi^- N = \overline{\varphi^- N} \cap D$. Wegen 5.3 ist somit $\varphi^- N$ abgeschlossen in D. ◆

Dieser Satz besagt, daß die Eigenschaften „offen“ und „abgeschlossen“ bei stetigen Abbildungen in rückwärtiger Richtung, also bei dem Übergang zu den Urbildern, erhalten bleiben. Im Gegensatz dazu behandelt der folgende Satz Erhaltungseigenschaften stetiger Abbildungen in der direkten Richtung.

7.8 *Es sei $\varphi: D \to Y$ eine stetige Abbildung, und M sei eine Teilmenge von D. Ist M kompakt, so ist auch die Bildmenge φM kompakt. Ist M zusammenhängend, so ist auch φM zusammenhängend.*

Beweis: M sei kompakt, und $(\mathfrak{y}_\nu)$ sei eine Folge von Punkten $\mathfrak{y}_\nu \in \varphi M$. Es gibt dann Punkte $\mathfrak{x}_\nu \in M$ mit $\mathfrak{y}_\nu = \varphi \mathfrak{x}_\nu$. Die Folge $(\mathfrak{x}_\nu)$ enthält wegen der Kompaktheit von M eine Teilfolge $(\mathfrak{x}_{n_\nu})$, die gegen einen Punkt $\mathfrak{x} \in M$ konvergiert. Wegen der Stetigkeit von φ konvergiert dann die Bildfolge $(\mathfrak{y}_{n_\nu})$ gegen $\varphi \mathfrak{x} \in \varphi M$; d.h. φM ist kompakt.
Zweitens sei vorausgesetzt, daß φM nicht zusammenhängend ist. Dann gibt es eine Zerlegung von φM in zwei nicht leere, in φM offene Teilmengen N_0 und N_1. Es gilt also $\emptyset \neq N_0 = N_0^* \cap \varphi M$ mit einer offenen Teilmenge N_0^* von Y. Wegen 7.7 ist dann $M_0 = \varphi^- N_0 \cap M = \varphi^- N_0^* \cap M$ offen in M. Ebenso ist $M_1 = \varphi^- N_1 \cap M$ offen in M. Da die Mengen M_0, M_1 eine Zerlegung von M bilden und da sie wegen $\emptyset \neq N_0 = \varphi M_0$, $\emptyset \neq N_1 = \varphi M_1$ nicht leer sind, ist dann auch M nicht zusammenhängend. ◆

Wenn $\varphi: D \to Y$ eine injektive Abbildung ist, so ist auf $D^* = \varphi D$ als Definitionsbereich die Umkehrabbildung φ^{-1} definiert. Mit φ ist aber im allgemeinen nicht auch φ^{-1} stetig (vgl. 7A). Unter zusätzlichen Voraussetzungen kann jedoch auf die Stetigkeit von φ^{-1} geschlossen werden.

7.9 *Die Abbildung $\varphi: D \to Y$ sei injektiv, stetig und besitze außerdem folgende Eigenschaft:*

(*) *Zu jedem Punkt $\mathfrak{x} \in D$ gibt es eine Umgebung U von $\varphi\mathfrak{x}$, so daß $\varphi^{-}U$ in einer kompakten Teilmenge von D enthalten ist.*

Dann ist auch φ^{-1} eine stetige Abbildung.

Beweis: Mit Punkten $\mathfrak{y}_\nu, \mathfrak{y} \in D^* = \varphi D$ gelte $\lim(\mathfrak{y}_\nu) = \mathfrak{y}$. Es ist dann $\lim(\varphi^{-1}\mathfrak{y}_\nu) = \varphi^{-1}\mathfrak{y}$ nachzuweisen, oder mit $\mathfrak{x}_\nu = \varphi^{-1}\mathfrak{y}_\nu$, $\mathfrak{x} = \varphi^{-1}\mathfrak{y}$ die Gleichung $\lim(\mathfrak{x}_\nu) = \mathfrak{x}$.
Wegen (*) gibt es eine Umgebung U von $\mathfrak{y} = \varphi\mathfrak{x}$ und eine kompakte Teilmenge K von D mit $\varphi^{-1}(U \cap D^*) = \varphi^{-}U \subset K$. Wegen $\lim(\mathfrak{y}_\nu) = \mathfrak{y}$ gilt $\mathfrak{y}_\nu \in U$ von einem Index an und somit $\mathfrak{x}_\nu \in K$. Würde die Folge $(\mathfrak{x}_\nu)$ nicht gegen $\mathfrak{x}$ konvergieren, so gäbe es wegen der Kompaktheit von K eine Teilfolge $(\mathfrak{x}_{n_\nu})$, die gegen einen Punkt $\mathfrak{x}^* \in K$ mit $\mathfrak{x}^* \neq \mathfrak{x}$ konvergiert. Wegen der Stetigkeit von φ würde dann einerseits $\lim(\mathfrak{y}_{n_\nu}) = \lim(\varphi\mathfrak{x}_{n_\nu}) = \varphi\mathfrak{x}^*$, andererseits aber auch $\lim(\mathfrak{y}_{n_\nu}) = \mathfrak{y} = \varphi\mathfrak{x}$, also $\varphi\mathfrak{x} = \varphi\mathfrak{x}^*$ gelten. Dies ist ein Widerspruch zur Injektivität von φ. ◆
Die Bedingung (*) kann durch verschiedene andere Forderungen ersetzt werden, die den Anwendungen besser angepaßt sind oder sich einfacher überprüfen lassen.

7.10 *Die Abbildung $\varphi: D \to Y$ sei injektiv und stetig. Ist D kompakt, so ist φ^{-1} stetig.*
Ist D abgeschlossen und bildet φ^{-1} beschränkte Mengen auf beschränkte Mengen ab, so ist φ^{-1} ebenfalls stetig.

Beweis: Ist D kompakt, so ist die Bedingung (*) aus 7.9 trivialerweise erfüllt. Bildet zweitens φ^{-1} beschränkte Mengen auf beschränkte Mengen ab, so wähle man zu gegebenem $\mathfrak{x} \in D$ eine beliebige beschränkte Umgebung U von $\varphi\mathfrak{x}$. Dann ist auch $M = \varphi^{-1}(U \cap \varphi D) = \varphi^{-}U$ beschränkt und jedenfalls in $K = \overline{M} \cap D$ enthalten. Mit M ist auch $\overline{M}$ und daher K beschränkt. Ist nun noch D abgeschlossen, so ist nach 4.2 auch K abgeschlossen, und nach 5.2 ist K als beschränkte und abgeschlossene Menge kompakt. Die Bedingung (*) ist daher auch in diesem Fall erfüllt. ◆

Definition 7b: *Die Abbildung $\varphi: D \to Y$ heißt auf der Teilmenge M von D* **beschränkt**, *wenn die Bildmenge φM beschränkt ist; φ heißt beschränkt, wenn φ auf ganz D beschränkt ist.*

7.11 *Eine stetige Abbildung $\varphi: D \to Y$ ist auf jeder kompakten Teilmenge M ihres Definitionsbereichs beschränkt.*

Beweis: Mit M ist nach 7.8 auch φM kompakt, also wegen 5.2 beschränkt. ◆

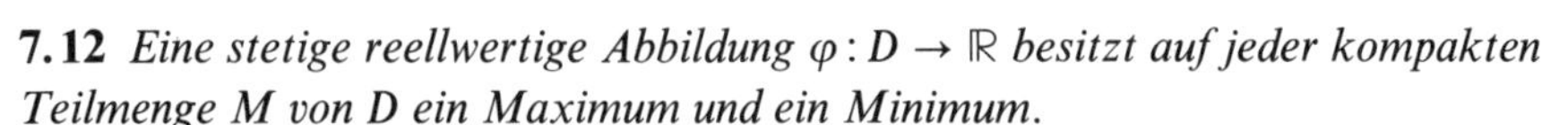

7.12 *Eine stetige reellwertige Abbildung $\varphi : D \to \mathbb{R}$ besitzt auf jeder kompakten Teilmenge M von D ein Maximum und ein Minimum.*

Beweis: Wegen 7.11 ist φ auf M beschränkt, und es existiert daher das Supremum $s = \sup\{\varphi\mathfrak{x} : \mathfrak{x} \in M\}$. Es gibt also Punkte $\mathfrak{x}_\nu \in M$ mit $\lim(\varphi\mathfrak{x}_\nu) = s$. Da M kompakt ist, enthält die Folge $(\mathfrak{x}_\nu)$ eine Teilfolge $(\mathfrak{x}_{n_\nu})$, die gegen einen Punkt $\mathfrak{x} \in M$ konvergiert. Wegen der Stetigkeit von φ folgt $s = \lim(\varphi\mathfrak{x}_{n_\nu}) = \varphi\mathfrak{x}$. Das Supremum tritt also als Wert eines Punktes aus M auf und ist somit ein Maximum. Die Existenz des Minimums ergibt sich entsprechend. ◆

7.13 (Zwischenwertsatz.) *Es sei $\varphi : D \to \mathbb{R}$ eine stetige reellwertige Abbildung. Ist dann D zusammenhängend und gilt $\varphi\mathfrak{x}_0 < c < \varphi\mathfrak{x}_1$ mit Punkten $\mathfrak{x}_0, \mathfrak{x}_1 \in D$, so gibt es einen Punkt $\mathfrak{x} \in D$ mit $\varphi\mathfrak{x} = c$; d.h. φ nimmt auf D jeden Zwischenwert an.*

Beweis: Aus der Annahme, daß c nicht als Wert auftritt, daß also $c \notin \varphi D$ gilt, folgt, daß die in φD offenen Mengen

$$M_0 = \varphi D \cap (\leftarrow, c), \quad M_1 = \varphi D \cap (c, \rightarrow)$$

eine Zerlegung von φD bilden, wobei diese Mengen wegen $\varphi\mathfrak{x}_0 \in M_0$, $\varphi\mathfrak{x}_1 \in M_1$ auch nicht leer sind. Dies ist ein Widerspruch dazu, daß nach 7.8 mit D auch φD zusammenhängend ist. ◆

Bei der Kennzeichnung der Stetigkeit einer Abbildung nach 7.1 mit Hilfe einer Normfunktion hängt die Fehlerschranke δ nicht nur von der Wahl des ε, sondern auch von dem Punkt des Definitionsbereichs ab, in dem die Stetigkeit untersucht wird. Das Stetigkeitsverhalten einer Abbildung kann also in dem Sinn unterschiedlich sein, daß bei gegebenem $\varepsilon > 0$ in verschiedenen Punkten auch δ verschieden gewählt werden muß.

Definition 7c: *Die Abbildung $\varphi : D \to Y$ heißt auf der Teilmenge M von D* **gleichmäßig stetig**, *wenn sie folgende Eigenschaft besitzt:*

$$\bigwedge_{\varepsilon>0} \bigvee_{\delta>0} \bigwedge_{\mathfrak{x}^* \in M} \bigwedge_{\mathfrak{x} \in D} (|\mathfrak{x} - \mathfrak{x}^*| < \delta \Rightarrow |\varphi\mathfrak{x} - \varphi\mathfrak{x}^*| < \varepsilon).$$

Die gleichmäßige Stetigkeit auf M besagt gerade, daß δ zu gegebenem ε für alle Punkte aus M gemeinsam bestimmt werden kann, daß also die Stetigkeit in den Punkten von M gleichmäßig gut ist.

7.14 *Eine stetige Abbildung $\varphi : D \to Y$ ist auf jeder kompakten Teilmenge M von D gleichmäßig stetig.*

Beweis: Es werde angenommen, daß φ auf M nicht gleichmäßig stetig ist, daß also gilt:

$$\bigvee_{\varepsilon>0} \bigwedge_{\delta>0} \bigvee_{\mathfrak{x}^* \in M} \bigvee_{\mathfrak{x} \in D} (|\mathfrak{x}-\mathfrak{x}^*|<\delta \wedge |\varphi\mathfrak{x}-\varphi\mathfrak{x}^*| \geqq \varepsilon).$$

Dann gibt es Punkte $\mathfrak{x}_\nu^* \in M$, $\mathfrak{x}_\nu \in D$ mit $|\mathfrak{x}_\nu - \mathfrak{x}_\nu^*| < \frac{1}{\nu}$ und $|\varphi\mathfrak{x}_\nu - \varphi\mathfrak{x}_\nu^*| \geqq \varepsilon$ für $\nu = 1, 2, 3, \ldots$. Da M kompakt ist, gilt $\lim(\mathfrak{x}_{n_\nu}^*) = \mathfrak{x}^* \in M$ mit einer geeigneten Teilfolge. Wegen $|\mathfrak{x}_\nu - \mathfrak{x}_\nu^*| < \frac{1}{\nu}$ folgt aber auch $\lim(\mathfrak{x}_{n_\nu}) = \mathfrak{x}^*$ und wegen der Stetigkeit von φ in $\mathfrak{x}^*$ weiter $\lim(\varphi\mathfrak{x}_{n_\nu}) = \varphi\mathfrak{x}^* = \lim(\varphi\mathfrak{x}_{n_\nu}^*)$, was der für alle ν gültigen Ungleichung $|\varphi\mathfrak{x}_\nu - \varphi\mathfrak{x}_\nu^*| \geqq \varepsilon$ widerspricht. ◆

Ergänzungen und Aufgaben

7A Aufgabe: Man zeige, daß durch

$$x = \sin(\pi \tanh t), \quad y = \sin(2\pi \tanh t)$$

eine stetige und injektive Abbildung $\varphi: \mathbb{R} \to \mathbb{R}^2$ definiert wird, deren Umkehrabbildung im Nullpunkt unstetig ist.

7B Die Definition der Stetigkeit hängt wesentlich von dem zugrundegelegten Definitionsbereich ab. Es sei etwa M eine Teilmenge des Definitionsbereichs der Abbildung $\varphi: D \to Y$. Dann muß man zwischen folgenden beiden Aussagen unterscheiden: (1) Die Abbildung φ ist in allen Punkten von M stetig. (2) Die restringierte Abbildung φ_M, die aus φ durch Einschränkung des Definitionsbereichs auf die Menge M entsteht, ist stetig. Aus (1) folgt immer (2), aber umgekehrt folgt aus (2) im allgemeinen nicht (1), weil eine Annäherung an Punkte aus M auch von $D \setminus M$ her erfolgen kann. Lediglich wenn M in D offen ist, kann auch von (2) auf (1) geschlossen werden. Zum Beispiel ist die Restriktion der Funktion

$$f(x, y) = \begin{cases} 0 & \text{wenn } y \text{ rational} \\ 1 & \text{wenn } y \text{ irrational} \end{cases}$$

auf eine beliebige Parallele zur x-Achse als konstante Funktion stetig. Die Funktion selbst ist aber in allen Punkten der Ebene unstetig. Ähnliches gilt hinsichtlich der gleichmäßigen Stetigkeit.

Aufgabe: Durch

$$f(x, y) = \frac{y^2(1+xy)}{(1+x^2)(1+y^2)}$$

wird eine überall stetige Abbildung $\varphi : \mathbb{R}^2 \to \mathbb{R}$ beschrieben. Man untersuche, ob

(1) φ auf der x-Achse bzw. auf der y-Achse,
(2) die Restriktion von φ auf die x-Achse bzw. y-Achse

gleichmäßig stetig ist.

7C Als Anwendung von 7.10 soll die stetige Abhängigkeit der Nullstellen eines Polynoms von dessen Koeffizienten bewiesen werden: Die Verhältnisse gestalten sich einfacher, wenn man auch Polynome mit komplexen Koeffizienten einbezieht. Von vornherein kann man sich auf normierte Polynome beschränken, also auf Polynome, deren höchster Koeffizient Eins ist. Die normierten Polynome n-ten Grades

$$P(x) = x^n + (a_{n-1} + ib_{n-1})x^{n-1} + \cdots + (a_0 + ib_0)$$

mit komplexen Koeffizienten entsprechen umkehrbar eindeutig den Punkten $(a_0, b_0, \ldots, a_{n-1}, b_{n-1})$ des $\mathbb{R}^{2n}$. Jedes solche Polynom bestimmt eindeutig seine n (evtl. mehrfach zu zählenden) Nullstellen. Und umgekehrt gibt es zu je n komplexen Zahlen genau ein normiertes Polynom n-ten Grades, das diese Zahlen als Nullstellen besitzt. Um Eindeutigkeit zu erzielen, muß man allerdings noch die Nullstellen ordnen. Dies kann z. B. so geschehen, daß man sie nach der Größe der Realteile und bei gleichen Realteilen nach der Größe der Imaginärteile ordnet. Bei dieser Ordnung entsprechen die Nullstellen $c_1 + id_1, \ldots, c_n + id_n$ umkehrbar eindeutig denjenigen Punkten $(c_1, d_1, \ldots, c_n, d_n)$ des $\mathbb{R}^{2n}$, die noch die Nebenbedingungen

$$c_\nu \leqq c_{\nu+1} \qquad \text{und} \qquad c_\nu = c_{\nu+1} \Rightarrow d_\nu \leqq d_{\nu+1} \qquad (\nu = 1, \ldots, n-1)$$

erfüllen. Da es sich hierbei um Ungleichungen unter Einschluß der Gleichheit handelt, bilden alle diese Punkte eine abgeschlossene Teilmenge D des $\mathbb{R}^{2n}$. Jedem Punkt $\mathfrak{x} \in D$ (aufgefaßt als geordnetes n-Tupel komplexer Zahlen) entspricht jetzt umkehrbar eindeutig ein normiertes Polynom mit diesen Zahlen als Nullstellen, und diesem Polynom entspricht wieder umkehrbar eindeutig ein Punkt $\mathfrak{y} \in \mathbb{R}^{2n}$, der durch die Koeffizienten des Polynoms bestimmt ist. Durch $\varphi\mathfrak{x} = \mathfrak{y}$ wird daher eine Bijektion $\varphi : D \to \mathbb{R}^{2n}$ definiert. Da die Koeffizienten die elementarsymmetrischen Funktionen der Nullstellen, also Polynome in den Nullstellen sind, ist φ sogar eine stetige Abbildung. Zu beweisen ist, daß umgekehrt auch die Nullstellen stetig von den Koeffizienten des Polynoms abhängen, daß also auch φ^{-1} stetig ist. Nun gilt für eine beliebige, jedoch von Null verschiedene Nullstelle x^* des Polynoms $P(x) = x^n + \cdots + a_0$

$$x^* = -\frac{a_0}{x^{*n-1}} - \frac{a_1}{x^{*n-2}} - \cdots - a_{n-1}$$

und daher

$$|x^*| \leqq 1 + |a_0| + |a_1| + \cdots + |a_{n-1}|.$$

Zusammen mit 1.5 folgt hieraus unmittelbar, daß φ^{-1} beschränkte Mengen auf beschränkte Mengen abbildet. Da außerdem D abgeschlossen ist, besagt 7.10 gerade, daß φ^{-1} tatsächlich stetig ist.

Aufgabe: (1) Man zeige, daß die Menge aller normierten Polynome n-ten Grades mit nur reellen Nullstellen (aufgefaßt als Teilmenge des $\mathbb{R}^{2n}$) abgeschlossen und zusammenhängend ist.
(2) Es sei A eine n-reihige quadratische Matrix, die dann bekanntlich zu einer Matrix B in Jordan'scher Normalform ähnlich ist. Man zeige, daß bei hinreichend kleinen Änderungen der Elemente von A die Größe der in der entsprechenden Matrix B auftretenden Kästchen höchstens abnehmen kann. Als Beispiel untersuche man die Matrix

$$\begin{pmatrix} 1 & 1 \\ 0 & t \end{pmatrix}$$

in einer Umgebung von $t = 1$.

7D Aufgabe: In der Ebene sei $K = \{\mathfrak{x} : |\mathfrak{x}| = 1\}$ die Kreislinie mit dem Radius Eins und dem Nullpunkt als Mittelpunkt. Ferner sei $\varphi : K \to \mathbb{R}$ eine stetige Abbildung. Man zeige: Es gibt mindestens ein Paar $\{\mathfrak{x}, -\mathfrak{x}\}$ diametraler Punkte auf K mit $\varphi(\mathfrak{x}) = \varphi(-\mathfrak{x})$. (Anleitung: Man untersuche die durch $\psi\mathfrak{x} = \varphi\mathfrak{x} - \varphi(-\mathfrak{x})$ definierte Abbildung und wende den Zwischenwertsatz an.)

§ 8 Abbildungsfolgen und Abbildungsreihen

Die Konvergenz von Folgen linearer Abbildungen wurde bereits in 2.5 untersucht. Die dort unter (3) angegebene gleichwertige Kennzeichnung kann nun dazu benutzt werden, um den Konvergenzbegriff auf Folgen beliebiger Abbildungen mit gemeinsamem Definitionsbereich und Bildraum auszudehnen.

Definition 8a: *Eine Folge (φ_ν) von Abbildungen $\varphi_\nu : D \to Y$ heißt gegen die Abbildung $\varphi : D \to Y$* **punktweise konvergent**, *wenn für jeden Punkt $\mathfrak{x} \in D$ die Bildfolge $(\varphi_\nu \mathfrak{x})$ gegen $\varphi\mathfrak{x}$ konvergiert:*

$$\lim(\varphi_\nu) = \varphi \Leftrightarrow \bigwedge_{\mathfrak{x}\in D} \lim_{\nu\to\infty}(\varphi_\nu \mathfrak{x}) = \varphi \mathfrak{x}.$$

Setzt man hier auf der rechten Seite die auf eine Normfunktion bezogene Konvergenzdefinition für Vektorfolgen ein, so ergibt sich

8.1 $\lim(\varphi_\nu) = \varphi \Leftrightarrow \bigwedge_{\mathfrak{x}\in D} \bigwedge_{\varepsilon>0} \bigvee_{n\in\mathbb{N}} \bigwedge_{\nu\geqq n} |\varphi_\nu \mathfrak{x} - \varphi \mathfrak{x}| < \varepsilon.$

Ebenso unmittelbar überträgt sich das *Cauchy*'sche Kriterium.

8.2 (*Cauchy*'sches Kriterium.) *Eine Folge* (φ_ν) *von Abbildungen* $\varphi_\nu: D \to Y$ ist *genau dann punktweise konvergent, wenn sie folgende Bedingung erfüllt:*

$$\bigwedge_{\mathfrak{x}\in D} \bigwedge_{\varepsilon>0} \bigvee_{n\in\mathbb{N}} \bigwedge_{\mu,\nu\geqq n} |\varphi_\mu \mathfrak{x} - \varphi_\nu \mathfrak{x}| < \varepsilon.$$

Schließlich ergeben sich aus den für Vektorfolgen geltenden Rechenregeln entsprechende Regeln für Abbildungsfolgen.
Die in 8.1 und 8.2 auftretende natürliche Zahl n hängt einerseits von der Wahl von ε, andererseits aber auch von dem Punkt $\mathfrak{x}$ ab. Wie groß n bei gegebenem ε in einem Punkt $\mathfrak{x}$ gewählt werden muß, ist ein Gütemaß für die Konvergenz in diesem Punkt. Ein besonders günstiges Verhalten ist zu erwarten, wenn bei einer Abbildungsfolge die Konvergenzgüte in allen Punkten gleichmäßig ausfällt, wenn also n nur von ε, nicht aber von $\mathfrak{x}$ abhängt. In der formalen Schreibweise drückt sich dies durch eine entsprechende Umstellung der Quantoren aus. Man gelangt so zu einer Verschärfung des Begriffs der punktweisen Konvergenz.

Definition 8b: *Eine Folge* (φ_ν) *von Abbildungen* $\varphi_\nu: D \to Y$ *heißt auf einer Teilmenge* M *von* D *gegen die Abbildung* $\varphi: D \to Y$ **gleichmäßig konvergent**, *wenn sie folgende Bedingung erfüllt:*

$$\bigwedge_{\varepsilon>0} \bigvee_{n\in\mathbb{N}} \bigwedge_{\mathfrak{x}\in M} \bigwedge_{\nu\geqq n} |\varphi_\nu \mathfrak{x} - \varphi \mathfrak{x}| < \varepsilon.$$

Die Folge (φ_ν) *heißt gegen* φ **kompakt konvergent**, *wenn sie auf jeder kompakten Teilmenge von D gleichmäßig gegen* φ *konvergiert.*

Aus der gleichmäßigen Konvergenz auf D oder aus der kompakten Konvergenz folgt offenbar die punktweise Konvergenz gegen dieselbe Grenzabbildung. Die Umkehrung gilt jedoch im allgemeinen nicht, wie das folgende Beispiel zeigt.

8.I Die Abbildungen $\varphi_\nu: X \to \mathbb{R}$ seien durch

$$\varphi_\nu \mathfrak{x} = |\mathfrak{x}|^{1/\nu} \qquad (\nu = 1, 2, 3, \ldots)$$

definiert. Diese Abbildungsfolge (φ_ν) ist punktweise gegen die durch

$$\varphi \mathfrak{x} = \begin{cases} 0 & \text{für} \quad \mathfrak{x} = \mathfrak{o} \\ 1 & \phantom{\text{für}} \quad \mathfrak{x} \neq \mathfrak{o} \end{cases}$$

definierte Grenzabbildung φ konvergent. Bei gegebenem ε mit $0 < \varepsilon < 1$ ist $|\varphi_\nu \mathfrak{x} - \varphi \mathfrak{x}| < \varepsilon$ im Fall $\mathfrak{x} \neq \mathfrak{o}$ gleichwertig mit $1 - \varepsilon < |\mathfrak{x}|^{1/\nu} < 1 + \varepsilon$ und weiter mit

$$(*) \qquad \nu \geqq \frac{\log|\mathfrak{x}|}{\log(1+\varepsilon)} \quad (|\mathfrak{x}| \geqq 1) \qquad \text{bzw.} \qquad \nu \geqq \frac{|\log|\mathfrak{x}||}{|\log(1-\varepsilon)|} \quad (0 < |\mathfrak{x}| < 1).$$

Der durch die rechten Seiten dieser Abschätzungen bestimmte Index n wächst unbeschränkt, wenn $\mathfrak{x}$ sich (a) dem Nullpunkt nähert oder (b) der Norm nach unbeschränkt wächst. Die Folge (φ_ν) ist daher auf ihrem Definitionsbereich X nicht gleichmäßig konvergent und auch nicht kompakt konvergent, weil z. B. auf der kompakten Teilmenge $\{\mathfrak{x} : |\mathfrak{x}| \leqq 1\}$ von X die Konvergenz wegen (a) ebenfalls nicht gleichmäßig ist. Weiter entstehe M aus X durch Herausnahme des Nullpunkts: $M = X \setminus \{\mathfrak{o}\}$. Dann ist die Folge (φ_ν) auch auf M immer noch nicht gleichmäßig konvergent. Wohl aber ist sie dort kompakt konvergent: Es sei nämlich K eine kompakte Teilmenge von M, die dann nach 5.2 beschränkt und abgeschlossen ist. Wegen der Beschränktheit folgt $|\mathfrak{x}| \leqq s$ für alle $\mathfrak{x} \in K$ mit einer geeigneten Schranke s. Wegen $\mathfrak{o} \notin K$ und wegen der Abgeschlossenheit von K gibt es außerdem eine zu K punktfremde Umgebung des Nullpunkts. Wählt man also s hinreichend groß, so gilt außerdem $\frac{1}{s} \leqq |\mathfrak{x}|$ für alle $\mathfrak{x} \in K$. Wegen der Ungleichungen (*) kann daher der von ε abhängende Index n gleichmäßig für alle $\mathfrak{x} \in K$ als kleinste natürliche Zahl $\geqq \dfrac{\log s}{|\log(1-\varepsilon)|}$ gewählt werden.

Das folgende *Cauchy*'sche Konvergenzkriterium für gleichmäßige Konvergenz unterscheidet sich von dem entsprechenden Kriterium 8.2 wieder nur durch Umstellung der Quantoren.

8.3 (*Cauchy*'sches Kriterium.) *Eine Folge (φ_ν) von Abbildungen $\varphi_\nu : D \to Y$ ist genau dann auf der Teilmenge M von D gleichmäßig konvergent, wenn sie folgende Bedingung erfüllt:*

$$\bigwedge_{\varepsilon > 0} \bigvee_{n \in \mathbb{N}} \bigwedge_{\mathfrak{x} \in M} \bigwedge_{\mu,\nu \geqq n} |\varphi_\mu \mathfrak{x} - \varphi_\nu \mathfrak{x}| < \varepsilon.$$

Beweis: Zunächst konvergiere (φ_ν) auf M gleichmäßig gegen φ. Bei gegebenem $\varepsilon > 0$ existiert dann ein n, so daß $|\varphi_\nu \mathfrak{x} - \varphi \mathfrak{x}| < \frac{\varepsilon}{2}$ für alle $\mathfrak{x} \in M$ und für alle

$\nu \geqq$ n gilt. Für alle $\mathfrak{x} \in M$ und alle μ, $\nu \geqq n$ gilt daher auch

$$|\varphi_\mu \mathfrak{x} - \varphi_\nu \mathfrak{x}| \leqq |\varphi_\mu \mathfrak{x} - \varphi \mathfrak{x}| + |\varphi \mathfrak{x} - \varphi_\nu \mathfrak{x}| < \frac{\varepsilon}{2} + \frac{\varepsilon}{2} = \varepsilon.$$

Umgekehrt erfülle (φ_ν) die Bedingung des Satzes, erst recht also die Bedingung aus 8.2, weswegen (φ_ν) auf M punktweise gegen eine Abbildung φ konvergiert. Zu gegebenem $\varepsilon > 0$ gibt es weiter ein n, so daß für alle $\mathfrak{x} \in M$ und alle μ, $\nu \geqq n$ zunächst $|\varphi_\mu \mathfrak{x} - \varphi_\nu \mathfrak{x}| < \frac{\varepsilon}{2}$ und daher weiter

$$|\varphi_\mu \mathfrak{x} - \varphi \mathfrak{x}| \leqq |\varphi_\mu \mathfrak{x} - \varphi_\nu \mathfrak{x}| + |\varphi_\nu \mathfrak{x} - \varphi \mathfrak{x}| < \frac{\varepsilon}{2} + |\varphi_\nu \mathfrak{x} - \varphi \mathfrak{x}|$$

gilt. Der Index ν kann hier wegen der punktweisen Konvergenz in Abhängigkeit von $\mathfrak{x}$ so groß gewählt werden, daß auch $|\varphi_\nu \mathfrak{x} - \varphi \mathfrak{x}| < \frac{\varepsilon}{2}$ und daher $|\varphi_\mu \mathfrak{x} - \varphi \mathfrak{x}| < \varepsilon$ für alle $\mu \geqq n$ und alle $\mathfrak{x} \in M$ erfüllt ist. Die Folge (φ_ν) konvergiert somit sogar gleichmäßig gegen φ. ◆

Der Begriff der gleichmäßigen oder kompakten Konvergenz spielt vorwiegend dann eine Rolle, wenn es sich um die Vertauschung des Grenzübergangs bei Abbildungsfolgen mit anderen Grenzprozessen handelt. Ein typisches Beispiel hierfür bildet

8.4 *Die Folge (φ_ν) der Abbildungen $\varphi_\nu : D \to Y$ konvergiere auf der Teilmenge M von D gleichmäßig gegen die Abbildung φ. Ferner sei $\mathfrak{x}^*$ ein Häufungspunkt von M, und für jeden Index ν existiere der Grenzwert*

$$\mathfrak{y}_\nu = \lim_{\substack{\mathfrak{x} \to \mathfrak{x}^* \\ \mathfrak{x} \in M}} \varphi_\nu \mathfrak{x}.$$

Dann existieren auch die beiden folgenden Grenzwerte und stimmen überein:

$$\lim_{\nu \to \infty} (\mathfrak{y}_\nu) = \mathfrak{y} = \lim_{\substack{\mathfrak{x} \to \mathfrak{x}^* \\ \mathfrak{x} \in M}} \varphi \mathfrak{x}.$$

Beweis: Zu gegebenem $\varepsilon > 0$ existiert nach Voraussetzung ein n, so daß für alle $\mathfrak{x} \in M$ und alle μ, $\nu \geqq n$ die Ungleichung $|\varphi_\mu \mathfrak{x} - \varphi_\nu \mathfrak{x}| < \frac{\varepsilon}{3}$ erfüllt ist. Wegen der Definition der Punkte $\mathfrak{y}_\nu$ kann weiter bei festem μ und ν der Punkt $\mathfrak{x} \in M$ so bestimmt werden, daß $|\varphi_\mu \mathfrak{x} - \mathfrak{y}_\mu| < \frac{\varepsilon}{3}$ und $|\varphi_\nu \mathfrak{x} - \mathfrak{y}_\nu| < \frac{\varepsilon}{3}$ gilt. Es folgt

$$|\mathfrak{y}_\mu - \mathfrak{y}_\nu| \leqq |\mathfrak{y}_\mu - \varphi_\mu \mathfrak{x}| + |\varphi_\mu \mathfrak{x} - \varphi_\nu \mathfrak{x}| + |\varphi_\nu \mathfrak{y} - \mathfrak{y}_\nu| < \varepsilon,$$

es ist $(\mathfrak{y}_\nu)$ somit eine *Cauchy*-Folge, und nach 1.4 existiert $\mathfrak{y} = \lim (\mathfrak{y}_\nu)$.

Weiter kann bei gegebenem $\varepsilon > 0$ der Index ν so gewählt werden, daß $|\varphi_\nu \mathfrak{x} - \varphi \mathfrak{x}| < \frac{\varepsilon}{3}$ für alle $\mathfrak{x} \in M$ und außerdem $|\mathfrak{y}_\nu - \mathfrak{y}| < \frac{\varepsilon}{3}$ gilt. Zu diesem ν gibt es dann weiter ein $\delta > 0$, so daß aus $0 < |\mathfrak{x} - \mathfrak{x}^*| < \delta$ zunächst $|\mathfrak{y}_\nu - \varphi_\nu \mathfrak{x}| < \frac{\varepsilon}{3}$ und damit weiter

$$|\mathfrak{y} - \varphi \mathfrak{x}| \leqq |\mathfrak{y} - \mathfrak{y}_\nu| + |\mathfrak{y}_\nu - \varphi_\nu \mathfrak{x}| + \varphi_\nu \mathfrak{x} - \varphi \mathfrak{x}| < \varepsilon$$

folgt. Dies besagt $\lim\limits_{\substack{\mathfrak{x} \to \mathfrak{x}^* \\ \mathfrak{x} \in M}} \varphi \mathfrak{x} = \mathfrak{y}$. ◆

Das Ergebnis dieses Satzes läßt sich auch in der folgenden Form schreiben, die deutlich macht, daß es sich um eine Vertauschung von Grenzprozessen handelt:

$$\lim_{\nu \to \infty} \Big(\lim_{\substack{\mathfrak{x} \to \mathfrak{x}^* \\ \mathfrak{x} \in M}} \varphi_\nu \mathfrak{x} \Big) = \lim_{\substack{\mathfrak{x} \to \mathfrak{x}^* \\ \mathfrak{x} \in M}} \Big(\big(\lim_{\nu \to \infty} \varphi_\nu \big) \mathfrak{x} \Big).$$

8.5 *Die Abbildungen $\varphi_\nu : D \to Y$ seien stetig, und die Folge (φ_ν) konvergiere auf D kompakt gegen eine Grenzabbildung φ. Dann ist auch φ eine stetige Abbildung.*

Beweis: Es werde angenommen, daß φ unstetig ist. Dann gibt es einen Punkt $\mathfrak{x}^* \in D$ und eine Folge $(\mathfrak{x}_\mu)$ verschiedener Punkte $\mathfrak{x}_\mu \in D$ mit $\lim (\mathfrak{x}_\mu) = \mathfrak{x}^*$, bei der jedoch die Bildfolge $(\varphi \mathfrak{x}_\mu)$ nicht gegen $\varphi \mathfrak{x}^*$ konvergiert. Als konvergente Folge ist $(\mathfrak{x}_\mu)$ beschränkt und besitzt $\mathfrak{x}^*$ als einzigen Häufungspunkt. Daher ist $M = \{\mathfrak{x}^*, \mathfrak{x}_0, \mathfrak{x}_1, \ldots\}$ eine kompakte Teilmenge von D, auf der die Folge (φ_ν) nach Voraussetzung gleichmäßig konvergiert. Wegen der Stetigkeit der Abbildungen φ_ν gilt

$$\lim_{\substack{\mathfrak{x} \to \mathfrak{x}^* \\ \mathfrak{x} \in M}} \varphi_\nu \mathfrak{x} = \lim_{\mu \to \infty} \varphi_\nu \mathfrak{x}_\mu = \varphi_\nu \mathfrak{x}^*$$

und daher nach 8.4 wegen der gleichmäßigen Konvergenz auf M

$$\lim_{\mu \to \infty} \varphi \mathfrak{x}_\mu = \lim_{\substack{\mathfrak{x} \to \mathfrak{x}^* \\ \mathfrak{x} \in M}} \varphi \mathfrak{x} = \lim_{\nu \to \infty} \Big(\lim_{\substack{\mathfrak{x} \to \mathfrak{x}^* \\ \mathfrak{x} \in M}} \varphi_\nu \mathfrak{x} \Big) = \lim_{\nu \to \infty} \varphi_\nu \mathfrak{x}^* = \varphi \mathfrak{x}^*$$

im Widerspruch zur Annahme. ◆

Die Definitionen der punktweisen, der gleichmäßigen und der kompakten Konvergenz übertragen sich unmittelbar von Abbildungsfolgen auf Reihen von Abbildungen, wenn man deren Konvergenz wieder durch die Konvergenz der Folge ihrer Partialsummen erklärt. Und ebenso übertragen sich die entsprechenden Konvergenzkriterien.

8.6 (*Cauchy*'sches Kriterium.) *Eine Reihe $\Sigma\,\varphi_\nu$ von Abbildungen $\varphi_\nu: D \to Y$ ist genau dann punktweise konvergent, wenn sie folgende Eigenschaft besitzt:*

$$\bigwedge_{\mathfrak{x} \in D} \bigwedge_{\varepsilon > 0} \bigvee_{n \in \mathbb{N}} \bigwedge_{k \in \mathbb{N}} \left| \sum_{\nu=n}^{n+k} \varphi_\nu \mathfrak{x} \right| < \varepsilon.$$

Die Reihe $\Sigma\,\varphi_\nu$ ist genau dann auf der Teilmenge M von D gleichmäßig konvergent, wenn

$$\bigwedge_{\varepsilon > 0} \bigvee_{n \in \mathbb{N}} \bigwedge_{\mathfrak{x} \in M} \bigwedge_{k \in \mathbb{N}} \left| \sum_{\nu=n}^{n+k} \varphi_\nu \mathfrak{x} \right| < \varepsilon$$

erfüllt ist.

8.7 (Majoranten-Kriterium.) *Für alle Abbildungen $\varphi_\nu: D \to Y$ gelte $|\varphi_\nu \mathfrak{x}| \leqq c_\nu$ mit einer für alle $\mathfrak{x} \in D$ gemeinsamen Konstanten c_ν. Wenn dann die Zahlenreihe $\Sigma\, c_\nu$ konvergent ist, so ist die Abbildungsreihe $\Sigma\,\varphi_\nu$ auf D gleichmäßig konvergent.*

Beweis: Wegen der Konvergenz der Reihe $\Sigma\, c_\nu$ gilt bei gegebenem $\varepsilon > 0$ mit geeignetem n für alle k und für alle $\mathfrak{x} \in D$

$$\left| \sum_{\nu=n}^{n+k} \varphi_\nu \mathfrak{x} \right| \leqq \sum_{\nu=n}^{n+k} |\varphi_\nu \mathfrak{x}| \leqq \sum_{\nu=n}^{n+k} c_\nu < \varepsilon,$$

und die Behauptung folgt wegen 8.6. ◆

8.8 (Quotienten- und Wurzel-Kriterium.) *Mit einer Konstante $c < 1$ gelte von einem Index an für alle Abbildungen $\varphi_\nu: D \to Y$ und für alle $\mathfrak{x} \in D$ entweder*

$$\varphi_\nu \mathfrak{x} \neq \mathfrak{o} \quad \textit{und} \quad \frac{|\varphi_{\nu+1} \mathfrak{x}|}{|\varphi_\nu \mathfrak{x}|} \leqq c \qquad \text{(Quotienten-Kriterium)}$$

oder

$$\sqrt[\nu]{|\varphi_\nu \mathfrak{x}|} \leqq c \qquad \text{(Wurzel-Kriterium)}.$$

Dann ist die Abbildungsreihe $\Sigma\,\varphi_\nu$ auf D gleichmäßig konvergent.

Beweis: Wie bei den entsprechenden Beweisen im dritten Paragraphen erhält man die geometrische Reihe $\Sigma\, c^\nu$ als konstante Majorantenreihe. Die Behauptung folgt daher aus 8.7. ◆

Ergänzungen und Aufgaben

8A Während man im allgemeinen nicht von punktweiser Konvergenz auf kompakte Konvergenz schließen kann, ist dies bei reellwertigen monotonen Abbildungsfolgen unter zusätzlichen Voraussetzungen möglich.

Es gelte $\varphi_\nu : D \to \mathbb{R}$. Die Folge (φ_ν) heißt dann monoton wachsend, wenn für alle Indizes ν und für alle Punkte $\mathfrak{x} \in D$ stets $\varphi_\nu \mathfrak{x} \leqq \varphi_{\nu+1} \mathfrak{x}$ erfüllt ist. Für derartige Folgen gilt nun der Satz von *Dini*:
Es sei (φ_ν) eine monoton wachsende Folge stetiger Abbildungen $\varphi_\nu : D \to \mathbb{R}$, die auf D punktweise gegen eine stetige Abbildung φ konvergiert. Dann konvergiert die Folge (φ_ν) auf D sogar kompakt gegen φ.
Zum Beweis muß gezeigt werden, daß es zu gegebener kompakter Teilmenge K von D und zu gegebenem $\varepsilon > 0$ einen Index m gibt, mit dem $|\varphi \mathfrak{x} - \varphi_\nu \mathfrak{x}| < \varepsilon$ für alle $\nu \geqq m$ und alle $\mathfrak{x} \in K$ erfüllt ist. Wegen der Stetigkeit von φ_ν und φ ist auch die durch $\psi_\nu \mathfrak{x} = |\varphi \mathfrak{x} - \varphi_\nu \mathfrak{x}|$ definierte Abbildung stetig. Sie nimmt daher wegen 7.12 auf K ihr Maximum m_ν in einem Punkt $\mathfrak{x}_\nu \in K$ an. Wegen der Kompaktheit von K enthält die Folge $(\mathfrak{x}_\nu)$ eine Teilfolge $(\mathfrak{x}_{n_\nu})$, die gegen einen Punkt $\mathfrak{x}^* \in K$ konvergiert.

Aufgabe: (1) Man führe den Beweis zu Ende, wobei man insbesondere die Konvergenz der Folge im Punkt $\mathfrak{x}^*$ auszunutzen hat.
(2) Man zeige an einem Beispiel, daß auf die Voraussetzung der Stetigkeit der Grenzabbildung nicht verzichtet werden kann.

8B Es sei (φ_ν) eine Folge stetiger Abbildungen $\varphi_\nu : D \to Y$ mit $D \subset X$. Ferner sei in X und in Y je eine Normfunktion gegeben. Die Folge (φ_ν) heißt dann **gleichgradig stetig**, wenn es zu gegebenem $\varepsilon > 0$ und zu jedem Punkt $\mathfrak{x} \in D$ ein $\delta > 0$ gibt, so daß aus $|\mathfrak{x}^* - \mathfrak{x}| < \delta$ auch $|\varphi_\nu \mathfrak{x}^* - \varphi_\nu \mathfrak{x}| < \varepsilon$ für alle Indizes ν folgt:

(φ_ν) *gleichgradig stetig* $\Leftrightarrow$

$$\bigwedge_{\varepsilon>0} \bigwedge_{\mathfrak{x}\in D} \bigvee_{\delta>0} \bigwedge_{\mathfrak{x}^*\in D} \bigwedge_{\nu\in\mathbb{N}} (|\mathfrak{x}^* - \mathfrak{x}| < \delta \;\Rightarrow\; |\varphi_\nu \mathfrak{x}^* - \varphi_\nu \mathfrak{x}| < \varepsilon).$$

Für gleichgradig stetige Abbildungsfolgen gilt der folgende Satz von *Ascoli*:
Es sei (φ_ν) eine gleichgradig stetige Folge von Abbildungen $\varphi_\nu : D \to Y$. Ferner sei für jeden Punkt $\mathfrak{x} \in D$ die Bildfolge $(\varphi_\nu \mathfrak{x})$ beschränkt. Dann enthält (φ_ν) eine kompakt konvergente Teilfolge.

Aufgabe: Man beweise diesen Satz in folgenden Schritten:
(1) Es gibt eine abzählbare Teilmenge $M = \{\mathfrak{x}_\mu : \mu \in \mathbb{N}\}$ von D, die in D dicht ist; d.h. es gilt $D \subset \overline{M}$. (Vgl. hierzu 4D und 4E.)
(2) Die Folge (φ_ν) enthält eine Teilfolge (φ_{n_ν}), die in allen Punkten von M konvergiert.
(3) Zum Nachweis der kompakten Konvergenz dieser Teilfolge seien eine kompakte Teilmenge K von D und eine Fehlerschranke $\varepsilon > 0$ gegeben. Man

nutze die gleichgradige Stetigkeit hinsichtlich $\frac{\varepsilon}{3}$ zur Konstruktion einer offenen Überdeckung von K aus und wende 5.2 an.
(4) Man beweise die gleichmäßige Konvergenz der Teilfolge (φ_{n_ν}) mit Hilfe des *Cauchy*'schen Kriteriums.

Viertes Kapitel

Differenzierbare Abbildungen

Inhalt der Differentiationstheorie ist die Untersuchung solcher Funktionen oder Abbildungen, die sich lokal hinreichend gut durch einfacher zu handhabende Abbildungen approximieren lassen: nämlich durch lineare Abbildungen. Im Fall der differenzierbaren Funktionen einer Veränderlichen ist die approximierende lineare Funktion gerade diejenige, die die Tangente an die durch die Funktion bestimmte Kurve beschreibt. Im allgemeinen Fall differenzierbarer Abbildungen zwischen Vektorräumen können die approximierenden linearen Abbildungen, die an die Stelle der Ableitung treten, hinsichtlich gegebener Basen durch Matrizen beschrieben werden, deren Berechnung auf einen anderen Differenzierbarkeitsbegriff führt: den der partiellen Ableitung nach einem Vektor. Die Zusammenhänge zwischen diesen Differenzierbarkeitsbegriffen und die Rechenregeln, denen sie unterliegen, beanspruchen einen großen Teil dieses Kapitels.
Daß eine differenzierbare Abbildung lokal durch eine lineare Abbildung „hinreichend gut" approximiert wird, kann in einfacher Weise präzisiert werden. Entscheidend ist aber, daß diese Approximation jedenfalls so gut ist, daß sich wesentliche Eigenschaften der Abbildungen an den entsprechenden Eigenschaften der approximierenden linearen Abbildungen ablesen lassen. Dieses Prinzip der Linearisierung macht das Wesen der Differentialrechnung aus. Ein typisches Beispiel hierfür wird im vierten Paragraphen dieses Kapitels behandelt, in dem es sich um die lokale Umkehrbarkeit von differenzierbaren Abbildungen handelt. Sie ist jedenfalls dann gewährleistet, wenn die approximierende lineare Abbildung regulär, also selbst umkehrbar ist. Die Umkehrabbildung ist dann ebenfalls differenzierbar und wird gerade durch die Umkehrabbildung der linearen Abbildung approximiert.
Wenn eine Funktion einer Veränderlichen in allen Punkten ihres Definitionsbereichs differenzierbar ist, stellt ihre Ableitung wieder eine Funktion mit demselben Definitionsbereich dar. Im Fall der differenzierbaren Abbildungen tritt an die Stelle der abgeleiteten Funktion der Begriff des Differentials, der sogar noch allgemeiner gefaßt werden kann und auf den im letzten Paragraphen dieses Kapitels eingegangen wird.

§ 9 Totale und partielle Differenzierbarkeit

Bei einer Funktion f einer Veränderlichen wird die Differenzierbarkeit an einer Stelle x im allgemeinen durch die Existenz des Grenzwerts

$$f'(x) = \lim_{h \to 0} \frac{1}{h} \left(f(x+h) - f(x)\right)$$

definiert. Gleichwertig hiermit ist die Möglichkeit einer Darstellung der Form

$$f(x+h) = f(x) + ah + h\delta(h) \qquad \text{mit} \qquad \lim_{h \to 0} \delta(h) = 0,$$

wobei dann $a = f'(x)$ gilt. In dieser Form besagt die Differenzierbarkeit, daß sich die Funktion f lokal durch eine lineare Funktion der Verschiebungsgröße h approximieren läßt, wobei der Approximationsfehler $h\delta(h)$ stärker als die erste Potenz von h gegen Null strebt.
In dieser zweiten Form soll jetzt die Differenzierbarkeit auf Abbildungen übertragen werden, bei denen an die Stelle der linearen Funktion eine approximierende lineare Abbildung treten wird. Da die Differenzierbarkeit einer Abbildung nur in inneren Punkten ihres Definitionsbereichs erklärt werden wird, soll generell vorausgesetzt werden, daß D immer eine offene Teilmenge des Vektorraums X bedeutet. Außerdem sei zur Vereinfachung der Darstellung vorausgesetzt, daß in X eine Normfunktion gegeben ist.

Definition 9a: *Die Abbildung $\varphi\colon D \to Y$ heißt in dem Punkt $\mathfrak{x} \in D$* **differenzierbar**, *wenn es eine lineare Abbildung $\hat{\varphi}_{\mathfrak{x}}\colon X \to Y$ gibt, mit der für alle Verschiebungsvektoren $\mathfrak{v}$ hinreichend kleiner Norm eine Darstellung folgender Form gilt:*

$$\varphi(\mathfrak{x} + \mathfrak{v}) = \varphi\mathfrak{x} + \hat{\varphi}_{\mathfrak{x}}\mathfrak{v} + |\mathfrak{v}|\,\delta(\mathfrak{x}, \mathfrak{v}) \qquad \text{mit} \qquad \lim_{\mathfrak{v} \to \mathfrak{o}} \delta(\mathfrak{x}, \mathfrak{v}) = \mathfrak{o}.$$

Da D offen, $\mathfrak{x}$ also ein innerer Punkt von D ist, gilt bei hinreichend kleinem Normwert $|\mathfrak{v}|$ auch $\mathfrak{x} + \mathfrak{v} \in D$, so daß dann diese Darstellung überhaupt sinnvoll ist.
Die hier definierte Differenzierbarkeit wird häufig auch als **totale Differenzierbarkeit** bezeichnet. Hier soll dieser Zusatz im allgemeinen nicht benutzt werden; höchstens dann, wenn dieser Differenzierbarkeitsbegriff besonders nachdrücklich von dem später auftretenden Begriff der partiellen Differenzierbarkeit abgehoben werden soll.

9.1 *Die Abbildung φ sei im Punkt $\mathfrak{x}$ differenzierbar. Dann gibt es nur genau eine approximierende lineare Abbildung $\hat{\varphi}_{\mathfrak{x}}$, die die Bedingung aus 9a erfüllt.*

Beweis: Es werde

$$\varphi(\mathfrak{x}+\mathfrak{v}) = \varphi\mathfrak{x} + \hat{\varphi}_1\mathfrak{v} + |\mathfrak{v}|\delta_1(\mathfrak{x},\mathfrak{v}) = \varphi\mathfrak{x} + \hat{\varphi}_2\mathfrak{v} + |\mathfrak{v}|\delta_2(\mathfrak{x},\mathfrak{v})$$

$$\text{mit} \quad \lim_{\mathfrak{v}\to\mathfrak{o}} \delta_1(\mathfrak{x},\mathfrak{v}) = \lim \delta_2(\mathfrak{x},\mathfrak{v}) = \mathfrak{o}$$

angenommen, woraus durch Differenzbildung

$$\hat{\varphi}_1\mathfrak{v} - \hat{\varphi}_2\mathfrak{v} = |\mathfrak{v}|\big(\delta_2(\mathfrak{x},\mathfrak{v}) - \delta_1(\mathfrak{x},\mathfrak{v})\big)$$

folgt. Es sei nun $\mathfrak{a}$ ein beliebiger Vektor aus X. Für hinreichend kleines $t > 0$ ist dann $\mathfrak{v} = t\mathfrak{a}$ ein zulässiger Verschiebungsvektor, und wegen der Linearität der Abbildungen $\hat{\varphi}_1$, $\hat{\varphi}_2$ erhält man

$$t(\hat{\varphi}_1\mathfrak{a} - \hat{\varphi}_2\mathfrak{a}) = t|\mathfrak{a}|\big(\delta_2(\mathfrak{x},t\mathfrak{a}) - \delta_1(\mathfrak{x},t\mathfrak{a})\big).$$

Weil nach Division durch t die linke Seite nicht mehr von t abhängt, folgt

$$\hat{\varphi}_1\mathfrak{a} - \hat{\varphi}_2\mathfrak{a} = |\mathfrak{a}| \lim_{t\to 0} \big(\delta_2(\mathfrak{x},t\mathfrak{a}) - \delta_1(\mathfrak{x},t\mathfrak{a})\big) = \mathfrak{o}.$$

Da dies für alle $\mathfrak{a} \in X$ gilt, ergibt sich $\hat{\varphi}_1 = \hat{\varphi}_2$. ◆

Die hiernach eindeutig bestimmte lineare Abbildung $\hat{\varphi}_{\mathfrak{x}}$ wird das **Differential** oder auch das **totale Differential** der Abbildung φ im Punkt $\mathfrak{x}$ genannt und mit $d_{\mathfrak{x}}\varphi$ oder auch $(d\varphi)\mathfrak{x}$ bezeichnet. Die zweite Bezeichnungsweise gründet sich auf folgenden Sachverhalt, der später eine entscheidende Rolle spielen wird: Wenn die Abbildung φ in jedem Punkt ihres Definitionsbereichs differenzierbar ist, kann man jedem $\mathfrak{x} \in D$ die lineare Abbildung $\hat{\varphi}_{\mathfrak{x}}: X \to Y$ zuordnen. Durch $(d\varphi)\mathfrak{x} = \hat{\varphi}_{\mathfrak{x}}$ wird also eine Abbildung $d\varphi: D \to L(X, Y)$ von D in den Raum der linearen Abbildungen $X \to Y$ definiert. Und diese Abbildung $d\varphi$ wird das Differential von φ genannt. Die lineare Abbildung $(d\varphi)\mathfrak{x}$ ist also der Wert des Differentials $d\varphi$ an der Stelle $\mathfrak{x}$, der nur der Kürze halber als das Differential von φ in $\mathfrak{x}$ bezeichnet wird.

Definition 9b: *Die Abbildung $\varphi: D \to Y$ heißt* **differenzierbar** (*in D*), *wenn sie in jedem Punkt von D differenzierbar ist. Die dann durch $(d\varphi)\mathfrak{x} = \hat{\varphi}_{\mathfrak{x}}$ definierte Abbildung $d\varphi: D \to L(X, Y)$ wird das* **Differential** *von φ genannt.*
Eine differenzierbare Abbildung heißt **stetig differenzierbar** (*an der Stelle $\mathfrak{x}$*), *wenn ihr Differential* (*in $\mathfrak{x}$*) *stetig ist.*

In der Differential-Schreibweise lautet die Gleichung aus 9a

$$\varphi(\mathfrak{x}+\mathfrak{v}) = \varphi\mathfrak{x} + [(d\varphi)\mathfrak{x}]\mathfrak{v} + |\mathfrak{v}|\delta(\mathfrak{x},\mathfrak{v}).$$

Da diese Schreibweise recht schwerfällig ist und da auch die Abhängigkeit von

$\mathfrak{x}$ zunächst eine untergeordnete Rolle spielen wird, soll vorläufig die Bezeichnung $d_{\mathfrak{x}}\varphi$ bevorzugt werden, mit der dann die Gleichung

$$\varphi(\mathfrak{x}+\mathfrak{v}) = \varphi\mathfrak{x} + (d_{\mathfrak{x}}\varphi)\mathfrak{v} + |\mathfrak{v}|\,\delta(\mathfrak{x}, \mathfrak{v})$$

lautet.
Wie bei Funktionen einer Veränderlichen gilt auch hier

9.2 *Ist φ in $\mathfrak{x}^*$ differenzierbar, so ist φ in $\mathfrak{x}^*$ auch stetig.*

Beweis: Als lineare Abbildung ist $d_{\mathfrak{x}^*}\varphi$ nach 7.4 stetig. Daher gilt $\lim\limits_{\mathfrak{v}\to\mathfrak{o}} (d_{\mathfrak{x}^*}\varphi)\mathfrak{v} = \mathfrak{o}$, und es folgt

$$\lim_{\mathfrak{x}\to\mathfrak{x}^*} \varphi\mathfrak{x} = \lim_{\mathfrak{v}\to\mathfrak{o}} \varphi(\mathfrak{x}^*+\mathfrak{v}) = \varphi\mathfrak{x}^* + \lim_{\mathfrak{v}\to\mathfrak{o}} \big((d_{\mathfrak{x}^*}\varphi)\mathfrak{v} + |\mathfrak{v}|\,\delta(\mathfrak{x}^*, \mathfrak{v})\big) = \varphi\mathfrak{x}^*. \quad\blacklozenge$$

Beispiele

9.I Bei einer linearen Abbildung $\varphi: X \to Y$ ist die Definition der Differenzierbarkeit wegen

$$\varphi(\mathfrak{x}+\mathfrak{v}) = \varphi\mathfrak{x} + \varphi\mathfrak{v}$$

mit $d_{\mathfrak{x}}\varphi = \varphi$ und $\delta(\mathfrak{x}, \mathfrak{v}) = \mathfrak{o}$ für alle $\mathfrak{x}$ und $\mathfrak{v}$ erfüllt. Damit gilt

9.3 *Jede lineare Abbildung $\varphi: X \to Y$ ist differenzierbar, und es gilt $d_{\mathfrak{x}}\varphi = \varphi$ für alle $\mathfrak{x} \in X$.*

9.II In einem euklidischen Raum X wird durch $\varphi\mathfrak{x} = |\mathfrak{x}|^2\mathfrak{x}$ eine Abbildung $\varphi: X \to X$ definiert. Für $\mathfrak{v} \neq \mathfrak{o}$ gilt

$$\begin{aligned}\varphi(\mathfrak{x}+\mathfrak{v}) &= |\mathfrak{x}+\mathfrak{v}|^2(\mathfrak{x}+\mathfrak{v}) = (|\mathfrak{x}|^2 + 2\mathfrak{x}\cdot\mathfrak{v} + |\mathfrak{v}|^2)(\mathfrak{x}+\mathfrak{v})\\ &= \varphi\mathfrak{x} + \big[|\mathfrak{x}|^2\mathfrak{v} + 2(\mathfrak{x}\cdot\mathfrak{v})\mathfrak{x}\big] + |\mathfrak{v}|\Big[2(\mathfrak{x}\cdot\mathfrak{v})\frac{\mathfrak{v}}{|\mathfrak{v}|} + |\mathfrak{v}|(\mathfrak{x}+\mathfrak{v})\Big].\end{aligned}$$

Die durch $\hat{\varphi}_{\mathfrak{x}}\mathfrak{v} = |\varphi|^2\mathfrak{v} + 2(\varphi\cdot\mathfrak{v})\mathfrak{x}$ definierte Abbildung $\hat{\varphi}_{\mathfrak{x}}$ ist offenbar linear, und wegen

$$\Big|2(\mathfrak{x}\cdot\mathfrak{v})\frac{\mathfrak{v}}{|\mathfrak{v}|} + |\mathfrak{v}|(\mathfrak{x}+\mathfrak{v})\Big| \leqq 2|\mathfrak{x}|\,|\mathfrak{v}| + |\mathfrak{v}|(|\mathfrak{x}| + |\mathfrak{v}|) = |\mathfrak{v}|(3|\mathfrak{x}| + |\mathfrak{v}|)$$

konvergiert die zweite eckige Klammer mit $\mathfrak{v}$ gegen $\mathfrak{o}$. Daher ist φ in X differenzierbar, und es gilt

$$(d_{\mathfrak{x}}\varphi)\mathfrak{v} = |\mathfrak{x}|^2\mathfrak{v} + 2(\mathfrak{x}\cdot\mathfrak{v})\mathfrak{x}.$$

Da die rechte Seite sogar stetig von $\mathfrak{x}$ abhängt, ist φ sogar stetig differenzierbar.

9. III Mit einem festen Einheitsvektor $\mathfrak{e}$ wird im orientierten 3-dimensionalen euklidischen Raum X durch

$$\varphi\mathfrak{x} = (\mathfrak{e} \times \mathfrak{x}) \times \mathfrak{x}$$

eine Abbildung $\varphi: X \to X$ definiert. Es gilt für $\mathfrak{v} \neq \mathfrak{o}$

$$\begin{aligned}\varphi(\mathfrak{x} + \mathfrak{v}) &= (\mathfrak{e} \times \mathfrak{x} + \mathfrak{e} \times \mathfrak{v}) \times (\mathfrak{x} + \mathfrak{v}) \\ &= \varphi\mathfrak{x} + [(\mathfrak{e} \times \mathfrak{x}) \times \mathfrak{v} + (\mathfrak{e} \times \mathfrak{v}) \times \mathfrak{x}] + |\mathfrak{v}|\left((\mathfrak{e} \times \mathfrak{v}) \times \frac{\mathfrak{v}}{|\mathfrak{v}|}\right).\end{aligned}$$

Durch die eckige Klammer wird eine lineare Abbildung definiert, und offensichtlich gilt $\lim\limits_{\mathfrak{v} \to \mathfrak{o}} (\mathfrak{e} \times \mathfrak{v}) \times \frac{\mathfrak{v}}{|\mathfrak{v}|} = \mathfrak{o}$. Daher ist φ in X differenzierbar (sogar stetig differenzierbar), und es gilt

$$(d_{\mathfrak{x}}\varphi)\mathfrak{v} = (\mathfrak{e} \times \mathfrak{x}) \times \mathfrak{v} + (\mathfrak{e} \times \mathfrak{v}) \times \mathfrak{x}.$$

Wenn die Abbildung φ in $\mathfrak{x}$ differenzierbar ist, dann gilt bei festem $\mathfrak{v}$ und hinreichend kleinem $|h|$

$$\begin{aligned}\varphi(\mathfrak{x} + h\mathfrak{v}) &= \varphi\mathfrak{x} + (d_{\mathfrak{x}}\varphi)(h\mathfrak{v}) + |h\mathfrak{v}|\,\delta(\mathfrak{x}, h\mathfrak{v}) \\ &= \varphi\mathfrak{x} + h\big((d_{\mathfrak{x}}\varphi)\mathfrak{v} + (\operatorname{sgn} h)|\mathfrak{v}|\,\delta(\mathfrak{x}, h\mathfrak{v})\big).\end{aligned}$$

Wegen $\lim\limits_{h \to 0} \delta(\mathfrak{x}, h\mathfrak{v}) = \mathfrak{o}$ folgt hieraus

$$(*) \qquad (d_{\mathfrak{x}}\varphi)\mathfrak{v} = \lim_{h \to 0} \frac{1}{h}\big(\varphi(\mathfrak{x} + h\mathfrak{v}) - \varphi\mathfrak{x}\big).$$

Der hier rechts stehende Grenzwert eines Differenzenquotienten nutzt die Eigenschaften von φ nur partiell aus, weil φ nur in den Punkten der durch $\mathfrak{x}$ und $\mathfrak{x} + \mathfrak{v}$ gehenden Geraden betrachtet wird. Er wird daher auch als partielle Ableitung bezeichnet und bisweilen mit einem runden ∂ gekennzeichnet.

Definition 9c: *Die Abbildung $\varphi: D \to Y$ heißt im Punkt $\mathfrak{x} \in D$ nach dem Vektor $\mathfrak{v}$* **partiell differenzierbar**, *wenn der Grenzwert*

$$\frac{\partial\varphi(\mathfrak{x})}{\partial\mathfrak{v}} = \varphi'_{\mathfrak{x}}(\mathfrak{x}) = \lim_{h \to 0} \frac{1}{h}\big(\varphi(\mathfrak{x} + h\mathfrak{v}) - \varphi\mathfrak{x}\big)$$

existiert. Er wird dann die **partielle Ableitung** *von φ nach $\mathfrak{v}$ in $\mathfrak{x}$ genannt. Ist hierbei $\mathfrak{v}$ ein Einheitsvektor, so spricht man auch von einer* **Richtungsableitung**.

Aus den vorangehenden Überlegungen und der Gleichung (*) folgt jetzt

9.4 *Ist φ in $\mathfrak{x}$ differenzierbar, so ist φ in $\mathfrak{x}$ auch nach jedem Vektor $\mathfrak{v}$ partiell differenzierbar, und es gilt $\varphi_{\mathfrak{v}}'(\mathfrak{x}) = (d_{\mathfrak{x}}\varphi)\,\mathfrak{v}$.*

Das folgende Beispiel zeigt, daß die Umkehrung dieses Satzes nicht gilt.

9.IV Mit den Bezeichnungen aus 6.V sei die Abbildung $\varphi : \mathbb{R}^2 \to \mathbb{R}$ durch die Koordinatenfunktion

$$h(x, y) = \begin{cases} \dfrac{x^2 y}{x^4 + y^2} & \text{für } (x, y) \neq (0, 0) \\ 0 & \text{für } (x, y) = (0, 0) \end{cases}$$

beschrieben. Wie in 6.V gezeigt wurde, ist φ im Nullpunkt nicht stetig, wegen 9.2 also sicher nicht differenzierbar. Andererseits gilt mit $\mathfrak{v} = (a, b)$

$$\varphi_{\mathfrak{x}}'(\mathfrak{v}) = \lim_{t \to 0} \frac{1}{t}\big(h(at, bt) - h(0, 0)\big) = \lim_{t \to 0} \frac{a^2 b}{a^4 t^2 + b^2} = \begin{cases} \dfrac{a^2}{b} & \text{für } b \neq 0 \\ 0 & \text{für } b = 0. \end{cases}$$

Daher ist φ im Nullpunkt nach allen Vektoren $\mathfrak{v}$ partiell differenzierbar. Das Beispiel zeigt sogar, daß selbst aus der partiellen Differenzierbarkeit nach allen Vektoren $\mathfrak{v}$ nicht die Stetigkeit folgt.
Da die Konvergenz einer Vektorfolge gleichwertig mit der Konvergenz ihrer Koordinatenfolgen ist, erhält man noch

9.5 *Die Abbildung $\varphi : D \to Y$ ist genau dann in $\mathfrak{x}$ differenzierbar (nach $\mathfrak{v}$ partiell differenzierbar), wenn alle ihre Koordinatenabbildungen $\varphi_1, \ldots, \varphi_r$ bezüglich einer Basis $\{\mathfrak{b}_1, \ldots, \mathfrak{b}_r\}$ von Y die entsprechende Eigenschaft besitzen. Es gilt dann*

$$(d_{\mathfrak{x}}\varphi)\,\mathfrak{v} = \big((d_{\mathfrak{x}}\varphi_1)\,\mathfrak{v}\big)\mathfrak{b}_1 + \cdots + \big((d_{\mathfrak{x}}\varphi_r)\,\mathfrak{v}\big)\mathfrak{b}_r \quad \textit{bzw.}$$

$$\frac{\partial \varphi(\mathfrak{x})}{\partial \mathfrak{v}} = \frac{\partial \varphi_1(\mathfrak{x})}{\partial \mathfrak{v}}\,\mathfrak{b}_1 + \cdots + \frac{\partial \varphi_r(\mathfrak{x})}{\partial \mathfrak{v}}\,\mathfrak{b}_r.$$

Man kann sich daher weitgehend auf die Untersuchung reellwertiger Abbildungen beschränken.

9.6 (Mittelwertsatz.) *Es sei φ eine reellwertige Abbildung, die in allen Punkten $\mathfrak{x} + t\mathfrak{v}$ mit $0 \leqq t \leqq 1$ partiell nach $\mathfrak{v}$ differenzierbar ist. (In den Endpunkten $\mathfrak{x}$ und $\mathfrak{x} + \mathfrak{v}$ kann die partielle Differenzierbarkeit auch durch die Stetigkeit von φ ersetzt werden.) Dann gibt es eine Zahl q mit $0 < q < 1$, mit der*

$$\varphi(\mathfrak{x} + \mathfrak{v}) - \varphi\mathfrak{x} = \varphi_{\mathfrak{v}}'(\mathfrak{x} + q\mathfrak{v})$$

gilt.

Satz:

Es seien $D \subseteq \mathbb{R}$, $x_0 \in D \wedge x_0 \in \overline{D} = \operatorname{Clos}_{\mathcal{O}_{\mathbb{R}}}(D)$, X ein $\mathbb{R}$-Vektorraum mit $\operatorname{Dim}_{\mathbb{R}} X = n \in \mathbb{N}$ und $f: D \longrightarrow X$ eine Abbildung, dann gilt

f ist genau differenzierbar in x_0, wenn der Grenzwert

$$\lim_{x \to x_0} \frac{f(x) - f(x_0)}{x - x_0}$$

existiert.

Ist f differenzierbar in x_0, dann gilt weiter

$$f'(x_0) := [(df)x_0](1) = \lim_{x \to x_0} \frac{f(x) - f(x_0)}{x - x_0}$$

Beweis:

„⟹": f sei also diffbar in x_0, d.h. $\exists (d\varphi)x_0 \in \operatorname{Hom}_{\mathbb{R}}(\mathbb{R}; X)$ mit

$$f(x) = f(x_0) + [(d\varphi)x_0](x - x_0) + |x - x_0| \cdot \delta(x_0, (x - x_0)) \quad \forall x \in D \setminus \{x_0\}$$

$$\Longrightarrow \frac{f(x) - f(x_0)}{x - x_0} = [(d\varphi)x_0](1) + \operatorname{sign}(x - x_0) \cdot \delta(x_0, (x - x_0)) \xrightarrow{x \to x_0} [(d\varphi)x_0](1)$$

■

„⟸" Setze
$$\delta(x_0, x) := \begin{cases} 0, & \text{falls } x = x_0 \\ \left(\frac{f(x) - f(x_0)}{x - x_0} - f'(x_0)\right) \cdot \frac{x - x_0}{|x - x_0|} & \forall x \in D \setminus \{x_0\} \end{cases}$$

dann gilt $\delta(x_0, x) \xrightarrow{x \to x_0} 0$ und $f(x) = f(x_0) + f'(x_0)(x - x_0) + |x - x_0| \cdot \delta(x_0, x)$

mit $[(df)x_0](v) := f'(x_0) \cdot v \ \forall v \in \mathbb{R}$ folgt $(d\varphi)x_0 \in L(\mathbb{R}; X)$ und somit die Beh. ■

q.e.d.

Beweis: Die durch $f(t) = \varphi(\mathfrak{x} + t\mathfrak{v})$ definierte Funktion f ist wegen

$$f'(t) = \lim_{h \to 0} \frac{1}{h}\big(f(t+h) - f(t)\big)$$

$$= \lim_{h \to 0} \frac{1}{h}\big(\varphi(\mathfrak{x} + t\mathfrak{v} + h\mathfrak{v}) - \varphi(\mathfrak{x} + t\mathfrak{v})\big) = \varphi'_{\mathfrak{v}}(\mathfrak{x} + t\mathfrak{v})$$

für $0 < t < 1$ differenzierbar und in $t = 0$ bzw. $t = 1$ entweder nach Voraussetzung stetig oder aber differenzierbar und damit ebenfalls stetig. Nach dem Mittelwertsatz für Funktionen einer Veränderlichen gilt daher

$$\varphi(\mathfrak{x} + \mathfrak{v}) - \varphi\mathfrak{x} = \frac{f(1) - f(0)}{1 - 0} = f'(q) = \varphi'_{\mathfrak{v}}(\mathfrak{x} + q\mathfrak{v}) \quad \text{mit} \quad 0 < q < 1. \qquad \blacklozenge$$

Dieser Mittelwertsatz gilt jedoch nur für reellwertige Abbildungen. Bei allgemeineren Abbildungen kann er zwar auf die einzelnen Koordinatenabbildungen angewandt werden. Da bei diesen aber im allgemeinen verschiedene Zwischenstellen auftreten, ist eine nachträgliche vektorielle Zusammenfassung dann nicht mehr möglich.

9.7 *Die Abbildung φ sei in $\mathfrak{x}$ partiell nach $\mathfrak{v}$ differenzierbar. Für jede reelle Zahl c ist dann φ in $\mathfrak{x}$ auch nach $c\mathfrak{v}$ partiell differenzierbar, und es gilt*

$$\varphi'_{c\mathfrak{v}}(\mathfrak{x}) = c\varphi'_{\mathfrak{v}}(\mathfrak{x}).$$

Beweis: Im Fall $c = 0$ ist die Behauptung wegen $\varphi'_{\mathfrak{o}}(\mathfrak{x}) = \mathfrak{o}$ trivial. Gilt $c \neq 0$, so ergibt sich mit $t = hc$

$$\varphi'_{c\mathfrak{v}}(\mathfrak{x}) = \lim_{h \to 0} \frac{1}{h}\big(\varphi(\mathfrak{x} + hc\mathfrak{v}) - \varphi\mathfrak{x}\big) = \lim_{t \to 0} \frac{c}{t}\big(\varphi(\mathfrak{x} + t\mathfrak{v}) - \varphi\mathfrak{x}\big) = c\varphi'_{\mathfrak{v}}(\mathfrak{x}).$$

$\blacklozenge$

Wenn φ in allen Punkten einer offenen Umgebung U von $\mathfrak{x}$ nach $\mathfrak{v}$ partiell differenzierbar ist, ist $\varphi'_{\mathfrak{v}}$ eine auf U definierte Abbildung, die jedem $\mathfrak{x}^* \in U$ als Bild die Ableitung $\varphi'_{\mathfrak{v}}(\mathfrak{x}^*)$ zuordnet. Es hat daher einen Sinn, von der Stetigkeit der partiellen Ableitung $\varphi'_{\mathfrak{v}}$ in $\mathfrak{x}$ zu sprechen. In diesem Fall soll dann φ in $\mathfrak{x}$ nach $\mathfrak{v}$ **stetig partiell differenzierbar** genannt werden.

9.8 *Die Abbildung φ sei in $\mathfrak{x}$ nach $\mathfrak{v}$ partiell differenzierbar und nach $\mathfrak{w}$ sogar stetig partiell differenzierbar. Dann ist φ in $\mathfrak{x}$ auch nach $\mathfrak{v} + \mathfrak{w}$ partiell differenzierbar, und es gilt*

$$\varphi'_{\mathfrak{v}+\mathfrak{w}}(\mathfrak{x}) = \varphi'_{\mathfrak{v}}(\mathfrak{x}) + \varphi'_{\mathfrak{w}}(\mathfrak{x}).$$

Beweis: Es genügt, die Behauptung für reellwertige Abbildungen zu beweisen. Nach Voraussetzung ist φ für hinreichend kleine Werte von h und h^* in allen Punkten $\mathfrak{x} + h\mathfrak{v} + h^*\mathfrak{w}$ partiell nach $\mathfrak{w}$ differenzierbar. Mit Hilfe von 9.6 und 9.7 ergibt sich daher

$$\varphi(\mathfrak{x} + h\mathfrak{v} + h\mathfrak{w}) - \varphi(\mathfrak{x} + h\mathfrak{v}) = \varphi'_{h\mathfrak{w}}(\mathfrak{x} + h\mathfrak{v} + qh\mathfrak{w}) = h\varphi'_{\mathfrak{w}}(\mathfrak{x} + h\mathfrak{v} + qh\mathfrak{w})$$

mit $0 < q < 1$. Hiermit folgt

$$\begin{aligned}\varphi'_{\mathfrak{v}+\mathfrak{w}}(\mathfrak{x}) &= \lim_{h\to 0} \frac{1}{h}\left(\varphi(\mathfrak{x} + h\mathfrak{v} + h\mathfrak{w}) - \varphi\mathfrak{x}\right)\\ &= \lim_{h\to 0} \frac{1}{h}\left(\varphi(\mathfrak{x} + h\mathfrak{v} + h\mathfrak{w}) - \varphi(\mathfrak{x} + h\mathfrak{v})\right) + \lim_{h\to 0} \frac{1}{h}\left(\varphi(\mathfrak{x} + h\mathfrak{v}) - \varphi\mathfrak{x}\right)\\ &= \lim_{h\to 0} \varphi'_{\mathfrak{w}}(\mathfrak{x} + h\mathfrak{v} + qh\mathfrak{w}) + \varphi'_{\mathfrak{v}}(\mathfrak{x}).\end{aligned}$$

Wegen der vorausgesetzten Stetigkeit von $\varphi'_{\mathfrak{w}}$ in $\mathfrak{x}$ folgt hieraus weiter die Behauptung. ◆

9.9 *Es sei $\{\mathfrak{a}_1, \ldots, \mathfrak{a}_n\}$ eine Basis von X, und die Abbildung $\varphi : D \to Y$ mit $D \subset X$ sei in $\mathfrak{x}$ nach den Basisvektoren $\mathfrak{a}_1, \ldots, \mathfrak{a}_n$ stetig partiell differenzierbar. Dann ist φ in $\mathfrak{x}$ sogar total differenzierbar, und für einen beliebigen Vektor $\mathfrak{v} = v_1\mathfrak{a}_1 + \cdots + v_n\mathfrak{a}_n$ gilt*

$$(d_{\mathfrak{x}}\varphi)\mathfrak{v} = v_1\varphi'_{\mathfrak{a}_1}(\mathfrak{x}) + \cdots + v_n\varphi'_{\mathfrak{a}_n}(\mathfrak{x}).$$

Beweis: Ohne Einschränkung der Allgemeinheit kann φ als reellwertige Abbildung angenommen werden. Wegen 9.7 existieren auch die partiellen Ableitungen $\varphi'_{v_\nu\mathfrak{a}_\nu} = v_\nu\varphi'_{\mathfrak{a}_\nu}$ $(\nu = 1, \ldots, n)$ und sind in $\mathfrak{x}$ stetig. Durch mehrfache Anwendung von 9.8 ergibt sich daher auch die Existenz von $\varphi'_{\mathfrak{v}}(\mathfrak{x})$ und

$$\varphi'_{\mathfrak{v}}(\mathfrak{x}) = v_1\varphi'_{\mathfrak{a}_1}(\mathfrak{x}) + \cdots + v_n\varphi'_{\mathfrak{a}_n}(\mathfrak{x}).$$

Durch $\hat{\varphi}_{\mathfrak{x}}\mathfrak{v} = \varphi'_{\mathfrak{v}}(\mathfrak{x})$ wird somit eine lineare Abbildung definiert. Mit

$$\mathfrak{w}_\nu = v_1\mathfrak{a}_1 + \cdots + v_\nu\mathfrak{a}_\nu \qquad (\nu = 1, \ldots, n)$$

gilt andererseits

$$\begin{aligned}\varphi(\mathfrak{x} + \mathfrak{v}) - \varphi\mathfrak{x} &= \left(\varphi(\mathfrak{x} + \mathfrak{w}_n) - \varphi(\mathfrak{x} + \mathfrak{w}_{n-1})\right) +\\ &+ \left(\varphi(\mathfrak{x} + \mathfrak{w}_{n-1}) - \varphi(\mathfrak{x} + \mathfrak{w}_{n-2})\right) + \cdots + \left(\varphi(\mathfrak{x} + \mathfrak{w}_1) - \varphi\mathfrak{x}\right),\end{aligned}$$

und auf die hier auftretenden Klammerausdrücke kann bei hinreichend kleinem $|\mathfrak{v}|$ der Mittelwertsatz 9.6 angewandt werden. Es folgt wegen $\mathfrak{w}_\nu = \mathfrak{w}_{\nu-1} + v_\nu\mathfrak{a}_\nu$ unter Berücksichtigung von 9.7

$$\varphi(\mathfrak{x}+\mathfrak{v}) - \varphi\mathfrak{x} = v_n \varphi'_{\mathfrak{a}_n}(\mathfrak{x} + \mathfrak{w}_{n-1} + q_n v_n \mathfrak{a}_n) + \cdots + v_1 \varphi'_{\mathfrak{a}_1}(\mathfrak{x} + q_1 v_1 \mathfrak{a}_1)$$

mit $0 < q_\nu < 1$ für $\nu = 1, \ldots, n$. Dies ergibt nach einfacher Umrechnung im Fall $\mathfrak{v} \neq \mathfrak{o}$

$$\varphi(\mathfrak{x}+\mathfrak{v}) = \varphi\mathfrak{x} + \hat{\varphi}_{\mathfrak{x}}\mathfrak{v} + |\mathfrak{v}|\,\delta(\mathfrak{x},\mathfrak{v}) \qquad \text{mit}$$

$$(**) \quad \delta(\mathfrak{x},\mathfrak{v}) = \sum_{\nu=1}^{n} \frac{v_\nu}{|\mathfrak{v}|} \left(\varphi'_{\mathfrak{a}_\nu}(\mathfrak{x} + \mathfrak{w}_{\nu-1} + q_\nu v_\nu \mathfrak{a}_\nu) - \varphi'_{\mathfrak{a}_\nu}(\mathfrak{x})\right).$$

Die Behauptung des Satzes ist daher bewiesen, wenn noch $\lim\limits_{\mathfrak{v}\to\mathfrak{o}} \delta(\mathfrak{x},\mathfrak{v}) = 0$ nachgewiesen wird. Da aber die Quotienten $\frac{v_\nu}{|\mathfrak{v}|}$ beschränkt sind, folgt dies unmittelbar aus der Stetigkeit der partiellen Ableitungen $\varphi'_{\mathfrak{a}_\nu}$ in $\mathfrak{x}$. ◆

Verschärft man die Voraussetzungen des letzten Satzes dahingehend, daß φ sogar in allen Punkten seines Definitionsbereichs nach den Basisvektoren stetig partiell differenzierbar ist, so hängt wegen

$$(d_{\mathfrak{x}}\varphi)\,\mathfrak{v} = v_1 \varphi'_{\mathfrak{a}_1}(\mathfrak{x}) + \cdots + v_n \varphi'_{\mathfrak{a}_n}(\mathfrak{x})$$

das Differential $d_{\mathfrak{x}}\varphi$ sogar stetig von $\mathfrak{x}$ ab; d.h. φ ist in D stetig differenzierbar. Ist umgekehrt φ in D stetig differenzierbar, so sind wegen $\varphi'_{\mathfrak{a}_\nu}(\mathfrak{x}) = (d_{\mathfrak{x}}\varphi)\,\mathfrak{a}_\nu$ diese partiellen Ableitungen ihrerseits stetig in D. Daher besteht zwischen der stetigen (totalen) Differenzierbarkeit und der stetigen partiellen Differenzierbarkeit nach den Vektoren einer Basis die folgende gleichwertige Beziehung.

9.10 *Die Abbildung $\varphi: D \to Y$ ist genau dann in D stetig differenzierbar, wenn sie in D nach allen Vektoren einer Basis von X stetig partiell differenzierbar ist.*

Wenn φ in D stetig differenzierbar ist, so sind hiernach auch die partiellen Ableitungen $\varphi'_{\mathfrak{a}_\nu}$ stetig in D und wegen 7.14 auf jeder kompakten Teilmenge M von D sogar gleichmäßig stetig. Für das Fehlerglied $\delta(\mathfrak{x},\mathfrak{v})$ folgt hieraus unter Berücksichtigung von (**)

9.11 *Die Abbildung $\varphi: D \to Y$ sei auf ihrem Definitionsbereich stetig differenzierbar. Dann konvergiert das Fehlerglied $\delta(\mathfrak{x},\mathfrak{v})$ auf jeder kompakten Teilmenge M von D mit $\mathfrak{v}$ gleichmäßig in $\mathfrak{x}$ gegen $\mathfrak{o}$; es gilt also*

$$\bigwedge_{\varepsilon>0}\ \bigvee_{\delta>0}\ \bigwedge_{\mathfrak{x}\in M}\ \bigwedge_{\mathfrak{v}\in X} \left(|\mathfrak{v}| < \delta \Rightarrow |\delta(\mathfrak{x},\mathfrak{v})| < \varepsilon\right).$$

Ergänzungen und Aufgaben

9A Wenn eine Abbildung $\varphi: D \to Y$ auf ihrem Definitionsbereich konstant ist, wenn also $\varphi\mathfrak{x} = \mathfrak{c}$ für alle $\mathfrak{x} \in D$ mit einem festen Vektor $\mathfrak{c} \in Y$ gilt, dann ist diese Abbildung in allen Punkten $\mathfrak{x} \in D$ differenzierbar, und $d_\mathfrak{x}\varphi$ ist die Nullabbildung.

Aufgabe: Gilt hiervon auch die Umkehrung? Bedarf es zusätzlicher Voraussetzungen?

9B Aufgabe: Man zeige am Beispiel der durch $\varphi(t) = (\cos t, \sin t, t)$ gegebenen Schraubenlinie, daß der Mittelwertsatz für vektorwertige Abbildungen im allgemeinen nicht gilt und daß er in diesem Fall sogar niemals für zwei verschiedene Parameterwerte richtig ist.

9C Aufgabe: Im orientierten dreidimensionalen euklidischen Raum sei $\mathfrak{e}$ ein fester Einheitsvektor. Man untersuche die folgenden beiden Abbildungen auf Differenzierbarkeit (partielle Differenzierbarkeit) und berechne ggf. ihre Differentiale (partiellen Ableitungen):

$$\varphi\mathfrak{x} = (\mathfrak{x} \cdot \mathfrak{e})\mathfrak{x} \times \mathfrak{e}, \quad \psi\mathfrak{x} = |\mathfrak{x}|\mathfrak{e} \times \mathfrak{x}.$$

§ 10 Koordinaten-Darstellung

Der reellwertigen Abbildung $\varphi: D \to \mathbb{R}$ sei hinsichtlich einer Basis $\{\mathfrak{a}_1, \ldots, \mathfrak{a}_n\}$ die Koordinatenfunktion f der Koordinatenveränderlichen $x_1, \ldots, x_n$ zugeordnet. Wenn dann φ in dem inneren Punkt $\mathfrak{x}^* = x_1^*\mathfrak{a}_1 + \cdots + x_n^*\mathfrak{a}_n$ von D nach dem Basisvektor $\mathfrak{a}_k$ $(k = 1, \ldots, n)$ partiell differenzierbar ist, gilt

$$\begin{aligned}\varphi'_{\mathfrak{a}_k}(\mathfrak{x}^*) &= \lim_{h \to 0} \frac{1}{h}\left(\varphi(\mathfrak{x}^* + h\mathfrak{a}_k) - \varphi\mathfrak{x}\right) \\ &= \lim_{h \to 0} \frac{1}{h}\left(f(x_1^*, \ldots, x_k^* + h, \ldots, x_n^*) - f(x_1^*, \ldots, x_k^* \ldots, x_n^*)\right).\end{aligned}$$

Dieser letzte Grenzwert kann als gewöhnliche Ableitung einer Funktion einer Veränderlichen aufgefaßt werden: Man betrachte nämlich f nur als Funktion des k-ten Arguments, während man den übrigen Argumenten die festen Werte $x_\nu = x_\nu^*$ $(\nu \neq k)$ erteilt; man betrachte also die neue, partielle Funktion

$$f_k(x) = f(x_1^*, \ldots, x_{k-1}^*, x, x_{k+1}^*, \ldots, x_n^*).$$

Dann ist der obige Grenzwert offenbar gerade die gewöhnliche Ableitung $f_k'(x_k^*)$ von f_k an der Stelle x_k^*.

Definition 10a: *Die Funktion f der Veränderlichen $x_1, \dots, x_n$ heißt an der Stelle $(x_1^*, \dots, x_n^*)$* **partiell nach x_k differenzierbar**, *wenn der Grenzwert*

$$f'_{x_k}(x_1^*, \dots, x_n^*) = \lim_{h \to 0} \frac{1}{h} \big(f(x_1^*, \dots, x_k^* + h, \dots, x_n^*) - f(x_1, \dots, x_k, \dots, x_n)\big)$$

existiert. Er wird dann die partielle Ableitung von f nach x_k genannt und bisweilen auch mit

$$\frac{\partial f(x_1^*, \dots, x_n^*)}{\partial x_k} \qquad \text{oder} \qquad \frac{\partial}{\partial x_k} f(x_1^*, \dots, x_n^*)$$

bezeichnet.

So ist z. B. die durch

$$f(x, y, z) = x^2 \sin(y^3 z)$$

definierte Funktion überall nach allen drei Veränderlichen partiell differenzierbar. Man kann daher die partiellen Ableitungen wieder als Funktionen von x, y, z auffassen und erhält

$$f'_x(x, y, z) = 2x \sin(y^3 z), \quad f'_y(x, y, z) = 3x^2 y^2 z \sin(y^3 z),$$
$$f'_z(x, y, z) = x^2 y^3 \sin(y^3 z).$$

Allgemeiner sei nun wieder $\varphi: D \to Y$ eine Abbildung, der hinsichtlich je einer Basis $\{\mathfrak{a}_1, \dots, \mathfrak{a}_n\}$ von X und $\{\mathfrak{b}_1, \dots, \mathfrak{b}_r\}$ von Y die Koordinatenfunktionen $f_1, \dots, f_r$ zugeordnet seien. Mit $\mathfrak{x} = x_1 \mathfrak{a}_1 + \cdots + x_n \mathfrak{a}_n$ $(\mathfrak{x} \in D)$ gilt also

$$\varphi \mathfrak{x} = f_1(x_1, \dots, x_n) \mathfrak{b}_1 + \cdots + f_r(x_1, \dots, x_n) \mathfrak{b}_r.$$

Ist nun φ in $\mathfrak{x}$ differenzierbar, so ist dem Differential $d_{\mathfrak{x}}\varphi$ als linearer Abbildung hinsichtlich der gegebenen Basen eine Matrix $A = (a_{\nu,\varrho})$ zugeordnet, deren Elemente bekanntlich durch die Gleichungen

$$(d_{\mathfrak{x}}\varphi)\mathfrak{a}_\nu = \sum_\varrho a_{\nu,\varrho} \mathfrak{b}_\varrho \qquad (\nu = 1, \dots, n)$$

bestimmt sind. Andererseits gilt aber mit den Koordinatenabbildungen $\varphi_1, \dots, \varphi_r$ nach 9.5

$$(d_{\mathfrak{x}}\varphi)\mathfrak{a}_\nu = \frac{\partial \varphi(\mathfrak{x})}{\partial \mathfrak{a}_\nu} = \sum_\varrho \frac{\partial \varphi_\varrho(\mathfrak{x})}{\partial \mathfrak{a}_\nu} \mathfrak{b}_\varrho \qquad (\nu = 1, \dots, n),$$

woraus durch Koeffizientenvergleich

$$a_{\nu,\varrho} = \frac{\partial \varphi_\varrho(\mathfrak{x})}{\partial \mathfrak{a}_\nu} \qquad (\nu = 1, \ldots, n;\ \varrho = 1, \ldots, r)$$

folgt. Schließlich zeigten die Anfangsbetrachtungen dieses Paragraphen

$$\frac{\partial \varphi_\varrho(\mathfrak{x})}{\partial \mathfrak{a}_\nu} = \frac{\partial}{\partial x_\nu} f_\varrho(x_1, \ldots, x_n) \qquad (\nu = 1, \ldots, n;\ \varrho = 1, \ldots, r).$$

Damit hat sich ergeben

10.1 *Der Abbildung φ seien hinsichtlich entsprechender Basen die Koordinatenfunktionen $f_1, \ldots, f_r$ zugeordnet. Wenn dann φ in $\mathfrak{x}$ differenzierbar ist, entspricht dem Differential $d_{\mathfrak{x}}\varphi$ hinsichtlich derselben Basen die Matrix*

$$\left.\frac{\partial(f_1, \ldots, f_r)}{\partial(x_1, \ldots, x_n)}\right|_{\mathfrak{x}} = \begin{pmatrix} \frac{\partial f_1}{\partial x_1} & \cdots & \frac{\partial f_r}{\partial x_1} \\ \vdots & & \vdots \\ \frac{\partial f_1}{\partial x_n} & \cdots & \frac{\partial f_r}{\partial x_n} \end{pmatrix}_{\mathfrak{x}},$$

bei der die partiellen Ableitungen an der Stelle $\mathfrak{x}$ zu bilden sind.

Diese Matrix der partiellen Ableitungen wird die **Funktionalmatrix** der Funktionen $f_1, \ldots, f_r$ genannt. Wenn Mißverständnisse ausgeschlossen sind, wird im allgemeinen auf die Angabe der Stelle $\mathfrak{x}$ verzichtet, an der die Funktionalmatrix zu bilden ist.
Nach 9.4 gilt $\varphi'_{\mathfrak{v}}(\mathfrak{x}) = (d_{\mathfrak{x}}\varphi)\mathfrak{v}$. Die Koordinaten von $\varphi'_{\mathfrak{v}}(\mathfrak{x})$ erhält man daher, wenn man die Koordinatenzeile von $\mathfrak{v}$ linksseitig an die $d_{\mathfrak{x}}\varphi$ entsprechende Funktionalmatrix heranmultipliziert.

10.2 *Die Abbildung φ erfülle dieselben Voraussetzungen wie in* 10.1. *Weiter seien $v_1, \ldots, v_n$ die Koordinaten von $\mathfrak{v}$, und $w_1, \ldots, w_r$ seien die Koordinaten der partiellen Ableitung $\varphi'_{\mathfrak{v}}(\mathfrak{x})$. Dann gilt*

$$(w_1, \ldots, w_r) = (v_1, \ldots, v_n)\left(\left.\frac{\partial(f_1, \ldots, f_r)}{\partial(x_1, \ldots, x_n)}\right|_{\mathfrak{x}}\right).$$

Die bisher gewonnenen Ergebnisse sollen nun an Beispielen und in besonders wichtigen Spezialfällen untersucht werden.

10.I Die durch $\varphi\mathfrak{x} = |\mathfrak{x}|^2\mathfrak{x}$ definierte Abbildung $\varphi: X \to X$ aus Beispiel 9.II wird hinsichtlich einer Orthonormalbasis von X durch die Koordinatenfunktionen

$$f_\nu(x_1, \ldots, x_n) = (x_1^2 + \cdots + x_n^2)x_\nu \qquad (\nu = 1, \ldots, n)$$

beschrieben. Ihre partiellen Ableitungen sind

$$\frac{\partial f_\nu}{\partial x_\varrho} = \begin{cases} 2x_\varrho x_\nu & \text{für} \quad \varrho \neq \nu \\ 2x_\nu^2 + x_1^2 + \cdots + x_n^2 & \phantom{\text{für}} \quad \varrho = \nu. \end{cases}$$

Speziell im Fall $n = 3$ lautet daher die Funktionalmatrix in dem durch $x_1 = 1$, $x_2 = 2$, $x_3 = -1$ gegebenen Punkt

$$\left.\frac{\partial(f_1, f_2, f_3)}{\partial(x_1, x_2, x_3)}\right|_{(1,2,-1)} = \begin{pmatrix} 8 & 4 & -2 \\ 4 & 14 & -4 \\ -2 & -4 & 8 \end{pmatrix}.$$

Weiter erhält man als Koordinaten der partiellen Ableitung $\varphi_{\mathfrak{v}}'(\mathfrak{x})$ nach dem Vektor $\mathfrak{v}$ mit den Koordinaten $v_1 = 2$, $v_2 = -3$, $v_3 = -1$

$$(2, -3, -1) \begin{pmatrix} 8 & 4 & -2 \\ 4 & 14 & -4 \\ -2 & -4 & 8 \end{pmatrix} = (6, -30, 0).$$

Dasselbe Resultat ergibt sich, wenn man in das in 9.II gewonnene Ergebnis

$$\varphi_{\mathfrak{v}}'(\mathfrak{x}) = (d_{\mathfrak{x}}\varphi)\mathfrak{v} = |\mathfrak{x}|^2\mathfrak{v} + 2(\mathfrak{x} \cdot \mathfrak{v})\mathfrak{x}$$

die Koordinaten von $\mathfrak{x}$ und $\mathfrak{v}$ einsetzt.

Es gelte $D \subset \mathbb{R}^k$, und $\varphi: D \to \mathbb{R}^n$ $(n > k)$ sei eine in D differenzierbare Abbildung, die durch die Koordinatengleichungen

$$x_\nu = f_\nu(u_1, \ldots, u_k) \qquad (\nu = 1, \ldots, n)$$

beschrieben wird. Kürzer soll für diese Parameterdarstellung auch $\mathfrak{x} = \mathfrak{x}(u_1, \ldots, u_k)$ geschrieben werden. Im allgemeinen wird die Bildmenge φD ein gekrümmtes k-dimensionales Gebilde im $\mathbb{R}^n$ sein, wobei jedoch dieser Dimensionsangabe erst noch ein Sinn beigelegt werden muß.
Betrachtet man einen festen Parameterpunkt $\mathfrak{u}^* \in D$ und den entsprechenden Punkt $\mathfrak{x}^* = \varphi(\mathfrak{u}^*)$ aus φD, so gilt ja für Nachbarpunkte $\mathfrak{x} = \varphi(\mathfrak{u}^* + \mathfrak{v})$

$$\mathfrak{x} = \mathfrak{x}^* + (d_{\mathfrak{u}^*}\varphi)\mathfrak{v} + |\mathfrak{v}|\delta(\mathfrak{u}^*, \mathfrak{v}).$$

In der Nähe von $\mathfrak{x}^*$ wird daher die Bildmenge φD durch die lineare Mannig-

$$* \left(\frac{\partial f_1}{\partial u_\kappa} \; \frac{\partial f_2}{\partial u_\kappa} \; \cdots \; \frac{\partial f_n}{\partial u_\kappa}\right) = \left(a_{1\kappa} \; a_{2\kappa} \; \cdots \; a_{n\kappa}\right)^T$$

faltigkeit

$$T_{\mathfrak{x}^*} = \{\mathfrak{x}^* + (d_{\mathfrak{u}^*}\varphi)\mathfrak{v} : \mathfrak{v} \in \mathbb{R}^k\}$$

approximiert, die aus dem in den Punkt $\mathfrak{x}^*$ verschobenen Unterraum $(d_{\mathfrak{u}^*}\varphi)\mathbb{R}^k$ des $\mathbb{R}^n$ besteht. Besitzt $d_{\mathfrak{u}^*}\varphi$ den Höchstrang k, so ist auch $T_{\mathfrak{x}^*}$ eine k-dimensionale lineare Mannigfaltigkeit, die die geometrische Bedeutung des Tangentialraums an φD in $\mathfrak{x}^*$ besitzt. Wenn dies (abgesehen von einzelnen Ausnahmepunkten) überall der Fall ist, wird φD auch eine k-dimensionale **differenzierbare Mannigfaltigkeit** genannt.
In Koordinatendarstellung wird der Unterraum $(d_{\mathfrak{u}^*}\varphi)\mathbb{R}^k$ des $\mathbb{R}^n$ gerade von den Zeilenvektoren der dem Differential $d_{\mathfrak{u}^*}\varphi$ zugeordneten Funktionalmatrix aufgespannt, also von den Vektoren

$$\mathfrak{x}'_{u_\kappa} = \left(\frac{\partial f_1}{\partial u_\kappa}, \ldots, \frac{\partial f_n}{\partial u_\kappa}\right) \qquad (\kappa = 1, \ldots, k).$$

Daher ist

$$\mathfrak{y} = \mathfrak{x}^* + c_1 \mathfrak{x}'_{u_1}(u_1^*, \ldots, u_k^*) + \cdots + c_{u_k} x'_{u_k}(u_1^*, \ldots, u_k^*)$$

eine Parameterdarstellung des Tangentialraums in $\mathfrak{x}^*$ mit den Parametern $c_1, \ldots, c_k$.
Im Fall $k = 1$, $n = 3$ handelt es sich um eine differenzierbare Raumkurve, in deren Parameterdarstellung $\mathfrak{x} = \mathfrak{x}(t)$ man vorzugsweise den Buchstaben t als Parameter benutzt. Da hier nur ein Parameter auftritt, handelt es sich bei den Ableitungen um gewöhnliche Ableitungen nach t, die im Hinblick auf die Deutung von t als Zeit wie üblich durch einen Punkt gekennzeichnet werden sollen. Es ist dann also $\dot{\mathfrak{x}}(t)$ ein tangentieller Vektor an die Raumkurve im Punkt $\mathfrak{x}(t)$.

10.II Für die durch

$$\mathfrak{x}(t) = (r\cos t, \; r\sin t, \; at)$$

beschriebene Schraubenlinie (vgl. 6.I) ist

$$\dot{\mathfrak{x}}(t) = (-r\sin t, \; r\cos t, \; a)$$

ein tangentieller Vektor. Bei festem t ist

$$\mathfrak{y} = (r\cos t, \; r\sin t, \; at) + c(-r\sin t, \; r\cos t, \; a)$$

eine Parameterdarstellung der Tangente an die Schraubenlinie im Punkt $\mathfrak{x}(t)$ mit dem Parameter c.

Im Fall $k = 2$, $n = 3$ handelt es sich um eine differenzierbare Fläche mit der Parameterdarstellung $\mathfrak{x} = \mathfrak{x}(u, v)$. In jedem Flächenpunkt $\mathfrak{x}$, in dem die partiellen Ableitungen $\mathfrak{x}'_u$ und $\mathfrak{x}'_v$ linear unabhängig sind, existiert eine Tangentialebene, die gerade von $\mathfrak{x}'_u$ und $\mathfrak{x}'_v$ aufgespannt wird. Umgekehrt kann jedoch durchaus eine Tangentialebene existieren, auch wenn $\mathfrak{x}'_u$ und $\mathfrak{x}'_v$ linear abhängig sind. Solche Punkte sind dann keine Ausnahmepunkte der Fläche; ihre Ausnahmerolle bezieht sich lediglich auf die Eigenart der Parameterdarstellung. Bei festem v hängt $\mathfrak{x} = \mathfrak{x}(u, v)$ nur von dem einen Parameter u ab, stellt also eine auf der Fläche verlaufende Raumkurve dar. Dasselbe gilt bei der Vertauschung der Rollen von u und v. Die so bestimmten Flächenkurven werden auch **Parameterlinien** genannt. Die Vektoren $\mathfrak{x}'_u$ und $\mathfrak{x}'_v$ sind tangentielle Vektoren an die Parameterlinien $v = \text{const.}$ bzw. $u = \text{const.}$. Sind $\mathfrak{x}'_u$ und $\mathfrak{x}'_v$ linear unabhängig, so ist $\mathfrak{x}'_u \times \mathfrak{x}'_v$ ein auf der Tangentialebene senkrecht stehender Vektor, also eine **Flächennormale**.

10. III $\mathfrak{x}(u, v) = (a\cos u \cos v,\ b\sin u \cos v,\ c\sin v)$

$$\left(a, b, c > 0;\ 0 \leqq u \leqq 2\pi;\ -\frac{\pi}{2} \leqq v \leqq \frac{\pi}{2}\right)$$

ist die Parameterdarstellung einer Ellipsoidfläche mit den Halbachsen a, b und c. Hier gilt

$$\begin{aligned}
\mathfrak{x}'_u &= (-a\sin u \cos v,\ b\cos u \cos v,\ 0),\\
\mathfrak{x}'_v &= (-a\cos u \sin v,\ -b\sin u \sin v,\ c\cos v),\\
\mathfrak{x}'_u \times \mathfrak{x}'_v &= (bc\cos u \cos^2 v,\ ac\sin u \cos^2 v,\ ab\sin v \cos v).
\end{aligned}$$

Ausnahmepunkte sind die zu $v = \pm\frac{\pi}{2}$ gehörenden „Pole". Speziell im Fall der Sphäre ($a = b = c$) sind die Parameterlinien die „Längenkreise" und die „Breitenkreise", bei denen die Sonderstellung der Pole augenfällig ist. In dem zu den Parameterwerten $u = \frac{\pi}{6}$, $v = \frac{\pi}{3}$ gehörenden Flächenpunkt $\left(\frac{a}{4}\sqrt{3}, \frac{b}{4}, \frac{c}{2}\sqrt{3}\right)$ ist

$$\mathfrak{y} = \left(\frac{a}{4}\sqrt{3}, \frac{b}{4}, \frac{c}{2}\sqrt{3}\right) + c_1\left(-\frac{a}{4}, \frac{b}{4}\sqrt{3}, 0\right) + c_2\left(-\frac{3}{4}a, -\frac{b}{4}\sqrt{3}, \frac{c}{2}\right)$$

eine Parameterdarstellung der Tangentialebene, und $\left(\frac{bc}{8}\sqrt{3}, \frac{ac}{8}, \frac{ab}{4}\sqrt{3}\right)$ ist ein Normalenvektor der Fläche.

Abschließend soll noch der Fall einer reellwertigen Abbildung $\varphi: D \to \mathbb{R}$ mit $D \subset \mathbb{R}^n$ betrachtet werden, die also hinsichtlich einer Basis durch nur eine Koordinatenfunktion f beschrieben wird. Die zugehörige Funktionalmatrix ist daher einspaltig und besteht aus den partiellen Ableitungen von f. Wegen 10.2 gilt

$$\varphi'_{\mathfrak{v}}(\mathfrak{x}^*) = (d_{\mathfrak{x}^*}\varphi)\,\mathfrak{v} = v_1 \frac{\partial f}{\partial x_1} + \cdots + v_n \frac{\partial f}{\partial x_n},$$

wobei die partiellen Ableitungen von f an der Stelle $\mathfrak{x}^*$ zu bilden sind. Ist speziell eine Orthonormalbasis zugrundegelegt, so kann man die rechte Seite dieser Gleichung als skalares Produkt von $\mathfrak{v}$ mit demjenigen Vektor auffassen, dessen Koordinaten gerade die partiellen Ableitungen von f sind.

Definition 10b: *Es sei $\varphi: D \to \mathbb{R}$ eine differenzierbare reellwertige Abbildung, der hinsichtlich der Orthonormalbasis $\{\mathfrak{e}_1, \ldots, \mathfrak{e}_n\}$ die Koordinatenfunktion f zugeordnet sei. Dann wird der an der Stelle $\mathfrak{x}$ gebildete Vektor*

$$\operatorname{grad}\varphi(\mathfrak{x}) = \varphi'_{\mathfrak{e}_1}(\mathfrak{x})\,\mathfrak{e}_1 + \cdots + \varphi'_{\mathfrak{e}_n}(\mathfrak{x})\,\mathfrak{e}_n = \frac{\partial f}{\partial x_1}\mathfrak{e}_1 + \cdots + \frac{\partial f}{\partial x_n}\mathfrak{e}_n$$

der **Gradient** *der Abbildung φ an der Stelle $\mathfrak{x}$ genannt. Der rechts stehende Ausdruck heißt auch der Gradient der Funktion f und wird mit* grad f *bezeichnet.*

Nach dem vorher Gesagten ergibt sich

10.3 *Für eine differenzierbare reellwertige Abbildung φ gilt*

$$(d_{\mathfrak{x}}\varphi)\,\mathfrak{v} = \varphi'_{\mathfrak{v}}(\mathfrak{x}) = \mathfrak{v} \cdot \operatorname{grad}\varphi(\mathfrak{x}).$$

Damit gilt dann aber auch

$$\frac{1}{|\mathfrak{v}|}\left(\varphi(\mathfrak{x}^* + \mathfrak{v}) - \varphi\mathfrak{x}^*\right) = \frac{1}{|\mathfrak{v}|}\,\mathfrak{v} \cdot \operatorname{grad}\varphi(\mathfrak{x}^*) + \delta(\mathfrak{x}^*, \mathfrak{v})$$
$$\text{mit } \lim_{\mathfrak{v} \to \mathfrak{o}} \delta(\mathfrak{x}^*, \mathfrak{v}) = 0.$$

Der hier links stehende relative Wertzuwachs der Abbildung ist am größten, wenn $\mathfrak{v}$ mit $\operatorname{grad}\varphi(\mathfrak{x}^*)$ gleichgerichtet ist. Der Gradient gibt also die Richtung stärksten Wachstums der Werte von φ an. Steht der Verschiebungsvektor $\mathfrak{v}$ jedoch senkrecht auf $\operatorname{grad}\varphi(\mathfrak{x}^*)$, so ändert φ in erster Näherung seinen Wert nicht. Daher ist die zu $\operatorname{grad}\varphi(\mathfrak{x}^*)$ orthogonale Hyperebene durch $\mathfrak{x}^*$ gerade die Tangentialhyperebene an die durch $\varphi\mathfrak{x} = \text{const.} = \varphi\mathfrak{x}^*$ bestimmte Hyperfläche im Punkt $\mathfrak{x}^*$. Für den Ortsvektor $\mathfrak{y}$ eines beliebigen Punkts der Tangentialhyperebene gilt also

$$(\mathfrak{y} - \mathfrak{x}^*) \cdot \operatorname{grad} \varphi(\mathfrak{x}^*) = 0,$$

und der Gradient selbst ist Flächennormale.

10.IV Die in 10.III durch die Parameterdarstellung

$$\mathfrak{x}(u, v) = (a \cos u \cos v,\ b \sin u \cos v,\ c \sin v)$$

gegebene Ellipsoidfläche kann auch durch die Gleichung

$$f(x, y, z) = \frac{x^2}{a^2} + \frac{y^2}{b^2} + \frac{z^2}{c^2} = 1$$

beschrieben werden, wie man sofort durch Einsetzen der Parameterdarstellung erkennt. Es gilt

$$\operatorname{grad} f = \left(\frac{2x}{a^2}, \frac{2y}{b^2}, \frac{2z}{c^2}\right).$$

Eine Flächennormale im Punkt $\left(\frac{a}{4}\sqrt{3}, \frac{b}{4}, \frac{c}{2}\sqrt{3}\right)$ der Ellipsoidfläche ist daher der Vektor

$$\left(\frac{\sqrt{3}}{2a}, \frac{1}{2b}, \frac{\sqrt{3}}{c}\right).$$

Dieser unterscheidet sich von dem in 10.III gewonnenen Normalenvektor nur um den Zahlfaktor $\frac{1}{4}abc$.

Ergänzungen und Aufgaben

10A Aufgabe: Hinsichtlich einer positiv orientierten Orthonormalbasis $\{\mathfrak{e}_1, \mathfrak{e}_2, \mathfrak{e}_3\}$ berechne man zu den Abbildungen φ und ψ aus 9C mit $\mathfrak{e} = \mathfrak{e}_1$ die Koordinatenfunktionen, die Funktionalmatrix und speziell deren Wert im Punkt $\mathfrak{x}_0 = (2, 1, -2)$. Ferner berechne man die Ableitungen $\varphi'_{\mathfrak{v}}(\mathfrak{x}_0)$, $\psi'_{\mathfrak{v}}(\mathfrak{x}_0)$ mit $\mathfrak{v} = (3, -1, 2)$ und vergleiche die Ergebnisse mit den in 9C gewonnenen Resultaten.

10B Aufgabe: Bezüglich der in 6C zugrundegelegten Orthonormalbasis berechne man die Koordinaten des Gradienten der dort definierten reellwertigen Abbildung ψ an der Stelle $\mathfrak{x}_0 = (1, 2, 1)$. Sodann führe man dieselbe Rechnung hinsichtlich der in der Lösung zu 6C benutzten Orthonormalbasis durch und vergleiche die Ergebnisse.

10C Aufgabe: Im $\mathbb{R}^3$ wird hinsichtlich einer Orthonormalbasis durch die Gleichung

$$f(x, y, z) = x^2 + 2y^2 - z = 0$$

ein elliptisches Paraboloid beschrieben. In dem zu $x_0 = 3$, $y_0 = -2$ gehörenden Flächenpunkt $\mathfrak{x}_0$ berechne man diejenige Einheitsnormale $\mathfrak{n}$ des Paraboloids, die in das durch $f(x, y, z) > 0$ gekennzeichnete „Äußere" weist. Weiter setze man $x = \sqrt{2}\, r \cos u$, $y = r \sin u$, gewinne eine Parameterdarstellung des Paraboloids mit r und u als Parametern und berechne auf diesem Weg erneut $\mathfrak{n}$.

§ 11 Rechengesetze

Unmittelbar aus den Definitionen ergibt sich

11.1 *Mit den Abbildungen $\varphi: D \to Y$ und $\psi: D \to Y$ sind auch die Abbildungen $\varphi + \psi$ und $c\varphi$ differenzierbar bzw. partiell nach $\mathfrak{v}$ differenzierbar, und es gilt*

$$d_{\mathfrak{x}}(\varphi + \psi) = d_{\mathfrak{x}}\varphi + d_{\mathfrak{x}}\psi, \qquad d_{\mathfrak{x}}(c\varphi) = c(d_{\mathfrak{x}}\varphi),$$

$$\frac{\partial}{\partial \mathfrak{v}}(\varphi + \psi) = \frac{\partial \varphi}{\partial \mathfrak{v}} + \frac{\partial \psi}{\partial \mathfrak{v}}, \qquad \frac{\partial (c\varphi)}{\partial \mathfrak{v}} = c\,\frac{\partial \varphi}{\partial \mathfrak{v}}.$$

11.2 *Es sei $\phi: (X_1, \ldots, X_k) \to Y$ eine k-fach lineare Abbildung, und für $\kappa = 1, \ldots, k$ seien die Abbildungen $\varphi_\kappa: D \to X_\kappa$ im Punkt $\mathfrak{x}^* \in D$ differenzierbar (partiell nach $\mathfrak{v}$ differenzierbar). Dann ist auch die durch*

$$\psi\mathfrak{x} = \phi(\varphi_1\mathfrak{x}, \ldots, \varphi_k\mathfrak{x})$$

definierte Abbildung $\psi: D \to Y$ in $\mathfrak{x}^*$ differenzierbar (partiell nach $\mathfrak{v}$ differenzierbar), und es gilt

$$\begin{aligned}(d_{\mathfrak{x}^*}\psi)\mathfrak{v} = {} & \phi((d_{\mathfrak{x}^*}\varphi_1)\mathfrak{v}, \varphi_2\mathfrak{x}^*, \ldots, \varphi_k\mathfrak{x}^*) + \phi(\varphi_1\mathfrak{x}^*, (d_{\mathfrak{x}^*}\varphi_2)\mathfrak{v}, \varphi_3\mathfrak{x}^*, \ldots, \varphi_k\mathfrak{x}^*) \\ & + \cdots + \phi(\varphi_1\mathfrak{x}^*, \ldots, \varphi_{k-1}\mathfrak{x}^*, (d_{\mathfrak{x}^*}\varphi_k)\mathfrak{v}),\end{aligned}$$

$$\begin{aligned}\frac{\partial \psi(\mathfrak{x}^*)}{\partial \mathfrak{v}} = {} & \phi\left(\frac{\partial \varphi_1(\mathfrak{x}^*)}{\partial \mathfrak{v}}, \varphi_2\mathfrak{x}^*, \ldots, \varphi_k\mathfrak{x}^*\right) + \phi\left(\varphi_1\mathfrak{x}^*, \frac{\partial \varphi_2(\mathfrak{x}^*)}{\partial \mathfrak{v}}, \varphi_3\mathfrak{x}^*, \ldots, \varphi_k\mathfrak{x}^*\right) \\ & + \cdots + \phi\left(\varphi_1\mathfrak{x}^*, \ldots, \varphi_{k-1}\mathfrak{x}^*, \frac{\partial \varphi_k(\mathfrak{x}^*)}{\partial \mathfrak{v}}\right).\end{aligned}$$

Beweis: Wegen

$$\varphi_\kappa(\mathfrak{x}^* + \mathfrak{v}) = \varphi_\kappa \mathfrak{x}^* + (d_{\mathfrak{x}^*}\varphi_\kappa)\mathfrak{v} + |\mathfrak{v}|\,\delta_\kappa(\mathfrak{x}^*, \mathfrak{v}) \quad \text{mit} \quad \lim_{\mathfrak{v}\to\mathfrak{o}} \delta_\kappa(\mathfrak{x}^*, \mathfrak{v}) = \mathfrak{o}$$

$$(\kappa = 1, \ldots, k)$$

ergibt sich durch Einsetzen dieser Ausdrücke und unter Berücksichtigung der Linearitätseigenschaften von ϕ

$$\psi(\mathfrak{x}^* + \mathfrak{v}) = \psi\mathfrak{x}^* + [\phi\,((d_{\mathfrak{x}^*}\varphi_1)\mathfrak{v}, \varphi_2\mathfrak{x}^*, \ldots, \varphi_k\mathfrak{x}^*) + \\ + \cdots + \phi(\varphi_1\mathfrak{x}^*, \ldots, \varphi_{k-1}\mathfrak{x}^*, (d_{\mathfrak{x}^*}\varphi_k)\mathfrak{v})] + R,$$

wobei R aus endlich vielen Summanden der Form $\phi(\ldots)$ besteht, bei denen

(a) an mindestens zwei Argumentstellen Terme der Form $(d_{\mathfrak{x}^*}\varphi_\kappa)\mathfrak{v}$ auftreten oder

(b) an mindestens einer Argumentstelle ein Term der Form $|\mathfrak{v}|\,\delta_\kappa(\mathfrak{x}^*, \mathfrak{v})$ auftritt.

Wegen 2.1, angewandt auf ϕ und die linearen Abbildungen $d_{\mathfrak{x}^*}\varphi_\kappa$, können die Summanden des Typs (a) dem Betrag nach durch $c|\mathfrak{v}|^2$, die des Typs (b) durch $c|\mathfrak{v}|\,|\delta_\kappa(\mathfrak{x}^*, \mathfrak{v})|$ mit einer geeigneten Konstanten c abgeschätzt werden. Insgesamt gestattet daher der Rest R eine Darstellung der Form

$$R = |\mathfrak{v}|\,\delta(\mathfrak{x}^*, \mathfrak{v}) \qquad \text{mit} \qquad \lim_{\mathfrak{v}\to\mathfrak{o}} \delta(\mathfrak{x}^*, \mathfrak{v}) = \mathfrak{o},$$

womit die Behauptung im Fall der Differenzierbarkeit bewiesen ist. Der Beweis im Fall der partiellen Differenzierbarkeit kann in völliger Analogie durchgeführt werden. ◆

Durch Spezialisierung von ϕ gewinnt man aus diesem Satz Differentiationsregeln für verschiedene Arten der Produktbildung.

11.3 *Die auf einem gemeinsamen Definitionsbereich erklärten Abbildungen φ und ψ seien im Punkt $\mathfrak{x}^*$ differenzierbar (partiell nach $\mathfrak{v}$ differenzierbar). Ferner bedeute je nach Art dieser Abbildungen das Symbol $\triangle$ die Multiplikation reeller Zahlen, die Multiplikation eines Skalars mit einem Vektor, das skalare Produkt, das Vektorprodukt usw. Dann ist auch die durch $\chi\mathfrak{x} = (\varphi\mathfrak{x})\triangle(\psi\mathfrak{x})$ definierte Abbildung χ in $\mathfrak{x}^*$ differenzierbar (partiell nach $\mathfrak{v}$ differenzierbar), und es gilt*

$$(d_{\mathfrak{x}^*}\chi)\mathfrak{v} = ((d_{\mathfrak{x}^*}\varphi)\mathfrak{v})\triangle(\psi\mathfrak{x}^*) + (\varphi\mathfrak{x}^*)\triangle((d_{\mathfrak{x}^*}\psi)\mathfrak{v}),$$

$$\chi'_{\mathfrak{v}}(\mathfrak{x}^*) = (\varphi'_{\mathfrak{v}}(\mathfrak{x}^*))\triangle(\psi\mathfrak{x}^*) + (\varphi\mathfrak{x}^*)\triangle(\psi'_{\mathfrak{v}}(\mathfrak{x}^*)).$$

Ebenso folgt aus 11.2 die folgende Differentiationsregel für eine Determinante als Funktion ihrer Zeilen- bzw. Spaltenvektoren.

11.4 *Die Abbildungen $\varphi_\nu : D \to \mathbb{R}^n$ $(\nu = 1, \ldots, n)$ seien in $\mathfrak{x}^* \in D$ differenzierbar (partiell nach $\mathfrak{v}$ differenzierbar). Dann ist auch die durch $\psi\mathfrak{x} = \operatorname{Det}(\varphi_1\mathfrak{x}, \ldots, \varphi_n\mathfrak{x})$ definierte Abbildung $\psi : D \to \mathbb{R}$ in $\mathfrak{x}^*$ differenzierbar (partiell nach $\mathfrak{v}$ differenzierbar), und es gilt*

$$(d_{\mathfrak{x}^*}\psi)\mathfrak{v} = \operatorname{Det}\big((d_{\mathfrak{x}^*}\varphi_1)\mathfrak{v}, \varphi_2\mathfrak{x}^*, \ldots, \varphi_n\mathfrak{x}^*\big) + \cdots$$
$$+ \cdots + \operatorname{Det}\big(\varphi_1\mathfrak{x}^*, \ldots, \varphi_{n-1}\mathfrak{x}^*, (d_{\mathfrak{x}^*}\varphi_n)\mathfrak{v}\big),$$

$$\frac{\partial\psi(\mathfrak{x}^*)}{\partial\mathfrak{v}} = \operatorname{Det}\left(\frac{\partial\varphi_1(\mathfrak{x}^*)}{\partial\mathfrak{v}}, \varphi_2\mathfrak{x}^*, \ldots, \varphi_n\mathfrak{x}^*\right) +$$
$$\cdots + \operatorname{Det}\left(\varphi_1\mathfrak{x}^*, \ldots, \varphi_{n-1}\mathfrak{x}^*, \frac{\partial\varphi_n(\mathfrak{x}^*)}{\partial\mathfrak{v}}\right).$$

Diese Rechenregeln seien zunächst an folgendem Beispiel erläutert.

11.I Die Abbildungen $\varphi, \psi, \chi : \mathbb{R}^2 \to \mathbb{R}^3$ seien entsprechend durch

$$\mathfrak{x}(u, v) = (u^2 - v^2, uv, u + v), \qquad \mathfrak{y}(u, v) = (u^2, v - u, v^2),$$
$$\mathfrak{z}(u, v) = (u + v^2, u^2 - v, v^2 - u)$$

gegeben. Ferner gelte mit $\mathfrak{u} = (u, v)$

$$f(u, v) = \big((\varphi\mathfrak{u}) \times (\psi\mathfrak{u})\big) \cdot (\chi\mathfrak{u}) = (\mathfrak{x} \times \mathfrak{y}) \cdot \mathfrak{z}.$$

Es soll $f'_u(2, 1)$ berechnet werden. Zunächst erhält man

$$\begin{aligned} &\mathfrak{x}(2, 1) = (3, 2, 3), && \mathfrak{y}(2, 1) = (4, -1, 1), && \mathfrak{z}(2, 1) = (3, 3, -1), \\ &\mathfrak{x}'(2, 1) = (4, 1, 1), && \mathfrak{y}'(2, 1) = (4, -1, 0), && \mathfrak{z}'(2, 1) = (1, 4, -1). \end{aligned}$$

Wegen

$$\frac{\partial}{\partial u}(\mathfrak{x} \times \mathfrak{y}) = \mathfrak{x}'_u \times \mathfrak{y} + \mathfrak{x} \times \mathfrak{y}'_u$$

ergibt sich durch Einsetzen der Werte

$$\frac{\partial}{\partial u}(\mathfrak{x} \times \mathfrak{y})\big|_{(2,1)} = (5, 12, -19).$$

Schließlich gilt

$$f'_u = \big((\mathfrak{x} \times \mathfrak{y})'_u\big) \cdot \mathfrak{z} + (\mathfrak{x} \times \mathfrak{y}) \cdot \mathfrak{z}'_u,$$

woraus wieder durch Einsetzen der Werte $f'_u(2, 1) = 122$ folgt. Nach bekannten

Rechenregeln für das vektorielle und skalare Produkt gilt aber auch

$$f(u, v) = \mathrm{Det}(\varphi\mathfrak{u}, \psi\mathfrak{u}, \chi\mathfrak{u}) = \mathrm{Det}(\mathfrak{x}, \mathfrak{y}, \mathfrak{z})$$

und daher

$$f'_u = \mathrm{Det}(\mathfrak{x}'_u, \mathfrak{y}, \mathfrak{z}) + \mathrm{Det}(\mathfrak{x}, \mathfrak{y}'_u, \mathfrak{z}) + \mathrm{Det}(\mathfrak{x}, \mathfrak{y}, \mathfrak{z}'_u),$$

woraus sich nach Einsetzung wieder derselbe Wert für $f'_u(2, 1)$ ergibt. Dem Leser sei überlassen, auf beiden Wegen entsprechend $f'_v(2, 1)$ zu berechnen (Lösung: $f'_v(2, 1) = -6$).

11.5 *Die Abbildung $\varphi\colon D \to Y$ sei in $\mathfrak{x} \in D$ und die Abbildung $\psi\colon D^* \to Z$ mit $D^* \subset Y$ sei in dem Bildpunkt $\mathfrak{y} = \varphi\mathfrak{x} \in D^*$ differenzierbar. Dann ist auch $\psi \circ \varphi$ in $\mathfrak{x}$ differenzierbar, und es gilt*

$$d_{\mathfrak{x}}(\psi \circ \varphi) = (d_{\mathfrak{y}}\psi) \circ (d_{\mathfrak{x}}\varphi).$$

Beweis: Nach Voraussetzung gilt

$$\varphi(\mathfrak{x} + \mathfrak{v}) = \varphi\mathfrak{x} + (d_{\mathfrak{x}}\varphi)\mathfrak{v} + |\mathfrak{v}|\,\delta_1(\mathfrak{x}, \mathfrak{v}) \qquad \text{mit} \qquad \lim_{\mathfrak{v} \to \mathfrak{o}} \delta_1(\mathfrak{x}, \mathfrak{v}) = \mathfrak{o},$$

$$\psi(\mathfrak{y} + \mathfrak{w}) = \psi\mathfrak{y} + (d_{\mathfrak{y}}\psi)\mathfrak{w} + |\mathfrak{w}|\,\delta_2(\mathfrak{y}, \mathfrak{w}) \qquad \text{mit} \qquad \lim_{\mathfrak{w} \to \mathfrak{o}} \delta_2(\mathfrak{y}, \mathfrak{w}) = \mathfrak{o}.$$

Für $\mathfrak{y} = \varphi\mathfrak{x}$ und $\mathfrak{w} = (d_{\mathfrak{x}}\varphi)\mathfrak{v} + |\mathfrak{v}|\,\delta_1(\mathfrak{x}, \mathfrak{v})$ folgt hieraus

$$(\psi \circ \varphi)(\mathfrak{x} + \mathfrak{v}) = (\psi \circ \varphi)\mathfrak{x} + (d_{\mathfrak{y}}\psi) \circ (d_{\mathfrak{x}}\varphi)\mathfrak{v} + R \qquad \text{mit}$$

$$R = (d_{\mathfrak{y}}\psi)\,|\mathfrak{v}|\,\delta_1(\mathfrak{x}, \mathfrak{v}) + |\mathfrak{w}|\,\delta_2(\mathfrak{y}, \mathfrak{w})$$

$$= |\mathfrak{v}|\left((d_{\mathfrak{y}}\psi)\,\delta_1(\mathfrak{x}, \mathfrak{v}) + \frac{|\mathfrak{w}|}{|\mathfrak{v}|}\,\delta_2(\mathfrak{y}, \mathfrak{w})\right) \qquad (\mathfrak{v} \neq \mathfrak{o}).$$

Wegen 2.4 gilt mit einer geeigneten Schranke c

$$|\mathfrak{w}| \leqq |(d_{\mathfrak{x}}\varphi)\mathfrak{v}| + |\mathfrak{v}|\,|\delta_1(\mathfrak{x}, \mathfrak{v})| \leqq |\mathfrak{v}|(c + |\delta_1(\mathfrak{x}, \mathfrak{v})|).$$

Geht $\mathfrak{v}$ gegen $\mathfrak{o}$, so bleibt daher $\dfrac{|\mathfrak{w}|}{|\mathfrak{v}|}$ beschränkt, es geht auch $\mathfrak{w}$ gegen $\mathfrak{o}$ und somit ebenfalls $\delta_2(\mathfrak{y}, \mathfrak{w})$. Es folgt, daß R in der Form

$$R = |\mathfrak{v}|\,\delta(\mathfrak{x}, \mathfrak{v}) \qquad \text{mit} \qquad \lim_{\mathfrak{v} \to \mathfrak{o}} \delta(\mathfrak{x}, \mathfrak{v}) = \mathfrak{o}$$

dargestellt werden kann. Das ist die Behauptung des Satzes. ◆

Dieser Satz besagt, daß der Hintereinanderschaltung der Abbildungen auch die Hintereinanderschaltung ihrer Differentiale entspricht. Hinsichtlich der koordinatemäßigen Beschreibung ergibt sich daher folgende Situation: Die Abbildungen φ und ψ seien durch die Koordinatengleichungen

$$y_\varrho = f_\varrho(x_1, \dots, x_n) \qquad (\varrho = 1, \dots, r),$$
$$z_\sigma = g_\sigma(y_1, \dots, y_r) \qquad (\sigma = 1, \dots, s)$$

beschrieben. Der Abbildung $\psi \circ \varphi$ entsprechen dann Koordinatengleichungen

$$z_\sigma = h_\sigma(x_1, \dots, x_n) \qquad (\sigma = 1, \dots, s)$$

mit

$$h_\sigma(x_1, \dots, x_n) = g_\sigma(f_1(x_1, \dots, x_n), \dots, f_r(x_1, \dots, x_n)).$$

Nach 11.5 erhält man für die den Differentialen entsprechenden Funktionalmatrizen (man beachte, daß sie in umgekehrter Reihenfolge auftreten)

11.6

$$\frac{\partial(h_1, \dots, h_s)}{\partial(x_1, \dots, x_n)} = \left(\frac{\partial(f_1, \dots, f_r)}{\partial(x_1, \dots, x_n)}\right)\left(\frac{\partial(g_1, \dots, g_s)}{\partial(y_1, \dots, y_r)}\right).$$

Der Erläuterung diene das folgende Beispiel.

11.II Die Abbildungen $\varphi : \mathbb{R}^2 \to \mathbb{R}^3$ und $\psi : \mathbb{R}^3 \to \mathbb{R}^2$ seien durch die Koordinatengleichungen

$$y_1 = x_1 \cdot x_2, \quad y_2 = x_1^2 + x_2^2, \quad y_3 = x_1^2 - 2x_1 x_2,$$
$$z_1 = y_1^2 - y_2 y_3, \quad z_2 = y_1 y_2 + y_3$$

gegeben. Dann entsprechen $\psi \circ \varphi$ die Koordinatengleichungen

$$z_1 = -x_1^4 + 2x_1^3 x_2 + 2x_1 x_2^3,$$
$$z_2 = x_1^3 x_2 + x_1 x_2^3 + x_1^2 - 2x_1 x_2.$$

An der Stelle $x_1 = -1$, $x_2 = 2$ und der entsprechenden Stelle $y_1 = -2$, $y_2 = 5$, $y_3 = 5$ ergeben sich folgende Funktionalmatrizen

$$\frac{\partial(y_1, y_2, y_3)}{\partial(x_1, x_2)} = \begin{pmatrix} 2 & -2 & -6 \\ -1 & 4 & 2 \end{pmatrix}, \qquad \frac{\partial(z_1, z_2)}{\partial(y_1, y_2, y_3)} = \begin{pmatrix} -4 & 5 \\ -5 & -2 \\ -5 & 1 \end{pmatrix},$$

$$\frac{\partial(z_1, z_2)}{\partial(x_1, x_2)} = \begin{pmatrix} 32 & 8 \\ -26 & -11 \end{pmatrix}.$$

Entsprechend 11.6 ergibt das Produkt der ersten beiden Matrizen die dritte Matrix.

Geht man, wie es auch im Beispiel geschehen ist, von den Koordinatenfunktionen aus, so ist Gleichung 11.6 nur anwendbar, wenn die entsprechenden Abbildungen differenzierbar sind. Wegen 7.9 ist dies aber jedenfalls dann der Fall, wenn die Koordinatenfunktionen an den betreffenden Stellen nach allen Veränderlichen stetig partiell differenzierbar sind. Durch die Spezialisierung $s = 1$ und durch Ausrechnen des Matrizenprodukts ergibt sich daher

11.7 (Kettenregel.) *Die Funktionen* $f_1, \dots, f_r$ *seien an der Stelle* $(x_1^*, \dots, x_n^*)$ *nach* $x_1, \dots, x_n$ *stetig partiell differenzierbar. Ebenso sei die Funktion* g *an der Stelle* $(y_1^*, \dots, y_r^*)$ *mit* $y_\varrho^* = f_\varrho(x_1^*, \dots, x_n^*)$ $(\varrho = 1, \dots, r)$ *nach* $y_1, \dots, y_r$ *stetig partiell differenzierbar. Dann ist auch die durch*

$$h(x_1, \dots, x_n) = g\big(f_1(x_1, \dots, x_n), \dots, f_r(x_1, \dots, x_n)\big)$$

definierte Funktion h *in* $(x_1^*, \dots, x_n^*)$ *partiell nach* $x_1, \dots, x_n$ *differenzierbar, und es gilt*

$$\frac{\partial h(x_1^*, \dots, x_n^*)}{\partial x_\nu} = \sum_{\varrho=1}^{r} \frac{\partial g(y_1^*, \dots, y_r^*)}{\partial y_\varrho} \frac{\partial f_\varrho(x_1^*, \dots, x_n^*)}{\partial x_\nu} \qquad (\nu = 1, \dots, n).$$

Mit $y_\varrho = f_\varrho(x_1, \dots, x_n)$ schreibt sich die Kettenregel einprägsamer in der Form

$$\frac{\partial h}{\partial x_\nu} = \frac{\partial g}{\partial y_1} \frac{\partial y_1}{\partial x_\nu} + \dots + \frac{\partial g}{\partial y_r} \frac{\partial y_r}{\partial x_\nu},$$

die jedoch nicht ausdrückt, an welchen Stellen diese Ableitungen zu bilden sind und welcher Zusammenhang zwischen den y_ϱ und den x_ν besteht.
Sind in 11.7 die Differenzierbarkeitsvoraussetzungen an allen Stellen der jeweiligen Definitionsbereiche erfüllt, so kann man statt der festen Werte $x_1^*, \dots, x_n^*$ auch wieder eine variable Stelle $(x_1, \dots, x_n)$ benutzen. Dann aber müssen auf der rechten Seite der Kettenregel in den partiellen Ableitungen von g nachträglich die y_ϱ^* durch $f_\varrho(x_1, \dots, x_n)$ ersetzt werden. Hierzu noch ein Beispiel.

11.III Es gelte

$$y_1 = f_1(x_1, x_2) = x_1 \cos x_2, \quad y_2 = f_2(x_1, x_2) = x_1 \sin x_2,$$
$$g(y_1, y_2) = (y_1 - y_2)^2$$

und daher

$$h(x_1, x_2) = g\big(f_1(x_1, x_2), f_2(x_1, x_2)\big) = x_1^2(1 - 2\cos x_2 \sin x_2).$$

Direkt ergibt sich hieraus

$$\frac{\partial h}{\partial x_1} = 2x_1(1 - 2\cos x_2 \sin x_2), \qquad \frac{\partial h}{\partial x_2} = 2x_1^2(\sin^2 x_2 - \cos^2 x_2).$$

Andererseits erhält man

$$\frac{\partial f_1}{\partial x_1} = \cos x_2, \quad \frac{\partial f_1}{\partial x_2} = -x_1 \sin x_2, \quad \frac{\partial f_2}{\partial x_1} = \sin x_2, \quad \frac{\partial f_2}{\partial x_2} = x_1 \cos x_2,$$

$$\frac{\partial g}{\partial y_1} = 2(y_1 - y_2), \quad \frac{\partial g}{\partial y_2} = -2(y_1 - y_2).$$

Formale Anwendung der Kettenregel ergibt

$$\frac{\partial h}{\partial x_1} = \frac{\partial g}{\partial y_1}\frac{\partial f_1}{\partial x_1} + \frac{\partial g}{\partial y_2}\frac{\partial f_2}{\partial x_1} = 2(y_1 - y_2)(\cos x_2 - \sin x_2),$$

$$\frac{\partial h}{\partial x_2} = \frac{\partial g}{\partial y_1}\frac{\partial f_1}{\partial x_2} + \frac{\partial g}{\partial y_2}\frac{\partial f_2}{\partial x_2} = -2x_1(y_1 - y_2)(\sin x_2 + \cos x_2).$$

Hier sind aber noch y_1 und y_2 durch die entsprechenden Ausdrücke in x_1, x_2 zu ersetzen, was dann zu denselben, oben direkt gewonnenen Ergebnissen führt.

Die Übertragung des Mittelwertsatzes 9.6 auf eine Funktion von n Veränderlichen führt auf

11.8 (Mittelwertsatz.) *Im* $\mathbb{R}^n$ *sei* S *die Verbindungsstrecke der Punkte* $(x_1^*, \ldots, x_n^*)$ *und* $(x_1^* + v_1, \ldots, x_n^* + v_n)$. *Ist dann die Funktion* f *in allen Punkten von* S *nach* $x_1, \ldots, x_n$ *stetig partiell differenzierbar (in den Endpunkten von* S *genügt auch die Stetigkeit von* f*), so gilt*

$$f(x_1^* + v_1, \ldots, x_n^* + v_n) - f(x_1^*, \ldots, x_n^*) = \sum_{\nu=1}^{n} v_\nu f'_{x_\nu}(x_1^* + qv_1, \ldots, x_n^* + qv_n),$$

wobei q *eine Zahl mit* $0 < q < 1$ *ist.*

Beweis: Durch f wird eine reellwertige Abbildung φ definiert, die wegen 9.9 und wegen der Voraussetzungen in allen Punkten von S differenzierbar (bzw. in den Endpunkten stetig) ist. Wegen 9.6 folgt daher

$$f(x_1^* + v_1, \ldots, x_n^* + v_n) - f(x_1^*, \ldots, x_n^*) = \varphi(\mathfrak{x}^* + \mathfrak{v}) - \varphi\mathfrak{x}^* = \varphi'_{\mathfrak{v}}(\mathfrak{x}^* + q\mathfrak{v})$$

mit $0 < q < 1$. Wegen 10.2 gilt aber weiter

$$\varphi'_{\mathfrak{v}}(\mathfrak{x}^* + q\mathfrak{v}) = \sum_{\nu=1}^{n} v_\nu f'_{x_\nu}(x_1^* + qv_1, \ldots. x_n^* + qv_n)$$

und damit die Behauptung. ◆

Abschließend soll noch ein Satz über die gliedweise Differenzierbarkeit von Abbildungsfolgen bewiesen werden, der eine Verallgemeinerung des entsprechenden Satzes für Folgen von Funktionen einer Veränderlichen ist. Bei der Formulierung dieses Satzes wird das Differential einer Abbildung $\varphi : D \to Y$ nicht nur an einer festen Stelle $\mathfrak{x} \in D$ gebraucht, sondern in seiner eigentlichen Bedeutung als Abbildung $d\varphi : D \to L(X, Y)$. Statt $d_{\mathfrak{x}}\varphi$ wird daher hier $(d\varphi)\mathfrak{x}$ und statt $(d_{\mathfrak{x}}\varphi)\mathfrak{v}$ entsprechend $[(d\varphi)\mathfrak{x}]\mathfrak{v}$ geschrieben.

11.9 *Die Teilmenge D von X sei ein Gebiet (also offen und zusammenhängend). Die Abbildungen $\varphi_\nu : D \to Y$ seien in D differenzierbar, und in einem Punkt $\mathfrak{x}^* \in D$ sei die Bildfolge $(\varphi_\nu \mathfrak{x}^*)$ konvergent. Schließlich sei die Folge $(d\varphi_\nu)$ der Differentiale in D gegen eine Abbildung ψ kompakt konvergent. Dann gilt:*
Die Folge (φ_ν) ist in D gegen eine Abbildung $\varphi : D \to Y$ kompakt konvergent. Ferner ist die Grenzabbildung φ in D differenzierbar, und es gilt $d\varphi = \psi$, oder in einer anderen Schreibweise

$$d(\lim(\varphi_\nu)) = \lim(d\varphi_\nu).$$

Beweis: Ohne Einschränkung der Allgemeinheit können die φ_ν als reellwertige Abbildungen vorausgesetzt werden. Nach 10.3 gilt dann

$$[(d\varphi_\nu)\mathfrak{x}]\mathfrak{v} = \mathfrak{v} \cdot (\operatorname{grad} \varphi_\nu(\mathfrak{x})),$$

und wegen der vorausgesetzten kompakten Konvergenz der Folge $(d\varphi_\nu)$ existiert zu gegebenem $\varepsilon > 0$ und zu jeder kompakten Teilmenge K von D ein Index n, so daß

$$(1) \qquad |\operatorname{grad} \varphi_\mu(\mathfrak{x}) - \operatorname{grad} \varphi_\nu(\mathfrak{x})| < \varepsilon$$

für alle $\mathfrak{x} \in K$ und alle μ, $\nu \geqq n$ erfüllt ist.
Zunächst sei jetzt K eine kompakte und sogar konvexe Teilmenge von D mit $\mathfrak{x}^* \in K$. Wegen der Konvexität enthält K mit jedem Punkt $\mathfrak{x} = \mathfrak{x}^* + \mathfrak{v}$ auch die Verbindungsstrecke von $\mathfrak{x}^*$ und $\mathfrak{x}$. Nach dem Mittelwertsatz 9.6 ergibt sich daher

$$\begin{aligned}(\varphi_\mu - \varphi_\nu)(\mathfrak{x}^* + \mathfrak{v}) - (\varphi_\mu - \varphi_\nu)\mathfrak{x}^* &= \frac{\partial}{\partial \mathfrak{v}}(\varphi_\mu - \varphi_\nu)(\mathfrak{x}^* + q\mathfrak{v}) \\ &= \mathfrak{v} \cdot (\operatorname{grad} \varphi_\mu(\mathfrak{x}^* + q\mathfrak{v}) - \operatorname{grad} \varphi_\nu(\mathfrak{x}^* + q\mathfrak{v}))\end{aligned}$$

mit $0 < q < 1$, also wegen (1) mit Hilfe der *Schwarz*'schen Ungleichung

$$\begin{aligned}(2) \qquad &|(\varphi_\mu - \varphi_\nu)(\mathfrak{x}^* + \mathfrak{v}) - (\varphi_\mu - \varphi_\nu)\mathfrak{x}^*| \\ &\leqq |\mathfrak{v}|\,|\operatorname{grad} \varphi_\mu(\mathfrak{x}^* + q\mathfrak{v}) - \operatorname{grad} \varphi_\nu(\mathfrak{x}^* + q\mathfrak{v})| < |\mathfrak{v}|\varepsilon\end{aligned}$$

für alle μ, $\nu \geqq n$ und alle $\mathfrak{v}$ mit $\mathfrak{x} = \mathfrak{x}^* + \mathfrak{v} \in K$. Wegen der vorausgesetzten

Konvergenz der Folge $(\varphi_\nu \mathfrak{x}^*)$ kann weiter auch $|\varphi_\mu \mathfrak{x}^* - \varphi_\nu \mathfrak{x}^*| < \varepsilon$ für $\mu, \nu \geqq n$ angenommen werden, so daß sich schließlich

$$\begin{aligned}|\varphi_\mu \mathfrak{x} - \varphi_\nu \mathfrak{x}| &\leqq |(\varphi_\mu - \varphi_\nu)(\mathfrak{x}^* + \mathfrak{v}) - (\varphi_\mu - \varphi_\nu)\mathfrak{x}^*| + |\varphi_\mu \mathfrak{x}^* - \varphi_\nu \mathfrak{x}^*| \\ &< (1 + |\mathfrak{v}|)\varepsilon\end{aligned}$$

für alle $\mathfrak{x} \in K$ und alle $\mu, \nu \geqq n$ ergibt. Da wegen der Beschränktheit von K auch $1 + |\mathfrak{v}|$ für alle $\mathfrak{x} \in K$ beschränkt ist, besagt diese letzte Ungleichung, daß die Folge (φ_ν) auf K gleichmäßig konvergiert.
Zweitens sei K eine kompakte und konvexe, nicht leere Teilmenge von D, die $\mathfrak{x}^*$ nicht enthält. Dann sei $\mathfrak{x}'$ ein fest gewählter Punkt aus K. Da D zusammenhängend ist, können $\mathfrak{x}^*$ und $\mathfrak{x}'$ nach 5.6 in D durch einen Streckenzug mit den Ecken $\mathfrak{x}^* = \mathfrak{x}_0, \mathfrak{x}_1, \ldots, \mathfrak{x}_n = \mathfrak{x}'$ verbunden werden. Die $\mathfrak{x}_0$ und $\mathfrak{x}_1$ verbindende Strecke ist kompakt und konvex und enthält $\mathfrak{x}^*$. Daher konvergiert nach dem bereits Bewiesenen die Folge (φ_ν) auf der Strecke gleichmäßig, und speziell ist die Folge $(\varphi_\nu \mathfrak{x}_1)$ konvergent. Daher kann $\mathfrak{x}_1$ an die Stelle von $\mathfrak{x}^*$ treten, und durch n-malige Anwendung dieses Schlusses ergibt sich schließlich die Konvergenz der Folge $(\varphi_\nu \mathfrak{x}')$ und damit dann wieder nach dem vorher Bewiesenen die gleichmäßige Konvergenz von (φ_ν) auf K.
Schließlich sei M eine beliebige kompakte Teilmenge von D. Da D offen ist, gibt es zu jedem $\mathfrak{x} \in M$ ein $\varepsilon_\mathfrak{x} > 0$ mit $U_{\varepsilon_\mathfrak{x}}(\mathfrak{x}) \subset D$ und nach eventueller Verkleinerung von $\varepsilon_\mathfrak{x}$ sogar mit $\overline{U_{\varepsilon_\mathfrak{x}}(\mathfrak{x})} \subset D$. Da $\{U_{\varepsilon_\mathfrak{x}}(\mathfrak{x}) : \mathfrak{x} \in M\}$ eine offene Überdeckung von M ist, wird M nach 5.2 bereits von endlich vielen der Mengen $U_{\varepsilon_\mathfrak{x}}(\mathfrak{x})$ überdeckt. Da $\overline{U_{\varepsilon_\mathfrak{x}}(\mathfrak{x})}$ kompakt und konvex ist, konvergiert die Folge (φ_ν) auf jeder dieser Mengen, also auch auf der Vereinigung von endlich vielen unter ihnen gleichmäßig und daher erst recht auf M. Damit ist gezeigt, daß (φ_ν) in D kompakt konvergent ist. Es existiert also $\varphi = \lim(\varphi_\nu)$.
Aus $\lim(d\varphi_\nu) = \psi$ folgt $\lim\big((d\varphi_\nu)\mathfrak{x}\big) = \psi\mathfrak{x}$ für jedes $\mathfrak{x} \in D$. Und da alle $(d\varphi_\nu)\mathfrak{x}$ lineare Abbildungen sind, ergibt sich unmittelbar, daß auch $\psi\mathfrak{x}$ für jedes $\mathfrak{x} \in D$ eine lineare Abbildung ist. Zum Beweis der zweiten Behauptung ist daher nur noch zu zeigen, daß bei festem $\mathfrak{x}^* \in D$

$$\delta(\mathfrak{x}^*, \mathfrak{v}) = \frac{1}{|\mathfrak{v}|}\big(\varphi(\mathfrak{x}^* + \mathfrak{v}) - \varphi\mathfrak{x}^* - (\psi\mathfrak{x}^*)\mathfrak{v}\big) \qquad (\mathfrak{v} \neq \mathfrak{o})$$

die Bedingung $\lim_{\mathfrak{v} \to \mathfrak{o}} \delta(\mathfrak{x}^*, \mathfrak{v}) = 0$ erfüllt.
Da $\mathfrak{x}^*$ jedenfalls eine kompakte, in D enthaltene konvexe Umgebung besitzt, sind die Ungleichungen (1) und (2) vom Anfang des Beweises anwendbar. Wegen $\varphi = \lim(\varphi_\nu)$ folgt aus (2) durch Grenzübergang $\mu \to \infty$

$$(3) \qquad |(\varphi - \varphi_\nu)(\mathfrak{x}^* + \mathfrak{v}) - (\varphi - \varphi_\nu)\mathfrak{x}^*| \leqq |\mathfrak{v}|\varepsilon$$

für $\nu \geqq n$. Ebenso folgt aus (1) wegen $\lim (d\varphi_\nu) = \psi$

$$|\psi\mathfrak{x}^* - \operatorname{grad}\varphi_\nu(\mathfrak{x}^*)| \leqq \varepsilon$$

und daher

$$(4) \qquad |(\psi\mathfrak{x}^*)\mathfrak{v} - [(d\varphi_\nu)\mathfrak{x}^*]\mathfrak{v}| = |\mathfrak{v}\cdot(\psi\mathfrak{x}^* - \operatorname{grad}\varphi_\nu(\mathfrak{x}^*))| \leqq |\mathfrak{v}|\varepsilon$$

für $\nu \geqq n$. Speziell für $\nu = n$ gilt schließlich wegen der Differenzierbarkeit von φ_n, daß es zu ε ein $\delta > 0$ gibt, so daß aus $0 < |\mathfrak{v}| < \delta$ auch

$$(5) \qquad |\delta_n(\mathfrak{x}^*, \mathfrak{v})| = \frac{1}{|\mathfrak{v}|}|\varphi_n(\mathfrak{x}^* + \mathfrak{v}) - \varphi_n\mathfrak{x}^* - [(d\varphi_n)\mathfrak{x}^*]\mathfrak{v}| < \varepsilon$$

folgt. Aus (3), (4) und (5) zusammen ergibt sich nun

$$|\delta(\mathfrak{x}^*, \mathfrak{v})| \leqq \frac{1}{|\mathfrak{v}|}\big(|(\varphi - \varphi_n)(\mathfrak{x}^* + \mathfrak{v}) - (\varphi - \varphi_n)\mathfrak{x}^*| + |(\psi\mathfrak{x}^*)\mathfrak{v} - [(d\varphi_n)\mathfrak{x}^*]\mathfrak{v}|$$
$$+ |\varphi_n(\mathfrak{x}^* + \mathfrak{v}) - \varphi_n\mathfrak{x}^* - [(d\varphi_n)\mathfrak{x}^*]\mathfrak{v}| < 3\varepsilon$$

für $|\mathfrak{v}| < \delta$, also die Behauptung. ◆

Ergänzungen und Aufgaben

11A Der Mittelwertsatz 11.8 gestattet eine wichtige Anwendung in der Fehlerrechnung: In der Praxis sind numerische Rechengrößen häufig mit Fehlern behaftet, die z.B. von Meßungenauigkeiten oder von Rundungen bei numerischen Rechnungen herrühren. Ist etwa a der wahre Wert einer Meßgröße und a^* ihr praktisch zur Verfügung stehender Wert, so nennt man $\Delta a = a^* - a$ den (absoluten) Fehler dieser Größe. Sein Wert ist natürlich im allgemeinen nicht zugänglich. Wohl aber kennt man in der Praxis eine obere Schranke für $|\Delta a|$, die etwa durch die Genauigkeit des Meßinstruments festgelegt ist. Soll nun aus Meßgrößen $a_1, \ldots, a_n$ eine neue Größe $b = f(a_1, \ldots, a_n)$ berechnet werden, so ist eine solche Berechnung nur dann praktisch brauchbar, wenn man gleichzeitig auch eine Aussage über die Genauigkeit des Resultats machen kann, wenn man also eine Schranke für den absoluten Betrag von $\Delta b = f(a_1^*, \ldots, a_n^*) - f(a_1, \ldots, a_n)$ kennt. Dies aber ermöglicht der Mittelwertsatz, wenn die Funktion f die erforderlichen Differenzierbarkeitseigenschaften besitzt. Nach ihm gilt nämlich, wenn man f als Funktion der Variablen $x_1, \ldots, x_n$ auffaßt,

$$\begin{aligned}\Delta b &= f(a_1 + \Delta a_1, \ldots, a_n + \Delta a_n) - f(a_1, \ldots, a_n) \\ &= \sum_{\nu=1}^{n} f'_{x_\nu}(a_1 + q\Delta a_1, \ldots, a_n + q\Delta a_n)\,\Delta a_\nu,\end{aligned}$$

wobei $0 < q < 1$ gilt, q im allgemeinen aber ebenfalls nicht zugänglich ist. Sind nun $\varepsilon_1, \ldots, \varepsilon_n$ Fehlerschranken für $a_1, \ldots, a_n$, gilt also $|\Delta a_1| \leqq \varepsilon_1, \ldots, |\Delta a_n| \leqq \varepsilon_n$, so folgt

$$|\Delta b| \leqq \sum_{\nu=1}^{n} s_\nu \varepsilon_\nu \quad \text{mit}$$

$$s_\nu = \sup\{|f'_{x_\nu}(a_1 + h_1, \ldots, a_n + h_n)| : |h_1| \leqq \varepsilon_1, \ldots . |h_n| \leqq \varepsilon_n\}.$$

Das Abschätzen der Suprema s_ν bereitet im allgemeinen keine prinzipiellen Schwierigkeiten. Häufig wird es auch dadurch umgangen, daß man die absoluten Beträge der Werte $f'_{x_\nu}(a_1, \ldots, a_n)$ selbst benutzt. Da in praktisch relevanten Fällen die Fehlerschranken ε_ν relativ klein sind, so daß sich auch die Werte der als stetig vorausgesetzten partiellen Ableitungen nur geringfügig ändern, begeht man im allgemeinen hierbei eine nur unwesentliche Ungenauigkeit, die gegenüber den doch meist recht groben Fehlerabschätzungen nicht ins Gewicht fällt. Jedoch darf man solche Vereinfachungen nicht blind vornehmen, da sie in manchen Fällen zu völlig falschen Abschätzungen führen können. Dies zeigt auch das folgende, numerisch allerdings schon recht aufwendige Beispiel.

Aufgabe: Hinsichtlich einer Orthonormalbasis seien in der Ebene folgende Punkte gegeben:

$$\mathfrak{a}_1 = (0, 1), \ \mathfrak{a}_2 = (0, 0), \ \mathfrak{a}_3 = (2, 0).$$

Von einem Punkt $\mathfrak{x}$ als Scheitelpunkt wird der Winkel α zwischen $\mathfrak{a}_1$, $\mathfrak{a}_2$ und der Winkel β zwischen $\mathfrak{a}_2$, $\mathfrak{a}_3$ mit $1°$ Genauigkeit gemessen. Mit welcher Genauigkeit können die Koordinaten von $\mathfrak{x}$ berechnet werden, wenn folgende Messungen vorliegen:

(1) $\alpha = 75°$, $\beta = 120°$,

(2) $\alpha = 20°$, $\beta = 50°$?

11B Es sei $\varphi : D \to \mathbb{R}$ mit $D \subset X$ eine stetig differenzierbare reellwertige Abbildung, die hinsichtlich einer Orthonormalbasis von X durch die Funktion f der Veränderlichen $x_1, \ldots, x_n$ beschrieben werde. Bei Anwendungen sind diese kartesischen Koordinaten aber bisweilen nicht problemgerecht, so daß die Einführung problemangepaßter Koordinaten $u_1, \ldots, u_n$ (z. B. Polarkoordinaten) zweckmäßiger ist. Durch die Transformationsgleichungen

$$x_\nu = g_\nu(u_1, \dots, u_n) \qquad (\nu = 1, \dots, n),$$

die ebenfalls als stetig differenzierbar vorausgesetzt werden sollen, wird eine Abbildung $\psi: U \to X$ beschrieben, und der zusammengesetzten Abbildung $\varphi \circ \psi$ entspricht die Koordinatenfunktion

$$h(u_1, \dots, u_n) = f\big(g_1(u_1, \dots, u_n), \dots, g_n(u_1, \dots, u_n)\big).$$

Will man nun den Gradienten von φ bilden, so kann dies in üblicher Weise durch Bildung der partiellen Ableitungen nach den kartesischen Koordinaten, also mit Hilfe der Funktion f geschehen. Man ist aber daran interessiert, diesen Gradienten auch direkt in den Koordinaten $u_1, \dots, u_n$, also mit Hilfe der Funktion h, berechnen zu können. Genauer handelt es sich um folgenden Sachverhalt:
Durch $(\operatorname{grad}\varphi)\mathfrak{x} = \operatorname{grad}_\mathfrak{x}\varphi$ wird eine Abbildung $\operatorname{grad}\varphi: D \to X$ definiert. Mit $D' = \psi^- D$ ist dann $(\operatorname{grad}\varphi) \circ \psi: D' \to X$ eine Abbildung, die den Gradienten von φ in den Koordinaten $u_1, \dots, u_n$ beschreibt. Andererseits kann man mit Hilfe der reellwertigen Abbildung $\varphi \circ \psi: D' \to \mathbb{R}$ auch die Gradientenabbildung

$$\operatorname{grad}(\varphi \circ \psi): D' \to U$$

bilden, bei der die Koordinaten $u_1, \dots, u_n$ als kartesische Koordinaten aufgefaßt werden. Gesucht ist eine Beziehung zwischen $(\operatorname{grad}\varphi) \circ \psi$ und $\operatorname{grad}(\varphi \circ \psi)$.

Aufgabe: (1) Man beweise für $\mathfrak{u} \in D'$ die Gleichung

$$[\operatorname{grad}(\varphi \circ \psi)]\,\mathfrak{u} = (d_\mathfrak{u}\psi)^* [((\operatorname{grad}\varphi) \circ \psi)\,\mathfrak{u}],$$

wobei $(d_\mathfrak{u}\psi)^*$ die zu $d_\mathfrak{u}\psi$ adjungierte Abbildung ist.

Wenn nun $d_\mathfrak{u}\psi: U \to X$ sogar regulär und damit umkehrbar ist (vgl. hierzu § 12), folgt

$$[(\operatorname{grad}\varphi) \circ \psi]\,\mathfrak{u} = (d_\mathfrak{u}\psi)^{*-1} [(\operatorname{grad}(\varphi \circ \psi))\,\mathfrak{u}].$$

Koordinatenmäßig entspricht der linken Seite die Bildung von $\operatorname{grad} f = (f'_{x_1}, \dots, f'_{x_n})$ an der Stelle $\psi\mathfrak{u}$, also nachträgliches Umrechnen der Ableitungen f'_{x_ν} auf die Koordinaten $u_1, \dots, u_n$. Auf der rechten Seite ist zunächst der Vektor $\operatorname{grad} h = (h'_{u_1}, \dots, h'_{u_n})$ aus U zu bilden. Dieser wird dann durch $(d_\mathfrak{u}\psi)^{*-1}$ in den Raum X abgebildet.

Aufgabe: (2) Im Fall $\varphi: \mathbb{R}^2 \to \mathbb{R}$ bzw. $\varphi: \mathbb{R}^3 \to \mathbb{R}$ transformiere man $\operatorname{grad}\varphi$ auf ebene bzw. räumliche Polarkoordinaten. Man drücke also den auf Polarkoordinaten transformierten grad$f$ durch die partiellen Ableitungen der Funktion h aus.

11C Aufgabe: Man berechne die partiellen Ableitungen der Abbildungen φ und ψ aus 9C nach einem beliebigen Vektor $\mathfrak{v}$ erneut mit Hilfe der am Anfang dieses Paragraphen angegebenen Rechenregeln.

§ 12 Lokale Umkehrbarkeit und Auflösbarkeit

Differenzierbarkeitseigenschaften sind lokale Eigenschaften, die das Verhalten einer Abbildung nur in einer hinreichend kleinen Umgebung der jeweils betrachteten Stelle zu erfassen gestatten. Will man daher Fragen der Umkehrbarkeit einer Abbildung mit Hilfe von Differenzierbarkeitsvoraussetzungen untersuchen, so sind von vornherein nur allgemeine Ergebnisse zu erwarten, wenn man den Definitionsbereich der Abbildung geeignet einschränkt. Man gelangt so zum Begriff der lokalen Umkehrbarkeit, der zunächst an einem einfachen Beispiel erläutert werden soll.

Die durch $\varphi x = x^2$ definierte Abbildung $\varphi: \mathbb{R} \to \mathbb{R}$ ist wegen $\varphi(-x) = \varphi x$ sicher nicht global umkehrbar. Schränkt man ihren Definitionsbereich jedoch auf die Menge der positiven reellen Zahlen oder auf die Menge der negativen reellen Zahlen ein, so besitzt φ jeweils eine durch $\varphi_{+}^{-1} x = {}_{+}\sqrt{x}$ bzw. $\varphi_{-}^{-1} x = {}_{-}\sqrt{x}$ definierte Umkehrabbildung. Zu jeder reellen Zahl $x_0 \neq 0$ gibt es also jedenfalls eine ε-Umgebung, auf der als eingeschränktem Definitionsbereich φ umkehrbar ist; man kann etwa $\varepsilon = |x_0|$ setzen. Eine Ausnahme stellt jedoch der Nullpunkt dar, weil φ auf keiner seiner Umgebungen injektiv ist.

Weiter seien jetzt X und Y Vektorräume gleicher endlicher Dimension, und D sei eine offene Teilmenge von X.

Definition 12a: *Die Abbildung $\varphi: D \to Y$ heißt im Punkt $\mathfrak{x}^* \in D$* **lokal umkehrbar**, *wenn φ auf einer geeigneten Umgebung U von $\mathfrak{x}^*$ mit $U \subset D$ injektiv und damit umkehrbar ist. Die dann auf der Bildmenge φU definierte Umkehrabbildung wird die zum Punkt $\mathfrak{x}^*$ gehörende* **lokale Umkehrabbildung** *von φ genannt und mit $\varphi_{\mathfrak{x}^*}^{-1}$ bezeichnet.*

Zur Kennzeichnung einer lokalen Umkehrabbildung gehört neben der Stelle $\mathfrak{x}^*$ eigentlich auch noch die Angabe der Umgebung U. Da es jedoch weiterhin nur darauf ankommen wird, daß φ überhaupt auf einer geeigneten Umgebung injektiv ist, soll auf die explizite Angabe dieser Umgebung verzichtet werden.

Auch wenn eine Abbildung in jedem Punkt des Raumes lokal umkehrbar ist, braucht sie doch nicht global umkehrbar zu sein. So ist z. B. die durch die Koordinatengleichungen

$$x = e^u \cos v, \quad y = e^u \sin v$$

definierte Abbildung $\varphi: \mathbb{R}^2 \to \mathbb{R}^2$ überall lokal umkehrbar, wegen $\varphi(u, v) = \varphi(u, v + 2\pi)$ aber nicht global umkehrbar.
Zur Vorbereitung des folgenden Satzes über die lokale Umkehrbarkeit stetig differenzierbarer Abbildungen sei zunächst vorausgesetzt, daß die Abbildung $\varphi: D \to Y$ im Punkt $\mathfrak{x}^* \in D$ lokal umkehrbar ist, daß φ auf der Umgebung U von $\mathfrak{x}^*$ stetig differenzierbar ist und daß schließlich die auf φU definierte lokale Umkehrabbildung $\varphi_{\mathfrak{x}^*}^{-1}$ dort ebenfalls stetig differenzierbar ist. Dabei beinhaltet die letzte Voraussetzung auch, daß $\varphi \mathfrak{x}^*$ sogar ein innerer Punkt von φU ist. Da $\varphi_{\mathfrak{x}^*}^{-1} \circ \varphi$ die Identität ist, muß wegen 11.5 auch die Hintereinanderschaltung der in $\mathfrak{x}^*$ bzw. $\mathfrak{y}^* = \varphi \mathfrak{x}^*$ gebildeten Differentiale $(d_{\mathfrak{y}^*} \varphi_{\mathfrak{x}^*}^{-1}) \circ (d_{\mathfrak{x}^*} \varphi)$ die Identität liefern. Es muß also $d_{\mathfrak{y}^*} \varphi_{\mathfrak{x}^*}^{-1}$ als lineare Abbildung gerade die Umkehrabbildung der linearen Abbildung $d_{\mathfrak{x}^*} \varphi$ sein. Unter den angegebenen Voraussetzungen ist also $d_{\mathfrak{x}^*} \varphi$ eine reguläre lineare Abbildung, und es gilt

$$(d_{\mathfrak{y}^*} \varphi_{\mathfrak{x}^*}^{-1}) = (d_{\mathfrak{x}^*} \varphi)^{-1}.$$

Der folgende Satz zeigt nun, daß hiervon auch die Umkehrung gilt.

12.1 *Die Abbildung $\varphi: D \to Y$ sei in einer Umgebung des Punktes $\mathfrak{x}^* \in D$ stetig differenzierbar, und ihr Differential $d_{\mathfrak{x}^*} \varphi$ sei regulär (gleichwertig: $Rg(d_{\mathfrak{x}^*} \varphi) =$ Dim X, Det$(d_{\mathfrak{x}^*} \varphi) \neq 0$). Dann gilt:*

(1) *φ ist in $\mathfrak{x}^*$ lokal umkehrbar.*
(2) *$\mathfrak{y}^* = \varphi \mathfrak{x}^*$ ist innerer Punkt des Definitionsbereichs der lokalen Umkehrabbildung $\varphi_{\mathfrak{x}^*}^{-1}$.*
(3) *$\varphi_{\mathfrak{x}^*}^{-1}$ ist in einer Umgebung von $\mathfrak{y}^*$ ebenfalls stetig differenzierbar.*
(4) *$d_{\mathfrak{y}^*} \varphi_{\mathfrak{x}^*}^{-1} = (d_{\mathfrak{x}^*} \varphi)^{-1}$.*

Beweis: Nach Voraussetzung ist φ auf einer Umgebung U von $\mathfrak{x}^*$ mit $U \subset D$ stetig differenzierbar. Daher wird durch $\psi \mathfrak{x} = \mathrm{Det}(d_{\mathfrak{x}} \varphi)$ auf U eine stetige reellwertige Abbildung ψ definiert, für die nach Voraussetzung $\psi \mathfrak{x}^* \neq 0$ gilt. Daher gibt es ein $\varepsilon_1 > 0$ mit $\overline{U_{\varepsilon_1}(\mathfrak{x}^*)} \subset U$, so daß auch $\mathrm{Det}(d_{\mathfrak{x}} \varphi) \neq 0$ für alle $\mathfrak{x} \in \overline{U_{\varepsilon_1}(\mathfrak{x}^*)}$ gilt.

Zunächst wird nun gezeigt: Es gibt eine Konstante $s > 0$, so daß aus $\mathfrak{x} \in U_{\varepsilon_1}(\mathfrak{x}^*)$

(a) $\quad |(d_{\mathfrak{x}} \varphi) \mathfrak{v}| \geqq s |\mathfrak{v}| \qquad$ für alle $\mathfrak{v} \in X$

folgt. Andernfalls würde es nämlich Punkte $\mathfrak{x}_\nu \in \overline{U_{\varepsilon_1}(\mathfrak{x}^*)}$ und Einheitsvektoren $\mathfrak{e}_\nu$ mit $|(d_{\mathfrak{x}_\nu}\varphi)\mathfrak{e}_\nu| < \frac{1}{\nu}$, also mit $\lim\limits_{\nu\to\infty}(d_{\mathfrak{x}_\nu}\varphi)\mathfrak{e}_\nu = \mathfrak{o}$ geben. Da $\overline{U_{\varepsilon_1}(\mathfrak{x}^*)}$ und die Menge E der Einheitsvektoren kompakt sind, gibt es Teilfolgen $(\mathfrak{x}_{n_\nu})$ und $(\mathfrak{e}_{n_\nu})$ mit $\lim\limits_{\nu\to\infty}\mathfrak{x}_{n_\nu} = \mathfrak{x} \in \overline{U_{\varepsilon_1}(\mathfrak{x}^*)}$ und $\lim \mathfrak{e}_{n_\nu} = \mathfrak{e} \in E$. Wegen der stetigen Differenzierbarkeit von φ, also der Stetigkeit des Differentials, folgt

$$(d_{\mathfrak{x}}\varphi)\mathfrak{e} = \lim_{\nu\to\infty}(d_{\mathfrak{x}_{n_\nu}}\varphi)\mathfrak{e}_{n_\nu} = \mathfrak{o}$$

im Widerspruch dazu, daß $d_{\mathfrak{x}}\varphi$ regulär ist. Für alle $\mathfrak{x} \in \overline{U_{\varepsilon_1}(\mathfrak{x}^*)}$ gilt

$$\varphi(\mathfrak{x}+\mathfrak{v}) = \varphi\mathfrak{x} + (d_{\mathfrak{x}}\varphi)\mathfrak{v} + |\mathfrak{v}|\delta(\mathfrak{x},\mathfrak{v}),$$

wobei es wegen der Kompaktheit von $\overline{U_{\varepsilon_1}(\mathfrak{x}^*)}$ nach 9.11 ein $\varepsilon_2 > 0$ gibt, so daß mit der Konstanten s aus (a)

$$\text{(b)} \qquad |\delta(\mathfrak{x},\mathfrak{v})| < \tfrac{1}{2}s \qquad \text{für alle } \mathfrak{v} \in X \quad \text{mit} \quad |\mathfrak{v}| \leqq \varepsilon_2$$

erfüllt ist. Setzt man nun noch $\varepsilon = \min\{\varepsilon_1, \frac{\varepsilon_2}{2}\}$ und $V = \overline{U_\varepsilon(\mathfrak{x}^*)}$, so gelten (a) und (b) auch für alle $\mathfrak{x} \in V$.
Nach diesen Vorbereitungen sollen nun die Behauptungen des Satzes bewiesen werden.

Zu (1): Es seien $\mathfrak{x}$ und $\mathfrak{x}'$ Punkte aus V. Für $\mathfrak{v} = \mathfrak{x}' - \mathfrak{x}$ gilt dann $|\mathfrak{v}| \leqq 2\varepsilon \leqq \varepsilon_2$, und bei Berücksichtigung von (a) und (b) erhält man

$$|\varphi\mathfrak{x}' - \varphi\mathfrak{x}| = |\varphi(\mathfrak{x}+\mathfrak{v}) - \varphi\mathfrak{x}| = |(d_{\mathfrak{x}}\varphi)\mathfrak{v} + |\mathfrak{v}|\delta(\mathfrak{x},\mathfrak{v})| \geqq s|\mathfrak{v}| - \tfrac{1}{2}s|\mathfrak{v}|,$$

also

$$\text{(c)} \qquad |\varphi\mathfrak{x}' - \varphi\mathfrak{x}| \geqq \tfrac{1}{2}s|\mathfrak{x}' - \mathfrak{x}|.$$

Aus $\mathfrak{x}' \neq \mathfrak{x}$ folgt daher auch $\varphi\mathfrak{x}' \neq \varphi\mathfrak{x}$; d.h. φ ist auf V injektiv und somit umkehrbar.

Zu (2): Mit $\eta = \frac{1}{3}s\varepsilon$ soll $U_\eta(\mathfrak{y}^*) \subset \varphi V$ gezeigt werden.

Es gelte also $|\mathfrak{y} - \mathfrak{y}^*| < \eta$. Ferner werde zunächst $\mathfrak{x}_0 \in V$ und $|\varphi\mathfrak{x}_0 - \mathfrak{y}| < \eta$ vorausgesetzt. Wegen $\mathfrak{x}_0 \in V$ ist $d_{\mathfrak{x}_0}\varphi$ regulär, und man kann

$$\mathfrak{v}_0 = (d_{\mathfrak{x}_0}\varphi)^{-1}(\mathfrak{y} - \varphi\mathfrak{x}_0), \qquad \mathfrak{x}_0' = \mathfrak{x}_0 + \mathfrak{v}_0$$

setzen. Nach (a) gilt

$$s|\mathfrak{v}_0| \leqq |(d_{\mathfrak{x}_0}\varphi)\mathfrak{v}_0| = |\mathfrak{y} - \varphi\mathfrak{x}_0| < \eta,$$

also

(d) $\quad |\mathfrak{v}_0| < \frac{1}{s}|\mathfrak{y} - \varphi\mathfrak{x}_0| < \frac{\eta}{s}$

und nach (b)

(e) $\quad |\varphi\mathfrak{x}_0' - \mathfrak{y}| = |\varphi\mathfrak{x}_0 + (d_{\mathfrak{x}_0}\varphi)\mathfrak{v}_0 + |\mathfrak{v}_0|\delta(\mathfrak{x}_0, \mathfrak{v}_0) - \mathfrak{y}|$

$$= |\mathfrak{v}_0|\,|\delta(\mathfrak{x}_0, \mathfrak{v}_0)| < \frac{1}{s}\;|\mathfrak{y} - \varphi\mathfrak{x}_0|\;\frac{s}{2} < \frac{\eta}{2}.$$

Schließlich erhält man wegen (c)

(f) $\quad |\mathfrak{x}_0' - \mathfrak{x}^*| \leqq \frac{2}{s}|\varphi\mathfrak{x}_0' - \mathfrak{y}^*| \leqq \frac{2}{s}(|\varphi\mathfrak{x}_0' - \mathfrak{y}| + |\mathfrak{y} - \mathfrak{y}^*|)$

$$< \frac{2}{s}\left(\frac{\eta}{2} + \eta\right) = \frac{3\eta}{s} = \varepsilon,$$

also auch $\mathfrak{x}_0' \in V$.

Die durch $\psi\mathfrak{x} = |\varphi\mathfrak{x} - \mathfrak{y}|$ definierte stetige reellwertige Abbildung ψ nimmt auf der kompakten Menge V nach 7.12 ihr Minimum in einem Punkt $\mathfrak{x}_0 \in V$ an.

Wegen (e) gilt aber $\psi\mathfrak{x}_0' \neq \frac{1}{2}\,\psi\mathfrak{x}_0$, woraus $\psi\mathfrak{x}_0 = 0$, also $\varphi\mathfrak{x}_0 = \mathfrak{y}$ und damit die Behauptung folgt.

Der Punkt $\mathfrak{x}_0$ wurde allerdings hierbei nicht konstruktiv bestimmt, was wegen $\mathfrak{x}_0 = \varphi_{\mathfrak{x}^*}^{-1}\,\mathfrak{y}$ für die Berechnung der lokalen Umkehrabbildung wünschenswert wäre. Dazu kann man $\mathfrak{x}_0$ auch als Grenzwert einer induktiv definierten Folge gewinnen: Man setze $\mathfrak{x}_1 = \mathfrak{x}^*$ und konstruiere zu $\mathfrak{x}_\nu$ den Vektor $\mathfrak{x}_{\nu+1} = \mathfrak{x}_\nu'$ im Sinn der vorher für $\mathfrak{x}_0$ durchgeführten Konstruktion. Wegen (f) gilt dann $\mathfrak{x}_\nu \in V$ für alle ν und wegen (e)

$$|\varphi\mathfrak{x}_{\nu+1} - \mathfrak{y}| < \tfrac{1}{2}\,|\varphi\mathfrak{x}_\nu - \mathfrak{y}| < \cdots < \tfrac{1}{2^\nu}|\mathfrak{y}^* - \mathfrak{y}|,$$

also

$$\lim_{\nu\to\infty} \varphi\mathfrak{x}_\nu = \mathfrak{y}.$$

Wegen (d) erhält man für $\mathfrak{v}_\nu = \mathfrak{x}_{\nu+1} - \mathfrak{x}_\nu$

$$|\mathfrak{v}_\nu| < \frac{1}{s}|\varphi\mathfrak{x}_\nu - \mathfrak{y}| < \frac{1}{2^{\nu-1}}\;\frac{|\mathfrak{y}^* - \mathfrak{y}|}{s}.$$

Nach 3.4 ist die Reihe $\sum \mathfrak{v}_\nu$ und damit die Folge $(\mathfrak{x}_\nu)$ gegen einen Punkt $\mathfrak{x}_0 \in V$ konvergent, und für diesen gilt

$$\varphi\mathfrak{x}_0 = \lim_{\nu\to\infty} \varphi\mathfrak{x}_\nu = \mathfrak{y}.$$

Zu (3) **und** (4): Nach dem bisher Bewiesenen gibt es zu jedem $\mathfrak{w}$ mit $|\mathfrak{w}| < \eta$ genau ein $\mathfrak{v}_{\mathfrak{w}}$ mit $|\mathfrak{v}_{\mathfrak{w}}| < \varepsilon$ und $\varphi(\mathfrak{x}^* + \mathfrak{v}_{\mathfrak{w}}) = \mathfrak{y}^* + \mathfrak{w}$. Wegen

$$\mathfrak{y}^* + \mathfrak{w} = \varphi(\mathfrak{x}^* + \mathfrak{v}_{\mathfrak{w}}) = \mathfrak{y}^* + (d_{\mathfrak{x}^*}\varphi)\mathfrak{v}_{\mathfrak{w}} + |\mathfrak{v}_{\mathfrak{w}}|\,\delta(\mathfrak{x}^*, \mathfrak{v}_{\mathfrak{w}})$$

gilt

(g) $\quad \mathfrak{w} = (d_{\mathfrak{x}^*}\varphi)\mathfrak{v}_{\mathfrak{w}} + |\mathfrak{v}_{\mathfrak{w}}|\,\delta(\mathfrak{x}^*, \mathfrak{v}_{\mathfrak{w}}),$

und mit Hilfe von (a) und (b) folgt

(h) $\quad |\mathfrak{w}| \geqq |(d_{\mathfrak{x}^*}\varphi)\mathfrak{v}_{\mathfrak{w}}| - |\mathfrak{v}_{\mathfrak{w}}|\,|\delta(\mathfrak{x}^*, \mathfrak{v}_{\mathfrak{w}})| \geqq \left(s - \frac{s}{2}\right)|\mathfrak{v}_{\mathfrak{w}}| = \frac{s}{2}|\mathfrak{v}_{\mathfrak{w}}|.$

Andererseits ergibt sich aus (g) wegen der Regularität von $d_{\mathfrak{x}^*}\varphi$

$$\mathfrak{v}_{\mathfrak{w}} = (d_{\mathfrak{x}^*}\varphi)^{-1}\mathfrak{w} - |\mathfrak{v}_{\mathfrak{w}}|(d_{\mathfrak{x}^*}\varphi)^{-1}\,\delta(\mathfrak{x}^*, \mathfrak{v}_{\mathfrak{w}})$$

und damit ($\mathfrak{w} \neq \mathfrak{o}$)

$$\begin{aligned}\varphi_{\mathfrak{x}^*}^{-1}(\mathfrak{y}^* + \mathfrak{w}) = \mathfrak{x}^* + \mathfrak{v}_{\mathfrak{w}} &= \varphi_{\mathfrak{x}^*}^{-1}\mathfrak{y}^* + (d_{\mathfrak{x}^*}\varphi)^{-1}\mathfrak{w}\\ &+ |\mathfrak{w}|\left[-\frac{|\mathfrak{v}_{\mathfrak{w}}|}{|\mathfrak{w}|}(d_{\mathfrak{x}^*}\varphi)^{-1}\,\delta(\mathfrak{x}^*, \mathfrak{v}_{\mathfrak{w}})\right].\end{aligned}$$

Kann nun noch gezeigt werden, daß die rechts stehende eckige Klammer mit $\mathfrak{w}$ gegen $\mathfrak{o}$ konvergiert, so folgt, daß $\varphi_{\mathfrak{x}^*}^{-1}$ in $\mathfrak{y}^*$ differenzierbar ist und daß (4) gilt.

Konvergiert $\mathfrak{w}$ gegen $\mathfrak{o}$, so nach (h) auch $\mathfrak{v}_{\mathfrak{w}}$, also ebenfalls $\delta(\mathfrak{x}^*, \mathfrak{v}_{\mathfrak{w}})$ und somit die eckige Klammer, da wieder wegen (h) der Quotient $\frac{|\mathfrak{v}_{\mathfrak{w}}|}{|\mathfrak{w}|}$ beschränkt bleibt.

Da die Voraussetzungen des Satzes ebenso wie auf $\mathfrak{x}^*$ auch auf jeden anderen Punkt von V zutreffen, ist die lokale Umkehrabbildung sogar in jedem Punkt von φV differenzierbar.

Da φ in V stetig differenzierbar ist, sind bei einer Koordinatenbeschreibung die Elemente der Funktionalmatrix A in V stetige Funktionen. Wegen (4) wird das Differential der lokalen Umkehrabbildung durch A^{-1} beschrieben. Da aber die Elemente von A^{-1} rationale Ausdrücke in den Elementen von A mit dem nicht verschwindenden Nenner Det A sind, ist auch $\varphi_{\mathfrak{x}^*}^{-1}$ stetig differenzierbar. ◆

Es kann durchaus vorkommen, daß eine stetig differenzierbare Abbildung φ an einer Stelle $\mathfrak{x}^*$ lokal umkehrbar ist, daß aber ihr Differential $d_{\mathfrak{x}^*}\varphi$ singulär ist. Nur ist dann, wie die einleitenden Bemerkungen zeigten, die lokale Umkehrabbildung an der Bildstelle $\mathfrak{y}^* = \varphi\mathfrak{x}^*$ sicher nicht differenzierbar.

Die Abbildung φ werde jetzt hinsichtlich entsprechender Basen durch die Koordinatengleichungen

$$y_\nu = f_\nu(x_1, \ldots, x_n) \qquad (\nu = 1, \ldots, n)$$

beschrieben. Ist dann φ an der Stelle $\mathfrak{x}^*$ lokal umkehrbar, so entsprechen $\varphi_{\mathfrak{x}^*}^{-1}$ Koordinatengleichungen

$$x_\mu = g_\mu(y_1, \ldots, y_n) \qquad (\mu = 1, \ldots, n),$$

und es gilt

$$g_\mu(f_1(x_1, \ldots, x_n), \ldots, f_n(x_1, \ldots, x_n)) = x_\mu \qquad (\mu = 1, \ldots, n),$$
$$f_\nu(g_1(y_1, \ldots, y_n), \ldots, g_n(y_1, \ldots, y_n)) = y_\nu \qquad (\nu = 1, \ldots, n).$$

Hinreichend für die lokale Umkehrbarkeit in $\mathfrak{x}^*$ ist nach dem soeben bewiesenen Satz, daß die das Differential $d_{\mathfrak{x}^*}\varphi$ beschreibende Funktionalmatrix eine von Null verschiedene Determinante besitzt:

$$\operatorname{Det}\left(\frac{\partial(f_1, \ldots, f_n)}{\partial(x_1, \ldots, x_n)}\right)_{\mathfrak{x}^*} \neq 0.$$

Die partiellen Ableitungen der lokalen Umkehrfunktionen $g_1, \ldots, g_n$ können dann an der Stelle $\mathfrak{y}^* = \varphi\mathfrak{x}^*$ mit Hilfe der Gleichung

$$\left(\frac{\partial(g_1, \ldots, g_n)}{\partial(y_1, \ldots, y_n)}\right)_{\mathfrak{y}^*} = \left(\frac{\partial(f_1, \ldots, f_n)}{\partial(x_1, \ldots, x_n)}\right)_{\mathfrak{x}^*}^{-1}$$

berechnet werden. Man kann sie also auch dann ermitteln, wenn die lokalen Umkehrfunktionen gar nicht explizit angegeben werden können. Aber auch wenn dies der Fall sein sollte, gestaltet sich die Berechnung durch Differentiation der lokalen Umkehrfunktionen meist wesentlich umständlicher.

Dies gilt allerdings nur, wenn es sich um die Berechnung der Ableitungen an einer festen Stelle handelt. Sucht man die Ableitungen der lokalen Umkehrfunktionen in Abhängigkeit von den Punkten ihres Definitionsbereichs, so werden sie durch die inverse Funktionalmatrix der $f_1, \ldots, f_n$ nur als Funktionen von $x_1, \ldots, x_n$ geliefert. Um sie als Funktionen von $y_1, \ldots, y_n$ zu erhalten, muß man nachträglich doch $x_\nu = g_\nu(y_1, \ldots, y_n)$ substituieren; d. h. man muß die lokalen Umkehrfunktionen explizit zur Verfügung haben.

Beispiel

12.I Durch die Koordinatengleichungen

$$u = x + y - z,$$
$$v = (x - z)y,$$
$$w = (x + y)z$$

wird eine Abbildung $\varphi : \mathbb{R}^3 \to \mathbb{R}^3$ beschrieben. Die Funktionaldeterminante lautet

$$\operatorname{Det} \frac{\partial(u, v, w)}{\partial(x, y, z)} = \begin{vmatrix} 1 & y & z \\ 1 & x - z & z \\ -1 & -y & x + y \end{vmatrix} = x^2 - (y + z)^2.$$

Da sie an der Stelle $\mathfrak{x}^* = (5, -1, 1)$ von Null verschieden ist, existieren dort die lokalen Umkehrfunktionen, und ihre Funktionalmatrix an der Bildstelle $\mathfrak{y}^* = \varphi\mathfrak{x}^* = (3, -4, 4)$ ist

$$\left(\frac{\partial(x, y, z)}{\partial(u, v, w)}\right)_{\mathfrak{y}^*} = \begin{pmatrix} 1 & -1 & 1 \\ 1 & 4 & 1 \\ -1 & 1 & 4 \end{pmatrix}^{-1} = \frac{1}{5}\begin{pmatrix} 3 & 1 & -1 \\ -1 & 1 & 0 \\ 1 & 0 & 1 \end{pmatrix}.$$

In diesem Beispiel lassen sich die Umkehrfunktionen allerdings auch leicht direkt berechnen: man erhält

$$x = \tfrac{1}{2}(\pm\sqrt{u^2 + 4w} \pm \sqrt{u^2 - 4v}),$$

$$y = \tfrac{1}{2}(u \mp \sqrt{u^2 - 4v}),$$

$$z = \tfrac{1}{2}(-u \pm \sqrt{u^2 + 4w}).$$

Welche Vorzeichenkombination der Wurzeln hier zu wählen ist, hängt von der Stelle ab, an der die Umkehrfunktionen gebildet werden sollen. Setzt man entsprechend dem vorher behandelten Fall hier für u, v, w die Koordinaten von $\mathfrak{y}^* = (3, -4, 4)$ ein, so ergeben sich gerade bei den oberen Vorzeichen die richtigen Werte für x, y, z, nämlich die Koordinaten von $\mathfrak{x}^* = (5, -1, 1)$. Der Leser möge sich durch explizite Berechnung der partiellen Ableitungen und Einsetzen der Werte davon überzeugen, daß sich dasselbe Resultat ergibt.

Schließlich soll in diesem Beispiel noch eine Stelle untersucht werden, an der die Funktionaldeterminante verschwindet: etwa die Stelle $\mathfrak{x}^* = (3, 1, 2)$. Setzt man

$$x = 3 + \xi, \quad y = 1 + \eta, \quad z = 2 + \zeta,$$

so folgt

$$(*) \quad \begin{aligned} u &= 2 + \xi + \eta - \zeta, \\ v &= (1 + \xi - \zeta)(1 + \eta), \\ w &= (4 + \xi + \eta)(2 + \zeta), \end{aligned}$$

und es ist festzustellen, ob diese Abbildung in einer Umgebung von $\xi = \eta = \zeta = 0$ injektiv ist. Nun werden sich zwei Punkte, die auf denselben Bildpunkt abgebildet werden, näherungsweise um einen Vektor unterscheiden, der in dem Kern des Differentials der Abbildung liegt. An der Stelle $\mathfrak{x}^*$ lautet die Funktionalmatrix

$$\begin{pmatrix} 1 & 1 & 1 \\ 1 & 1 & 2 \\ -1 & -1 & 4 \end{pmatrix},$$

und $(1, -1, 0)$ ist Basisvektor des Kerns. Setzt man demgemäß $\xi = t$, $\eta = -t$, $\zeta = 0$, so ergibt sich aus (*)

$$u = 2, \quad v = 1 - t^2, \quad w = 8.$$

Daher erhalten Punkte (ξ, η, ζ) der Form $(t, -t, 0)$ und $(-t, t, 0)$ stets denselben Bildpunkt. Die Abbildung ist also an dieser Stelle $\mathfrak{x}^*$ nicht lokal umkehrbar.

In engem Zusammenhang mit dem bisher Behandelten steht das Problem der lokalen Auflösbarkeit eines Gleichungssystems der Form

$$(G) \quad f_\kappa(x_1, \ldots, x_n, y_1, \ldots, y_k) = 0 \qquad (\kappa = 1, \ldots, k).$$

Dabei handelt es sich um die Frage, unter welchen Bedingungen sich die Veränderlichen $y_1, \ldots, y_k$ aus diesem Gleichungssystem als Funktionen $g_\kappa(x_1, \ldots, x_n)$ $(\kappa = 1, \ldots, k)$ der übrigen Veränderlichen berechnen lassen. Dabei soll es sich jedoch wieder nur um eine lokale Auflösung handeln; d. h. die auflösenden Funktionen g_κ brauchen nur in einer Umgebung der jeweiligen Stelle definiert zu sein. Genauer formuliert ergibt sich

Definition 12b: *Die Zahlen $x_1^*, \ldots, x_n^*, y_1^*, \ldots, y_k^*$ seien eine Lösung des Gleichungssystems (G). Dann heißt (G) an der Stelle $(\mathfrak{x}^*, \mathfrak{y}^*) = (x_1^*, \ldots, x_n^*, y_1^*, \ldots, y_k^*)$ nach $y_1, \ldots, y_k$* **lokal auflösbar**, *wenn es Funktionen $g_1, \ldots, g_k$ mit folgenden Eigenschaften gibt:*

1. *Die Funktionen* $g_1, \ldots, g_k$ *sind in einer Umgebung* U *von* $\mathfrak{x}^*$ *definiert.*
2. $g_\kappa(x_1^*, \ldots, x_n^*) = y_\kappa^* \qquad (\kappa = 1, \ldots, k)$.
3. *Für alle* $\mathfrak{x} = (x_1, \ldots, x_n) \in U$ *gilt*

$$f_\kappa\big(x_1, \ldots, x_n, g_1(x_1, \ldots, x_n), \ldots, g_k(x_1, \ldots, x_n)\big) = 0 \qquad (\kappa = 1, \ldots, k).$$

12.2 *Es sei* $(\mathfrak{x}^*, \mathfrak{y}^*)$ *eine Lösung des Gleichungssystems* (*G*), *und die Funktionen* $f_1, \ldots, f_k$ *seien in einer Umgebung dieser Stelle stetig differenzierbar. Ferner gelte*

$$\operatorname{Det}\left(\frac{\partial(f_1, \ldots, f_k)}{\partial(y_1, \ldots, y_k)}\right)_{(\mathfrak{x}^*, \mathfrak{y}^*)} \neq 0.$$

Dann ist das Gleichungssystem (*G*) *an der Stelle* $(\mathfrak{x}^*, \mathfrak{y}^*)$ *nach* $y_1, \ldots, y_k$ *lokal auflösbar. Außerdem sind die auflösenden Funktionen* $g_1, \ldots, g_k$ *in einer Umgebung von* $\mathfrak{x}^*$ *selbst stetig differenzierbar, und es gilt*

$$\left(\frac{\partial(g_1, \ldots, g_k)}{\partial(x_1, \ldots, x_n)}\right)_{\mathfrak{x}^*} = -\left(\frac{\partial(f_1, \ldots, f_k)}{\partial(x_1, \ldots, x_n)}\right)_{(\mathfrak{x}^*, \mathfrak{y}^*)} \left(\frac{\partial(f_1, \ldots, f_k)}{\partial(y_1, \ldots, y_k)}\right)^{-1}_{(\mathfrak{x}^*, \mathfrak{y}^*)}.$$

Beweis: Neben (*G*) werde das neue Gleichungssystem

$$(G') \qquad \begin{aligned} u_1 &= x_1, \\ &\vdots \\ u_n &= x_n, \\ v_1 &= f_1(x_1, \ldots, x_n, y_1, \ldots, y_k), \\ &\vdots \\ v_k &= f_k(x_1, \ldots, x_n, y_1, \ldots, y_k) \end{aligned}$$

betrachtet. Für seine Funktionaldeterminante erhält man in leicht verständlicher Schreibweise und wegen der Voraussetzung des Satzes

$$\operatorname{Det}\left(\frac{\partial(u_1, \ldots, u_n, v_1, \ldots, v_k)}{\partial(x_1, \ldots, x_n, y_1, \ldots, y_k)}\right)_{(\mathfrak{x}^*, \mathfrak{y}^*)} = \left|\begin{array}{c|c} E & \dfrac{\partial(f_1, \ldots, f_k)}{\partial(x_1, \ldots, x_n)} \\ \hline O & \dfrac{\partial(f_1, \ldots, f_k)}{\partial(y_1, \ldots, y_k)} \end{array}\right|_{(\mathfrak{x}^*, \mathfrak{y}^*)}$$

$$= \operatorname{Det}\left(\frac{\partial(f_1, \ldots, f_k)}{\partial(y_1, \ldots, y_k)}\right)_{(\mathfrak{x}^*, \mathfrak{y}^*)} \neq 0.$$

Wegen 12.1 ist daher (*G'*) an der Stelle $(\mathfrak{x}^*, \mathfrak{y}^*)$ lokal umkehrbar. Mit lokalen Umkehrfunktionen, unter denen jedoch die ersten n trivial aus (*G'*) folgen, gilt daher

$$x_\nu = u_\nu \ (\nu = 1, \ldots, n), \ y_\kappa = h_\kappa (u_1, \ldots, u_n, v_1, \ldots, v_k) \qquad (\kappa = 1, \ldots, k)$$

in einer Umgebung der $(\mathfrak{x}^*, \mathfrak{y}^*)$ entsprechenden Bildstelle $(\mathfrak{u}^*, \mathfrak{v}^*)$. Wegen

$$u_\nu^* = x_\nu^* \ (\nu = 1, \ldots, n), \ v_\kappa^* = f_\kappa(x_1^*, \ldots, x_n^*, y_1^*, \ldots, y_k^*) = 0 \quad (\kappa = 1, \ldots, k)$$

gilt jedoch weiter $\mathfrak{u}^* = \mathfrak{x}^*$ und $\mathfrak{v}^* = \mathfrak{o}$.
Es werde nun

$$g_\kappa(x_1, \ldots, x_n) = h_\kappa(x_1, \ldots, x_n, 0, \ldots, 0) \qquad (\kappa = 1, \ldots, k)$$

gesetzt. Dann sind diese Funktionen in einer Umgebung von $\mathfrak{x}^*$ definiert, und es gilt

$$\begin{aligned} g_\kappa(x_1^*, \ldots, x_n^*) &= h_\kappa(x_1^*, \ldots, x_n^*, 0, \ldots, 0) \\ &= h_\kappa(u_1^*, \ldots, u_n^*, v_1^*, \ldots, v_k^*) = y_\kappa^* \qquad (\kappa = 1, \ldots, k). \end{aligned}$$

Aus

$$f_\kappa\big(u_1, \ldots, u_n, h_1(u_1, \ldots, u_n, v_1, \ldots, v_k), \ldots, h_k(u_1, \ldots, u_n, v_1, \ldots, v_k)\big) = v_\kappa$$
$$(\kappa = 1, \ldots, k)$$

folgt schließlich mit $u_\nu = x_\nu$ und $v_\kappa = 0$

$$(**) \quad f_\kappa\big(x_1, \ldots, x_n, g_1(x_1, \ldots, x_n), \ldots, g_k(x_1, \ldots, x_n)\big) = 0 \qquad (\kappa = 1, \ldots, k).$$

Die Funktionen $g_1, \ldots, g_k$ sind also lokale Auflösungsfunktionen. Da die Funktionen $h_1, \ldots, h_k$ nach 12.1 in einer Umgebung von $(\mathfrak{u}^*, \mathfrak{v}^*)$ stetig differenzierbar sind, müssen wegen $\mathfrak{u}^* = \mathfrak{x}^*$, $\mathfrak{v}^* = \mathfrak{o}$ auch die Funktionen $g_1, \ldots, g_k$ in einer Umgebung von $\mathfrak{x}^*$ stetig differenzierbar sein. Wendet man schließlich auf (**) die Kettenregel an, so erhält man

$$\frac{\partial f_\kappa}{\partial x_\nu} + \frac{\partial f_\kappa}{\partial y_1}\frac{\partial g_1}{\partial x_\nu} + \cdots + \frac{\partial f_\kappa}{\partial y_k}\frac{\partial g_k}{\partial x_\nu} = 0 \qquad (\nu = 1, \ldots, n; \ \kappa = 1, \ldots, k),$$

oder in Matrizenschreibweise

$$\frac{\partial(f_1, \ldots, f_k)}{\partial(x_1, \ldots, x_n)} + \frac{\partial(g_1, \ldots, g_k)}{\partial(x_1, \ldots, x_n)}\frac{\partial(f_1, \ldots, f_k)}{\partial(y_1, \ldots, y_k)} = 0.$$

Wegen der Regularität der letzten Funktionalmatrix an der Stelle $(\mathfrak{x}^*, \mathfrak{y}^*)$ folgt aus dieser Gleichung unmittelbar die letzte Behauptung. ◆
Der soeben bewiesene Satz soll abschließend noch an einem Beispiel erläutert werden.

12.II Es werde das Gleichungssystem

$$f_1(x_1, x_2, x_3, y_1, y_2) = x_1 x_2 y_1 + x_3 y_2 = 0,$$
$$f_2(x_1, x_2, x_3, y_1, y_2) = y_1 y_2 + x_1 x_2 x_3 = 0$$

betrachtet. An einer beliebigen Stelle gilt

$$\frac{\partial(f_1, f_2)}{\partial(x_1, x_2, x_3)} = \begin{pmatrix} x_2 y_1 & x_2 x_3 \\ x_1 y_1 & x_1 x_3 \\ y_2 & x_1 x_2 \end{pmatrix}, \quad \frac{\partial(f_1, f_2)}{\partial(y_1, y_2)} = \begin{pmatrix} x_1 x_2 & y_2 \\ x_3 & y_1 \end{pmatrix}.$$

Speziell für die Werte $x_1^* = 1$, $x_2^* = -2$, $x_3^* = -3$, $y_1^* = -3$, $y_2^* = 2$, die offenbar eine Lösung des Systems darstellen, gilt

$$\mathrm{Det}\left(\frac{\partial(f_1, f_2)}{\partial(y_1, y_2)}\right)_{(\mathfrak{x}^*, \mathfrak{y}^*)} = \begin{vmatrix} -2 & 2 \\ -3 & -3 \end{vmatrix} = 12 \neq 0.$$

An dieser Stelle ist daher das System lokal nach y_1, y_2 auflösbar, und als Funktionalmatrix der lokalen Auflösungsfunktionen g_1, g_2 an der Stelle $\mathfrak{x}^* = (1, -2, -3)$ ergibt sich

$$\left(\frac{\partial(g_1, g_2)}{\partial(x_1, x_2, x_3)}\right)_{\mathfrak{x}^*} = -\begin{pmatrix} 6 & 6 \\ -3 & -3 \\ 2 & -2 \end{pmatrix}\begin{pmatrix} -2 & 2 \\ -3 & -3 \end{pmatrix}^{-1} = \begin{pmatrix} 0 & 2 \\ 0 & -1 \\ 1 & 0 \end{pmatrix}.$$

In diesem Beispiel läßt sich das Gleichungssystem auch direkt in einfacher Weise auflösen. Man erhält

$$y_1 = \pm x_3, \quad y_2 = \mp x_1 x_2,$$

wobei Einsetzen der speziellen Werte $\mathfrak{x}^*$, $\mathfrak{y}^*$ die Entscheidung für die oberen Vorzeichen ergibt. Der Leser bestätige das erhaltene Ergebnis durch direkte Berechnung der partiellen Ableitungen.

Ergänzungen und Aufgaben

12A Aufgabe: An welchen Stellen ist die durch die Koordinatengleichungen

$$u = x \sin(yz),$$
$$v = x \cos(yz),$$
$$w = x^2 + y^2 + z^2$$

bestimmte Abbildung $\varphi: \mathbb{R}^3 \to \mathbb{R}^3$ lokal umkehrbar? Mit $\mathfrak{x}_0 = (1, 0, 2)$ und $\mathfrak{v} = (2, 1, -2)$ berechne man $\dfrac{\partial \varphi_{\mathfrak{x}_0}^{-1}(\varphi \mathfrak{x}_0)}{\partial \mathfrak{v}}$.

12B Aufgabe: Man zeige, daß das Gleichungssystem

$$f(x, y, z, u, v) = v \sin \frac{\pi}{2} (u^2 - y) + u(3u + 4)\cos(xz) = -1,$$

$$g(x, y, z, u, v) = x^2 + zu + yv = 2$$

zu $x^* = 1$, $y^* = 1$, $z^* = 0$ genau zwei Lösungspaare (u^*, v^*) besitzt und daß es in beiden Fällen nach u und v lokal auflösbar ist. Man berechne an beiden Stellen den Wert der Funktionalmatrix $\frac{\partial(u, v)}{\partial(x, y, z)}$ der auflösenden Funktionen.

12C Aufgabe: An welcher Stelle $\mathfrak{x}$ sind die Abbildungen aus 9.II und 9.III lokal umkehrbar? Man berechne allgemein an den entsprechenden Bildstellen die partielle Ableitung der Umkehrabbildung nach einem beliebigen Vektor $\mathfrak{w}$ und drücke das Ergebnis durch $\mathfrak{x}$ und $\mathfrak{w}$ bzw. $\mathfrak{x}$, $\mathfrak{e}$ und $\mathfrak{w}$ ohne Benutzung von Koordinaten aus.

§ 13 Differentiale

Das Differential $d\varphi$ einer differenzierbaren Abbildung $\varphi: D \to Y$ mit $D \subset X$ ist eine Abbildung $d\varphi: D \to L(X, Y)$, die also jedem $\mathfrak{x} \in D$ eine lineare Abbildung $(d\varphi)\mathfrak{x}: X \to Y$ zuordnet. Dieser Sachverhalt soll jetzt in zweierlei Hinsicht verallgemeinert werden. Erstens sollen nämlich beliebige Abbildungen $\alpha: D \to L(X, Y)$, die nicht notwendig (totale) Differentiale von Abbildungen sind, ebenfalls als Differentiale bezeichnet werden. Und zweitens sollen als Bilder der Punkte aus D nicht nur lineare Abbildungen, sondern allgemeiner k-fach lineare Abbildungen zugelassen werden. Dazu bedeute $L^k(X, Y)$ den Vektorraum aller k-fach linearen Abbildungen $\varphi: (X, \ldots, X) \to Y$, die also je k Vektoren $\mathfrak{v}_1, \ldots, \mathfrak{v}_k$ aus demselben Vektorraum X einen Bildvektor $\varphi(\mathfrak{v}_1, \ldots, \mathfrak{v}_k)$ in Y so zuordnen, daß hinsichtlich jedes Arguments die Linearitätsbedingungen erfüllt sind.

Definition 13a: *Eine Abbildung $\alpha: D \to L^k(X, Y)$ mit $D \subset X$ wird ein auf D definiertes* **Differential k-ter Ordnung** *genannt. Im Fall $Y = \mathbb{R}$ wird α auch als* **Differentialform k-ter Ordnung** *bezeichnet. Unter Differentialen 0-ter Ordnung sollen Abbildungen $\varphi: D \to Y$ verstanden werden.*

Ein Differential $\alpha: D \to L^k(X, Y)$ ordnet also jedem Punkt $\mathfrak{x} \in D$ eine k-fach lineare Abbildung $\alpha\mathfrak{x}: (X, \ldots, X) \to Y$ zu, die ihrerseits auf Vektoren

$\mathfrak{v}_1, \ldots, \mathfrak{v}_k \in X$ angewandt werden kann. Das Bild $[\alpha\mathfrak{x}](\mathfrak{v}_1, \ldots, \mathfrak{v}_k)$ ist dann ein Vektor in Y. Mit α und β sind offenbar auch $\alpha + \beta$ und $c\alpha (c \in \mathbb{R})$ auf D definierte Differentiale k-ter Ordnung. Diese bilden also einen Vektorraum $\mathfrak{D}^k(X, D, Y)$.

Weiter sei jetzt $\alpha : D \to L^r(X, Y)$ ein Differential r-ter Ordnung, und $\beta : D \to L^s(X, \mathbb{R})$ sei eine Differentialform s-ter Ordnung. Mit ihrer Hilfe können dann Differentiale $\beta \cdot \alpha$ und $\alpha \cdot \beta$ der Ordnung $r + s$ folgendermaßen definiert werden:

$$[(\beta \cdot \alpha)\mathfrak{x}](\mathfrak{v}_1, \ldots, \mathfrak{v}_{r+s}) = ([\beta\mathfrak{x}](\mathfrak{v}_1, \ldots, \mathfrak{v}_s))([\alpha\mathfrak{x}](\mathfrak{v}_{s+1}, \ldots, \mathfrak{v}_{r+s})),$$
$$[(\alpha \cdot \beta)\mathfrak{x}](\mathfrak{v}_1, \ldots, \mathfrak{v}_{r+s}) = ([\beta\mathfrak{x}](\mathfrak{v}_{r+1}, \ldots, \mathfrak{v}_{r+s}))([\alpha\mathfrak{x}](\mathfrak{v}_1, \ldots, \mathfrak{v}_r)).$$
$$(\mathfrak{x} \in D, \; \mathfrak{v}_1, \ldots, \mathfrak{v}_{r+s} \in X).$$

Auf der rechten Seite ist hierbei die Reihenfolge der Faktoren immer so gewählt, daß gemäß der üblichen Schreibweise Skalare links von Vektoren stehen. Die verschiedene Reihenfolge der Differentiale auf der linken Seite wirkt sich in einer entsprechend unterschiedlichen Aufteilung der Vektoren $\mathfrak{v}_1, \ldots, \mathfrak{v}_{r+s}$ aus. Besitzt hierbei eines der beiden Differentiale – etwa β – die Ordnung Null, so gilt sinngemäß

$$[(\beta \cdot \alpha)\mathfrak{x}](\mathfrak{v}_1, \ldots, \mathfrak{v}_r) = [(\alpha \cdot \beta)\mathfrak{x}](\mathfrak{v}_1, \ldots, \mathfrak{v}_r) = (\beta\mathfrak{x})([\alpha\mathfrak{x}](\mathfrak{v}_1, \ldots, \mathfrak{v}_r)),$$

wobei es dann in diesem Fall auf die Reihenfolge der Faktoren α und β nicht ankommt. Unmittelbar ergibt sich, daß diese Produktbildung assoziativ und bilinear ist, daß also folgende Rechenregeln gelten:

$$(\gamma \cdot \beta) \cdot \alpha = \gamma \cdot (\beta \cdot \alpha),$$
$$(\beta + \gamma) \cdot \alpha = \beta \cdot \alpha + \gamma \cdot \alpha, \quad \alpha \cdot (\beta + \gamma) = \alpha \cdot \beta + \alpha \cdot \gamma,$$
$$(c\beta) \cdot \alpha = c(\beta \cdot \alpha) = \beta(c \cdot \alpha) \qquad (c \in \mathbb{R}).$$

Dabei ist z. B. die erste Gleichung so zu verstehen, daß in ihr mindestens zwei der auftretenden Differentiale sogar Differentialformen sind, daß diese aber an beliebigen Plätzen stehen können. Entsprechendes gilt für die anderen Gleichungen.

Spezielle Differentialformen sind die (totalen) Differentiale reellwertiger differenzierbarer Funktionen. Ist in X eine Basis $\{\mathfrak{a}_1, \ldots, \mathfrak{a}_n\}$ gegeben, so bedeute ω_ν für $\nu = 1, \ldots, n$ diejenige Linearform, die jedem Vektor $\mathfrak{v}$ seine ν-te Koordinate v_ν bezüglich dieser Basis als Wert zuordnet. Nach 9.3 ist ω_ν als lineare Abbildung auf ganz X differenzierbar, und für jedes $\mathfrak{x} \in X$ gilt $(d\omega_\nu)\mathfrak{x} = \omega_\nu$. Somit ist $d\omega_\nu$ eine auf ganz X definierte Differentialform 1-ter Ordnung mit dem von $\mathfrak{x}$ unabhängigen Linearformenwert ω_ν. Für alle $\mathfrak{x}, \mathfrak{v} \in X$ gilt also $[(d\omega_\nu)\mathfrak{x}]\mathfrak{v} = \omega_\nu \mathfrak{v} = v_\nu$.

13.1 *Hinsichtlich einer Basis* $\{\mathfrak{a}_1, \ldots, \mathfrak{a}_n\}$ *von X kann ein beliebiges Differential* $\alpha: D \to \mathrm{L}^k(X, Y)$ *auf genau eine Weise in der Form*

$$\alpha = \sum_{\nu_1, \ldots, \nu_k = 1}^{n} \varphi_{\nu_1, \ldots, \nu_k} \cdot d\omega_{\nu_1} \cdots d\omega_{\nu_k}$$

mit Abbildungen $\varphi_{\nu_1, \ldots, \nu_k}: D \to Y$ *dargestellt werden. Dabei gilt*

$$\varphi_{\nu_1, \ldots, \nu_k} \mathfrak{x} = [\alpha \mathfrak{x}](\mathfrak{a}_{\nu_1}, \ldots, \mathfrak{a}_{\nu_k}).$$

Beweis: Nach den einleitenden Bemerkungen stellt jede Summe der angegebenen Art ein Differential α der Ordnung k dar. Für dieses gilt dann wegen $\omega_\nu \mathfrak{a}_\mu = \delta_{\nu,\mu}$ (*Kronecker*-Symbol)

$$\begin{aligned}[\alpha \mathfrak{x}](\mathfrak{a}_{\mu_1}, \ldots, \mathfrak{a}_{\mu_k}) &= \sum_{\nu_1, \ldots, \nu_k = 1}^{n} (\omega_{\nu_1} \mathfrak{a}_{\mu_1}) \cdots (\omega_{\nu_k} \mathfrak{a}_{\mu_k})(\varphi_{\nu_1, \ldots, \nu_k} \mathfrak{x}) \\ &= \varphi_{\nu_1, \ldots, \nu_k} \mathfrak{x} \qquad (\mu_1, \ldots, \mu_k = 1, \ldots, n).\end{aligned}$$

Die Koeffizientenabbildungen $\varphi_{\nu_1, \ldots, \nu_k}$ sind also durch α und die Basisvektoren eindeutig bestimmt. Wenn man sie umgekehrt durch diese Gleichungen definiert, so folgt wie vorher

$$\begin{aligned}[(\sum_{\nu_1, \ldots, \nu_k = 1}^{n} \varphi_{\nu_1, \ldots, \nu_k} \cdot d\omega_{\nu_1} \cdots d\omega_{\nu_k}) \mathfrak{x}](\mathfrak{a}_{\mu_1}, \ldots, \mathfrak{a}_{\mu_k}) &= \varphi_{\mu_1, \ldots, \mu_k} \mathfrak{x} \\ &= [\alpha \mathfrak{x}](\mathfrak{a}_{\mu_1}, \ldots, \mathfrak{a}_{\mu_k}).\end{aligned}$$

Da diese Gleichung für alle Kombinationen $\mathfrak{a}_{\mu_1}, \ldots, \mathfrak{a}_{\mu_k}$ der Basisvektoren gilt, muß sie wegen der Linearitätseigenschaften überhaupt für alle k-Tupel von Vektoren aus X erfüllt sein, und es folgt zunächst

$$(\sum_{\nu_1, \ldots, \nu_k = 1}^{n} \varphi_{\nu_1, \ldots, \nu_k} \cdot d\omega_{\nu_1} \cdots d\omega_{\nu_k}) \mathfrak{x} = \alpha \mathfrak{x}.$$

Da diese Gleichung nun aber auch für alle $\mathfrak{x} \in D$ gilt, ergibt sich schließlich

$$\sum_{\nu_1, \ldots, \nu_k = 1}^{n} \varphi_{\nu_1, \ldots, \nu_k} \cdot d\omega_{\nu_1} \cdots d\omega_{\nu_k} = \alpha. \qquad \blacklozenge$$

Der soeben bewiesene Satz besagt aber nicht etwa, daß die Produkte $d\omega_{\nu_1} \ldots d\omega_{\nu_k}$ eine Basis des Raumes $\mathfrak{D}^k(X, D, Y)$ bilden. Die auftretenden Koeffizienten sind nämlich keine Skalare, sondern Differentiale 0-ter Ordnung, also Abbildungen $D \to Y$.

Speziell für das (totale) Differential $d\varphi$ einer differenzierbaren Abbildung $\varphi: D \to Y$ gilt ja

$$[(d\varphi) \mathfrak{x}] \mathfrak{a}_\nu = \varphi'_{\mathfrak{a}_\nu}(\mathfrak{x}) \qquad (\nu = 1, \ldots, n),$$

so daß sich nach dem soeben bewiesenen Satz die Darstellung

$$d\varphi = \sum_{\nu=1}^{n'} \varphi'_{\mathfrak{a}_\nu} \cdot d\omega_\nu$$

ergibt. Ist hierbei φ eine reellwertige Abbildung, so wird sie hinsichtlich der gegebenen Basis von X durch eine Koordinatenfunktion f beschrieben, und es gilt $\varphi'_{\mathfrak{a}_\nu} = \dfrac{\partial f}{\partial x_\nu}$. Wegen $\omega_\nu \mathfrak{x} = x_\nu$ wird außerdem statt $d\omega_\nu$ häufig die Bezeichnung dx_ν benutzt, so daß bei dieser Schreibweise das Differential der Funktion f die einprägsame Form

$$df = \frac{\partial f}{\partial x_1} dx_1 + \cdots + \frac{\partial f}{\partial x_n} dx_n$$

annimmt. Allerdings kann diese Schreibweise leicht Anlaß zu Verwechslungen geben, weswegen hier die Bezeichnung $d\omega_\nu$ bevorzugt benutzt werden soll.

Beispiele:

13.I Es sei X ein n-dimensionaler euklidischer Raum, es gelte $D \subset X$, und durch $\varphi : D \to X$ sei ein Vektorfeld gegeben. Dann wird durch

$$[\alpha_\varphi \mathfrak{x}]\mathfrak{v} = (\varphi \mathfrak{x}) \cdot \mathfrak{v} \qquad (\mathfrak{x} \in D,\ \mathfrak{v} \in X)$$

auf D eine Differentialform 1. Ordnung definiert. Sind $\varphi_1, \ldots, \varphi_n$ die Koordinatenabbildungen von φ hinsichtlich einer Orthonormalbasis $\{\mathfrak{e}_1, \ldots, \mathfrak{e}_n\}$ von X, so gilt mit $\mathfrak{v} = v_1 \mathfrak{e}_1 + \cdots + v_n \mathfrak{e}_n$

$$[\alpha_\varphi \mathfrak{x}]\mathfrak{v} = \sum_{\nu=1}^{n} (\varphi_\nu \mathfrak{x}) v_\nu = [(\sum_{\nu=1}^{n} \varphi_\nu \cdot d\omega_\nu)\mathfrak{x}]\mathfrak{v}$$

für alle $\mathfrak{x} \in D$ und alle $\mathfrak{v} \in X$, und es folgt

$$\alpha_\varphi = \sum_{\nu=1}^{n} \varphi_\nu \cdot d\omega_\nu .$$

Da sich umgekehrt nach 13.1 jede auf D definierte Differentialform α in dieser Weise darstellen läßt, bestimmt sie ihrerseits eindeutig ein Vektorfeld. Differentialformen 1. Ordnung und Vektorfelder entsprechen sich in diesem Sinn umkehrbar eindeutig.

13.II Wie vorher sei X ein n-dimensionaler euklidischer Raum, in dem jetzt zusätzlich noch eine Orientierung gegeben sei. Sind nun $\mathfrak{a}_1, \ldots, \mathfrak{a}_n$ beliebige

Vektoren aus X und ist weiter $\{\mathfrak{e}_1, \ldots, \mathfrak{e}_n\}$ eine positiv orientierte Orthonormalbasis von X, so gibt es genau eine lineare Abbildung $\psi: X \to X$ mit $\psi\mathfrak{e}_\nu = \mathfrak{a}_\nu$ für $\nu = 1, \ldots, n$, und durch

$$\Delta(\mathfrak{a}_1, \ldots, \mathfrak{a}_n) = \operatorname{Det}\psi$$

wird eine n-fache alternierende Linearform Δ auf X definiert. Zunächst scheint sie noch von der Wahl der Orthonormalbasis abzuhängen. Ist jedoch $\{\mathfrak{e}_1^*, \ldots, \mathfrak{e}_n^*\}$ eine zweite positiv orientierte Orthonormalbasis und gilt $\psi^*\mathfrak{e}_\nu^* = \mathfrak{a}_\nu$ $(\nu = 1, \ldots, n)$, so folgt $\psi^* = \psi \circ \chi$ mit der durch $\chi\mathfrak{e}_\nu^* = \mathfrak{e}_\nu$ definierten Transformationsabbildung χ. Da für diese als eigentlich orthogonaler Abbildung $\operatorname{Det}\chi = 1$ gilt, erhält man $\operatorname{Det}\psi^* = \operatorname{Det}\psi$, weswegen Δ nicht von der Wahl der Basis abhängt, sondern nur davon, daß man überhaupt eine positiv orientierte Orthonormalbasis benutzt. Da $\Delta(\mathfrak{a}_1, \ldots, \mathfrak{a}_n)$ gerade die Determinante derjenigen Matrix ist, deren Zeilen durch die Koordinaten der Vektoren $\mathfrak{a}_1, \ldots, \mathfrak{a}_n$ gebildet werden, soll statt $\Delta(\mathfrak{a}_1, \ldots, \mathfrak{a}_n)$ auch $\operatorname{Det}(\mathfrak{a}_1, \ldots, \mathfrak{a}_n)$ geschrieben werden. Ist nun wieder $\varphi: D \to X$ mit $D \subset X$ ein Vektorfeld, so wird durch

$$[\beta_\varphi \mathfrak{x}](\mathfrak{v}_1, \ldots, \mathfrak{v}_{n-1}) = \operatorname{Det}(\varphi\mathfrak{x}, \mathfrak{v}_1, \ldots, \mathfrak{v}_{n-1})$$

eine Differentialform $(n-1)$-ter Ordnung definiert. Diese besitzt noch die besondere Eigenschaft, daß für jedes $\mathfrak{x} \in D$ die $(n-1)$-fache Linearform $\beta_\varphi \mathfrak{x}$ alternierend ist, also ihr Vorzeichen bei ungeraden Permutationen der Argumente wechselt. Man nennt daher auch β_φ selbst eine alternierende Differentialform. Weiter ergibt sich für die Koordinatenabbildungen $\varphi_1, \ldots, \varphi_n$ von φ mit Hilfe des Entwicklungssatzes für Determinanten (Entwicklung nach der ersten Zeile)

$$[\beta_\varphi \mathfrak{x}](\mathfrak{e}_1, \ldots, \mathfrak{e}_{\nu-1}, \mathfrak{e}_{\nu+1}, \ldots, \mathfrak{e}_n) = (-1)^{\nu-1}(\varphi_\nu \mathfrak{x}) \qquad (\nu = 1, \ldots, n).$$

Umgekehrt sei nun β eine beliebige, auf D definierte alternierende Differentialform $(n-1)$-ter Ordnung. Durch

$$\varphi_\nu \mathfrak{x} = (-1)^{\nu-1}[\beta\mathfrak{x}](\mathfrak{e}_1, \ldots, \mathfrak{e}_{\nu-1}, \mathfrak{e}_{\nu+1}, \ldots, \mathfrak{e}_n) \qquad (\nu = 1, \ldots, n)$$

werden dann Koordinatenabbildungen $\varphi_1, \ldots, \varphi_n$ eines Vektorfeldes $\varphi: D \to X$ definiert, und für dieses erhält man

$$\begin{aligned}[\beta_\varphi \mathfrak{x}](\mathfrak{e}_1, \ldots, \mathfrak{e}_{\nu-1}, \mathfrak{e}_{\nu+1}, \ldots \mathfrak{e}_n) &= (-1)^{\nu-1}(\varphi_\nu \mathfrak{x}) \\ &= [\beta\mathfrak{x}](\mathfrak{e}_1, \ldots, \mathfrak{e}_{\nu-1}, \mathfrak{e}_{\nu+1}, \ldots, \mathfrak{e}_n).\end{aligned}$$

Da diese Gleichung für $\nu = 1, \ldots, n$ gilt und außerdem $\beta\mathfrak{x}$ und $\beta_\varphi \mathfrak{x}$ beide alternierende Formen sind, folgt zunächst $\beta_\varphi \mathfrak{x} = \beta\mathfrak{x}$ für alle $\mathfrak{x} \in D$ und daher schließ-

lich $\beta_\varphi = \beta$. In dem geschilderten Sinn entsprechen sich also auch die Vektorfelder im n-dimensionalen orientierten euklidischen Raum und die alternierenden Differentialformen $(n-1)$-ter Ordnung umkehrbar eindeutig.
Im Fall $n = 3$ kann β_φ auch durch

$$[\beta_\varphi \mathfrak{x}](\mathfrak{v}_1, \mathfrak{v}_2) = (\varphi \mathfrak{x}) \cdot (\mathfrak{v}_1 \times \mathfrak{v}_2)$$

beschrieben werden, und nach leichter Zwischenrechnung ergibt sich die Darstellung

$$\beta_\varphi = \varphi_1 \cdot (d\omega_2 \cdot d\omega_3 - d\omega_3 \cdot d\omega_2) + \varphi_2 (d\omega_3 \cdot d\omega_1 - d\omega_1 d\omega_3) + \varphi_3 (d\omega_1 \cdot d\omega_2 - d\omega_2 \cdot d\omega_1).$$

Anschließend soll jetzt noch die Frage behandelt werden, wie man mit Hilfe von Abbildungen Differentiale von einem Vektorraum auf einen anderen Vektorraum übertragen kann.
Dazu seien zunächst zwei Vektorräume X, X' und Teilmengen $D \subset X$, $D' \subset X'$ gegeben, wobei D' offen sein soll. Ferner sei $\psi : D' \to D$ eine differenzierbare Abbildung. Für jeden Punkt $\mathfrak{x}' \in D'$ ist dann $(d\psi)\mathfrak{x}' = d_{\mathfrak{x}'}\psi$ eine lineare Abbildung von X' in X. Wenn nun weiter auf D ein Differential $\alpha : D \to L^k(X, Y)$ definiert ist, kann auf folgende Weise ein neues Differential $\alpha \vartriangle \psi : D' \to L^k(X', Y)$ erklärt werden.

Definition 13b: *Mit $D' \subset X'$, $D \subset X$ sei $\psi : D' \to D$ eine differenzierbare Abbildung. Jedem Differential $\alpha : D \to L^k(X, Y)$ entspricht dann ein durch*

$$[(\alpha \vartriangle \psi)\mathfrak{x}'](\mathfrak{v}_1', \ldots, \mathfrak{v}_k') = [\alpha(\psi \mathfrak{x}')]\big((d_{\mathfrak{x}'}\psi)\mathfrak{v}_1', \ldots, (d_{\mathfrak{x}'}\psi)\mathfrak{v}_k'\big)$$
$$(\mathfrak{x} \in D', \ \mathfrak{v}_1', \ldots, \mathfrak{v}_k' \in X')$$

definiertes Differential $\alpha \vartriangle \psi : D' \to L^k(X', Y)$, das als das durch ψ **übertragene Differential** *bezeichnet werden soll.*

Daß $\alpha \vartriangle \psi$ tatsächlich ein Differential ist, daß für jedes $\mathfrak{x}' \in D'$ also $(\alpha \vartriangle \psi)\mathfrak{x}'$ eine k-fach lineare Abbildung ist, folgt unmittelbar aus der Linearität des Differentials $d_{\mathfrak{x}'}\psi$. Ebenso ergeben sich sofort aus der Definition die nachstehenden Rechenregeln.

13.2 $(\alpha + \beta) \vartriangle \psi = (\alpha \vartriangle \psi) + (\beta \vartriangle \psi)$,

$(c\alpha) \vartriangle \psi = c(\alpha \vartriangle \psi) = \alpha \vartriangle (c\psi) \qquad (c \in \mathbb{R})$,

$(\alpha \cdot \beta) \vartriangle \psi = (\alpha \vartriangle \psi) \cdot (\beta \vartriangle \psi)$.

Bemerkt sei außerdem, daß im Fall eines Differentials 0-ter Ordnung, also im

Fall einer Abbildung $\alpha : D \to Y$ speziell $\alpha \vartriangle \psi = \alpha \circ \psi$ gilt. Abschließend soll nun noch die koordinatenmäßige Beschreibung dieses Übertragungsprozesses behandelt werden.

Es sei $\{\mathfrak{a}_1, \ldots, \mathfrak{a}_n\}$ eine Basis von X, und $\{\mathfrak{a}'_1, \ldots, \mathfrak{a}'_r\}$ sei entsprechend eine Basis von X'. Weiter werde die differenzierbare Abbildung $\psi : D' \to D$ durch die Koordinatengleichungen

$$x_\nu = g_\nu(x'_1, \ldots, x'_r) \qquad (\nu = 1, \ldots, n)$$

beschrieben. Für alle $\mathfrak{x}' \in D'$ und alle $\mathfrak{v}' \in X'$ gilt dann zunächst mit der üblichen Bezeichnung der entsprechenden Koordinaten

$$(d_{\mathfrak{x}'} \psi)\, \mathfrak{v}' = \sum_{\nu=1}^{n} \left(\sum_{\varrho=1}^{r} \frac{\partial g_\nu(x'_1, \ldots, x'_r)}{\partial x'_\varrho} v'_\varrho \right) \mathfrak{a}_\nu .$$

Sind nun $\omega_1, \ldots, \omega_n$ die schon vorher benutzten Linearformen hinsichtlich der Basis $\{\mathfrak{a}_1, \ldots, \mathfrak{a}_n\}$ in X und bedeuten $\omega'_1, \ldots, \omega'_r$ die entsprechenden Linearformen in X' bezüglich der Basis $\{\mathfrak{a}'_1, \ldots, \mathfrak{a}'_r\}$, so erhält man wegen $(d\omega_\nu)\mathfrak{x} = \omega_\nu$ für alle $\mathfrak{x}$

$$\begin{aligned}
[(d\omega_\nu \vartriangle \psi)\mathfrak{x}']\, \mathfrak{v}' = [d\omega_\nu(\psi \mathfrak{x}')] \circ (d_{\mathfrak{x}'}\psi)\, \mathfrak{v}' &= \sum_{\varrho=1}^{r} \frac{\partial g_\nu(x'_1, \ldots, x'_r)}{\partial x'_\varrho} v'_\varrho \\
&= \left(\sum_{\varrho=1}^{r} \frac{\partial g_\nu(x'_1, \ldots, x'_r)}{\partial x'_\varrho} d\omega'_\varrho \right) \mathfrak{v}' .
\end{aligned}$$

Es folgt

$$d\omega_\nu \vartriangle \psi = \sum_{\varrho=1}^{r} \frac{\partial g_\nu}{\partial x'_\varrho} d\omega'_\varrho = dg_\nu ,$$

da ja die in der Mitte stehende Summe gerade das (totale) Differential der Koordinatenfunktion g_ν ist.

Um auch die Übertragung allgemeiner Differentiale berechnen zu können, genügt es, wenn man sich auf Differentialformen beschränkt. Es sei also $\alpha : D \to L^k(X, \mathbb{R})$ eine Differentialform k-ter Ordnung, die nach 13.1 in der Form

$$\alpha = \sum_{\nu_1, \ldots, \nu_k = 1}^{n} \varphi_{\nu_1, \ldots, \nu_k} \cdot d\omega_{\nu_1} \ldots d\omega_{\nu_k}$$

mit reellwertigen Abbildungen $\varphi_{\nu_1, \ldots, \nu_k}$ dargestellt werden kann. Hinsichtlich der Basis $\{\mathfrak{a}_1, \ldots, \mathfrak{a}_n\}$ von X werden dabei die Abbildungen $\varphi_{\nu_1, \ldots, \nu_k}$ durch Funktionen $f_{\nu_1, \ldots, \nu_k}$ beschrieben. Und weiter entsprechen dann den zusammengesetzten Abbildungen $\varphi_{\nu_1, \ldots, \nu_k} \circ \psi$ die durch

$$h_{\nu_1, \ldots, \nu_k}(x'_1, \ldots, x'_r) = f_{\nu_1, \ldots, \nu_k}(g_1(x'_1, \ldots, x'_r), \ldots, g_n(x'_1, \ldots, x'_r))$$

definierten Funktionen. Mit Hilfe des vorher Bewiesenen und der Rechenregeln aus 13.2 folgt nun

13.3

$$\begin{aligned}\alpha \vartriangle \psi &= \sum_{\nu_1,\dots,\nu_k=1}^{n} (\varphi_{\nu_1,\dots,\nu_k} \circ \psi)\cdot(d\omega_{\nu_1} \vartriangle \psi)\cdots(d\omega_{\nu_k} \vartriangle \psi)\\ &= \sum_{\nu_1,\dots,\nu_k=1}^{n} h_{\nu_1,\dots,\nu_k}\cdot dg_{\nu_1}\cdots dg_{\nu_k}\\ &= \sum_{\varrho_1,\dots,\varrho_k=1}^{r}\left(\sum_{\nu_1,\dots,\nu_k=1}^{n} h_{\nu_1,\dots,\nu_k}\frac{\partial g_{\nu_1}}{\partial x'_{\varrho_1}}\cdots\frac{\partial g_{\nu_k}}{\partial x'_{\varrho_k}}\right)d\omega'_{\varrho_1}\cdots d\omega'_{\varrho_k}.\end{aligned}$$

Diese Übertragungsformel soll an den vorher behandelten Beispielen erläutert werden.

13.III In dem Beispiel aus 13.I gelte $n = 3$, und die Abbildung $\psi: \mathbb{R}^2 \to \mathbb{R}^3$ werde durch die Koordinatengleichungen

$$x_1 = \cos u \cos v, \quad x_2 = \sin u \cos v, \quad x_3 = \sin v$$

beschrieben. Weiter sei das Vektorfeld $\varphi: \mathbb{R}^3 \to \mathbb{R}^3$ durch die Koordinatengleichungen

$$y_1 = -x_2 x_3, \quad y_2 = x_1 x_3, \quad y_3 = x_1^2 + x_2^2$$

gegeben. Mit den Bezeichnungen aus 13.1 (statt $d\omega_\nu$ jetzt dx_ν und danach statt $d\omega'_1$, $d\omega'_2$ entsprechend du, dv geschrieben) gilt dann

$$\alpha_\varphi = -x_2 x_3\, dx_1 + x_1 x_3\, dx_2 + (x_1^2 + x_2^2)\, dx_3,$$

und die Übertragungsformel 13.3 liefert

$$\begin{aligned}\alpha_\varphi \vartriangle \psi = &-\sin u \sin v \cos v\,(-\sin u \cos v\, du - \cos u \sin v\, dv)\\ &+\cos u \sin v \cos v\,(\cos u \cos v\, du - \sin u \sin v\, dv) + \cos^2 v(\cos v\, dv)\\ = &\sin v \cos^2 v\, du + \cos^3 v\, dv.\end{aligned}$$

Mit demselben Vektorfeld φ und derselben Abbildung ψ gilt für die Differentialform aus 13.II

$$\begin{aligned}\beta_\varphi = &-x_2 x_3(dx_2 dx_3 - dx_3 dx_2) + x_1 x_3(dx_3 dx_1 - dx_1 dx_3)\\ &+ (x_1^2 + x_2^2)(dx_1 dx_2 - dx_2 dx_1),\end{aligned}$$

und nach kurzer Zwischenrechnung erhält man

$$\beta_\varphi \vartriangle \psi = \sin v \cos^3 v(du \cdot dv - dv \cdot du).$$

Allgemein kann die Differentialform $\alpha \vartriangle \psi$ in folgender Weise gedeutet werden, die besonders dann wichtig ist, wenn $r = \operatorname{Dim} X' < \operatorname{Dim} X = n$ gilt und wenn ψ injektiv ist. Dann ist $M = \psi D'$ eine r-dimensionale Mannigfaltigkeit, und $\alpha \vartriangle \psi$ hat die Bedeutung, daß die Differentialform α nur in Punkten $\mathfrak{x} = \psi \mathfrak{x}' \in M$ betrachtet und dann $\alpha\mathfrak{x}$ nur auf solche Vektoren $\mathfrak{v}_1, \ldots, \mathfrak{v}_k$ angewandt wird, die als Bilder der linearen Abbildung $d_{\mathfrak{x}'}\psi$ auftreten. Da diese Vektoren aber gerade tangentielle Vektoren an M in $\mathfrak{x}$ sind, kann $\alpha \vartriangle \psi$ dahingehend interpretiert werden, daß α nur auf M betrachtet wird und daß die k-fachen Linearformen $\alpha\mathfrak{x}$ $(\mathfrak{x} \in M)$ nicht als Elemente aus $L^k(X, \mathbb{R})$ aufgefaßt werden, sondern nur als Elemente aus $L^k(T_{\mathfrak{x}'}, \mathbb{R})$ mit dem jeweiligen Tangentialraum $T_{\mathfrak{x}'} = (d_{\mathfrak{x}'}\psi) X'$ an M in $\mathfrak{x}$.

In dem Beispiel 13.III ist $M = \psi \mathbb{R}^2$ die Oberfläche der Kugel mit dem Radius Eins und dem Nullpunkt als Mittelpunkt. Den Parameterwerten $\mathfrak{u}^* = (u^*, v^*) = \left(\frac{\pi}{2}, \frac{\pi}{3}\right)$ entspricht der Punkt $\mathfrak{x}^* = \left(0, \frac{1}{2}, \frac{1}{2}\sqrt{3}\right)$ von M. Das in $\mathfrak{u}^*$ gebildete Differential $d_{\mathfrak{u}^*}\psi$ wird durch die Matrix

$$\begin{pmatrix} -\frac{1}{2} & 0 & 0 \\ 0 & -\frac{1}{2}\sqrt{3} & \frac{1}{2} \end{pmatrix}$$

beschrieben. Den Vektoren $\mathfrak{u}_1 = (2, 4)$, $\mathfrak{u}_2 = (-2, 6)$ entsprechen daher die tangentiellen Vektoren $\mathfrak{v}_1 = (-1, -2\sqrt{3}, 2)$, $\mathfrak{v}_2 = (1, -3\sqrt{3}, 3)$ an M in $\mathfrak{x}^*$. Nach 13.3 gilt

$$(\alpha_\varphi \vartriangle \psi)\mathfrak{u}^* = \tfrac{1}{8}\sqrt{3}\, du + \tfrac{1}{8}\, dv,$$

$$(\beta_\varphi \vartriangle \psi)\mathfrak{u}^* = \tfrac{1}{16}\sqrt{3}\,(du \cdot dv - dv \cdot du)$$

und daher

$$[(\alpha_\varphi \vartriangle \psi)\mathfrak{u}^*]\mathfrak{u}_1 = \tfrac{1}{8}\sqrt{3} \cdot 2 + \tfrac{1}{8} \cdot 4 = \tfrac{1}{2}(\tfrac{1}{2}\sqrt{3} + 1),$$

$$[(\beta_\varphi \vartriangle \psi)\mathfrak{u}^*](\mathfrak{u}_1, \mathfrak{u}_2) = \tfrac{1}{16}\sqrt{3}(2 \cdot 6 + 4 \cdot 2) = \tfrac{5}{4}\sqrt{3}.$$

Andererseits erhält man

$$\alpha_\varphi \mathfrak{x}^* = -\tfrac{1}{4}\sqrt{3}\, dx_1 + \tfrac{1}{4}\, dx_3,$$

$$\beta_\varphi \mathfrak{x}^* = -\tfrac{1}{4}\sqrt{3}\,(dx_2 dx_3 - dx_3 dx_2) + \tfrac{1}{4}(dx_1 dx_2 - dx_2 dx_1)$$

und damit in Übereinstimmung mit den vorangehenden Ergebnissen

$$[\alpha_\varphi \mathfrak{x}^*]\mathfrak{v}_1 = -\tfrac{1}{4}\sqrt{3}\cdot(-1) + \tfrac{1}{4}\cdot 2 = \tfrac{1}{2}(\tfrac{1}{2}\sqrt{3}+1),$$

$$[\beta_\varphi \mathfrak{x}^*](\mathfrak{v}_1, \mathfrak{v}_2) = -\tfrac{1}{4}\sqrt{3}(-6\sqrt{3}+6\sqrt{3}) + \tfrac{1}{4}(3\sqrt{3}+2\sqrt{3}) = \tfrac{5}{4}\sqrt{3}.$$

Ergänzungen und Aufgaben

13A Es sei $\varphi: \mathbb{R}^3 \to \mathbb{R}^3$ die in 9.III durch

$$\varphi\mathfrak{x} = (\mathfrak{e} \times \mathfrak{x}) \times \mathfrak{x}$$

definierte Abbildung, und $\{\mathfrak{e}_1, \mathfrak{e}_2, \mathfrak{e}_3\}$ sei eine positiv orientierte Orthonormalbasis des Raumes mit $\mathfrak{e}_1 = \mathfrak{e}$. Durch

$$[\alpha\mathfrak{x}](\mathfrak{v}, \mathfrak{w}) = \big([(d\varphi)\mathfrak{x}]\mathfrak{v}\big)\cdot\mathfrak{w}$$

wird dann eine Differentialform $\alpha: \mathbb{R}^3 \to L^2(\mathbb{R}^3, \mathbb{R})$ definiert.

Aufgabe: (1) Man berechne die Koordinatendarstellungen von $d\varphi$ und α bezüglich der gegebenen Orthonornalbasis.

(2) Mit den Vektoren

$$\mathfrak{x} = \mathfrak{e}_1 + 3\mathfrak{e}_2 - \mathfrak{e}_3, \quad \mathfrak{u} = 2\mathfrak{e}_1 - 4\mathfrak{e}_3,$$
$$\mathfrak{v} = \mathfrak{e}_1 + \mathfrak{e}_2 + 2\mathfrak{e}_3, \quad \mathfrak{w} = -\mathfrak{e}_1 + 2\mathfrak{e}_2 - 3\mathfrak{e}_3$$

berechne man

$$[(d\varphi)\mathfrak{x}]\mathfrak{u}, \quad [\alpha\mathfrak{x}](\mathfrak{v}, \mathfrak{w}), \quad [((d\varphi)\cdot\alpha)\mathfrak{x}](\mathfrak{u}, \mathfrak{v}, \mathfrak{w}), \quad [(\alpha\cdot(d\varphi))\mathfrak{x}](\mathfrak{u}, \mathfrak{v}, \mathfrak{w}).$$

13B Mit $D \subset X$ seien $\alpha: D \to L^k(X, X)$ und $\beta: D \to L(X, Y)$ Differentiale, die hinsichtlich einer Basis $\{\mathfrak{a}_1, \ldots, \mathfrak{a}_n\}$ von X folgende Darstellungen besitzen:

$$\alpha = \sum_{\nu_1,\ldots,\nu_k=1}^{n} \varphi_{\nu_1,\ldots,\nu_k} d\omega_{\nu_1} \cdots d\omega_{\nu_k} \quad \text{mit} \quad \varphi_{\nu_1,\ldots,\nu_k}: D \to X,$$

$$\beta = \sum_{\mu=1}^{n} \psi_\mu d\omega_\mu \quad \text{mit} \quad \psi_\mu: D \to Y.$$

Aufgabe: (1) Man zeige, daß durch

$$[\gamma\mathfrak{x}](\mathfrak{v}_1, \ldots, \mathfrak{v}_k) = [\beta\mathfrak{x}]\big([\alpha\mathfrak{x}](\mathfrak{v}_1, \ldots, \mathfrak{v}_k)\big)$$

ein Differential $\gamma: D \to L^k(X, Y)$ definiert wird, und berechne in der Darstellung

$$\gamma = \sum_{\nu_1, \ldots, \nu_k} \chi_{\nu_1, \ldots, \nu_k} d\omega_{\nu_1} \cdots d\omega_{\nu_k}$$

die Abbildungen $\chi_{\nu_1, \ldots, \nu_k}: D \to Y$.
(2) Es sei X der orientierte dreidimensionale euklidische Raum, α sei durch

$$[\alpha\mathfrak{x}](\mathfrak{v}, \mathfrak{w}) = (\mathfrak{v} \times \mathfrak{x}) \times \mathfrak{w}$$

definiert, und es gelte hinsichtlich einer positiv orientierten Orthonormalbasis $\{\mathfrak{e}_1, \mathfrak{e}_2, \mathfrak{e}_3\}$ von X

$$[\beta\mathfrak{x}]\mathfrak{v} = \mathfrak{x} \cdot \mathfrak{v} + (\mathfrak{x} \times \mathfrak{v}) \cdot (\mathfrak{e}_1 + \mathfrak{e}_3).$$

Man berechne in diesem Fall die Abbildungen φ_{ν_1, ν_2}, ψ_μ, χ_{ν_1, ν_2} bezüglich der gegebenen Orthonormalbasis und außerdem $[\gamma\mathfrak{x}](\mathfrak{v}, \mathfrak{w})$ mit

$$\mathfrak{x} = 2\mathfrak{e}_1 - 2\mathfrak{e}_2 - \mathfrak{e}_3, \quad \mathfrak{v} = 3\mathfrak{e}_2 + 5\mathfrak{e}_3, \quad \mathfrak{w} = \mathfrak{e}_1 - \mathfrak{e}_3.$$

13C Die Abbildung $\varphi: \mathbb{R}^2 \to \mathbb{R}^3$ werde durch die Koordinatengleichungen

$$x = u^2 - v, \quad y = u + v^2, \quad z = 1 - v$$

beschrieben, und es gelte für die Differentialform $\alpha: \mathbb{R}^3 \to L^2(\mathbb{R}^3, \mathbb{R})$

$$\alpha = (x - z)dx \cdot dx - y dy \cdot dz.$$

Aufgabe: (1) Man berechne die Koordinatendarstellung von $\alpha \vartriangle \varphi$.
(2) Man berechne $[(\alpha \vartriangle \varphi)\mathfrak{u}](\mathfrak{a}, \mathfrak{b})$ mit

$$\mathfrak{u} = (2, -1), \quad \mathfrak{a} = (3, -5), \quad \mathfrak{b} = (1, 2)$$

einmal mit der in (1) gewonnenen Darstellung von $\alpha \vartriangle \varphi$ und andererseits durch Anwendung der Definition von $\alpha \vartriangle \varphi$ mit Hilfe der gegebenen Darstellung von α.

Fünftes Kapitel

Höhere Ableitungen, Extrema

Das Grundprinzip der Differentialrechnung, nämlich die lokale Linearisierung von Abbildungen, gestattet eine Verfeinerung bei entsprechend weitergehenden Voraussetzungen. Wie bei Funktionen einer Veränderlichen lassen sich auch bei Abbildungen höhere Ableitungen definieren, denen hier Differentiale höherer Ordnung entsprechen. Mit ihrer Hilfe läßt sich weiter der Satz über die Taylorentwicklung verallgemeinern, der statt einer Linearisierung sogar eine lokale Approximation durch Polynome höheren Grades gestattet und damit eine im allgemeinen wesentlich bessere Approximationsgüte ermöglicht. Koordinatenmäßig lassen sich die höheren Differentiale durch höhere partielle Ableitungen beschreiben.
Die Bildung höherer Ableitungen wird – statt nur für Abbildungen – allgemeiner gleich für Differentiale erklärt und im Hinblick auf die für Differentiale definierten Operationen untersucht. Besonderes Interesse beanspruchen diejenigen Differentiale, die jeder Stelle ihres Definitionsbereichs eine alternierende k-fach lineare Abbildung zuordnen. Die Ableitung eines solchen „alternierenden Differentials" ist im allgemeinen nicht wieder alternierend. Man führt daher für sie eine modifizierte Ableitung ein, die aus dem Bereich der alternierenden Differentiale nicht hinausführt. Für diese „alternierende Ableitung" gelten besonders übersichtliche Rechengesetze.
Als Anwendung höherer Differentiale reellwertiger Abbildungen werden in den letzten beiden Paragraphen relative Extrema behandelt. Sie bilden ein gutes Beispiel für das Zusammenwirken von Analysis und linearer Algebra.

§ 14 Höhere Ableitungen, Taylorentwicklung

Der Definitionsbereich D der in diesem Paragraphen betrachteten Differentiale soll stets eine offene Teilmenge von X sein.
Ein Differential $\alpha : D \to L^k(X, Y)$ ist eine Abbildung in den Vektorraum $L^k(X, Y)$. Es hat daher einen Sinn, von der Stetigkeit und auch von der Differenzierbarkeit eines Differentials zu sprechen. Ist α differenzierbar, so gilt für $\mathfrak{x} \in D$ und $\mathfrak{v} \in X$

$$\alpha(\mathfrak{x}+\mathfrak{v}) = \alpha\mathfrak{x} + [(d\alpha)\mathfrak{x}]\mathfrak{v} + |\mathfrak{v}|\delta(\mathfrak{x},\mathfrak{v})$$

$$\text{mit} \quad \lim_{\mathfrak{v}\to\mathfrak{o}} \delta(\mathfrak{x},\mathfrak{v}) = 0.$$

Dabei ist $\delta(\mathfrak{x},\mathfrak{v})$ ebenso wie $\alpha\mathfrak{x}$ eine k-fach lineare Abbildung, der Grenzübergang erfolgt in $L^k(X, Y)$, und $0 = \lim_{\mathfrak{v}\to\mathfrak{o}} \delta(\mathfrak{x},\mathfrak{v})$ ist die k-fach lineare Null-Abbildung. Das (totale) Differential $d\alpha$ des Differentials α ist seiner Definition nach eine Abbildung

$$d\alpha : D \to L(X, L^k(X, Y)).$$

Es ist also $d\alpha$ eine Abbildung, die jedem $\mathfrak{x} \in D$ eine lineare Abbildung $(d\alpha)\mathfrak{x}$ zuordnet, die Vektoren $\mathfrak{v} \in X$ auf k-fach lineare Abbildungen $[(d\alpha)\mathfrak{x}]\mathfrak{v}$ aus $L^k(X, Y)$ abbildet. Man kann also $[(d\alpha)\mathfrak{x}]\mathfrak{v}$ selbst noch auf Vektoren $\mathfrak{v}_1, \ldots, \mathfrak{v}_k$ aus X anwenden und erhält einen Vektor $([(d\alpha)\mathfrak{x}]\mathfrak{v})(\mathfrak{v}_1, \ldots, \mathfrak{v}_k)$ in Y. Statt dessen soll $d\alpha$ jedoch gemäß der folgenden Definition als Differential $(k+1)$-ter Ordnung aufgefaßt werden.

Definition 14a: *Das Differential $\alpha : D \to L^k(X, Y)$ sei in D differenzierbar. Dann soll unter $d\alpha$ das durch*

$$[(d\alpha)\mathfrak{x}](\mathfrak{v}, \mathfrak{v}_1, \ldots, \mathfrak{v}_k) = ([(d\alpha)\mathfrak{x}]\mathfrak{v})(\mathfrak{v}_1, \ldots, \mathfrak{v}_k)$$

definierte Differential $d\alpha : D \to L^{k+1}(X, Y)$ verstanden werden, wobei auf der rechten Seite $d\alpha$ im bisherigen Sinn als (totales) Differential von α aufzufassen ist. Man nennt $d\alpha$ auch die **Ableitung des Differentials** α.

Die mit dieser Definition verbundene Doppeldeutigkeit von $d\alpha$ kann ohne Gefahr in Kauf genommen werden: Erstens geht aus der Aufteilung der Argumente eindeutig hervor, welche Auffassung von $d\alpha$ gemeint ist. Zweitens aber wird $d\alpha$ von jetzt an immer im Sinn von 14a benutzt werden, wenn nicht in Einzelfällen ausdrücklich auf eine Abweichung hingewiesen wird. Für Differentiale 0-ter Ordnung, also für Abbildungen, entfällt überdies die Doppeldeutigkeit ohnehin. Allgemein gilt jetzt im Sinn der neuen Auffassung von $d\alpha$ als Differential $(k+1)$-ter Ordnung

$$[\alpha(\mathfrak{x}+\mathfrak{v})](\mathfrak{v}_1, \ldots, \mathfrak{v}_k) = [\alpha\mathfrak{x}](\mathfrak{v}_1, \ldots, \mathfrak{v}_k)$$
$$+ [(d\alpha)\mathfrak{x}](\mathfrak{v}, \mathfrak{v}_1, \ldots, \mathfrak{v}_k) + [|\mathfrak{v}|\,\delta(\mathfrak{x},\mathfrak{v})](\mathfrak{v}_1, \ldots, \mathfrak{v}_k)$$
$$\text{mit} \quad \lim_{\mathfrak{v}\to\mathfrak{o}} \delta(\mathfrak{x},\mathfrak{v}) = 0.$$

Unmittelbar ergibt sich für entsprechende Differentiale

14.1 *Mit α und β sind auch die Differentiale $\alpha + \beta$ und $c\alpha$ ($c \in \mathbb{R}$) differenzierbar, und es gilt*

$$d(\alpha + \beta) = d\alpha + d\beta, \quad d(c\alpha) = c(d\alpha).$$

Zur Formulierung der nächsten Rechenregel bedarf es noch einer besonderen Bezeichnungsweise: Es sei $(\mathfrak{v}, \mathfrak{v}_1, \ldots, \mathfrak{v}_n)$ ein $(n+1)$-Tupel von Vektoren aus X, und es gelte $0 < k \leqq n$. Dann bedeute π_k diejenige Permutation der Vektoren, die den ersten Vektor $\mathfrak{v}$ mit den folgenden k Vektoren vertauscht; d.h.

$$\pi_k(\mathfrak{v}, \mathfrak{v}_1, \ldots, \mathfrak{v}_n) = (\mathfrak{v}_1, \ldots, \mathfrak{v}_k, \mathfrak{v}, \mathfrak{v}_{k+1}, \ldots, \mathfrak{v}_n).$$

14.2 *Die Differentiale $\alpha : D \to L^r(X, Y)$ und $\beta : D \to L^s(X, \mathbb{R})$ seien differenzierbar. Dann sind auch die Differentiale $\beta \cdot \alpha$ und $\alpha \cdot \beta$ differenzierbar, und es gilt*

$$d(\beta \cdot \alpha) = (d\beta) \cdot \alpha + \big(\beta \cdot (d\alpha)\big) \circ \pi_s,$$
$$d(\alpha \cdot \beta) = (d\alpha) \cdot \beta + \big(\alpha \cdot (d\beta)\big) \circ \pi_r.$$

Beweis: Die erste Behauptung folgt wegen

$$\begin{aligned}
&[(\beta \cdot \alpha)(\mathfrak{x} + \mathfrak{v})](\mathfrak{v}_1, \ldots, \mathfrak{v}_{r+s}) = \\
&= \big([\beta(\mathfrak{x} + \mathfrak{v})](\mathfrak{v}_1, \ldots, \mathfrak{v}_s)\big)\big([\alpha(\mathfrak{x} + \mathfrak{v})](\mathfrak{v}_{s+1}, \ldots, \mathfrak{v}_{r+s})\big) \\
&= \Big([\beta\mathfrak{x}](\mathfrak{v}_1, \ldots, \mathfrak{v}_s) + [(d\beta)\mathfrak{x}](\mathfrak{v}, \mathfrak{v}_1, \ldots, \mathfrak{v}_s) + [|\mathfrak{v}|\, \delta_1(\mathfrak{x}, \mathfrak{v})](\mathfrak{v}_1, \ldots, \mathfrak{v}_s)\Big) \\
&\quad \cdot \Big([\alpha\mathfrak{x}](\mathfrak{v}_{s+1}, \ldots, \mathfrak{v}_{r+s}) + [(d\alpha)\mathfrak{x}](\mathfrak{v}, \mathfrak{v}_{s+1}, \ldots, \mathfrak{v}_{r+s}) + \\
&\qquad\qquad + [|\mathfrak{v}|\, \delta_2(\mathfrak{x}, \mathfrak{v})](\mathfrak{v}_{s+1}, \ldots, \mathfrak{v}_{r+s})\Big) \\
&= [(\beta \cdot \alpha)\mathfrak{x}](\mathfrak{v}_1, \ldots, \mathfrak{v}_{r+s}) \\
&\quad + \{[((d\beta) \cdot \alpha)\mathfrak{x}] + [(\beta \cdot (d\alpha))\mathfrak{x}] \circ \pi_s\}(\mathfrak{v}, \mathfrak{v}_1, \ldots, \mathfrak{v}_{r+s}) + R
\end{aligned}$$

wobei die in R zusammengefaßten Glieder, wie unmittelbar nach Ausrechnung ersichtlich, wieder die Form

$[|\mathfrak{v}|\, \delta(\mathfrak{x}, \mathfrak{v})](\mathfrak{v}_1, \ldots, \mathfrak{v}_{r+s})$ mit $\lim\limits_{\mathfrak{v} \to \mathfrak{o}} \delta(\mathfrak{x}, \mathfrak{v}) = 0$ besitzen. Die zweite Behauptung ergibt sich analog. ◆

Mit Hilfe der bisher gewonnenen Rechenregeln läßt sich nun leicht die Ableitung eines hinsichtlich einer Basis $\{\mathfrak{a}_1, \ldots, \mathfrak{a}_n\}$ dargestellten Differentials

$$\alpha = \sum_{\nu_1, \ldots, \nu_k = 1}^{n} \varphi_{\nu_1, \ldots, \nu_k} \cdot d\omega_{\nu_1} \cdots d\omega_{\nu_k}$$

berechnen. Da nämlich die Differentiale $d\omega_\nu$ konstant sind – es gilt ja $(d\omega_\nu)\mathfrak{x} = \omega_\nu$ für alle $\mathfrak{x}$ –, sind sie auch überall differenzierbar, und für ihre Ableitung gilt $d(d\omega_\nu) = 0$. Mit Hilfe von 14.2 erhält man weiter $d(d\omega_{\nu_1} \cdots d\omega_{\nu_k}) = 0$. Daher ist α genau dann differenzierbar, wenn die Abbildungen $\varphi_{\nu_1,\ldots,\nu_k}$ differenzierbar sind, und es gilt

$$d\alpha = \sum_{\nu_1,\ldots,\nu_k=1}^{n} (d\varphi_{\nu_1,\ldots,\nu_k}) \cdot d\omega_{\nu_1} \cdots d\omega_{\nu_k}.$$

Berücksichtigt man schließlich noch $d\omega = \sum_\nu \varphi'_{\mathfrak{a}_\nu} \cdot d\omega_\nu$, so ergibt sich

14.3 *Hinsichtlich einer Basis* $\{\mathfrak{a}_1, \ldots, \mathfrak{a}_n\}$ *gelte*

$$\alpha = \sum_{\nu_1,\ldots,\nu_r=1}^{n} \varphi_{\nu_1,\ldots,\nu_k} \cdot d\omega_{\nu_1} \cdots d\omega_{\nu_k}.$$

Dieses Differential ist genau dann differenzierbar, wenn die Koeffizientenabbildungen $\varphi_{\nu_1,\ldots,\nu_k}$ *differenzierbar sind, und seine Ableitung ist dann*

$$d\alpha = \sum_{\nu_1,\ldots,\nu_k=1}^{n} (d\varphi_{\nu_1,\ldots,\nu_k}) \cdot d\omega_{\nu_1} \cdots d\omega_{\nu_k} = \sum_{\nu,\nu_1,\ldots,\nu_k=1}^{n} \frac{\partial \varphi_{\nu_1,\ldots,\nu_k}}{\partial \mathfrak{a}_\nu} d\omega_\nu \cdot d\omega_{\nu_1} \cdots d\omega_{\nu_k}.$$

Die Ableitung $d\alpha$ eines Differentials α kann ihrerseits wieder differenzierbar sein. Man kann dann die zweite Ableitung $d(d\alpha)$ bilden, die man kürzer mit $d^2\alpha$ bezeichnet. Ebenso wird bei entsprechenden Differenzierbarkeitsvoraussetzungen die r-te Ableitung induktiv durch $d^r\alpha = d(d^{r-1}\alpha)$ definiert. Um sie koordinatenmäßig zu berechnen, muß 14.3 mehrfach angewandt werden; und dazu müssen die partiellen Ableitungen der Koeffizientenabbildungen ihrerseits erneut partiell abgeleitet werden. Dies führt zu der

Definition 14b: *Die Abbildung* $\varphi: D \to Y$ *sei in* D *nach dem Vektor* $\mathfrak{v}_1$ *partiell differenzierbar, und die Ableitung* $\varphi'_{\mathfrak{v}_1}: D \to Y$ *sei ihrerseits im Punkt* $\mathfrak{x} \in D$ *nach dem Vektor* $\mathfrak{v}_2$ *partiell differenzierbar. Dann wird*

$$\frac{\partial^2 \varphi(\mathfrak{x})}{\partial \mathfrak{v}_2 \partial \mathfrak{v}_1} = \frac{\partial \varphi'_{\mathfrak{v}_1}(\mathfrak{x})}{\partial \mathfrak{v}_2} = \lim_{h \to 0} \frac{1}{h} \left(\varphi'_{\mathfrak{v}_1}(\mathfrak{x} + h\mathfrak{v}_2) - \varphi'_{\mathfrak{v}_1}(\mathfrak{x})\right)$$

die **zweite partielle Ableitung** *von* φ *in* $\mathfrak{x}$ *nach den Vektoren* $\mathfrak{v}_1$ *und* $\mathfrak{v}_2$ *(in dieser Reihenfolge) genannt. Entsprechend werden höhere partielle Ableitungen durch*

$$\frac{\partial^r \varphi(\mathfrak{x})}{\partial \mathfrak{v}_r \ldots \partial \mathfrak{v}_1} = \frac{\partial}{\partial \mathfrak{v}_r} \left(\frac{\partial^{r-1} \varphi(\mathfrak{x})}{\partial \mathfrak{v}_{r-1} \ldots \partial \mathfrak{v}_1} \right)$$

definiert.

Neben dieser Bezeichnung wird häufig auch die Indexschreibweise benutzt, bei der jedoch die Vektoren in umgekehrter Reihenfolge auftreten:

$$\frac{\partial^r \varphi(\mathfrak{x})}{\partial \mathfrak{v}_r \cdots \partial \mathfrak{v}_1} = \varphi^{(r)}_{\mathfrak{v}_1, \ldots, \mathfrak{v}_r}(\mathfrak{x}).$$

Für diese höheren partiellen Ableitungen gilt folgende Verallgemeinerung von 9.4.

14.4 *Die Abbildung $\varphi : D \to Y$ sei (in D) r-mal differenzierbar; es existiere also $d^r \varphi$. Dann ist φ nach r beliebigen Vektoren partiell differenzierbar, und es gilt*

$$\frac{\partial^r \varphi(\mathfrak{x})}{\partial \mathfrak{v}_r \cdots \partial \mathfrak{v}_1} = [(d^r \varphi)\mathfrak{x}](\mathfrak{v}_r, \ldots, \mathfrak{v}_1).$$

Andererseits besitzt $d^r \varphi$ hinsichtlich einer Basis $\{\mathfrak{a}_1, \ldots, \mathfrak{a}_n\}$ von X die Darstellung

$$d^r \varphi = \sum_{\mu_1, \ldots, \mu_r = 1}^{n} \frac{\partial^r \varphi}{\partial \mathfrak{a}_{\mu_r} \cdots \partial \mathfrak{a}_{\mu_1}} d\omega_{\mu_r} \cdots d\omega_{\mu_1}.$$

Beweis: Die erste Behauptung ist im Fall $r = 1$ die Aussage von 9.4. Allgemein folgt sie wegen

$$\frac{\partial^{r+1} \varphi(\mathfrak{x})}{\partial \mathfrak{v}_{r+1} \ldots \partial \mathfrak{v}_1} = \frac{\partial}{\partial \mathfrak{v}_{r+1}} \left(\frac{\partial^r \varphi(\mathfrak{x})}{\partial \mathfrak{v}_r \ldots \partial \mathfrak{v}_1} \right) = \left[\frac{\partial}{\partial \mathfrak{v}_{r+1}} ((d^r \varphi)\mathfrak{x}) \right] (\mathfrak{v}_r, \ldots, \mathfrak{v}_1)$$

$$= ([d(d^r \varphi)\mathfrak{x}]\mathfrak{v}_{r+1})(\mathfrak{v}_r, \ldots, \mathfrak{v}_1) = [(d^{r+1} \varphi)\mathfrak{x}](\mathfrak{v}_{r+1}, \ldots, \mathfrak{v}_1)$$

durch Induktion. Ebenso ergibt sich die zweite Behauptung unmittelbar mit Hilfe von 14.3 durch Induktion. ◆

Umgekehrt kann jedoch nicht aus der Existenz der höheren partiellen Ableitungen auf die entsprechende Differenzierbarkeit geschlossen werden. Aus 9.10 folgt aber durch Induktion

14.5 *Die Abbildung $\varphi : D \to Y$ ist in D genau dann r-mal stetig differenzierbar (d.h. $d^r \varphi$ existiert und ist stetig), wenn in D für alle Index-r-Tupel $(\nu_1, \ldots, \nu_r)$ die r-ten partiellen Ableitungen $\varphi^{(r)}_{\mathfrak{a}_{\nu_1}, \ldots, \mathfrak{a}_{\nu_r}}$ nach den Vektoren einer Basis $\{\mathfrak{a}_1, \ldots, \mathfrak{a}_n\}$ von X existieren und stetig sind.*

Allgemein folgt hieraus, daß ein Differential

$$\alpha = \sum_{\nu_1, \ldots, \nu_k = 1}^{n} \varphi_{\nu_1, \ldots, \nu_k} \cdot d\omega_{\nu_1} \cdots d\omega_{\nu_k}$$

genau dann r-mal stetig differenzierbar ist, wenn die Koeffizientenabbildungen $\varphi_{\nu_1,\ldots,\nu_k}$ nach allen Kombinationen der Basisvektoren r-mal stetig partiell differenzierbar sind. Es gilt dann

$$d^r\alpha = \sum_{\mu_1,\ldots,\mu_r=1}^{n} \; \sum_{\nu_1,\ldots,\nu_k=1}^{n} \frac{\partial^r \varphi_{\nu_1,\ldots,\nu_k}}{\partial \mathfrak{a}_{\mu_r}\ldots\partial \mathfrak{a}_{\mu_1}} \cdot d\omega_{\mu_r}\cdots d\omega_{\mu_1}\cdot d\omega_{\nu_1}\cdots d\omega_{\nu}\,.$$

Ist φ eine reellwertige Abbildung, die hinsichtlich einer Basis durch die Funktion f der Koordinatenveränderlichen $x_1, \ldots, x_n$ beschrieben wird, so entsprechen den höheren partiellen Ableitungen von φ nach den Basisvektoren sinngemäß partielle Ableitungen von f nach den entsprechenden Veränderlichen, die durch

$$f^{(r)}_{x_{\nu_1},\ldots,x_{\nu_r}} = \frac{\partial^r f}{\partial x_{\nu_r}\ldots\partial x_{\nu_1}} = \frac{\partial}{\partial x_{\nu_r}}\left(\frac{\partial^{r-1} f}{\partial x_{\nu_{r-1}}\ldots\partial x_{\nu_1}}\right)$$

definiert sind. Mit der Schreibweise dx_ν statt $d\omega_\nu$ entspricht $d^r\varphi$ dann

$$d^r f = \sum_{\nu_1,\ldots,\nu_r=1}^{n} \frac{\partial^r f}{\partial x_{\nu_r}\ldots\partial x_{\nu_1}}\, dx_{\nu_r}\ldots dx_{\nu_1}.$$

Beispiele

14.I Für die durch $\varphi\mathfrak{x} = |\mathfrak{x}|^2\mathfrak{x}$ definierte Abbildung aus 9.II galt

$$[(d\varphi)\mathfrak{x}]\mathfrak{v} = |\mathfrak{x}|^2\mathfrak{v} + 2(\mathfrak{x}\cdot\mathfrak{v})\mathfrak{x}.$$

Es folgt für $\mathfrak{w} \neq \mathfrak{o}$

$$\begin{aligned}[(d\varphi)(\mathfrak{x}+\mathfrak{w}) - (d\varphi)\mathfrak{x}]\mathfrak{v} &= (|\mathfrak{x}+\mathfrak{w}|^2 - |\mathfrak{x}|^2)\mathfrak{v} \\ &\quad + 2(\mathfrak{x}\cdot\mathfrak{v} + \mathfrak{w}\cdot\mathfrak{v})(\mathfrak{x}+\mathfrak{w}) - 2(\mathfrak{x}\cdot\mathfrak{v})\mathfrak{x} \\ &= 2\big((\mathfrak{x}\cdot\mathfrak{w})\mathfrak{v} + (\mathfrak{x}\cdot\mathfrak{v})\mathfrak{w} + (\mathfrak{v}\cdot\mathfrak{w})\mathfrak{x}\big) \\ &\quad + |\mathfrak{w}|\left\{|\mathfrak{w}|\mathfrak{v} + (\mathfrak{v}\cdot\mathfrak{w})\frac{\mathfrak{w}}{|\mathfrak{w}|}\right\}.\end{aligned}$$

Da die rechts stehende geschweifte Klammer offenbar mit $\mathfrak{w}$ gegen $\mathfrak{o}$ konvergiert, ist φ zweimal differenzierbar, und es gilt

(1) $$[(d^2\varphi)\mathfrak{x}](\mathfrak{w}, \mathfrak{v}) = 2\big((\mathfrak{x}\cdot\mathfrak{w})\mathfrak{v} + (\mathfrak{x}\cdot\mathfrak{v})\mathfrak{w} + (\mathfrak{v}\cdot\mathfrak{w})\mathfrak{x}\big).$$

Die rechte Seite zeigt, daß es sich hier sogar um eine symmetrische bilineare Abbildung handelt, daß es also nicht auf die Reihenfolge der Vektoren $\mathfrak{v}$, $\mathfrak{w}$ ankommt.

Speziell gelte nun $\operatorname{Dim} X = 2$, und $\{\mathfrak{e}_1, \mathfrak{e}_2\}$ sei eine Orthonormalbasis von X. Dann gilt mit $\mathfrak{x} = x_1 \mathfrak{e}_1 + x_2 \mathfrak{e}_2$

$$[(d^2 \varphi)\mathfrak{x}](\mathfrak{e}_\mu, \mathfrak{e}_\nu) = 2(x_\mu \mathfrak{e}_\nu + x_\nu \mathfrak{e}_\mu + \delta_{\mu,\nu}\mathfrak{x}) \qquad (\mu, \nu = 1, 2)$$

und daher wegen 14.4

$$(2) \quad d^2\varphi = (4x_1 \mathfrak{e}_1 + 2\mathfrak{x}) d\omega_1 \cdot d\omega_1 + 2(x_2 \mathfrak{e}_1 + x_1 \mathfrak{e}_2)(d\omega_1 \cdot d\omega_2 + d\omega_2 \cdot d\omega_1) + (4x_2 \mathfrak{e}_2 + 2\mathfrak{x}) d\omega_2 \cdot d\omega_2.$$

Wählt man $\mathfrak{x}^* = 2\mathfrak{e}_1 - 3\mathfrak{e}_2$, $\mathfrak{v}^* = \mathfrak{e}_1 + \mathfrak{e}_2$, $\mathfrak{w}^* = \mathfrak{e}_1 - 2\mathfrak{e}_2$, so ergibt sich aus (1) und ebenso aus (2)

$$[(d^2\varphi)\mathfrak{x}^*](\mathfrak{w}^*, \mathfrak{v}^*) = 10\,\mathfrak{e}_1 + 26\,\mathfrak{e}_2.$$

Die Koordinatenfunktionen von φ sind (vgl. 10.I)

$$f(x, y) = (x^2 + y^2)x, \quad g(x, y) = (x^2 + y^2)y.$$

Man erhält folgende partiellen Ableitungen:

$$\begin{aligned} &f'_x = 3x^2 + y^2, && f'_y = 2xy, && g'_x = 2xy, && g'_y = x^2 + 3y^2, \\ &f''_{x,x} = 6x, && f''_{x,y} = f''_{y,x} = 2y, && f''_{y,y} = 2x, && \\ &g''_{x,x} = 2y, && g''_{x,y} = g''_{y,x} = 2x, && g''_{y,y} = 6y. && \end{aligned}$$

Damit folgt

$$\begin{aligned} d^2 f &= 6x \cdot dx \cdot dx + 2y \cdot (dx \cdot dy + dy \cdot dx) + 2x \cdot dy \cdot dy, \\ d^2 g &= 2y \cdot dx \cdot dx + 2x \cdot (dx \cdot dy + dy \cdot dx) + 6y \cdot dy \cdot dy. \end{aligned}$$

Auch hier ergeben sich für die speziellen Vektoren $\mathfrak{x}^*$, $\mathfrak{v}^*$, $\mathfrak{w}^*$ wieder die Werte 10 und 26.

14.II Die durch

$$f(x, y) = \begin{cases} xy \dfrac{x^2 - y^2}{x^2 + y^2} & \text{für} \quad (x, y) \neq (0, 0) \\ 0 & \phantom{\text{für}} \quad (x, y) = (0, 0) \end{cases}$$

definierte Funktion ist überall nach x und y partiell differenzierbar. Es gilt

$$f'_x(0, 0) = f'_y(0, 0) = 0$$

und für $(x, y) \neq (0, 0)$

$$f'_x(x, y) = y \frac{x^4 - y^4 + 4x^2 y^2}{(x^2 + y^2)^2}, \qquad f'_y(x, y) = x \frac{x^4 - y^4 - 4x^2 y^2}{(x^2 + y^2)^2}.$$

Diese Ableitungen sind ihrerseits wieder partiell differenzierbar. Speziell an der Stelle (0, 0) erhält man

$$f''_{x,x}(0,0) = f''_{y,y}(0,0) = 0, \quad f''_{x,y}(0,0) = -1, \quad f''_{y,x}(0,0) = +1.$$

Während in 14.1 die zweiten gemischten partiellen Ableitungen der Koordinatenfunktionen übereinstimmten, zeigt das letzte Beispiel, daß diese Ableitungen sehr wohl von der Reihenfolge abhängen und unterschiedlich ausfallen können. Es kann sogar vorkommen, daß nur eine dieser beiden Ableitungen existiert. Der folgende Satz zeigt jedoch, daß bei zusätzlicher Voraussetzung der Stetigkeit derartige Fälle nicht eintreten können.

14.6 *Die Abbildung $\varphi : D \to Y$ sei in einer Umgebung $U \subset D$ von $\mathfrak{x}^*$ nach den Vektoren $\mathfrak{v}$ und $\mathfrak{w}$ partiell differenzierbar. Ferner sei die Ableitung $\varphi'_{\mathfrak{v}}$ in U partiell nach $\mathfrak{w}$ differenzierbar, und $\varphi''_{\mathfrak{v},\mathfrak{w}}$ sei in $\mathfrak{x}^*$ stetig. Dann ist auch $\varphi'_{\mathfrak{w}}$ in $\mathfrak{x}^*$ nach $\mathfrak{v}$ partiell differenzierbar, und es gilt*

$$\varphi''_{\mathfrak{w},\mathfrak{v}}(\mathfrak{x}^*) = \varphi''_{\mathfrak{v},\mathfrak{w}}(\mathfrak{x}^*).$$

Beweis: Es genügt, die Behauptung für eine reellwertige Abbildung φ zu beweisen. Mit $\psi\mathfrak{x} = \varphi(\mathfrak{x} + k\mathfrak{w}) - \varphi\mathfrak{x}$ gilt

$$\begin{aligned}\varphi'_{\mathfrak{w}}(\mathfrak{x}^* + h\mathfrak{v}) - \varphi'_{\mathfrak{w}}(\mathfrak{x}^*) &= \lim_{k\to 0} \frac{1}{k}[\varphi(\mathfrak{x}^* + h\mathfrak{v} + k\mathfrak{w}) - \varphi(\mathfrak{x}^* + h\mathfrak{v}) \\ &\qquad - \varphi(\mathfrak{x}^* + k\mathfrak{w}) + \varphi\mathfrak{x}^*] \\ &= \lim_{k\to 0} \frac{1}{k}[\psi(\mathfrak{x}^* + h\mathfrak{v}) - \psi\mathfrak{x}^*].\end{aligned}$$

Für hinreichend kleine Werte von $|h|$ und $|k|$ liegen alle auftretenden Punkte samt ihren Verbindungsstrecken in U. Da dort nach Voraussetzung mit φ auch ψ nach $\mathfrak{v}$ partiell differenzierbar ist, gilt nach dem Mittelwertsatz 9.6 unter Berücksichtigung von 9.7

$$\begin{aligned}\psi(\mathfrak{x}^* + h\mathfrak{v}) - \psi\mathfrak{x}^* &= h\psi'_{\mathfrak{v}}(\mathfrak{x}^* + q_h h\mathfrak{v}) \\ &= h(\varphi'_{\mathfrak{v}}(\mathfrak{x}^* + q_h h\mathfrak{v} + k\mathfrak{w}) - \varphi'_{\mathfrak{v}}(\mathfrak{x}^* + q_h h\mathfrak{v}))\end{aligned}$$

mit $0 < q_h < 1$. Es folgt

$$\begin{aligned}\varphi'_{\mathfrak{w}}(\mathfrak{x}^* + h\mathfrak{v}) - \varphi'_{\mathfrak{w}}(\mathfrak{x}^*) &= h \lim \frac{1}{k}(\varphi'_{\mathfrak{v}}(\mathfrak{x}^* + q_h h\mathfrak{v} + k\mathfrak{w}) - \varphi'_{\mathfrak{v}}(\mathfrak{x}^* + q_h h\mathfrak{v})) \\ &= h\varphi''_{\mathfrak{v},\mathfrak{w}}(\mathfrak{x}^* + q_h h\mathfrak{v}),\end{aligned}$$

da ja nach Voraussetzung diese Ableitung in U existiert. Weil sie außerdem in $\mathfrak{x}^*$ stetig ist, ergibt sich schließlich

$$\begin{aligned}\varphi''_{\mathfrak{w},\mathfrak{v}}(\mathfrak{x}^*) &= \lim_{h\to 0} \frac{1}{h}\left(\varphi'_{\mathfrak{w}}(\mathfrak{x}^* + h\mathfrak{v}) - \varphi'_{\mathfrak{w}}(\mathfrak{x}^*)\right) \\ &= \lim_{h\to 0} \varphi''_{\mathfrak{v},\mathfrak{w}}(\mathfrak{x}^* + q_h h\mathfrak{v}) = \varphi''_{\mathfrak{v},\mathfrak{w}}(\mathfrak{x}^*). \quad \blacklozenge\end{aligned}$$

Sinngemäß überträgt sich dieser Satz auf höhere Ableitungen und auf die Vertauschbarkeit partieller Ableitungen bei Funktionen.

Definition 14c: *Eine k-fach lineare Abbildung $\phi \in L^k(X, Y)$ heißt* **total symmetrisch**, *wenn für beliebige Vektoren $\mathfrak{v}_1, \ldots, \mathfrak{v}_k \in X$ und für jede Permutation π der Indizes*

$$\phi(\mathfrak{v}_{\pi 1}, \ldots, \mathfrak{v}_{\pi k}) = \phi(\mathfrak{v}_1, \ldots, \mathfrak{v}_k)$$

gilt.

14.7 *Die Abbildung $\varphi: D \to Y$ sei r-mal differenzierbar in D, und $d^r\varphi$ sei im Punkt $\mathfrak{x} \in D$ stetig. Dann ist $(d^r\varphi)\mathfrak{x}$ total symmetrisch.*

Beweis: Jede Permutation kann als Hintereinanderschaltung von Vertauschungen benachbarter Indizes gewonnen werden. Die Behauptung braucht daher nur für die Vertauschung der Indizes k und $k+1$ mit $1 \leqq k < r$ bewiesen zu werden. Nun ist $d^{k-1}\varphi$ (φ im Fall $k = 1$) nach Voraussetzung jedenfalls zweimal differenzierbar, und $d^{k+1}\varphi$ ist in $\mathfrak{x}$ stetig: im Fall $k = r - 1$ ist die Stetigkeit vorausgesetzt, im Fall $k < r - 1$ folgt sie aus der nochmaligen Differenzierbarkeit (9.2). Die Voraussetzungen aus 14.6 treffen daher auf die Abbildung $\varphi^{(k-1)}_{\mathfrak{v}_1,\ldots,\mathfrak{v}_{k-1}}$ bezüglich der Vektoren $\mathfrak{v}_k$ und $\mathfrak{v}_{k+1}$ zu, und man erhält

$$[(d^r\varphi)\mathfrak{x}](\mathfrak{v}_r, \ldots, \mathfrak{v}_{k+1}\, \mathfrak{v}_k, \ldots, \mathfrak{v}_1) = \frac{\partial^{r-k-1}}{\partial\mathfrak{v}_r \ldots \partial\mathfrak{v}_{k+2}}\left(\frac{\partial^2}{\partial\mathfrak{v}_{k+1}\cdot\partial\mathfrak{v}_k}\left(\frac{\partial^{k-1}\varphi(\mathfrak{x})}{\partial\mathfrak{v}_{k-1}\ldots\partial\mathfrak{v}_1}\right)\right)$$

$$= \frac{\partial^{r-k-1}}{\partial\mathfrak{v}_r \ldots \partial\mathfrak{v}_{k+2}}\left(\frac{\partial^2}{\partial\mathfrak{v}_k\cdot\partial\mathfrak{v}_{k+1}}\left(\frac{\partial^{k-1}\varphi(\mathfrak{x})}{\partial\mathfrak{v}_{k-1}\ldots\partial\mathfrak{v}_1}\right)\right) = [(d^r\varphi)\mathfrak{x}](\mathfrak{v}_r, \ldots, \mathfrak{v}_k, \mathfrak{v}_{k+1}, \ldots, \mathfrak{v}_1).$$

◆

Es soll jetzt noch der bekannte Satz über die **Taylor-Entwicklung** von Funktionen einer Veränderlichen auf Abbildungen übertragen werden.

14.8 *Die Abbildung $\varphi: D \to Y$ sei r-mal differenzierbar, und $d^r\varphi$ sei im Punkt $\mathfrak{x} \in D$ stetig. Dann gilt bei hinreichend kleinem $|\mathfrak{v}|$*

$$\varphi(\mathfrak{x}+\mathfrak{v}) = \varphi\mathfrak{x} + \frac{1}{1!}[(d\varphi)\mathfrak{x}]\mathfrak{v} + \frac{1}{2!}[(d^2\varphi)\mathfrak{x}](\mathfrak{v},\mathfrak{v}) +$$

$$+ \cdots + \frac{1}{r!}[(d^r\varphi)\mathfrak{x}](\mathfrak{v},\ldots,\mathfrak{v}) + |\mathfrak{v}|^r \delta_r(\mathfrak{x},\mathfrak{v})$$

$$\text{mit } \lim_{\mathfrak{v}\to\mathfrak{o}} \delta_r(\mathfrak{x},\mathfrak{v}) = \mathfrak{o}.$$

Im Fall einer reellwertigen Abbildung gilt für $\mathfrak{v} \neq \mathfrak{o}$

$$\delta_r(\mathfrak{x},\mathfrak{v}) = \frac{1}{r!}\left(\frac{\partial^r\varphi(\mathfrak{x}+q\mathfrak{v})}{(\partial\mathfrak{e})^r} - \frac{\partial^r\varphi(\mathfrak{x})}{(\partial\mathfrak{e})^r}\right)$$

mit $\mathfrak{e} = \frac{1}{|\mathfrak{v}|}\mathfrak{v}$ *und* $0 \leqq q \leqq 1$. *Die Entwicklung kann dann auch in der Form*

$$\varphi(\mathfrak{x}+\mathfrak{v}) = \varphi\mathfrak{x} + \frac{1}{1!}[(d\varphi)\mathfrak{x}]\mathfrak{v} + \cdots + \frac{1}{(r-1)!}[(d^{r-1}\varphi)\mathfrak{x}](\mathfrak{v},\ldots,\mathfrak{v})$$
$$+ \frac{1}{r!}[(d^r\varphi)(\mathfrak{x}+q\mathfrak{v})](\mathfrak{v},\ldots,\mathfrak{v})$$

geschrieben werden.

Beweis: Zunächst sei φ reellwertig. Für die durch $f(t) = \varphi(\mathfrak{x}+t\mathfrak{v})$ definierte Funktion gilt dann in einer Umgebung der Null

$$(*) \qquad f^{(\varrho)}(t) = \frac{\partial^\varrho\varphi(\mathfrak{x}+t\mathfrak{v})}{(\partial\mathfrak{v})^\varrho} = [(d^\varrho\varphi)(\mathfrak{x}+t\mathfrak{v})](\mathfrak{v},\ldots,\mathfrak{v}) \qquad (\varrho = 1,\ldots,r),$$

wie für $\varrho = 1$ im Beweis zu 9.6 gezeigt wurde und wie es sich allgemein sofort durch Induktion ergibt. In einem Intervall $(-a, +a)$ ist f also r-mal differenzierbar, und $f^{(r)}$ ist im Nullpunkt stetig. Bei hinreichend kleinem $|\mathfrak{v}|$ kann dabei noch $a > 1$ angenommen werden. Nach dem Satz über die Taylor-Entwicklung von Funktionen einer Veränderlichen gilt bei Verwendung des *Lagrange*'schen Restglieds

$$f(1) = f(0) + \frac{1}{1!}f'(0) + \cdots + \frac{1}{(r-1)!}f^{(r-1)}(0) + \frac{1}{r!}f^{(r)}(q)$$

mit $0 \leqq q \leqq 1$. Bei Berücksichtigung von (*) folgt hieraus

$$\varphi(\mathfrak{x}+\mathfrak{v}) = \varphi\mathfrak{x} + \frac{1}{1!}[(d\varphi)\mathfrak{x}]\mathfrak{v} + \cdots + \frac{1}{(r-1)!}[(d^{r-1}\varphi)\mathfrak{x}](\mathfrak{v},\ldots,\mathfrak{v})$$
$$+ \frac{1}{r!}[(d^r\varphi)(\mathfrak{x}+q\mathfrak{v})](\mathfrak{v},\ldots,\mathfrak{v}),$$

also die zweite Behauptung. Gleichwertig hiermit ist

$$(**)\quad \varphi(\mathfrak{x}+\mathfrak{v}) = \varphi\mathfrak{x} + \frac{1}{1!}[(d\varphi)\mathfrak{x}]\mathfrak{v} + \cdots + \frac{1}{r!}[(d^r\varphi)\mathfrak{x}](\mathfrak{v},\ldots,\mathfrak{v}) + |\mathfrak{v}|^r\delta_r(\mathfrak{x},\mathfrak{v}),$$

wobei im Fall $\mathfrak{v} \neq \mathfrak{o}$

$$\begin{aligned}\delta_r(\mathfrak{x},\mathfrak{v}) &= \frac{1}{r!|\mathfrak{v}|^r}[(d^r\varphi)(\mathfrak{x}+q\mathfrak{v}) - (d^r\varphi)\mathfrak{x}](\mathfrak{v},\ldots,\mathfrak{v})\\ (***)\qquad &= \frac{1}{r!}[(d^r\varphi)(\mathfrak{x}+q\mathfrak{v}) - (d^r\varphi)\mathfrak{x}]\left(\frac{\mathfrak{v}}{|\mathfrak{v}|},\ldots,\frac{\mathfrak{v}}{|\mathfrak{v}|}\right)\\ &= \frac{1}{r!}\left(\frac{\partial^r\varphi(\mathfrak{x}+q\mathfrak{v})}{(\partial\mathfrak{e})^r} - \frac{\partial^r\varphi(\mathfrak{x})}{(\partial\mathfrak{e})^r}\right)\end{aligned}$$

gilt. Aus der vorausgesetzten Stetigkeit der r-ten Ableitung an der Stelle $\mathfrak{x}$ folgt nun sofort $\lim\limits_{\mathfrak{v}\to\mathfrak{o}} \delta_r(\mathfrak{x},\mathfrak{v}) = 0$.

Im Fall einer nicht reellwertigen Abbildung gilt die Darstellung (**) zunächst für die Koordinatenabbildungen und überträgt sich daher auf die Abbildung selbst. Lediglich die spezielle Form (***) von $\delta_r(\mathfrak{x},\mathfrak{v})$ erlaubt keine vektorielle Zusammenfassung, weil bei den einzelnen Koordinatenabbildungen im allgemeinen verschiedene Werte von q auftreten. ◆

Der soeben bewiesene Satz soll nun noch für den Fall einer r-mal stetig differenzierbaren Funktion f der Veränderlichen $x_1,\ldots,x_n$ formuliert werden. Zur Vereinfachung der Schreibweise soll hierbei statt $f(x_1^*,\ldots,x_n^*)$ kürzer $f(\mathfrak{x}^*)$ und statt $f(x_1^*+v_1,\ldots,x_n^*+v_n)$ entsprechend $f(\mathfrak{x}^*+\mathfrak{v})$ geschrieben werden. Es gilt nun

$$[(d^\varrho f)\mathfrak{x}^*](\mathfrak{v},\ldots,\mathfrak{v}) = \sum_{\nu_1,\ldots,\nu_\varrho=1} \frac{\partial^\varrho f(\mathfrak{x}^*)}{\partial x_{\nu_1}\ldots\partial x_{\nu_\varrho}} v_{\nu_1}\ldots v_{\nu_\varrho}.$$

Setzt man diese Ausdrücke in 14.8 ein, so erhält man

14.9 *Wenn für die Funktion f in einer Umgebung von $\mathfrak{x}^* = (x_1^*,\ldots,x_n^*)$ alle partiellen Ableitungen r-ter Ordnung existieren und in $\mathfrak{x}^*$ stetig sind, gilt*

$$\begin{aligned}f(x_1^*+v_1,\ldots,x_n^*+v_n) = f(x_1^*,\ldots,x_n^*) &+ \frac{1}{1!}\sum_{\nu=1}^{n}\frac{\partial f(\mathfrak{x}^*)}{\partial x_\nu}v_\nu +\\ &+ \frac{1}{2!}\sum_{\nu_1,\nu_2=1}^{n}\frac{\partial^2 f(\mathfrak{x}^*)}{\partial x_{\nu_1}\cdot\partial x_{\nu_2}}v_{\nu_1}v_{\nu_2} +\\ &+\cdots+\frac{1}{r!}\sum_{\nu_1,\ldots,\nu_r=1}^{n}\frac{\partial^r f(\mathfrak{x}^*+q\mathfrak{v})}{\partial x_{\nu_1}\ldots\partial x_{\nu_r}}v_{\nu_1}\ldots v_{\nu_r}\end{aligned}$$

mit $0 \leq q \leq 1$.

Setzt man noch $x_\nu = x_\nu^* + v_\nu$ $(\nu = 1, \ldots, n)$, so nimmt diese Darstellung folgende Form an:

$$f(x_1, \ldots, x_n) = f(x_1^*, \ldots, x_n^*) + \frac{1}{1!} \sum_{\nu=1}^{n} \frac{\partial f(\mathfrak{x}^*)}{\partial x_\nu}(x_\nu - x_\nu^*) +$$

$$+ \frac{1}{2!} \sum_{\nu_1, \nu_2 = 1}^{n} \frac{\partial^2 f(\mathfrak{x}^*)}{\partial x_{\nu_1} \cdot \partial x_{\nu_2}}(x_{\nu_1} - x_{\nu_1}^*)(x_{\nu_2} - x_{\nu_2}^*) +$$

$$\cdots + \frac{1}{r!} \sum_{\nu_1, \ldots, \nu_r = 1}^{n} \frac{\partial^r f(\mathfrak{x}^*)}{\partial x_{\nu_1} \ldots \partial x_{\nu_r}}(x_{\nu_1} - x_{\nu_1}^*) \cdots (x_{\nu_r} - x_{\nu_r}^*) + R$$

mit

$$R = \frac{1}{r!} \sum_{\nu_1, \ldots, \nu_r = 1}^{n} \left(\frac{\partial^r f(\mathfrak{x}^* + q\mathfrak{v})}{\partial x_{\nu_1} \ldots \partial x_{\nu_r}} - \frac{\partial^r f(\mathfrak{x}^*)}{\partial x_{\nu_1} \ldots \partial x_{\nu_r}} \right)(x_{\nu_1}^* - x_{\nu_1}^*) \cdots (x_{\nu_r} - x_{\nu_r}^*).$$

Abgesehen von dem Restglied R, ist die rechte Seite ein Polynom r-ten Grades in $x_1, \ldots, x_n$, das man das r-te *Taylor*-**Polynom** von f an der Stelle $\mathfrak{x}^*$ nennt. Wegen der nach 14.7 auftretenden Symmetrien können in den einzelnen Summen noch mehrere Glieder zusammengefaßt werden, ohne daß hier näher darauf eingegangen werden soll (vgl. 14A).

Die letzten Ergebnisse sollen abschließend noch an einem Beispiel erläutert werden. Dazu werde die Funktion

$$f(x, y) = xe^{xy}$$

betrachtet, die überall und beliebig oft stetig differenzierbar ist. Man erhält folgende Werte der Ableitungen:

$$f'_x = (1 + xy)e^{xy}, \; f'_y = x^2 e^{xy},$$
$$f''_{x,x} = (2y + xy^2)e^{xy}, \; f''_{x,y} = f''_{y,x} = (2x + x^2 y)e^{xy}, \; f''_{y,y} = x^3 e^{xy},$$
$$f'''_{x,x,x} = (3y^2 + xy^3)e^{xy}, \; f'''_{x,x,y} = f'''_{x,y,x} = f'''_{y,x,x} = (2 + 4xy + x^2 y^2)e^{xy},$$
$$f'''_{x,y,y} = f'''_{y,x,y} = f'''_{y,y,x} = (3x^2 + x^3 y)e^{xy}, \; f'''_{y,y,y} = x^4 e^{xy}.$$

Als *Taylor*-Polynom dritten Grades an der Stelle $x^* = 2$, $y^* = 0$ erhält man daher durch Einsetzen dieser Werte und unter Beachtung der Tatsache, daß gewisse Ableitungen zusammenfallen und die entsprechenden Glieder also mehrfach auftreten,

$$P_3(x, y) = 2 + \frac{1}{1!}((x-2) + 4y) + \frac{1}{2!}(2 \cdot 4(x-2)y + 8y^2)$$

$$+ \frac{1}{3!}(3 \cdot 2(x-2)^2 y + 3 \cdot 12(x-2)y^2 + 16y^3).$$

In diesem Fall läßt sich das *Taylor*-Polynom allerdings noch auf eine andere Art einfacher bestimmen: Die bekannte, überall konvergente Potenzreihenentwicklung von e^z um den Nullpunkt lautet

$$e^z = 1 + \frac{z}{1!} + \frac{z^2}{2!} + \frac{z^3}{3!} + \cdots .$$

Setzt man hier $z = xy$, so ergibt sich

$$\begin{aligned} f(x, y) &= x\left(1 + xy + \frac{1}{2!}x^2y^2 + \frac{1}{3!}x^3y^3 + \ldots\right) \\ &= 2 + (x-2) + (2 + (x-2))^2 y + \frac{1}{2!}(2 + (x-2))^3 y^2 + \\ &\quad + \frac{1}{3!}(2 + (x-2))^4 y^3 + \cdots . \end{aligned}$$

Nach Ausrechnung dieser Ausdrücke ergeben diejenigen Glieder, die in $(x - 2)$ und y höchstens den Gesamtgrad 3 besitzen, gerade das vorher berechnete *Taylor*-Polynom.

Ergänzungen und Aufgaben

14A Aufgabe: Man zeige, daß in dem *Taylor*-Polynom aus 14.9 das Glied k-ter Ordnung ($k < r$) folgende Umschreibung gestattet:

$$\frac{1}{k!} \sum_{\nu_1, \ldots, \nu_r = 1}^{n} \frac{\partial^k f(\mathfrak{x}^*)}{\partial x_{\nu_1} \cdots \partial x_{\nu_k}} v_{\nu_1} \cdots v_{\nu_k} = \sum_{s_1 + \cdots + s_n = k} \frac{\partial^k f(\mathfrak{x}^*)}{\partial x_1^{s_1} \cdots \partial x_n^{s_n}} \frac{v_1^{s_1}}{s_1!} \cdots \frac{v_n^{s}}{s_n!}.$$

Dabei ist in der rechten Summe über alle n-Tupel $(s_1, \ldots, s_n)$ natürlicher Zahlen zu summieren, die die Bedingung $s_1 + \cdots + s_n = k$ erfüllen. Die Gleichung gilt auch für $k = r$, wenn alle Ableitungen an der Stelle $\mathfrak{x}^* + q\mathfrak{v}$ gebildet werden.

14B Die Abbildung $\varphi: X \to X$ werde hinsichtlich einer Basis von X durch die Koordinatengleichungen

$$y_\nu = f_\nu(x_1, \ldots, x_n) \qquad (\nu = 1, \ldots, n)$$

beschrieben. Ferner sei φ in einer Umgebung von $\mathfrak{x}^* \in X$ lokal umkehrbar, wobei der lokalen Umkehrabbildung die Koordinatengleichungen

$$x_\nu = g_\nu(y_1, \ldots, y_n) \qquad (\nu = 1, \ldots, n)$$

entsprechen mögen. Wie in § 12 gezeigt wurde, gilt dann für alle Punkte $\mathfrak{x}$ aus einer Umgebung von $\mathfrak{x}^*$

$$\left.\frac{\partial(g_1,\ldots,g_n)}{\partial(y_1,\ldots,y_n)}\right|_{\varphi\mathfrak{x}} = \left(\frac{\partial(f_1,\ldots,f_n)}{\partial(x_1,\ldots,x_n)}\right)_{\mathfrak{x}}^{-1}.$$

Die Elemente der rechts stehenden inversen Matrix sind Funktionen $h_{\mu,\nu}$ (μ, $\nu = 1, \ldots, n$) der Veränderlichen $x_1, \ldots, x_n$. Nach der bekannten Regel für die Inversenbildung mit Hilfe von Adjunkten gilt nämlich

$$h_{\mu,\nu}(x_1,\ldots,x_n) = \left(\operatorname{Det}\left(\frac{\partial(f_1,\ldots,f_n)}{\partial(x_1,\ldots,x_n)}\right)_{\mathfrak{x}}\right)^{-1}\left(\operatorname{Adj}\frac{\partial f_\mu}{\partial x_\nu}\right),$$

wobei sich die Adjunktenbildung auf die Funktionalmatrix $\frac{\partial(f_1,\ldots,f_n)}{\partial(x_1,\ldots,x_n)}$ bezieht. Die Funktionen $h_{\mu,\nu}$ lassen sich also aus den partiellen Ableitungen der Funktionen $f_1, \ldots, f_n$ rational berechnen. Es gilt dann

$$\frac{\partial g_\nu(y_1,\ldots,y_n)}{\partial y_\mu} = h_{\mu,\nu}(g_1(y_1,\ldots,y_n),\ldots,g_n(y_1,\ldots,y_n)).$$

Wenn nun φ bzw. die Koordinatenfunktionen $f_1, \ldots, f_n$ nicht nur einmal, sondern zweimal oder häufiger stetig differenzierbar sind, so gilt Entsprechendes auch für die lokale Umkehrabbildung bzw. deren Koordinatenfunktionen $g_1, \ldots, g_n$. Mit Hilfe der Kettenregel erhält man nämlich

$$\frac{\partial^2 g}{\partial y_\lambda \partial y_\mu} = \sum_{\iota=1}^{n} \frac{\partial h_{\mu,\nu}}{\partial x_\iota}\frac{\partial g_\iota}{\partial y_\lambda} = \sum_{\iota=1} \frac{\partial h_{\mu,\nu}}{\partial x_\iota} h_{\lambda,\iota}.$$

Dabei erhält man den Wert der linken Seite an der Stelle $\mathfrak{y}^* = \varphi\mathfrak{x}^*$, wenn man die rechte Seite an der Stelle $\mathfrak{x}^*$ bildet. Entsprechend lassen sich durch mehrfache Anwendung der Kettenregel auch höhere Ableitungen der Umkehrabbildung berechnen.

Aufgabe: (1) Mit den Bezeichnungen des Beispiels 12.I berechne man die Ableitungen $\frac{\partial^2 x}{\partial u \partial w}$ und $\frac{\partial^2 y}{\partial v^2}$ an der schon dort behandelten Stelle $u = 3$, $v = -4$, $w = 4$.

(2) Man zeige, daß die durch die Koordinatengleichungen

$$x = u^2 v, \quad y = u^2 - 2uv^2$$

beschriebene Abbildung φ an der Stelle $u = v = 1$ lokal umkehrbar ist, und berechne an der Bildstelle $x = 1$, $y = -1$ die Werte der Ableitungen $\frac{\partial^3 u}{\partial x^2 \partial y}$ und $\frac{\partial^3 u}{\partial x \partial y^2}$.

14C Ebenso wie sich höhere Ableitungen lokaler Umkehrabbildungen berechnen lassen, kann man auch bei entsprechenden Differenzierbarkeitsvoraussetzungen höhere Ableitungen der lokal auflösenden Funktionen eines Gleichungssystems ermitteln.

Aufgabe: Man zeige, daß sich das Gleichungssystem

$$f(x, y, u, v) = x^2 u + y^2 v = \tfrac{3}{2}\,,$$

$$g(x, y, u, v) = xy - uv = -\tfrac{5}{2}$$

in einer Umgebung der Lösungsstelle $u = 1$, $v = 2$, $x = -1$, $y = \frac{1}{2}$ nach x und y auflösen läßt, und berechne an dieser Stelle $\dfrac{\partial^2 x}{\partial u \partial v}$.

14D Die Abbildungen $\varphi: D \to Y$ und $\psi: D^* \to Z$ mit $\varphi D \subset D^*$ seien in einer Umgebung von $\mathfrak{x}^* \in D$ bzw. $\mathfrak{y}^* = \varphi \mathfrak{x}^*$ hinreichend oft stetig differenzierbar. Hinsichtlich entsprechender Basen werde φ durch die Koordinatengleichungen

$$y_\varrho = f_\varrho(x_1, \ldots, x_n) \qquad (\varrho = 1, \ldots, r)$$

beschrieben, und im Fall $\operatorname{Dim} Z = 1$ sei g die Koordinatenfunktion von ψ.

Aufgabe: (1) Man drücke $d^2_{\mathfrak{x}^*}(\psi \circ \varphi)$ und $d^3_{\mathfrak{x}^*}(\psi \circ \varphi)$ mit Hilfe entsprechender Differentiale der Einzelabbildungen φ und ψ aus.
(2) Ebenso drücke man die zweiten und dritten partiellen Ableitungen der durch

$$h(x_1, \ldots, x_n) = g\big(f_1(x_1, \ldots, x_n), \ldots, f_r(x_1, \ldots, x_n)\big)$$

definierten zusammengesetzten Funktion durch partielle Ableitungen von $f_1, \ldots, f_r, g$ aus.

14E Aufgabe: (1) Die Funktion f der Veränderlichen $x_1, \ldots, x_n$ sei in $\mathfrak{x}^*$ k-mal stetig differenzierbar ($k \geqq 1$). Man zeige, daß es genau ein Polynom F höchstens k-ten Grades in n Veränderlichen mit $F(0, \ldots, 0) = 0$ gibt, so daß

$$f(x_1^* + v_1, \ldots, x_n^* + v_n) = f(x_1^*, \ldots, x_n^*) + F(v_1, \ldots, v_n) + |\mathfrak{v}|^k\, \delta(\mathfrak{v})$$

$$\text{mit} \quad \lim_{\mathfrak{v} \to \mathfrak{o}} \delta(\mathfrak{v}) = 0$$

gilt.

(2) Mit den Bezeichnungen aus 14D seien $F_1, \ldots, F_r, G, H$ die zu den Funktionen $f_1, \ldots, f_r, g, h$ und demselben Wert von k gemäß (1) gehörenden Polynome. Man beweise

$$G(F_1(v_1, \ldots, v_n), \ldots, F_r(v_1, \ldots, v_n)) = H(v_1, \ldots, v_n) + K(v_1, \ldots, v_n),$$

wobei K ein Polynom ist, dessen einzelne Summanden alle einen Grad besitzen, der größer als k ist. Das Polynom H besteht demnach gerade aus denjenigen Gliedern des aus G durch Einsetzung von $F_1, \ldots, F_r$ entstehenden Polynoms, die einen Grad $\leqq k$ besitzen.

(3) Man verifiziere das in (2) gewonnene Resultat an folgendem Beispiel:

$$f_1(x_1, x_2) = x_1 e^{x_2}, \quad f_2(x_1, x_2) = e^{x_1 x_2},$$

$$g(y_1, y_2) = \log y_1 - \frac{1}{y_1} \log y_2$$

im Fall $x_1^* = 1$, $x_2^* = 0$ und $k = 3$.

§ 15 Alternierende Differentiale

Unter den Differentialen spielen die alternierenden Differentiale, wie sie bereits in 13.II auftraten, eine Sonderrolle, auf die in diesem Paragraphen näher eingegangen werden soll.

Definition 15a: *Ein Differential* $\alpha : D \to L^k(X, Y)$ *heißt* **alternierend**, *wenn für jedes* $\mathfrak{x} \in D$ *die* k*-fach lineare Abbildung* $\alpha\mathfrak{x}$ *alternierend ist, wenn also für alle Vektoren* $\mathfrak{v}_1, \ldots, \mathfrak{v}_k \in X$ *und für alle Permutationen* π *der Indizes*

$$[\alpha\mathfrak{x}](\mathfrak{v}_{\pi 1}, \ldots, \mathfrak{v}_{\pi k}) = (\operatorname{sgn} \pi)[\alpha\mathfrak{x}](\mathfrak{v}_1, \ldots, \mathfrak{v}_k)$$

gilt.

Die alternierenden k-fach linearen Abbildungen bilden einen Unterraum $A^k(X, Y)$ von $L^k(X, Y)$, und alternierende Differentiale k-ter Ordnung sind Abbildungen $\alpha : D \to A^k(X, Y)$. Das Alternieren stellt allerdings nur für $k \geqq 2$ eine echt einschränkende Forderung dar; Differentiale 0-ter und 1-ter Ordnung sind automatisch alternierend.

Für eine beliebige alternierende Abbildung $\phi \in A^k(X, Y)$ gilt bekanntlich $\phi(\mathfrak{v}_1, \ldots, \mathfrak{v}_k) = \mathfrak{o}$, sobald die Vektoren $\mathfrak{v}_1, \ldots, \mathfrak{v}_k$ linear abhängig sind. Dies ist aber immer der Fall, wenn k größer als die Dimension des Raumes X ist, so daß dann $A^k(X, Y)$ nur aus der Null-Abbildung besteht. Es gilt also

15.1 *Für* $k > \operatorname{Dim} X$ *ist das Null-Differential das einzige alternierende Differential* k*-ter Ordnung.*

Unmittelbar ergibt sich

15.2 *Mit $\alpha : D \to A^k(X, Y)$ und $\beta : D \to A^k(X, Y)$ sind auch $\alpha + \beta$ und $c\alpha$ ($c \in \mathbb{R}$) alternierende Differentiale k-ter Ordnung.*

Die alternierenden Differentiale $D \to A^k(X,Y)$ bilden also einen Vektorraum $\mathfrak{A}^k(X, D, Y)$, der allerdings wegen 15.1 im Fall $k > \operatorname{Dim} X$ der Nullraum ist. In der folgenden Definition bedeutet $\mathfrak{S}_k$ die Gruppe aller Permutationen der Menge $\{1, \ldots, k\}$.

Definition 15b: *Es gelte $\alpha : D \to L^k(X, Y)$. Dann wird das durch*

$$[(\theta\alpha)\mathfrak{x}](\mathfrak{v}_1, \ldots, \mathfrak{v}_k) = \frac{1}{k!} \sum_{\pi \in \mathfrak{S}_k} (\operatorname{sgn} \pi)[\alpha\mathfrak{x}](\mathfrak{v}_{\pi 1}, \ldots, \mathfrak{v}_{\pi k})$$

definierte Differential $\theta\alpha$ das **alterierte Differential** *von α genannt.*

15.3 *Für jedes Differential $\alpha : D \to L^k(X, Y)$ gilt $\theta\alpha : D \to A^k(X, Y)$; d.h. $\theta\alpha$ ist ein alternierendes Differential. Ferner ist α genau dann alternierend, wenn $\theta\alpha = \alpha$ gilt.*

Beweis: Bei festem $\pi_0 \in \mathfrak{S}_k$ durchläuft mit π auch $\pi \circ \pi_0$ ganz $\mathfrak{S}_k$. Wegen $\operatorname{sgn} \pi = (\operatorname{sgn} \pi_0)(\operatorname{sgn} \pi \circ \pi_0)$ folgt daher

$$\begin{aligned}
[(\theta\alpha)\mathfrak{x}](\mathfrak{v}_{\pi_0 1}, \ldots, \mathfrak{v}_{\pi_0 k}) &= \frac{1}{k!} \sum_{\pi \in \mathfrak{S}_k} (\operatorname{sgn} \pi)[\alpha\mathfrak{x}](\mathfrak{v}_{(\pi \circ \pi_0)1}, \ldots, \mathfrak{v}_{(\pi \circ \pi_0)k}) \\
&= (\operatorname{sgn} \pi_0) \frac{1}{k!} \sum_{\pi \in \mathfrak{S}_k} (\operatorname{sgn} \pi \circ \pi_0)[\alpha\mathfrak{x}](\mathfrak{v}_{(\pi \circ \pi_0)1}, \ldots, \mathfrak{v}_{(\pi \circ \pi_0)k}) \\
&= (\operatorname{sgn} \pi_0)[(\theta\alpha)\mathfrak{x}](\mathfrak{v}_1, \ldots, \mathfrak{v}_k);
\end{aligned}$$

d.h. $\theta\alpha$ ist alternierend. Aus $\theta\alpha = \alpha$ folgt daher, daß α alternierend ist. Umgekehrt sei α alternierend. Dann gilt

$$\begin{aligned}
[(\theta\alpha)\mathfrak{x}](\mathfrak{v}_1, \ldots, \mathfrak{v}_k) &= \frac{1}{k!} \sum_{\pi \in \mathfrak{S}_k} (\operatorname{sgn} \pi)[\alpha\mathfrak{x}](\mathfrak{v}_{\pi 1}, \ldots, \mathfrak{v}_{\pi k}) \\
&= \frac{1}{k!} \sum_{\pi \in \mathfrak{S}_k} (\operatorname{sgn} \pi)^2 [\alpha\mathfrak{x}](\mathfrak{v}_1, \ldots, \mathfrak{v}_k) \\
&= [\alpha\mathfrak{x}](\mathfrak{v}_1, \ldots, \mathfrak{v}_k)
\end{aligned}$$

für alle $\mathfrak{x} \in D$ und alle $\mathfrak{v}_1, \ldots, \mathfrak{v}_k \in X$, also $\theta\alpha = \alpha$. ◆

Unmittelbar aus der Definition folgt

15.4 $\theta(\alpha+\beta)=\theta\alpha+\theta\beta, \qquad \theta(c\alpha)=c(\theta\alpha) \quad (c\in\mathbb{R}).$

Zusammen mit 15.3 folgt hieraus, daß θ eine surjektive lineare Abbildung von $\mathfrak{D}^k(X,D,Y)$ auf $\mathfrak{A}^k(X,D,Y)$ ist, die auf dem Unterraum $\mathfrak{A}^k(X,D,Y)$ von $\mathfrak{D}^k(X,D,Y)$ die Identität ist.

Das Produkt eines alternierenden Differentials mit einer alternierenden Differentialform ist, von Trivialfällen abgesehen, kein alternierendes Differential. Es ist daher naheliegend, innerhalb der alternierenden Differentiale eine neue Produktbildung mit Hilfe von θ zu definieren. Dieses alternierende Produkt ist sogar dann erklärt, wenn die Faktoren nicht alternieren.

Definition 15c: *Es sei $\alpha: D\to L^r(X,Y)$ ein Differential, und $\beta: D\to L^s(X,Y)$ sei eine Differentialform. Dann werden die durch*

$$\beta\wedge\alpha=\theta(\beta\cdot\alpha) \qquad \textit{und} \qquad \alpha\wedge\beta=\theta(\alpha\cdot\beta)$$

definierten alternierenden Differentiale **alternierende Produkte** *von α und β genannt.*

Für diese alternierenden Produkte gelten folgende Rechenregeln, die in demselben Sinn aufzufassen sind wie die entsprechenden Regeln für gewöhnliche Produkte (vgl. § 13).

15.5

(1) $(\gamma\wedge\beta)\wedge\alpha=\gamma\wedge(\beta\wedge\alpha).$

(2) $(\beta+\gamma)\wedge\alpha=(\beta\wedge\alpha)+(\gamma\wedge\alpha), \quad \alpha\wedge(\beta+\gamma)=(\alpha\wedge\beta)+(\alpha\wedge\gamma),$

$(c\beta)\wedge\alpha=c(\beta\wedge\alpha)=\beta\wedge(c\alpha) \qquad (c\in\mathbb{R}).$

(3) $\beta\wedge\alpha=(\theta\beta)\wedge\alpha=\beta\wedge(\theta\alpha)=(\theta\beta)\wedge(\theta\alpha).$

(4) $\beta\wedge\alpha=(-1)^{rs}(\alpha\wedge\beta)$, *wenn α und β die Ordnungen r und s besitzen.*

Beweis: (2) ergibt sich trivial aus der Definition und wegen 15.4.

(3) Es gilt $(\theta\beta)\wedge\alpha=\theta\big((\theta\beta)\cdot\alpha\big)$ und daher

$$[(\theta\beta\wedge\alpha)\mathfrak{x}](\mathfrak{v}_1,\dots,\mathfrak{v}_{r+s})=$$

$$\frac{1}{(r+s)!}\sum_{\pi\in\mathfrak{S}_{r+s}}(\operatorname{sgn}\pi)\left[\frac{1}{s!}\sum_{\pi^*\in\mathfrak{S}_s}(\operatorname{sgn}\pi^*)[\beta\mathfrak{x}](\mathfrak{v}_{(\pi\circ\pi^*)1},\dots,\mathfrak{v}_{(\pi\circ\pi^*)s})\right]$$

$$[[\alpha\mathfrak{x}](\mathfrak{v}_{\pi(s+1)},\dots,\mathfrak{v}_{\pi(r+s)})].$$

Dabei ist π^* zunächst nur eine Permutation der ersten s Indizes. Man kann aber π^* auch als Permutation aller $r+s$ Indizes auffassen, die die letzten r Indizes fest läßt. Da dann mit π auch $\pi \circ \pi^*$ ganz $\mathfrak{S}_{r+s}$ durchläuft, ergibt sich

$$[((\theta\beta) \wedge \alpha)\mathfrak{x}](\mathfrak{v}_1, \ldots, \mathfrak{v}_{r+s}) =$$

$$\frac{1}{s!} \sum_{\pi^* \in \mathfrak{S}_s} \left(\frac{1}{(r+s)!} \sum_{\pi \in \mathfrak{S}_{r+s}} \operatorname{sgn}(\pi \circ \pi^*) \big([\beta\mathfrak{x}](\mathfrak{v}_{(\pi\circ\pi^*)1}, \ldots, \mathfrak{v}_{(\pi\circ\pi^*)s})\big) \right.$$

$$\left. \big([\alpha\mathfrak{x}](\mathfrak{v}_{(\pi\circ\pi^*)(s+1)}, \ldots, \mathfrak{v}_{(\pi\circ\pi^*)(r+s)})\big) \right)$$

$$= \frac{1}{s!} \sum_{\pi^* \in \mathfrak{S}_s} [(\beta \wedge \alpha)\mathfrak{x}](\mathfrak{v}_1, \ldots, \mathfrak{v}_{r+s}).$$

Da die letzte Summe aus $s!$ gleichen Summanden besteht, folgt

$$[((\theta\beta) \wedge \alpha)\mathfrak{x}](\mathfrak{v}_1, \ldots, \mathfrak{v}_{r+s}) = [(\beta \wedge \alpha)\mathfrak{x}](\mathfrak{v}_1, \ldots. \mathfrak{v}_{r+s})$$

für alle $\mathfrak{x} \in D$ und alle $\mathfrak{v}_1, \ldots, \mathfrak{v}_{r+s} \in X$, also $(\theta\beta) \wedge \alpha = \beta \wedge \alpha$. Ebenso erhält man $\beta \wedge (\theta\alpha) = \beta \wedge \alpha$ und aus beiden Gleichungen schließlich $(\theta\beta) \wedge (\theta\alpha) = \beta \wedge \alpha$.
(1) Wegen (3) ergibt sich

$$\begin{aligned}(\gamma \wedge \beta) \wedge \alpha &= \theta\big((\theta(\gamma \cdot \beta)) \cdot \alpha\big) = \theta\big((\gamma \cdot \beta) \cdot \alpha\big) = \theta\big(\gamma \cdot (\beta \cdot \alpha)\big) \\ &= \theta\big(\gamma \cdot (\theta(\beta \cdot \alpha))\big) = \gamma \wedge (\beta \wedge \alpha).\end{aligned}$$

(4) Wegen

$$[(\beta \cdot \alpha)\mathfrak{x}](\mathfrak{v}_1, \ldots, \mathfrak{v}_s, \mathfrak{v}_{s+1}, \ldots, \mathfrak{v}_{s+r}) = [(\alpha \cdot \beta)\mathfrak{x}](\mathfrak{v}_{s+1}, \ldots, \mathfrak{v}_{s+r}, \mathfrak{v}_1, \ldots, \mathfrak{v}_s)$$

entspricht der Vertauschung der Faktoren eine Permutation π_0 der Vektoren $\mathfrak{v}_1, \ldots, \mathfrak{v}_{r+s}$, die $r \cdot s$ Vertauschungen benachbarter Vektoren erfordert und die daher das Signum $(-1)^{r \cdot s}$ besitzt. Es folgt

$$[(\beta \wedge \alpha)\mathfrak{x}](\mathfrak{v}_1, \ldots, \mathfrak{v}_{r+s}) = \frac{1}{(r+s)!} \sum_{\pi \in \mathfrak{S}_{r+s}} (\operatorname{sgn}\pi)[(\beta \cdot \alpha)\mathfrak{x}](\mathfrak{v}_{\pi 1}, \ldots, \mathfrak{v}_{\pi(r+s)})$$

$$= \frac{\operatorname{sgn}\pi_0}{(r+s)!} \sum_{\pi \in \mathfrak{S}_{r+s}} (\operatorname{sgn}\pi \circ \pi_0)[(\alpha \cdot \beta)\mathfrak{x}](\mathfrak{v}_{(\pi\circ\pi_0)1}, \ldots, \mathfrak{v}_{(\pi\circ\pi_0)(r+s)})$$

$$= (-1)^{rs}[(\alpha \wedge \beta)\mathfrak{x}](\mathfrak{v}_1, \ldots, \mathfrak{v}_{r+s})$$

und damit die letzte Behauptung. ◆

Wegen der in (1) bewiesenen Assoziativität können in mehrgliedrigen alternierenden Produkten die Klammern fortgelassen werden. Aus dem Beweis von (1) mit Hilfe von (3) folgt außerdem allgemein

$$\alpha_1 \wedge \ldots \wedge \alpha_r = \theta(\alpha_1 \cdots \alpha_r),$$

sofern dieses Produkt überhaupt definiert ist. Weiter ist die Anwendung von θ auf ein Differential 0-ter Ordnung, also eine Abbildung φ, wirkungslos; daher gilt in diesem Fall $\varphi \wedge \alpha = \theta(\varphi \cdot \alpha) = \varphi \cdot (\theta\alpha)$ und bei alternierendem α wegen $\theta\alpha = \alpha$ sogar $\varphi \wedge \alpha = \varphi \cdot \alpha$.

Es sei jetzt $\{\mathfrak{a}_1, \ldots, \mathfrak{a}_n\}$ eine Basis von X. Mit den hinsichtlich dieser Basis gebildeten Differentialformen $d\omega_1, \ldots, d\omega_n$ und bei beliebiger Wahl der Indizes ist dann

$$\alpha = d\omega_{\nu_1} \wedge \ldots \wedge d\omega_{\nu_k}$$

eine alternierende Differentialform k-ter Ordnung. Man erhält

$$\begin{aligned}[][\alpha\mathfrak{x}](\mathfrak{v}_1, \ldots, \mathfrak{v}_k) &= [(\theta(d\omega_{\nu_1} \cdots d\omega_{\nu_k}))\mathfrak{x}](\mathfrak{v}_1, \ldots, \mathfrak{v}_k) \\ &= \frac{1}{k!} \sum_{\pi \in \mathfrak{S}_k} (\operatorname{sgn}\pi)[(d\omega_{\nu_1} \cdots d\omega_{\nu_k})\mathfrak{x}](\mathfrak{v}_{\pi 1}, \ldots, \mathfrak{v}_{\pi k}).\end{aligned}$$

Nun ist aber die Wirkung dieselbe, wenn man einerseits die Vektoren $\mathfrak{v}_1, \ldots, \mathfrak{v}_k$ der Permutation π unterwirft oder andererseits die Differentialformen $d\omega_{\nu_1}, \ldots, d\omega_{\nu_k}$ der inversen Permutation π^{-1}. Wegen $\operatorname{sgn}\pi^{-1} = \operatorname{sgn}\pi$ und weil mit π auch π^{-1} ganz $\mathfrak{S}_k$ durchläuft, gilt auch

$$[\alpha\mathfrak{x}](\mathfrak{v}_1, \ldots, \mathfrak{v}_k) = \frac{1}{k!} \sum_{\pi \in \mathfrak{S}_k} (\operatorname{sgn}\pi)[(d\omega_{\nu_{\pi 1}} \cdots d\omega_{\nu_{\pi k}})\mathfrak{x}](\mathfrak{v}_1, \ldots, \mathfrak{v}_k)$$

und daher

15.6 $$d\omega_{\nu_1} \wedge \ldots \wedge d\omega_{\nu_k} = \frac{1}{k!} \sum_{\pi \in \mathfrak{S}_k} (\operatorname{sgn}\pi) d\omega_{\nu_{\pi 1}} \cdots d\omega_{\nu_{\pi k}}.$$

Die Vektoren $\mathfrak{v}_1, \ldots, \mathfrak{v}_k$ seien nun durch ihre Koordinaten gegeben. Es gelte etwa

$$\mathfrak{v}_\kappa = v_{\kappa,1}\mathfrak{a}_1 + \cdots + v_{\kappa,n}\mathfrak{a}_n \qquad (\kappa = 1, \ldots, k).$$

Dann ergibt sich wegen des letzten Satzes

$$[(d\omega_{\nu_1} \wedge \ldots \wedge d\omega_{\nu_k})\mathfrak{x}](\mathfrak{v}_1, \ldots, \mathfrak{v}_k) = \frac{1}{k!} \sum_{\pi \in \mathfrak{S}_k} (\operatorname{sgn}\pi) v_{1,\nu_{\pi 1}} \cdots v_{k,\nu_{\pi k}}.$$

Der rechts stehende Ausdruck ohne den Faktor $\frac{1}{k!}$ hat aber eine bekannte Bedeutung: er ist die Determinante derjenigen Matrix, deren Zeilen aus den jeweiligen ν_1-ten, ..., ν_k-ten Koordinaten der Vektoren $\mathfrak{v}_1, \ldots, \mathfrak{v}_k$ bestehen.

Sind nun zwei der Indizes $\nu_1, \ldots, \nu_k$ gleich, so besitzt diese Matrix bei beliebiger Wahl der Vektoren $\mathfrak{v}_1, \ldots, \mathfrak{v}_k$ zwei gleiche Spalten. Ihre Determinante verschwindet daher, und das alternierende Produkt ist in diesem Fall die Nullform. Unterwirft man andererseits die Faktoren des alternierenden Produkts $d\omega_{\nu_1} \wedge \ldots \wedge d\omega_{\nu_k}$ einer Permutation, so werden die Spalten der Matrix entsprechend permutiert, und die Determinante wird mit dem Signum der Permutation multipliziert. Es gilt also

15.7 $d\omega_{\nu_{\pi 1}} \wedge \ldots \wedge d\omega_{\nu_{\pi k}} = (\operatorname{sgn} \pi) d\omega_{\nu_1} \wedge \ldots \wedge d\omega_{\nu_k}$.

Sind mindestens zwei der Indizes $\nu_1, \ldots, \nu_k$ gleich, so folgt

$$d\omega_{\nu_1} \wedge \ldots \wedge d\omega_{\nu_k} = 0.$$

Dieses Ergebnis hätte man übrigens auch mit Hilfe von 15.4 (4) gewinnen können. Nach diesen Vorbereitungen soll nun allgemein die koordinatenmäßige Darstellung alternierender Differentiale behandelt werden.

15.8 *Es sei $\alpha: D \to A^k(X, Y)$ ein alternierendes Differential. Hinsichtlich einer Basis $\{\mathfrak{a}_1, \ldots, \mathfrak{a}_n\}$ von X kann dann α auf genau eine Weise in der Form*

$$\alpha = \sum_{\nu_1 < \nu_2 < \ldots < \nu_k} \varphi_{\nu_1, \ldots, \nu_k} \cdot d\omega_{\nu_1} \wedge \ldots \wedge d\omega_{\nu_k}$$

mit Abbildungen $\varphi_{\nu_1, \ldots, \nu_k}: D \to Y$ dargestellt werden. Dabei gilt

$$\varphi_{\nu_1, \ldots, \nu_k} \mathfrak{x} = k! \; [\alpha \mathfrak{x}](\mathfrak{a}_{\nu_1}, \ldots, \mathfrak{a}_{\nu_k}).$$

(Die Summe ist so zu verstehen, daß die Indizes $\nu_1, \ldots, \nu_k$ die Werte von 1 bis n durchlaufen, daß aber nur solche Indexkombinationen berücksichtigt werden, die die Bedingung $\nu_1 < \nu_2 < \ldots < \nu_k$ erfüllen.)

Beweis: Nach 13.1 gilt jedenfalls

$$\alpha = \sum_{\nu_1, \ldots, \nu_k = 1}^{n} \varphi^*_{\nu_1, \ldots, \nu_k} d\omega_{\nu_1} \cdots d\omega_{\nu_k},$$

wobei hier über alle Indizes unabhängig von 1 bis n summiert wird. Da α nach Voraussetzung alternierend ist, gilt wegen 15.3

$$\alpha = \theta \alpha = \sum_{\nu_1, \ldots, \nu_k = 1}^{n} \varphi^*_{\nu_1, \ldots, \nu_k} d\omega_{\nu_1} \wedge \ldots \wedge d\omega_{\nu_k}.$$

Nach 15.7 verschwinden in dieser Summe alle Summanden, in denen zwei gleiche Indizes auftreten. Ferner kann man in den alternierenden Produkten mit verschiedenen Indizes die Faktoren bei Berücksichtigung des entsprechenden Vorzeichenwechsels so vertauschen, daß ihre Indizes der Größe nach geordnet sind. Faßt man dann noch alle Glieder mit gleichem alternierenden Produkt zusammen, so erhält man eine Darstellung der Form

$$\alpha = \sum_{\nu_1 < \nu_2 < \ldots < \nu_k} \varphi_{\nu_1, \ldots, \nu_k} d\omega_{\nu_1} \wedge \ldots \wedge d\omega_{\nu_k}.$$

Wendet man diese an der Stelle $\mathfrak{x} \in D$ auf die Basisvektoren $\mathfrak{a}_{\mu_1}, \ldots, \mathfrak{a}_{\mu_k}$ mit $\mu_1 < \mu_2 < \ldots < \mu_k$ an, so erhält man

$$[\alpha\mathfrak{x}](\mathfrak{a}_{\mu_1}, \ldots, \mathfrak{a}_{\mu_k}) = \sum_{\nu_1 < \ldots < \nu_k} \varphi_{\nu_1, \ldots, \nu_k}\mathfrak{x}[\theta(d\omega_{\nu_1} \cdots d\omega_{\nu_k})\mathfrak{x}](\mathfrak{a}_{\mu_1}, \ldots, \mathfrak{a}_{\mu_k})$$

$$= \frac{1}{k!} \sum_{\nu_1 < \ldots < \nu_k} \varphi_{\nu_1, \ldots, \nu_k}\mathfrak{x}\Big(\sum_{\pi \in \mathfrak{S}_k} (\operatorname{sgn} \pi)(\omega_{\nu_1} \mathfrak{a}_{\mu_{\pi 1}}) \cdots (\omega_{\nu} \mathfrak{a}_{\mu_{\pi k}})\Big).$$

Nun gilt aber $(\omega_{\nu_1} \mathfrak{a}_{\mu_{\pi 1}}) \cdots (\omega_{\nu_k} \mathfrak{a}_{\mu_{\pi k}}) = 1$ genau für $\nu_1 = \mu_{\pi 1}, \ldots, \nu_k = \mu_{\pi k}$, während das Produkt in allen anderen Fällen verschwindet. Diese Bedingung ist aber wegen $\mu_1 < \ldots < \mu_k$ und $\nu_1 < \ldots < \nu_k$ nur genau dann erfüllt, wenn π die Identität ist und wenn $\nu_1 = \mu_1, \ldots, \nu_k = \mu_k$ erfüllt ist. Die rechte Seite reduziert sich also auf nur einen Summanden, und man erhält

$$[\alpha\mathfrak{x}](\mathfrak{a}_{\mu_1}, \ldots, \mathfrak{a}_{\mu_k}) = \frac{1}{k!} \varphi_{\mu_1, \ldots, \mu_k}\mathfrak{x}.$$

Dies ist die zweite Behauptung, die gleichzeitig beinhaltet, daß die Koeffizientenabbildungen und damit die gesamte Darstellung durch α eindeutig bestimmt sind. ◆

Beispiele

15.I Für das in 13.II im Fall $n = 3$ durch

$$[\beta_\varphi \mathfrak{x}](\mathfrak{v}_1, \mathfrak{v}_2) = (\varphi\mathfrak{x}) \cdot (\mathfrak{v}_1 \times \mathfrak{v}_2)$$

definierte alternierende Differential 2. Ordnung ergibt sich hinsichtlich einer positiv orientierten Orthonormalbasis $\{\mathfrak{e}_1, \mathfrak{e}_2, \mathfrak{e}_3\}$

$$\begin{aligned}
[\beta_\varphi \mathfrak{x}](\mathfrak{e}_1, \mathfrak{e}_2) &= (\varphi\mathfrak{x}) \cdot (\mathfrak{e}_1 \times \mathfrak{e}_2) = (\varphi\mathfrak{x}) \cdot \mathfrak{e}_3,\\
[\beta_\varphi \mathfrak{x}](\mathfrak{e}_1, \mathfrak{e}_3) &= (\varphi\mathfrak{x}) \cdot (\mathfrak{e}_1 \times \mathfrak{e}_3) = -(\varphi\mathfrak{x}) \cdot \mathfrak{e}_2,\\
[\beta_\varphi \mathfrak{x}](\mathfrak{e}_2, \mathfrak{e}_3) &= (\varphi\mathfrak{x}) \cdot (\mathfrak{e}_2 \times \mathfrak{e}_3) = (\varphi\mathfrak{x}) \cdot \mathfrak{e}_1.
\end{aligned}$$

Daher besitzt es die Darstellung

$$\begin{aligned}
\beta_\varphi = 2\big[&((\varphi\mathfrak{x}) \cdot \mathfrak{e}_3) d\omega_1 \wedge d\omega_2 - ((\varphi\mathfrak{x}) \cdot \mathfrak{e}_2) d\omega_1 \wedge d\omega_3 + \\
&+ ((\varphi\mathfrak{x}) \cdot \mathfrak{e}_1) d\omega_2 \wedge d\omega_3\big].
\end{aligned}$$

Benutzt man hier das Vektorfeld φ aus 13.III und schreibt wieder dx_ν statt $d\omega_\nu$, so erhält man speziell

$$\beta_\varphi = 2\big[(x_1^2 + x_2^2)dx_1 \wedge dx_2 - x_1 x_3 dx_1 \wedge dx_3 - x_2 x_3 dx_2 \wedge dx_3\big].$$

Wegen 15.6 gilt hier

$$dx_\mu \wedge dx_\nu = \frac{1}{2}(dx_\mu dx_\nu - dx_\nu dx_\mu).$$

Setzt man diese Ausdrücke ein, so erhält man dieselbe Darstellung, wie sie schon in 13.III gewonnen wurde.

15.II Für das alternierende Produkt der speziellen Differentialform α_φ aus 13.III und der soeben behandelten Differentialform β_φ erhält man

$$\begin{aligned} \alpha_\varphi \wedge \beta_\varphi &= 2(-x_2 x_3 dx_1 + x_1 x_3 dx_2 + (x_1^2 + x_2^2)dx_3) \wedge \\ &\quad \big((x_1^2 + {}_2^2)dx_1 \wedge dx_2 - x_1 x_3 dx_1 \wedge dx_3 - x_2 x_3 dx_2 \wedge dx_3\big) \\ &= 2\big(x_2^2 x_3^2 + x_1^2 x_3^2 + (x_1^2 + x_2^2)^2\big)dx_1 \wedge dx_2 \wedge dx_3. \end{aligned}$$

Die Anwendung von $dx_1 \wedge dx_2 \wedge dx_3$ auf drei Vektoren $\mathfrak{v}_1, \mathfrak{v}_2, \mathfrak{v}_3$ ergibt nach den im Anschluß an 15.6 gemachten Bemerkungen die Determinante der aus den Koordinaten dieser Vektoren bestehenden Matrix.

15.9 *Es sei $\psi: D' \to D$ mit $D' \subset X'$ eine differenzierbare Abbildung, und $\alpha: D \to A^k(X, Y)$ sei ein alternierendes Differential. Dann ist auch $\alpha \vartriangle \psi$ ein alternierendes Differential. Ferner gilt für entsprechende alternierende Produkte*

$$(\alpha \wedge \beta) \vartriangle \psi = (\alpha \vartriangle \psi) \wedge (\beta \vartriangle \psi).$$

Beweis: Da α selbst alternierend ist, ergibt sich die erste Behauptung wegen (vgl. 13b)

$$\begin{aligned} [(\alpha \vartriangle \psi)\mathfrak{x}'](\mathfrak{v}'_{\pi 1}, \ldots, \mathfrak{v}'_{\pi k}) &= [\alpha(\psi \mathfrak{x}')]\big((d_{\mathfrak{x}'}\psi)\mathfrak{v}'_{\pi 1}, \ldots, (d_{\mathfrak{x}'}\psi)\mathfrak{v}'_{\pi k}\big) \\ &= (\operatorname{sgn} \pi)[\alpha(\psi \mathfrak{x}')]\big((d_{\mathfrak{x}'}\psi)\mathfrak{v}'_1, \ldots, (d_{\mathfrak{x}'}\psi)\mathfrak{v}'_k\big) \\ &= (\operatorname{sgn} \pi)[(\alpha \vartriangle \psi)\mathfrak{x}'](\mathfrak{v}'_1, \ldots, \mathfrak{v}'_k). \end{aligned}$$

Außerdem gilt für beliebige Differentiale α

$$\begin{aligned} [((\theta\alpha) \vartriangle \psi)\mathfrak{x}'](\mathfrak{v}'_1, \ldots, \mathfrak{v}'_k) &= \frac{1}{k!} \sum_{\pi \in \mathfrak{S}_k} (\operatorname{sgn} \pi)[(\alpha \vartriangle \psi)\mathfrak{x}'](\mathfrak{v}'_{\pi 1}, \ldots, \mathfrak{v}'_{\pi k}) \\ &= [\theta(\alpha \vartriangle \psi)\mathfrak{x}'](\mathfrak{v}'_1, \ldots, \mathfrak{v}'_k), \end{aligned}$$

also $(\theta\alpha) \vartriangle \psi = \theta(\alpha \vartriangle \psi)$. Es folgt bei Berücksichtigung von 13.2

$$\begin{aligned}(\alpha \wedge \beta) \vartriangle \psi &= \big(\theta(\alpha \cdot \beta)\big) \vartriangle \psi = \theta\big((\alpha \cdot \beta) \vartriangle \psi\big)\\ &= \theta\big((\alpha \vartriangle \psi) \cdot (\beta \vartriangle \psi)\big) = (\alpha \vartriangle \psi) \wedge (\beta \vartriangle \psi). \qquad \blacklozenge\end{aligned}$$

Es sei jetzt $\alpha: D \to A^k(X, Y)$ sogar ein differenzierbares alternierendes Differential. Dann existiert zwar die Ableitung $d\alpha$, jedoch ist sie im allgemeinen nicht wieder ein alternierendes Differential. Um also auch innerhalb der alternierenden Differentiale ableiten zu können, muß man mit Hilfe von θ eine neue, alternierende Ableitung definieren.

Definition 15d: *Ist $\alpha: D \to A^k(X, Y)$ ein differenzierbares alternierendes Differential, so wird*

$$\mathrm{d}\,\alpha = \theta(d\alpha)$$

die **alternierende Ableitung** *von α genannt.*

Die alternierende Ableitung eines Differentials α ist auch dann definiert und liefert ein alternierendes Differential, wenn α selbst nicht alterniert. Es gilt

15.10 $\mathrm{d}(\theta\alpha) = \mathrm{d}\,\alpha$.

Beweis: Wegen

$$[(\theta\alpha)\mathfrak{x}](\mathfrak{v}_k, \ldots, \mathfrak{v}_1) = \frac{1}{k!} \sum_{\pi \in \mathfrak{S}_k} (\operatorname{sgn} \pi)[\alpha\mathfrak{x}](\mathfrak{v}_{\pi k}, \ldots, \mathfrak{v}_{\pi 1})$$

gilt

$$[\theta(d(\theta\alpha))\mathfrak{x}](\mathfrak{v}_{k+1}, \mathfrak{v}_k, \ldots, \mathfrak{v}_1) =$$

$$\frac{1}{k!}\,\frac{1}{(k+1)!} \sum_{\pi^* \in \mathfrak{S}_{k+1}} \sum_{\pi \in \mathfrak{S}_k} (\operatorname{sgn} \pi^*)(\operatorname{sgn} \pi)\,[(d\alpha)\mathfrak{x}](\mathfrak{v}_{\pi^*(k+1)}\,\mathfrak{v}_{(\pi^* \circ \pi)k}, \ldots, \mathfrak{v}_{(\pi^* \circ \pi)1}).$$

Hier können nun die Permutationen π auch als Permutationen aus $\mathfrak{S}_{k+1}$ mit $\pi(k+1) = k+1$ aufgefaßt werden. Bei dieser Auffassung gilt dann $(\operatorname{sgn} \pi^*)(\operatorname{sgn} \pi) = \operatorname{sgn}(\pi^* \circ \pi)$, $\pi^*(k+1) = (\pi^* \circ \pi)(k+1)$, und bei festem π durchläuft mit π^* auch $\sigma = \pi^* \circ \pi$ ganz $\mathfrak{S}_{k+1}$. Es folgt

$$\begin{aligned}&[\theta(d(\theta\alpha))\mathfrak{x}](\mathfrak{v}_{k+1}, \mathfrak{v}_k, \ldots, \mathfrak{v}_1)\\ &\quad= \frac{1}{k!} \sum_{\pi \in \mathfrak{S}_k} \left(\frac{1}{(k+1)!} \sum_{\sigma \in \mathfrak{S}_{k+1}} (\operatorname{sgn} \sigma)[(d\alpha)\mathfrak{x}](\mathfrak{v}_{\sigma(k+1)}, \ldots, \mathfrak{v}_{\sigma 1})\right)\\ &\quad= \frac{1}{k!} \sum_{\pi \in \mathfrak{S}_k} [\theta(d\alpha)\mathfrak{x}](\mathfrak{v}_{k+1}, \ldots, \mathfrak{v}_1) = [\theta(d\alpha)\mathfrak{x}](\mathfrak{v}_{k+1}, \ldots, \mathfrak{v}_1)\end{aligned}$$

für alle $\mathfrak{x}$ und alle $\mathfrak{v}_1, \ldots, \mathfrak{v}_{k+1}$, also

$$\mathrm{d}(\theta\alpha) = \theta\bigl(d(\theta\alpha)\bigr) = \theta(d\alpha) = \mathrm{d}\,\alpha. \quad \blacklozenge$$

15.11: *Bei entsprechenden Differenzierbarkeitsvoraussetzungen gilt*

$$\mathrm{d}(\alpha + \beta) = \mathrm{d}\,\alpha + \mathrm{d}\,\beta, \qquad \mathrm{d}(c\alpha) = c(\mathrm{d}\,\alpha).$$

Besitzt α die Ordnung r, so gilt außerdem

$$\mathrm{d}(\alpha \wedge \beta) = \mathrm{d}(\alpha \cdot \beta) = (\mathrm{d}\,\alpha) \wedge \beta + (-1)^r \alpha \wedge (\mathrm{d}\,\beta).$$

Beweis: Die beiden ersten Behauptungen folgen unmittelbar aus den Linearitätseigenschaften von d und θ. Weiter gilt nach dem vorangehenden Satz und wegen 14.2

$$\begin{aligned}\mathrm{d}(\alpha \wedge \beta) &= \mathrm{d}\bigl(\theta(\alpha \cdot \beta)\bigr) = \mathrm{d}(\alpha \cdot \beta) = \theta\bigl(d(\alpha \cdot \beta)\bigr)\\ &= \theta\bigl((d\alpha) \cdot \beta + \bigl(\alpha \cdot (d\beta)\bigr) \circ \pi_r\bigr)\\ &= \theta\bigl((d\alpha) \cdot \beta\bigr) + \bigl(\theta(\alpha \cdot (d\beta))\bigr) \circ \pi_r\\ &= (d\alpha) \wedge \beta + \bigl(\alpha \wedge (d\beta)\bigr) \circ \pi_r.\end{aligned}$$

Wegen 15.5 (4) gilt

$$(\mathrm{d}\,\alpha) \wedge \beta = \bigl(\theta(d\alpha)\bigr) \wedge \beta = (d\alpha) \wedge \beta$$

und entsprechend $\alpha \wedge (\mathrm{d}\,\beta) = \alpha \wedge (d\beta)$. Da schließlich $\alpha \wedge (d\beta)$ alterniert, ergibt sich wegen $\operatorname{sgn} \pi_r = (-1)^r$ die letzte Behauptung. $\blacklozenge$

Für ein Differential der Form $d\omega_{\nu_1} \wedge \ldots \wedge d\omega_{\nu_k}$ gilt wegen 15.10

$$\begin{aligned}\mathrm{d}(d\omega_{\nu_1} \wedge \ldots \wedge d\omega_{\nu_k}) &= \mathrm{d}\bigl(\theta(d\omega_{\nu_1} \cdots d\omega_{\nu_k})\bigr) = \mathrm{d}(d\omega_{\nu_1} \cdots d\omega_{\nu_k})\\ &= \theta\bigl(d(d\omega_{\nu_1} \cdots d\omega_{\nu_k})\bigr) = 0.\end{aligned}$$

Benutzt man nun noch die Regeln 15.11, so ergibt sich

15.12 *Hinsichtlich einer Basis $\{\mathfrak{a}_1, \ldots, \mathfrak{a}_n\}$ von X ist für ein differenzierbares alternierendes Differential*

$$\alpha = \sum_{\nu_1 < \ldots < \nu_k} \varphi_{\nu_1, \ldots, \nu_k} \cdot d\omega_{\nu_1} \wedge \ldots \wedge d\omega_{\nu_k}$$

die alternierende Ableitung durch

$$\begin{aligned}\mathrm{d}\,\alpha &= \sum_{\nu_1 < \ldots < \nu_k} d\varphi_{\nu_1, \ldots, \nu_k} \wedge d\omega_{\nu_1} \wedge \ldots \wedge d\omega_{\nu_k}\\ &= \sum_{\nu=1}^{n} \sum_{\nu_1 < \ldots < \nu_k} \frac{\partial \varphi_{\nu_1, \ldots, \nu_k}}{\partial \mathfrak{a}_\nu} d\omega_\nu \wedge d\omega_{\nu_1} \wedge \ldots \wedge d\omega_{\nu_k}\end{aligned}$$

gegeben.

Mehrfach differenzierbare Differentiale können natürlich auch mehrfach alternierend abgeleitet werden. Hierbei gilt jedoch der folgende wichtige Satz, durch den sich die alternierende Ableitung wesentlich von der gewöhnlichen Ableitung unterscheidet.

15.13 *Für zweimal stetig differenzierbare Differentiale* α *gilt*

$$\mathrm{d}(\mathrm{d}\alpha) = 0.$$

Beweis: Nochmalige alternierende Ableitung des Ausdrucks für $\mathrm{d}\alpha$ aus 15.12 liefert

$$\mathrm{d}(\mathrm{d}\alpha) = \sum_{\mu,\nu=1}^{n} \sum_{\nu_1 < \ldots < \nu_k} \frac{\partial^2 \varphi}{\partial \mathfrak{a}_\mu \partial \mathfrak{a}_\nu} d\omega_\mu \wedge d\omega_\nu \wedge d\omega_{\nu_1} \wedge \ldots \wedge d\omega_{\nu_k}.$$

Nun gilt wegen der vorausgesetzten Stetigkeit der zweiten Ableitungen nach 14.6

$$\frac{\partial^2 \varphi}{\partial \mathfrak{a}_\mu \partial \mathfrak{a}_\nu} = \frac{\partial^2 \varphi}{\partial \mathfrak{a}_\nu \partial \mathfrak{a}_\mu},$$

und man erhält (es gilt ja $d\omega_\mu \wedge d\omega_\mu = 0$)

$$\mathrm{d}(\mathrm{d}\alpha) = \sum_{\mu<\nu} \sum_{\nu_1 < \ldots < \nu_k} \frac{\partial^2 \varphi}{\partial \mathfrak{a}_\mu \partial \mathfrak{a}_\nu} [d\omega_\mu \wedge d\omega_\nu + d\omega_\nu \wedge d\omega_\mu] \wedge d\omega_{\nu_1} \wedge \ldots \wedge d\omega_{\nu_k}.$$

Wegen $d\omega_\nu \wedge d\omega_\mu = -d\omega_\mu \wedge d\omega_\nu$ verschwinden hier sämtliche eckigen Klammern, und es folgt die Behauptung. ◆

Unter welchen Bedingungen umgekehrt aus $\mathrm{d}\beta = 0$ auch folgt, daß β alternierende Ableitung eines Differentials α ist, daß also $\beta = \mathrm{d}\alpha$ gilt, wird erst später untersucht werden. Hier soll zunächst die alternierende Ableitung an den schon vorher behandelten Beispielen durchgeführt werden.

15.III Für die bereits in 15.I, 15.II bzw. 13.III untersuchten Differentialformen

$$\alpha_\varphi = -x_2 x_3 dx_1 + x_1 x_3 dx_2 + (x_1^2 + x_2^2) dx_3,$$
$$\beta_\varphi = 2\big((x_1^2 + x_2^2) dx_1 \wedge dx_2 - x_1 x_3 dx_1 \wedge dx_3 - x_2 x_3 dx_2 \wedge dx_3\big)$$

ergeben sich folgende alternierenden Ableitungen:

$$\begin{aligned} \mathrm{d}\alpha_\varphi &= -x_3 dx_2 \wedge dx_1 - x_2 dx_3 \wedge dx_1 + x_3 dx_1 \wedge dx_2 + x_1 dx_3 \wedge dx_2 \\ &\qquad + 2x_1 dx_1 \wedge dx_3 + 2x_2 dx_2 \wedge dx_3 \\ &= 2x_3 dx_1 \wedge dx_2 + (x_2 + 2x_1) dx_1 \wedge dx_3 + (2x_2 - x_1) dx_2 \wedge dx_3. \end{aligned}$$

$$\begin{aligned} \mathrm{d}(\mathrm{d}\alpha_\varphi) &= 2dx_3 \wedge dx_1 \wedge dx_2 + dx_2 \wedge dx_1 \wedge dx_3 - dx_1 \wedge dx_2 \wedge dx_3 \\ &= (2-1-1)dx_1 \wedge dx_2 \wedge dx_3 = 0. \\ \mathrm{d}\beta_\varphi &= 0, \end{aligned}$$

weil nach Durchführung der alternierenden Ableitung in allen alternierenden Produkten zwei gleiche Faktoren auftreten. Hier zeigt es sich in der Tat, daß $\beta_\varphi = \mathrm{d}\gamma$ mit einer Differentialform γ erster Ordnung gilt. Für

$$\gamma^* = -2x_1^2 x_2 dx_1 + 2x_1 x_2^2 dx_2 - (x_1^2 + x_2^2) x_3 dx_3$$

ergibt sich z. B.

$$\begin{aligned} \mathrm{d}\gamma^* = & -2x_1^2 dx_2 \wedge dx_1 + 2x_2^2 dx_1 \wedge dx_2 \\ & - 2x_1 x_3 dx_1 \wedge dx_3 - 2x_2 x_3 dx_2 \wedge dx_3 = \beta_\varphi. \end{aligned}$$

Diese Differentialform γ^* ist aber keineswegs die einzige, deren alternierende Ableitung β_φ ergibt. Offenbar ist $\mathrm{d}\gamma = \beta_\varphi$ gleichwertig mit $\mathrm{d}(\gamma - \gamma^*) = 0$. Diese Bedingung ist aber jedenfalls dann erfüllt, wenn $\gamma - \gamma^*$ wiederum Ableitung einer Differentialform 0-ter Ordnung, also totales Differential einer reellwertigen Abbildung ist. Die Gleichung $\mathrm{d}\gamma = \beta_\varphi$ wird somit auch von jeder Differentialform

$$\gamma = \gamma^* + \frac{\partial f}{\partial x_1} dx_1 + \frac{\partial f}{\partial x_2} dx_2 + \frac{\partial f}{\partial x_3} dx_3$$

mit einer beliebigen zweimal stetig differenzierbaren Funktion f erfüllt.

Abschließend soll nun noch die alternierende Ableitung eines übertragenen Differentials untersucht werden. Hierfür gilt

15.14 *Es sei $\psi: D' \to D$ eine differenzierbare Abbildung. Für jedes differenzierbare Differential $\alpha: D \to L^k(X, Y)$ gilt dann*

$$\mathrm{d}(\alpha \vartriangle \psi) = (\mathrm{d}\alpha) \vartriangle \psi.$$

Beweis: Es genügt, die Behauptung für Differentialformen α zu beweisen. Mit den Bezeichnungen aus 13.3 sei hinsichtlich zweier Basen die Abbildung ψ durch die Koordinatengleichungen

$$x_\nu = g_\nu(x'_1, \ldots, x'_r) \qquad (\nu = 1, \ldots, n)$$

beschrieben, und es gelte

$$\alpha = \sum_{\nu_1, \ldots, \nu_k = 1}^{n} f_{\nu_1, \ldots, \nu_k} \cdot d\omega_{\nu_1} \cdots d\omega_{\nu_k}.$$

Mit

$$h_{\nu_1,\ldots,\nu_k}(x'_1,\ldots,x'_r)=f_{\nu_1,\ldots,\nu_k}(g_1(x'_1,\ldots,x'_r),\ldots,g_n(x'_1,\ldots,x'_r))$$

gilt nach 13.3

$$\alpha \vartriangle \psi = \sum_{\nu_1,\ldots,\nu_k=1}^{n} h_{\nu_1,\ldots,\nu_k} dg_{\nu_1}\cdots dg_{\nu_k},$$

also

$$\theta(\alpha \vartriangle \psi) = \sum_{\nu_1,\ldots,\nu_k=1}^{n} h_{\nu_1,\ldots,\nu_k} dg_{\nu_1}\wedge\ldots\wedge dg_{\nu_k}.$$

Wegen 15.10 und 15.12 folgt mit Hilfe der Kettenregel

$$\mathrm{d}(\alpha \vartriangle \psi) = \mathrm{d}\big(\theta(\alpha \vartriangle \psi)\big) = \sum_{\nu_1,\ldots,\nu_k=1}^{n} dh_{\nu_1,\ldots,\nu_k}\wedge dg_{\nu_1}\wedge\ldots\wedge dg_{\nu_k}$$

$$= \sum_{\nu_1,\ldots,\nu_k=1}^{n}\sum_{\nu=1}^{n}\frac{\partial f_{\nu_1,\ldots,\nu_k}}{\partial x_\nu} dg_\nu\wedge dg_{\nu_1}\wedge\ldots\wedge dg_{\nu_k}.$$

Andererseits ergibt sich

$$\mathrm{d}\alpha = \sum_{\nu_1,\ldots,\nu_k=1}^{n}\sum_{\nu=1}^{n}\frac{\partial f_{\nu_1,\ldots,\nu_k}}{\partial x_\nu} d\omega_\nu\wedge d\omega_{\nu_1}\wedge\ldots\wedge d\omega_{\nu_k}$$

und daher

$$(\mathrm{d}\alpha)\vartriangle \psi = \sum_{\nu_1,\ldots,\nu_k=1}^{n}\sum_{\nu=1}^{n}\frac{\partial f_{\nu_1,\ldots,\nu_k}}{\partial x_\nu} dg_\nu\wedge dg_{\nu_1}\wedge\ldots\wedge dg_{\nu_k},$$

also derselbe Ausdruck wie vorher und damit die Behauptung. ◆

15.IV Zur Erläuterung soll nochmals an das Beispiel 13.III angeknüpft werden. Mit den dort gewählten speziellen Abbildungen galt

$$\alpha_\varphi \vartriangle \psi = \sin v\cos^2 v\, du + \cos^3 v\, dv.$$

Es folgt

$$\mathrm{d}(\alpha_\varphi \vartriangle \psi) = (2\sin^2 v\cos v - \cos^3 v)\, du\wedge dv.$$

Andererseits hatte sich in 15.III

$$\mathrm{d}\alpha_\varphi = 2x_3\, dx_1\wedge dx_2 + (x_2+2x_1)\, dx_1\wedge dx_3 + (2x_2-x_1)\, dx_2\wedge dx_3$$

ergeben. Wegen

$$x_1=\cos u\cos v,\quad x_2=\sin u\cos v,\quad x_3=\sin v$$

erhält man

$$\begin{aligned}(\mathrm{d}\alpha_\varphi) \vartriangle \psi &= 2\sin v(-\sin u \cos v\, du - \cos u \sin v\, dv) \wedge (\cos u \cos v\, du - \sin u \sin v\, dv)\\ &\quad + (\sin u \cos v + 2\cos u \cos v)(-\sin u \cos v\, du - \cos u \sin v\, dv) \wedge \cos v\, dv\\ &\quad + (2\sin u \cos v - \cos u \cos v)(\cos u \cos v\, du - \sin u \sin v\, dv) \wedge \cos v\, dv\\ &= (2\sin^2 u \sin^2 v \cos v + 2\cos^2 u \sin^2 v \cos v - \sin^2 u \cos^3 v\\ &\quad - 2\sin u \cos u \cos^3 v + 2\sin u \cos u \cos^3 v - \cos^2 u \cos^3 v)\, du \wedge dv\\ &= (2\sin^2 v \cos v - \cos^3 v)\, du \wedge dv,\end{aligned}$$

also dasselbe Ergebnis wie bei der Berechnung von $\mathrm{d}(\alpha_\varphi \vartriangle \psi)$.

Ergänzungen und Aufgaben

15A Bezüglich einer Basis des zweidimensionalen Vektorraums sei die Differentialform α auf $D = \{\mathfrak{x} : \mathfrak{x} \neq \mathfrak{o}\}$ durch

$$\alpha = \frac{y}{x^2 + y^2}\, dx - \frac{x}{x^2 + y^2}\, dy$$

gegeben.

Aufgabe: (1) Man weise $\mathrm{d}\alpha = 0$ nach.
(2) Es sei φ die durch $x = r\cos u$, $y = r\sin u$ beschriebene Abbildung, der also die Transformation auf Polarkoordinaten entspricht. Man berechne $\alpha \vartriangle \varphi$ und zeige, daß $\alpha \vartriangle \varphi = d\beta$ mit einer geeigneten reellwertigen Abbildung β erfüllt ist.

(3) Man zeige jedoch, daß $\alpha = d\gamma$ mit keiner auf D definierten Abbildung γ gilt, daß diese Gleichung aber bei geeignet verkleinertem Definitionsbereich erfüllbar ist.

15B Hinsichtlich einer Basis $\{\mathfrak{a}_1, \mathfrak{a}_2, \mathfrak{a}_3\}$ des dreidimensionalen Vektorraums X sei die Differentialform α durch

$$\alpha = xz^2\, dx \wedge dy - yz\, dx \wedge dz + f(x, y, z)\, dy \wedge dz$$

gegeben.

Aufgabe: (1) Man bestimme alle auf dem ganzen Raum definierten und stetig differenzierbaren Funktionen f, mit denen $\mathrm{d}\alpha = 0$ erfüllt ist.
(2) Man zeige, daß es zu jeder nach (1) bestimmten Funktion f eine Differentialform β mit $\mathrm{d}\beta = \alpha$ gibt, und bestimme jeweils alle diese (zweimal stetig differenzierbaren) Differentialformen β.

(3) Man zeige, daß mit $f(x, y, z) = -(x^2 + x + y)z$ die Bedingung $\mathrm{d}\alpha = 0$ erfüllt ist, und berechne β so, daß außer $\mathrm{d}\beta = \alpha$ noch $[\beta\mathfrak{x}]\mathfrak{a}_2 = 0$ für alle $\mathfrak{x} \in X$ und $[\beta\mathfrak{x}]\mathfrak{a}_1 = 0$ für alle $\mathfrak{x} \in [\mathfrak{a}_2, \mathfrak{a}_3]$ gilt.

15C Die Abbildung $\varphi : \mathbb{R}^3 \to \mathbb{R}^4$ sei durch die Koordinatengleichungen

$$s = x^2 y + z^3, \quad t = x + z, \quad u = x - z, \quad v = y^2$$

gegeben. Ferner gelte

$$\alpha = u^2 ds + uv\,dt, \quad \beta = tv,$$

$$\mathfrak{x}^* = (1, -1, 2),$$

$$\mathfrak{v}_1 = (1, 0, 1), \quad \mathfrak{v}_2 = (2, -3, 1), \quad \mathfrak{v}_3 = (-2, 0, 1).$$

Aufgabe: Man berechne

$$[((\mathrm{d}(\beta \cdot \mathrm{d}\alpha)) \vartriangle \varphi)\mathfrak{x}^*](\mathfrak{v}_1, \mathfrak{v}_2, \mathfrak{v}_3),$$

und zwar
(1) durch Berechnung von $\mathrm{d}(\beta \cdot \mathrm{d}\alpha)$, nachfolgende Übertragung durch φ und Einsetzen der Werte,
(2) indem α und β zunächst durch φ übertragen werden, und dann erst die Differentiationen und Einsetzungen durchgeführt werden,
(3) durch direkte Anwendung der Übertragungsdefinition, also durch Berechnung im $\mathbb{R}^4$.

§ 16 Lokale Extrema

In diesem Paragraphen sei φ stets eine reellwertige Abbildung mit einem Definitionsbereich D. Ferner sei φ hinsichtlich einer Basis $\{\mathfrak{a}_1, \ldots, \mathfrak{a}_n\}$ des Raumes die Koordinatenfunktion f der Veränderlichen $x_1, \ldots, x_n$ zugeordnet.

Definition 16a: *Es sei $\mathfrak{x}^*$ ein innerer Punkt von D. Dann besitzt φ in $\mathfrak{x}^*$ ein* **lokales Minimum (Maximum)**, *wenn es eine Umgebung U von $\mathfrak{x}^*$ mit $U \subset D$ gibt, so daß für alle $\mathfrak{x} \in U$ mit $\mathfrak{x} \neq \mathfrak{x}^*$ stets $\varphi\mathfrak{x} > \varphi\mathfrak{x}^*$ ($\varphi\mathfrak{x} < \varphi\mathfrak{x}^*$) gilt.*

Es soll also φ relativ zu den anderen Punkten einer hinreichend kleinen Umgebung von $\mathfrak{x}^*$ in diesem Punkt selbst einen minimalen bzw. maximalen Wert besitzen. Statt von einem lokalen Extremum (Minimum oder Maximum) spricht man daher auch von einem **relativen Extremum**.

Wenn φ in $\mathfrak{x}^*$ ein lokales Minimum besitzt, kann es in D durchaus andere Punkte $\mathfrak{x}$ mit $\varphi\mathfrak{x} < \varphi\mathfrak{x}^*$ geben; nur müssen eben derartige Punkte von $\mathfrak{x}^*$ einen durch die Umgebung bestimmten Mindestabstand haben. Läßt man in der Definition bei den Ungleichungen auch das Gleichheitszeichen zu, so spricht man von einem schwachen lokalen Extremum.

16.1 (*Notwendige Bedingung für lokale Extrema.*) *Die Abbildung φ sei in dem inneren Punkt $\mathfrak{x}^*$ von D differenzierbar und besitze in $\mathfrak{x}^*$ ein* (schwaches) *lokales Extremum. Dann gilt $d_{\mathfrak{x}^*}\varphi = 0$ oder gleichwertig* grad $\varphi = \mathfrak{o}$. *Für die Koordinatenfunktion f bedeutet dies, daß in $\mathfrak{x}^*$*

$$\frac{\partial f}{\partial x_1} = \cdots = \frac{\partial f}{\partial x_n} = 0$$

erfüllt sein muß.

Beweis: Es sei vorausgesetzt, daß φ in $\mathfrak{x}^*$ ein lokales Minimum besitzt. Mit einer geeigneten Umgebung U von $\mathfrak{x}^*$ gilt dann $\varphi\mathfrak{x} \geqq \varphi\mathfrak{x}^*$ für alle $\mathfrak{x} \in U$. Bei gegebenem Vektor $\mathfrak{v} \neq \mathfrak{o}$ und hinreichend kleinem $|t| > 0$ folgt dann

$$0 \leqq \varphi(\mathfrak{x}^* + t\mathfrak{v}) - \varphi\mathfrak{x}^* = t(d_{\mathfrak{x}^*}\varphi)\mathfrak{v} + |t|\,|\mathfrak{v}|\,\delta(\mathfrak{x}^*, t\mathfrak{v})$$

oder nach Division durch $|t|$

$$0 \leqq (\operatorname{sgn} t)(d_{\mathfrak{x}^*}\varphi)\mathfrak{v} + |\mathfrak{v}|\,\delta(\mathfrak{x}^*, t\mathfrak{v}).$$

Läßt man nun t einmal rechtsseitig und einmal linksseitig gegen Null konvergieren, so folgt wegen $\lim \delta(\mathfrak{x}^*, t\mathfrak{v}) = 0$ sowohl $0 \leqq (d_{\mathfrak{x}^*}\varphi)\mathfrak{v}$ als auch $0 \leqq -(d_{\mathfrak{x}^*}\varphi)\mathfrak{v}$, also die Behauptung $(d_{\mathfrak{x}^*}\varphi)\mathfrak{v} = 0$ für jeden Vektor $\mathfrak{v}$ und damit $d_{\mathfrak{x}^*}\varphi = 0$.
Der Fall eines lokalen Maximums kann durch Betrachtung von $-f$ statt f auf den Fall des Minimums zurückgeführt werden. ◆

Wenn die Abbildung φ in ganz D differenzierbar ist, kann man nach diesem Satz bei der Bestimmung etwaiger lokaler Extremstellen von φ in D so vorgehen, daß man mit der Koordinatenfunktion f das Gleichungssystem

$$f'_{x_1}(x_1, \ldots, x_n) = 0, \ldots, f'_{x_n}(x_1, \ldots, x_n) = 0$$

aufstellt und seine Lösungsstellen $\mathfrak{x}^*$ aufsucht. Diese Stellen $\mathfrak{x}^*$ sind dann mögliche Stellen lokaler Extrema. Ob φ dort tatsächlich ein lokales Extremum besitzt, läßt sich im allgemeinen nur durch individuelle Untersuchungen der Werte von φ in einer Umgebung der betreffenden Stelle ermitteln. Man kann

jedoch ein einfaches hinreichendes Kriterium aufstellen, wenn man von φ stärkere Differenzierbarkeitseigenschaften voraussetzt.
Es sei nämlich jetzt φ in D sogar zweimal stetig differenzierbar, und an der Stelle $\mathfrak{x}^*$ sei die für ein lokales Extremum notwendige Bedingung $d_{\mathfrak{x}^*}\varphi = 0$ erfüllt. Wegen 14.8 gilt dann für $\mathfrak{v} \neq \mathfrak{o}$

$$\begin{aligned}\varphi(\mathfrak{x}^* + \mathfrak{v}) - \varphi\mathfrak{x}^* &= \frac{1}{2!}\,[(d^2\varphi)\mathfrak{x}^*](\mathfrak{v}, \mathfrak{v}) + |\mathfrak{v}|^2 \delta_2(\mathfrak{x}^*, \mathfrak{v}) \\ &= |\mathfrak{v}|^2 \left(\frac{1}{2!}\,[(d^2\varphi)\mathfrak{x}^*]\left(\frac{\mathfrak{v}}{|\mathfrak{v}|}, \frac{\mathfrak{v}}{|\mathfrak{v}|}\right) + \delta_2(\mathfrak{x}^*, \mathfrak{v})\right) \\ &\text{mit} \quad \lim_{\mathfrak{v}\to\mathfrak{o}} \delta_2(\mathfrak{x}^*, \mathfrak{v}) = 0.\end{aligned}$$

Die durch

$$\psi\mathfrak{u} = \frac{1}{2!}\,[(d^2\varphi)\mathfrak{x}^*](\mathfrak{u}, \mathfrak{u})$$

definierte stetige reellwertige Abbildung ψ nimmt auf der kompakten Menge aller Einheitsvektoren nach 7.12 ihr Minimum a und ihr Maximum b an. Es sollen nun folgende drei Fälle betrachtet werden.

1. *Fall:* $0 < a$. Wegen $\lim_{\mathfrak{v}\to\mathfrak{o}} \delta_2(\mathfrak{x}^*, \mathfrak{v}) = 0$ gilt für alle $\mathfrak{v}$ hinreichend kleinen Betrages $|\delta_2(\mathfrak{x}^*, \mathfrak{v})| < \frac{1}{2}a$ und daher im Fall $\mathfrak{v} \neq \mathfrak{o}$

$$\varphi(\mathfrak{x}^* + \mathfrak{v}) - \varphi\mathfrak{x}^* > |\mathfrak{v}|^2 (a - \tfrac{1}{2}a) = \tfrac{1}{2} \quad a|\mathfrak{v}|^2 > 0.$$

In diesem Fall besitzt also φ in $\mathfrak{x}^*$ ein lokales Minimum.

2. *Fall:* $b < 0$. Entsprechend gilt hier $|\delta_2(\mathfrak{x}^*, \mathfrak{v})| < \frac{1}{2}|b|$ für alle $\mathfrak{v}$ hinreichend kleinen Betrages und daher im Fall $\mathfrak{v} \neq \mathfrak{o}$

$$\varphi(\mathfrak{x}^* + \mathfrak{v}) - \varphi\mathfrak{x}^* < |\mathfrak{v}|^2 \left(b + \tfrac{1}{2}\,|b|\right) = \tfrac{1}{2}\, b|\mathfrak{v}|^2 < 0.$$

Jetzt besitzt also φ in $\mathfrak{x}^*$ ein lokales Maximum.
3. *Fall:* $a < 0 < b$. Mit Einheitsvektoren $\mathfrak{e}_a$, $\mathfrak{e}_b$ gilt dann $\psi\mathfrak{e}_a = a$ und $\psi\mathfrak{e}_b = b$. Für hinreichend kleine Werte von $|t| > 0$ gilt außerdem

$$|\delta_2(\mathfrak{x}^*, t\mathfrak{e}_a)| < \tfrac{1}{2}|a| \qquad \text{und} \qquad |\delta_2(\mathfrak{x}^*, t\mathfrak{e}_b)| < \tfrac{1}{2}b.$$

Es folgt

$$\begin{aligned}\varphi(\mathfrak{x}^* + t\mathfrak{e}_a) - \varphi\mathfrak{x}^* &< t^2 (a + \tfrac{1}{2}|a|) = \tfrac{1}{2}at^2 < 0, \\ \varphi(\mathfrak{x}^* + t\mathfrak{e}_b) - \varphi\mathfrak{x}^* &> t^2 (b - \tfrac{1}{2}b) \;\; = \tfrac{1}{2}bt^2 > 0.\end{aligned}$$

In diesem Fall besitzt φ also in $\mathfrak{x}^*$ kein lokales Extremum. Im Gegenteil: bezüglich der durch $\mathfrak{e}_a$ bestimmten Geraden durch $\mathfrak{x}^*$ besitzt φ in $\mathfrak{x}^*$ ein lokales Minimum, bezüglich der durch $\mathfrak{e}_b$ bestimmten Geraden aber ein lokales Maximum. Solche Punkte $\mathfrak{x}^*$ werden **Sattelpunkte** von φ genannt. Im Fall einer Funktion von zwei Veränderlichen hat nämlich die Funktionswertfläche lokal die Form eines Sattels.

Nicht erfaßt wurden bei dieser Fallunterscheidung die Sonderfälle $a = 0$ bzw. $b = 0$, in denen keine unmittelbare Entscheidung möglich ist und die speziellere Untersuchungen erfordern. Sieht man von ihnen ab, so kommt es nur noch darauf an, über das Vorzeichen von a und b zu entscheiden.

Zunächst gilt hinsichtlich der Basis $\{\mathfrak{a}_1, \ldots, \mathfrak{a}_n\}$

$$\psi\mathfrak{v} = \tfrac{1}{2}[(d^2\varphi)\mathfrak{x}^*](\mathfrak{v}, \mathfrak{v}) = \tfrac{1}{2} \sum_{\mu,\nu=1}^{n} a_{\mu,\nu} v_\mu v_\nu \qquad \text{mit} \qquad a_{\mu,\nu} = \frac{\partial^2 f}{\partial x_\nu \partial x_\mu},$$

wobei die partiellen Ableitungen an der Stelle $\mathfrak{x}^*$ zu bilden sind. Wegen 14.6 oder 14.7 bilden die Zahlen $a_{\mu,\nu}$ eine symmetrische Matrix A. Eine solche Matrix besitzt aber bekanntlich lauter reelle Eigenwerte $c_1, \ldots, c_n$, und es existiert eine aus Eigenvektoren von A bestehende (Orthonormal-)Basis $\{\mathfrak{e}_1, \ldots, \mathfrak{e}_n\}$ des Raumes. Hinsichtlich dieser Basis wird ψ dann durch eine Diagonalmatrix beschrieben, und mit den entsprechenden Koordinaten $v'_1, \ldots, v'_n$ von $\mathfrak{v}$ gilt

$$\psi\mathfrak{v} = c_1 v_1'^2 + \cdots + c_n v_n'^2.$$

Sind hier die Eigenwerte alle positiv, so folgt $\psi\mathfrak{v} > 0$ für alle $\mathfrak{v} \neq \mathfrak{o}$ und daher auch $a > 0$. Ebenso ergibt sich $b < 0$, wenn alle Eigenwerte negativ sind. Schließlich gebe es positive und negative Eigenwerte; es gelte etwa $c_1 < 0$ und $c_2 > 0$. Dann folgt $\psi\mathfrak{e}_1 = c_1 < 0$, $\psi\mathfrak{e}_2 = c_2 > 0$ und daher $a < 0 < b$. Zusammenfassend hat sich damit das folgende Kriterium ergeben.

16.2 (*Hinreichende Bedingung für lokale Extrema.*) *Die Abbildung φ sei in D zweimal stetig differenzierbar, und an der Stelle $\mathfrak{x}^*$ sei die notwendige Bedingung $d_{\mathfrak{x}^*}\varphi = 0$ für lokale Extrema erfüllt. Ferner sei*

$$A = \begin{pmatrix} f''_{x_1,x_1} \cdots f''_{x_1,x_n} \\ \cdots\cdots\cdots\cdots \\ f''_{x_n,x_1} \cdots f''_{x_n,x_n} \end{pmatrix}$$

die aus den zweiten partiellen Ableitungen der Koordinatenfunktion f an der Stelle $\mathfrak{x}^*$ gebildete symmetrische Matrix. Dann gilt:

Besitzt A lauter positive Eigenwerte, so hat φ in $\mathfrak{x}^*$ ein lokales Minimum.

Besitzt A lauter negative Eigenwerte, so hat φ in $\mathfrak{x}^*$ ein lokales Maximum. Besitzt A mindestens einen positiven und mindestens einen negativen Eigenwert, so hat φ in $\mathfrak{x}^*$ einen Sattelpunkt.

Nicht erfaßt wird in diesem Satz der Fall, daß Null als Eigenwert auftritt und alle übrigen Eigenwerte gleiches Vorzeichen besitzen. In ihm ist im allgemeinen keine unmittelbare Entscheidung möglich. Eine solche erfordert vielmehr spezielle Untersuchungen der Funktionswerte, für die sich keine generellen Vorschriften angeben lassen.
Bevor das Kriterium an einem Beispiel erläutert wird, soll noch ein wichtiger Hinweis zu seiner praktischen Anwendung gegeben werden. Diese erfordert ja, daß man die Vorzeichen der Eigenwerte von A ermittelt. Man hat also zunächst das charakteristische Polynom $\mathrm{Det}(A - tE)$ zu berechnen, was ja stets durchführbar ist. Die explizite Berechnung der Eigenwerte, die im allgemeinen nur approximativ möglich ist, braucht hingegen für diesen Zweck nicht durchgeführt zu werden. Es gilt nämlich der folgende Spezialfall der **Kartesischen Zeichen-Regel**.

16.3 *Das Polynom*

$$P(x) = a_n x^n + a_{n-1} x^{n-1} + \cdots + a_1 x + a_0$$

mit $a_0 \neq 0$, $a_n \neq 0$ *besitze lauter reelle Nullstellen. Ferner trete in der Folge der Vorzeichen der Koeffizienten k-mal ein Wechsel von + nach − oder von − nach + auf.* (Tritt Null als Koeffizient auf, so kann ein beliebiges Vorzeichen gewählt werden; vgl. Beweis.) *Dann besitzt P genau k positive und* $n - k$ *negative Nullstellen, wenn man diese entsprechend ihrer Vielfachheit zählt.*

Beweis: Für $n = 1$ ist die Behauptung trivial. Weiter gelte daher $n > 1$ und zusätzlich zunächst $P'(0) = a_1 \neq 0$. Zwischen je zwei Nullstellen von P liegt eine Nullstelle von P' und umgekehrt. (Eine s-fache Nullstelle von P ist eine $(s-1)$-fache Nullstelle von P'.) Daher besitzt P' ebenfalls lauter reelle Nullstellen, unter denen k positiv und demnach $n - k - 1$ negativ seien. Nach Induktionsvoraussetzung weisen die Koeffizienten von P' und damit auch die Koeffizienten $a_n, \ldots, a_1$ von P gerade k Vorzeichenwechsel auf. Und jedenfalls besitzt auch P mindestens k positive und $n - k - 1$ negative Nullstellen. Lediglich über das Vorzeichen derjenigen Nullstelle von P muß noch entschieden werden, die vom Nullpunkt nicht durch eine Nullstelle von P' getrennt ist. Haben nun $a_0 = P(0)$ und $a_1 = P'(0)$ unterschiedliches Vorzeichen, so ergibt dies einerseits einen zusätzlichen Vorzeichenwechsel. Andererseits bedeutet dies, daß der Graph von P oberhalb des Nullpunkts mit fallender Tangente

oder unterhalb mit steigender Tangente verläuft, daß also die fehlende Nullstelle positiv ist. Entsprechend erweist sich diese Nullstelle bei gleichen Vorzeichen von a_0 und a_1 als negativ. Damit ist der Induktionsschluß im Fall $a_1 \neq 0$ durchgeführt.
Im Fall $a_1 = P'(0) = 0$ muß jedenfalls $a_2 \neq 0$ gelten: Andernfalls würde nämlich P' im Nullpunkt eine doppelte Nullstelle besitzen, und im Widerspruch zur Voraussetzung würde $a_0 = P(0) = 0$ folgen. Die weiteren Schlüsse können ähnlich wie vorher durchgeführt werden. Nur treten jetzt neben den durch die Vorzeichenwechsel der Koeffizienten $a_n, \ldots, a_2$ bestimmten $n-2$ positiven und negativen Nullstellen von P noch je eine positive und eine negative Nullstelle auf. Andererseits erhält man aber auch nur einen zusätzlichen Vorzeichenwechsel: Gilt nämlich $a_2 > 0$, besitzt also P im Nullpunkt ein relatives Minimum, so muß offenbar $a_0 = P(0) < 0$ erfüllt sein; und aus $a_2 < 0$ folgt entsprechend $a_0 > 0$. Man kann daher auch dem Koeffizienten $a_1 = 0$ ein beliebiges Vorzeichen zuordnen, weil sich ja in jedem Fall gerade genau ein Vorzeichenwechsel zwischen a_2 und a_0 ergibt. ◆

In dieser scharfen Form gilt die Zeichen-Regel allerdings auch nur für Polynome, die keine komplexen Nullstellen besitzen, wie dies bei den hier zur Debatte stehenden charakteristischen Polynomen symmetrischer Matrizen der Fall ist.
Das bisher Behandelte soll nun an einem Beispiel erläutert werden.

16.I Für die Funktion

$$f(x, y, z) = (y - x^2)^2 - x^2 + y^2 + (1-x)z^2$$

erhält man als notwendige Bedingung für lokale Extrema das Gleichungssystem

$$\begin{aligned} f'_x &= -4x(y - x^2) - 2x - z^2 = 0, \\ f'_y &= 2(y - x^2) + 2y = 0, \\ f'_z &= 2(1-x)z = 0. \end{aligned}$$

Aus der zweiten Gleichung folgt $y = \frac{1}{2}x^2$ und aus der dritten $x = 1$ oder $z = 0$. Dies führt auf folgende Stellen (x, y, z) möglicher lokaler Extrema:

$$(0, 0, 0), \quad (-1, \tfrac{1}{2}, 0), \quad (1, \tfrac{1}{2}, 0).$$

Bildet man für die hinreichende Bedingung die Matrix der zweiten Ableitungen zunächst allgemein, so erhält man bei Ausnutzung von $y = \frac{1}{2}x^2$

$$A(x, y, z) = \begin{pmatrix} 10x^2 - 2 & -4x & -2z \\ -4x & 4 & 0 \\ -2z & 0 & 2-2x \end{pmatrix}.$$

Es muß nun an den einzelnen Stellen über die Vorzeichen der Eigenwerte dieser Matrix entschieden werden. An der Stelle (0, 0, 0) können die Eigenwerte wegen

$$A(0, 0, 0) = \begin{pmatrix} -2 & 0 & 0 \\ 0 & 4 & 0 \\ 0 & 0 & 2 \end{pmatrix}$$

unmittelbar abgelesen werden. Da sie unterschiedliche Vorzeichen aufweisen, liegt ein Sattelpunkt vor. Im nächsten Fall erhält man als charakteristisches Polynom

$$\operatorname{Det}\left(A\left(-1, \tfrac{1}{2}, 0\right) - tE\right) = \begin{vmatrix} 8-t & 4 & 0 \\ 4 & 4-t & 0 \\ 0 & 0 & 4-t \end{vmatrix} = -t^3 + 16t^2 - 64t + 64.$$

Da in ihm nur Vorzeichenwechsel auftreten, sind alle Eigenwerte positiv, und die Funktion besitzt an dieser Stelle ein lokales Minimum. Im dritten Fall ergibt sich

$$\operatorname{Det}\left(A\left(1, \tfrac{1}{2}, 0\right) - tE\right) = \begin{vmatrix} 8-t & -4 & 0 \\ -4 & 4-t & 0 \\ 0 & 0 & -t \end{vmatrix} = -t(t^2 - 12t + 16).$$

Hier tritt neben zwei positiven Eigenwerten auch Null als Eigenwert auf, so daß das hinreichende Kriterium keine Aussage gestattet. Die Funktion muß daher in einer Umgebung dieser Stelle genauer untersucht werden. Jedoch ist wegen der beiden positiven Eigenwerte von vornherein klar, daß es sich nur um ein lokales Minimum oder um einen Sattelpunkt handeln kann. Es ist zweckmäßig

$$\xi = x - 1, \ \eta = y - \tfrac{1}{2}, \ \zeta = z$$

zu substituieren. Nach leichter Zwischenrechnung erhält man

$$f(x, y, z) = f\left(\xi + 1, \eta + \tfrac{1}{2}, \zeta\right) = -\tfrac{1}{2} + \xi^2(4 + 4\xi + \xi^2) + 2\eta^2$$
$$-2\xi(\xi + 2)\eta - \xi\zeta^2,$$

und mit $\xi = t^3$, $\eta = 0$, $\zeta = t$ folgt

$$f\left(1 + t^3, \tfrac{1}{2}, t\right) = f\left(1, \tfrac{1}{2}, 0\right) + t^5(-1 + 4t + 4t^4 + t^7) < f\left(1, \tfrac{1}{2}, 0\right)$$

für hinreichend kleine positive Werte von t. Daher kann es sich nicht um ein lokales Minimum handeln, sondern es muß ein Sattelpunkt vorliegen.
Im Fall einer Funktion von nur zwei Veränderlichen kann die hinreichende Bedingung auch folgendermaßen gefaßt werden.

16.4 *Die Funktion f der Veränderlichen x, y sei zweimal stetig differenzierbar, und es gelte $f'_x(x^*, y^*) = f'_y(x^*, y^*) = 0$. Ferner sei*

$$D = \begin{vmatrix} f''_{x,x} & f''_{x,y} \\ f''_{y,x} & f''_{y,y} \end{vmatrix}$$

die in (x^*, y^*) gebildete Determinante der zweiten Ableitungen. Dann besitzt f im Fall $D > 0$ in (x^*, y^*) ein lokales Extremum; und zwar im Fall $f''_{x,x}(x^*, y^*) > 0$ ein lokales Minimum und im Fall $f''_{x,x}(x^*, y^*) < 0$ ein lokales Maximum. Gilt $D < 0$, so besitzt f in (x^*, y^*) einen Sattelpunkt. Im Fall $D = 0$ ist eine unmittelbare Entscheidung nicht möglich.

Beweis: D ist absolutes Glied im charakteristischen Polynom der Matrix der zweiten Ableitungen und damit Produkt der beiden Eigenwerte. $D < 0$ ist daher gleichwertig damit, daß die Eigenwerte unterschiedliches Vorzeichen haben, daß also ein Sattelpunkt vorliegt. Ebenso ist $D > 0$ gleichwertig damit, daß die beiden Eigenwerte gleiches Vorzeichen besitzen, daß es sich also um ein lokales Extremum handelt. Außerdem folgt aus $D = f''_{x,x} f''_{y,y} - (f''_{x,y})^2 > 0$ zunächst $f''_{x,x} f''_{y,y} > (f''_{x,y})^2$ und weiter, daß auch $f''_{x,x}$ und $f''_{y,y}$ dasselbe Vorzeichen besitzen. Da $f''_{x,x} + f''_{y,y}$ als Spur der Matrix gleichzeitig die Summe der beiden Eigenwerte ist, stimmt das gemeinsame Vorzeichen der Eigenwerte mit dem Vorzeichen von $f''_{x,x}$ überein, und die Behauptung folgt aus 16.2. Schließlich tritt im Fall $D = 0$ die Null als Eigenwert auf, so daß eine Entscheidung mit Hilfe von 16.2 nicht möglich ist. ◆

Abschließend auch hierzu noch ein Beispiel.

16.II Bei der Funktion

$$f(x, y) = (x^2 + y)^2 + 4xy - x$$

lauten die notwendigen Bedingungen für lokale Extrema

$$f'_x = 4x(x^2 + y) + 4y - 1 = 0,$$
$$f'_y = 2(x^2 + y) + 4x = 0.$$

Dieses Gleichungssystem besitzt die beiden Lösungen

$$(-\tfrac{1}{6}, \tfrac{11}{36}) \quad \text{und} \quad (-\tfrac{1}{2}, \tfrac{3}{4}).$$

Als Werte der zweiten Ableitungen erhält man

$$f''_{x,x} = 12x^2 + 4y, \quad f''_{x,y} = 4x + 4, \quad f''_{y,y} = 2.$$

Im Fall der ersten Lösung ergibt sich die Determinante

$$\begin{vmatrix} \frac{14}{9} & \frac{10}{3} \\ \frac{10}{3} & 2 \end{vmatrix} = -8 < 0.$$

An dieser Stelle besitzt die Funktion also einen Sattelpunkt. Im zweiten Fall erhält man

$$\begin{vmatrix} 6 & 2 \\ 2 & 2 \end{vmatrix} = 8 > 0.$$

Hier handelt es sich um ein lokales Extremum, und zwar um ein lokales Minimum.

Ergänzungen und Aufgaben

16A Die Funktion f der Veränderlichen $x_1, \ldots, x_n$ erfülle in $\mathfrak{x}^*$ die notwendige Bedingung $d_{\mathfrak{x}^*} f = 0$ für lokale Extrema, und die Matrix der zweiten Ableitungen besitze in $\mathfrak{x}^*$ Null als k-fachen Eigenwert $(0 < k \leqq n)$, während alle übrigen Eigenwerte gleiches Vorzeichen besitzen sollen. Eine unmittelbare Entscheidung, ob in $\mathfrak{x}^*$ ein lokales Extremum vorliegt, sei also nicht möglich. Bei Funktionen einer Veränderlichen kann man in diesem Fall (entsprechende Differenzierbarkeitseigenschaften vorausgesetzt) die höheren Ableitungen heranziehen: Ist die erste an der Stelle nicht verschwindende Ableitung eine Ableitung gerader Ordnung, so liegt ein lokales Extremum vor, ist sie ungerader Ordnung, so handelt es sich um einen Wendepunkt mit horizontaler Tangente. Bei Funktionen mehrerer Veränderlicher lassen sich analoge Kriterien weit schwieriger formulieren, und wegen der Vielzahl der möglichen höheren Ableitungen und der meist erheblichen Schwierigkeit ihrer Berechnung besitzen solche Kriterien auch kaum praktische Bedeutung. Immerhin kann bisweilen die folgende notwendige Bedingung noch von praktischem Nutzen sein.
Die Funktion f sei in $\mathfrak{x}^*$ dreimal stetig differenzierbar. Ferner kann (nach einer entsprechenden Basistransformation) angenommen werden, daß gerade die zu den Veränderlichen $x_1, \ldots, x_k$ gehörenden Basisvektoren Eigenvektoren zum Eigenwert Null sind. Schließlich sei vorausgesetzt, daß f in $\mathfrak{x}^*$ ein relatives Extremum besitzt.

Aufgabe: Man beweise, daß dann $f'''_{x_{\nu_1}, x_{\nu_2}, x_{\nu_3}}(\mathfrak{x}^*) = 0$ für alle diejenigen Ableitungen gelten muß, bei denen höchstens einer der Indizes ν_1, ν_2, ν_3 größer als k ist.

Wenn also eine dritte Ableitung in $\mathfrak{x}^*$ von Null verschieden ist, bei der nach mindestens zwei zum Eigenwert Null gehörenden Veränderlichen abgeleitet wurde, so kann f in $\mathfrak{x}^*$ kein lokales Extremum besitzen. Im Fall des Beispiels 16.I war an der Stelle $(1, \frac{1}{2}, 0)$ gerade z die zum Eigenwert Null gehörende Koordinate. Ferner galt $f''_{z,z} = 2 - 2x$. Es folgt $f'''_{z,z,x} = -2 \neq 0$, so daß auch nach diesem Kriterium kein lokales Extremum vorliegen kann.

16B Aufgabe: Von den folgenden Funktionen ermittle man die möglichen Stellen lokaler Extrema und entscheide, ob es sich um ein lokales Minimum oder Maximum oder um einen Sattelpunkt handelt:

(1) $f(x, y) = (1 - y)^4 + (1 + x - y)^2(2x + 2y - 1)$,

(2) $g(x, y) = x^3 + (x + \cos y - 1)^2$.

16C Aufgabe: Man löse dieselbe Aufgabe wie in 16B für die Funktionen

(1) $f(x, y, z) = xy - z^4 - 2(x^2 + y^2 - z^2)$,

(2) $g(x, y, z) = x^2(x + 1) + y^2(3z + 1) + z^2(z + 1)$.

§ 17 Lokale Extrema mit Nebenbedingungen

Bisweilen steht man vor der Aufgabe, daß eine Funktion hinsichtlich ihrer lokalen Extrema nicht auf ihrem ganzen Definitionsbereich untersucht werden soll, sondern nur auf einem durch zusätzliche Bedingungen bestimmten Teilbereich. So kann z. B. eine auf dem ganzen $\mathbb{R}^3$ definierte Funktion lediglich auf einer Fläche oder auch nur auf einer Raumkurve betrachtet werden, und es kann nach den lokalen Extrema der Funktion bezüglich dieses eingeschränkten Definitionsbereichs gefragt werden.

Allgemein bedeute in diesem Paragraphen M stets eine k-dimensionale differenzierbare Mannigfaltigkeit im $\mathbb{R}^n$. Und zwar existiere sogar eine stetig differenzierbare Abbildung $\psi: D \to \mathbb{R}^n$ mit einem (offenen) Definitionsbereich $D \subset \mathbb{R}^k$ und mit $Rg(d_{\mathfrak{x}}\psi) = k$ für alle $\mathfrak{x} \in D$, mit der dann $M = \psi D$ gilt. Hinsichtlich entsprechender Basen soll außerdem ψ durch die Koordinatengleichungen

$$x_\nu = g_\nu(u_1, \ldots, u_k) \qquad (\nu = 1, \ldots, n)$$

beschrieben werden. Schließlich sei φ eine differenzierbare reellwertige Abbildung, deren Definitionsbereich die Mannigfaltigkeit M enthält und die durch die Koordinatenfunktion f beschrieben wird.

Definition 17a: *Die Abbildung φ besitzt in dem Punkt $\mathfrak{x}^* \in M$ bezüglich M ein lokales Minimum (Maximum), wenn es eine Umgebung U von $\mathfrak{x}^*$ gibt, so daß für alle von $\mathfrak{x}^*$ verschiedenen Punkte $\mathfrak{x} \in U \cap M$ stets $\varphi\mathfrak{x} > \varphi\mathfrak{x}^*$ ($\varphi\mathfrak{x} < \varphi\mathfrak{x}^*$) gilt.*

Mit den oben festgesetzten Bezeichnungen und unter den dort gemachten Voraussetzungen gilt dann

17.1 *Die Abbildung φ besitzt im Punkt $\mathfrak{x}^* = \psi\mathfrak{u}^* \in M$ bezüglich M genau dann ein lokales Extremum, wenn die zusammengesetzte Abbildung $\varphi \circ \psi$ in $\mathfrak{u}^*$ ein entsprechendes lokales Extremum besitzt.*

Beweis: Nach Voraussetzung besitzt die Funktionalmatrix

$$\frac{\partial(g_1, \ldots, g_n)}{\partial(u_1, \ldots, u_k)}$$

speziell an der Stelle $\mathfrak{u}^*$ den Rang k. Es gibt daher eine von Null verschiedene Unterdeterminante aus geeigneten k Spalten dieser Matrix. Ohne Beschränkung der Allgemeinheit kann angenommen werden, daß es sich hierbei gerade um die k ersten Spalten handelt, daß also

$$\operatorname{Det} \frac{\partial(g_1, \ldots, g_n)}{\partial(u_1, \ldots, u_k)} \neq 0$$

gilt.

Weiter bedeute π diejenige Projektionsabbildung, die den $\mathbb{R}^n$ auf den von den ersten k Basisvektoren aufgespannten Unterraum abbildet. Dann wird die zusammengesetzte Abbildung $\chi = \pi \circ \psi$ gerade durch die Koordinatengleichungen

$$x_1 = g_1(u_1, \ldots, u_k), \ldots, x_k = g_k(u_1, \ldots, u_k)$$

beschrieben. Es folgt $\operatorname{Det}(d_{\mathfrak{u}^*}\chi) \neq 0$, und nach 12.1 existiert die lokale Umkehrabbildung χ^{-1}, und außerdem werden durch χ Umgebungen von $\mathfrak{u}^*$ wieder auf Umgebungen des Bildpunktes abgebildet. Es folgt weiter, daß auch ψ in $\mathfrak{u}^*$ lokal umkehrbar und daß $\chi^{-1} \circ \pi$ eine auf einer Relativumgebung von $\mathfrak{x}^*$ in M definierte Umkehrabbildung ist. (π selbst ist nicht injektiv; wohl aber, wenn man π nur auf dieser Umgebung von $\mathfrak{x}^*$ in M als Definitionsbereich betrachtet.) Besitzt nun φ in $\mathfrak{x}^*$ bezüglich M etwa ein lokales Minimum, so gilt $\varphi\mathfrak{x} > \varphi\mathfrak{x}^*$

für alle $\mathfrak{x} \neq \mathfrak{x}^*$ aus einer Umgebung $U \cap M$ von $\mathfrak{x}^*$ in M. Für alle $\mathfrak{u} \neq \mathfrak{u}^*$ aus der durch $V = (\chi^{-1} \circ \pi)(U \cap M) = \psi^-(U \cap M)$ definierten Umgebung von $\mathfrak{u}^*$ gilt dann $(\varphi \circ \psi)\mathfrak{u} = \varphi(\psi\mathfrak{u}) > \varphi(\psi\mathfrak{u}^*) = (\varphi \circ \psi)\mathfrak{u}^*$; d.h. $\varphi \circ \psi$ besitzt in $\mathfrak{u}^*$ ein lokales Minimum. Wird umgekehrt vorausgesetzt, daß $\varphi \circ \psi$ in $\mathfrak{u}^*$ ein lokales Minimum besitzt, daß also $(\varphi \circ \psi)\mathfrak{u} > (\varphi \circ \psi)\mathfrak{u}^*$ für alle $\mathfrak{u} \neq \mathfrak{u}^*$ aus einer Umgebung V von $\mathfrak{u}^*$ gilt, so folgt für alle $\mathfrak{x} \neq \mathfrak{x}^*$ aus der Umgebung $U \cap M = \pi^-(\chi V) \cap M$ von $\mathfrak{x}^*$ in M

$$\varphi\mathfrak{x} = (\varphi \circ \psi)\big((\chi^{-1} \circ \pi)\mathfrak{x}\big) > (\varphi \circ \psi)\big((\chi^{-1} \circ \pi)\mathfrak{x}^*\big) = \varphi\mathfrak{x}^*.$$

Somit besitzt also auch φ in $\mathfrak{x}^*$ ein lokales Minimum. Entsprechend ergibt sich die Behauptung für lokale Maxima. ◆

Für die Koordinatenfunktion f besagt dieser Satz, daß f genau dann in $\mathfrak{x}^*$ ein lokales Extremum bezüglich M besitzt, wenn die durch

$$h(u_1, \ldots, u_k) = f\big(g_1(u_1, \ldots, u_k), \ldots, g_n(u_1, \ldots, u_k)\big)$$

definierte Funktion h in dem $\mathfrak{x}^*$ entsprechenden Punkt $\mathfrak{u}^*$ ein lokales Extremum desselben Typs besitzt. Das folgende einfache Beispiel zeigt, daß man trotz dieses elementaren Sachverhalts bei der Bestimmung lokaler Extrema auf M Vorsicht walten lassen muß, daß man nämlich unbedingt auf die Rangbedingung achten muß.

17.I Die Funktion $f(x, y) = 2xy$ soll auf der Peripherie K des Kreises mit dem Radius Eins um den Nullpunkt betrachtet werden. Eine Parameterdarstellung von K ist

$$x = \cos u, \quad y = \sin u \qquad (-\pi \leqq u \leqq +\pi).$$

Durch Einsetzen ergibt sich die Funktion

$$h(u) = f(\cos u, \sin u) = 2 \cos u \sin u = \sin(2u),$$

deren relative Extrema zu bestimmen sind. Aus $h'(u) = 2\cos(2u) = 0$ folgt $u = \pm\frac{\pi}{4}$ oder $u = \pm\frac{3}{4}\pi$, und mögliche Stellen lokaler Extrema auf K sind die Punkte mit den Koordinaten $x = \pm\frac{1}{\sqrt{2}}$, $y = \pm\frac{1}{\sqrt{2}}$, wobei alle vier Vorzeichenkombinationen auftreten können. Wegen $h''(u) = -4\sin(2u)$ folgt $h''\left(\frac{\pi}{4}\right) = h''\left(-\frac{3}{4}\pi\right) = -1$ und $h''\left(-\frac{\pi}{4}\right) = h''\left(\frac{3}{4}\pi\right) = +1$, so daß entsprechend in zwei dieser Punkte ein lokales Maximum und in den anderen beiden ein lokales Minimum bezüglich K vorliegt. Nun ist aber, wie man unmittelbar nachrechnet, auch

$$x = \cos(3t^3 - t)\frac{\pi}{2}, \quad y = \sin(3t^3 - t)\frac{\pi}{2} \qquad (-1 \leqq t \leqq +1)$$

eine Parameterdarstellung von K. Sie führt auf die Funktion

$$k(t) = \sin(3t^3 - t)\pi.$$

Die notwendige Bedingung

$$k'(t) = \pi(9t^2 - 1)\sin(3t^3 - t)\pi = 0$$

besitzt außer den Nullstellen des Sinus, die auf die schon vorher gewonnenen Punkte von K führen, auch noch die Lösungen $t = \pm\frac{1}{3}$, zu denen die Punkte mit den Koordinaten $x = \cos\frac{\pi}{9}$, $y = \pm\sin\frac{\pi}{9}$ gehören. Außerdem gilt wegen

$$k''(t) = 18\pi t\sin(3t^3 - t)\pi + \pi^2(9t^2 - 1)^2\cos(3t^3 - t)\pi$$

noch

$$k''(\tfrac{1}{3}) = 6\pi\sin\frac{\pi}{9} > 0 \qquad \text{und} \qquad k''(-\tfrac{1}{3}) = -6\pi\sin\frac{\pi}{9} < 0,$$

weswegen k an diesen Stellen auch tatsächlich lokale Extrema besitzt, ohne daß nach dem Vorangehenden f an den entsprechenden Stellen von K lokale Extrema bezüglich K besitzt. Der Grund hierfür ist, daß die Funktionalmatrix

$$\frac{\partial(x, y)}{\partial t} = \left(-(9t^2 - 1)\frac{\pi}{2}\sin(3t^3 - t)\frac{\pi}{2}, \; (9t^2 - 1)\frac{\pi}{2}\cos(3t^3 - t)\frac{\pi}{2}\right)$$

für $t = \pm\frac{1}{3}$ die Nullmatrix ist, daß sie dort also nicht den Rang Eins besitzt. Geometrisch wirkt sich dies darin aus, daß die Kreislinie in der zweiten Parameterdarstellung bei wachsendem t nicht dauernd in einer Richtung durchlaufen wird. Die Durchlaufungsrichtung wechselt vielmehr zweimal, so daß ein Teil der Kreislinie dreimal durchlaufen wird. An den Umkehrpunkten entstehen dabei lokale Extrema von k, die allein durch die Eigenart der Parameterdarstellung bedingt sind und mit dem Verhalten der Funktion f nichts zu tun haben.

Anstatt durch eine Parameterdarstellung kann die Mannigfaltigkeit M auch durch ein Gleichungssystem

$$(*) \qquad \begin{aligned} p_1(x_1, \ldots, x_n) &= 0, \\ \cdots\cdots&\cdots\cdots \\ p_{n-k}(x_1, \ldots, x_n) &= 0 \end{aligned}$$

mit stetig differenzierbaren Funktionen $p_1, \ldots, p_{n-k}$ definiert sein. Entsprechend der vorher gemachten Rangbedingung soll auch hier gefordert werden, daß die Gleichungen lokal unabhängig sind, daß also

$$\operatorname{Rg} \frac{\partial(p_1, \ldots, p_{n-k})}{\partial(x_1, \ldots, x_n)} = n - k$$

an allen Stellen des gemeinsamen Definitionsbereichs der Funktionen $p_1, \ldots, p_{n-k}$ gilt. Wieder existiert dann eine von Null verschiedene $(n-k)$-reihige Unterdeterminante dieser Funktionalmatrix, und es kann angenommen werden, daß an der Stelle $\mathfrak{x}^* \in M$ gerade

$$\operatorname{Det} \frac{\partial(p_1, \ldots, p_{n-k})}{\partial(x_{k+1}, \ldots, x_n)} \neq 0$$

gilt. Nach 12.2 ist dann das Gleichungssystem (*) an der Stelle $\mathfrak{x}^*$ nach $x_{k+1}, \ldots, x_n$ lokal auflösbar. Es gibt also (ebenfalls stetig differenzierbare) Funktionen $q_{k+1}, \ldots, q_n$ von $x_1, \ldots, x_k$ mit

$$p_\kappa\big(x_1, \ldots, x_k, q_{k+1}(x_1, \ldots, x_k), \ldots, q_n(x_1, \ldots, x_k)\big) = 0 \quad (\kappa = 1, \ldots, n-k).$$

Daher ist in einer Umgebung von $\mathfrak{x}^*$

$$\begin{aligned} x_1 &= u_1, \\ &\ \vdots \\ x_k &= u_k, \\ x_{k+1} &= q_{k+1}(u_1, \ldots, u_k), \\ &\ \vdots \\ x_n &= q_n \quad (u_1, \ldots, u_k) \end{aligned}$$

eine Parameterdarstellung der Mannigfaltigkeit M.

Will man nun die Funktion f in $\mathfrak{x}^*$ auf ein lokales Extremum bezüglich M hin untersuchen, so hat man nach dem ersten Satz dieses Paragraphen die Funktion

$$h(u_1, \ldots, u_k) = f\big(u_1, \ldots, u_k, q_{k+1}(u_1, \ldots, u_k), \ldots, q_n(u_1, \ldots, u_k)\big)$$

an der entsprechenden Stelle $\mathfrak{u}^*$ auf ein lokales Extremum zu prüfen. Hierfür ergibt sich mit Hilfe der Kettenregel als notwendige Bedingung

$$(**) \quad \frac{\partial h}{\partial u_\kappa} = \frac{\partial f}{\partial x_\kappa} + \frac{\partial f}{\partial x_{k+1}} \frac{\partial q_{k+1}}{\partial u_\kappa} + \cdots + \frac{\partial f}{\partial x_n} \frac{\partial q_n}{\partial u_\kappa} = 0 \qquad (\kappa = 1, \ldots, k),$$

wobei diese Ableitungen an der Stelle $\mathfrak{x}^*$ bzw. $\mathfrak{u}^*$ zu bilden sind. In dieser Form sind die Bedingungen jedoch aus zwei Gründen für die Praxis unbrauchbar:

Erstens stehen einem die Funktionen $q_{k+1}, \ldots, q_n$ im allgemeinen nicht explizit zur Verfügung. Dies ist zwar kein grundsätzlicher Einwand, weil sich ja die Ableitungen nach 12.2 dennoch berechnen lassen. Aber diese Berechnung erfordert die Invertierung einer Funktionalmatrix, und zwar nicht an einer numerisch gegebenen Stelle, sondern in allgemeinen Koordinaten. Und hier schließt auch der zweite Grund an. Daß nämlich die lokale Auflösung von (*) gerade nach den Koordinaten $x_{k+1}, \ldots, x_n$ möglich sein sollte, war lediglich eine bezeichnungstechnische Vereinfachung. Nach welchen Koordinaten aufgelöst werden kann, wird im allgemeinen von der jeweiligen Stelle abhängen, so daß man es mit ganz verschiedenen auflösenden Funktionen und daher auch mit verschiedenen Funktionen h zu tun hat.
Der folgende Satz zeigt, daß man diese Schwierigkeiten in einfacher Weise vermeiden kann. In ihm treten die lokalen Auflösungsfunktionen nicht auf. Dafür werden neben den zu bestimmenden Koordinaten $x_1, \ldots, x_n$ der möglichen Extremstellen zusätzlich noch Hilfsgrößen $v_1, \ldots. v_{n-k}$, die sogenannten *Lagrange*'schen Faktoren, benutzt.

17.2 *Die Mannigfaltigkeit M sei als Lösungsmenge des Gleichungssystems*

$$(*) \qquad p_\kappa(x_1, \ldots, x_n) = 0 \qquad (\kappa = 1, \ldots, n-k)$$

gegeben. Dabei seien die Funktionen $p_1, \ldots, p_{n-k}$ auf ihrem gemeinsamen Definitionsbereich stetig differenzierbar, und es gelte dort

$$\operatorname{Rg} \frac{\partial(p_1, \ldots, p_{n-k})}{\partial(x_1, \ldots, x_n)} = n - k.$$

Wenn dann die Funktion f an der Stelle $\mathfrak{x}^* \in M$ ein lokales Extremum bezüglich M besitzt, so müssen die Koordinaten von $\mathfrak{x}^*$ und die Lagrange'schen Faktoren $v_{k+1}, \ldots, v_n$ folgendes Gleichungssystem erfüllen:

$$\frac{\partial f}{\partial x_\nu} + \sum_{\kappa=1}^{n-k} \frac{\partial p_\kappa}{\partial x_\nu} v_\kappa = 0 \qquad (\nu = 1, \ldots, n),$$
$$p_\kappa(x_1, \ldots, x_n) = 0 \qquad (\kappa = 1, \ldots, n-k).$$

Beweis: Wie vorher kann angenommen werden, daß an der Stelle $\mathfrak{x}^*$ gerade

$$\operatorname{Det} \frac{\partial(p_1, \ldots, p_{n-k})}{\partial(x_{k+1}, \ldots, x_n)} \neq 0$$

gilt. Man kann dann zunächst einen Teil der geforderten Gleichungen, nämlich

$$\frac{\partial f}{\partial x_\mu} + \sum_{\kappa=1}^{n-k} \frac{\partial p_\kappa}{\partial x_\mu} v_\kappa = 0 \qquad (\mu = k+1, \ldots, n),$$

als Definitionsgleichungen der v_κ auffassen und erhält in matrizentheoretischer Schreibweise

$$(1)\qquad \begin{pmatrix} v_1 \\ \vdots \\ v_{n-k} \end{pmatrix} = -\left(\frac{\partial(p_1,\ldots,p_{n-k})}{\partial(x_{k+1},\ldots,x_n)}\right)^{-1} \begin{pmatrix} f'_{x_{k+1}} \\ \vdots \\ f'_{x_n} \end{pmatrix}.$$

Die für ein lokales Extremum bezüglich M vorher ermittelten notwendigen Gleichungen (**) nehmen in matrizentheoretischer Schreibweise bei Berücksichtigung von $u_1 = x_1, \ldots, u_k = x_k$ folgende Form an:

$$(2)\qquad \begin{pmatrix} f'_{x_1} \\ \vdots \\ f'_{x_k} \end{pmatrix} + \left(\frac{\partial(q_{k+1},\ldots,q_n)}{\partial(x_1,\ldots,x_k)}\right) \begin{pmatrix} f'_{x_{k+1}} \\ \vdots \\ f'_{x_n} \end{pmatrix} = \begin{pmatrix} 0 \\ \vdots \\ 0 \end{pmatrix}.$$

Wegen 12.2 gilt aber

$$\frac{\partial(q_{k+1},\ldots,q_n)}{\partial(x_1,\ldots,x_k)} = -\left(\frac{\partial(p_1,\ldots,p_{n-k})}{\partial(x_1,\ldots,x_k)}\right)\left(\frac{\partial(p_1,\ldots,p_{n-k})}{\partial(x_{k+1},\ldots,x_n)}\right)^{-1}.$$

Setzt man diesen Ausdruck in (2) ein und berücksichtigt (1), so folgt

$$\begin{pmatrix} f'_{x_1} \\ \vdots \\ f'_{x_k} \end{pmatrix} + \left(\frac{\partial(p_1,\ldots,p_{n-k})}{\partial(x_1,\ldots,x_k}\right) \begin{pmatrix} v_{k+1} \\ \vdots \\ v_n \end{pmatrix} = \begin{pmatrix} 0 \\ \vdots \\ 0 \end{pmatrix},$$

und dies sind gerade die restlichen Gleichungen der Behauptung. ◆

Der soeben bewiesene Satz liefert allerdings nur notwendige Bedingungen für lokale Extrema bezüglich M, die das Aufsuchen aller möglichen Stellen für derartige Extrema gestatten. In manchen Fällen ist dies aber auch völlig ausreichend, wie dies die folgenden Betrachtungen zeigen.

Es sei K eine kompakte Teilmenge des $\mathbb{R}^n$, und φ sei wieder eine differenzierbare reellwertige Abbildung, deren Definitionsbereich die Menge K enthält. Als stetige Abbildung besitzt φ nach 7.12 auf K ein Maximum und ein Minimum. Es sind dann folgende zwei Fälle möglich:

Entweder wird das Maximum von φ in einem inneren Punkt von K angenommen; dann ist dieses Maximum gleichzeitig ein lokales Maximum von φ. Oder aber das Maximum wird in einem Punkt von K angenommen, der kein innerer Punkt von K ist; ein solcher Punkt wird **Randpunkt** von K genannt.

Der Rand von K bestehe nun aus endlich vielen differenzierbaren Mannigfaltigkeiten, und M sei eine solche Rand-Mannigfaltigkeit. Es gelte $M = \psi D$ mit $D \subset \mathbb{R}^k$ und mit einer injektiven stetig differenzierbaren Abbildung ψ. Gilt dann $\mathfrak{x} = \psi\mathfrak{u}$ mit einem inneren Punkt $\mathfrak{u}$ von D, so soll $\mathfrak{x}$ entsprechend ein innerer Punkt der Mannigfaltigkeit heißen; andernfalls ein Randpunkt von M. Dann gilt offenbar wieder: Das Maximum von φ auf M wird entweder in einem inneren Punkt von M angenommen und ist dann ein lokales Maximum von φ bezüglich M, oder es wird in einem Randpunkt von M angenommen. Entsprechendes gilt natürlich für das Minimum.

Von K soll nun vorausgesetzt werden, daß der Rand Vereinigung endlich vieler differenzierbarer Mannigfaltigkeiten $M_1, \ldots, M_r$ ist, die alle nur aus inneren Punkten bestehen. Dies besagt nicht, daß z. B. M_1 keine Randpunkte besitzen darf. Sie sollen nur nicht zu M_1 gerechnet werden, sondern in den anderen Randmannigfaltigkeiten liegen. Ein Beispiel bildet der Würfel: Sein Rand besteht aus sechs 2-dimensionalen Mannigfaltigkeiten (Quadrate ohne Kanten), zwölf 1-dimensionalen Mannigfaltigkeiten (Strecken ohne Endpunkte) und acht 0-dimensionalen Mannigfaltigkeiten (Eckpunkte). Unter dieser Voraussetzung kann man nach dem bisher Gesagten bei der Bestimmung des Maximums und des Minimums von φ auf K folgendermaßen vorgehen:

Mit Hilfe der notwendigen Bedingungen berechne man im Inneren von K die möglichen Stellen lokaler Extrema und für $\varrho = 1, \ldots, r$ auf der Mannigfaltigkeit M_ϱ ebenfalls die möglichen Stellen lokaler Extrema bezüglich M_ϱ. An allen diesen Stellen berechne man sodann den jeweiligen Wert von φ. Das Maximum von φ auf K ist dann der größte dieser Werte und das Minimum entsprechend der kleinste.

Zur Erläuterung diene das folgende Beispiel.

17. II Es sollen das Maximum und das Minimum der Funktion

$$f(x, y, z) = (x^2 - 1)y + z^2$$

auf dem durch die Ungleichungen

$$x^2 + y^2 + z^2 \leqq 4, \qquad z \geqq -1$$

bestimmten Kugelabschnitt K berechnet werden. Als mögliche Stellen lokaler Extrema von f ergeben sich aus den notwendigen Bedingungen

$$f'_x = 2xy = 0, \qquad f'_y = x^2 - 1 = 0, \qquad f'_z = 2z = 0$$

nur die Punkte $(\pm 1, 0, 0)$, die auch innere Punkte von K sind. Der Rand von K besteht aus folgenden drei Mannigfaltigkeiten ohne Randpunkte:

$$\begin{aligned} M_1&: \quad x^2 + y^2 + z^2 = 4, \qquad z > -1, \\ M_2&: \quad z = -1, \qquad x^2 + y^2 + z^2 < 4, \\ M_3&: \quad x^2 + y^2 + z^2 = 4, \qquad z = -1. \end{aligned}$$

Die notwendigen Bedingungen für Stellen lokaler Extrema von f bezüglich M_1 enthalten einen *Lagrange*'schen Faktor v und lauten

$$2xy + 2xv = 0, \quad x^2 - 1 + 2yv = 0, \quad 2z + 2zv = 0, \quad x^2 + y^2 + z^2 = 4.$$

Dieses Gleichungssystem besitzt folgende Lösungspunkte (x, y, z) (der Wert von v ist in diesem Zusammenhang unwesentlich):

$$(0, \pm 2, 0), \quad (\pm\sqrt{3}, \pm 1, 0), \quad (0, -\tfrac{1}{2}, \pm\tfrac{1}{2}\sqrt{15}).$$

Im letzten Fall darf jedoch nur der Punkt mit $z = +\frac{1}{2}\sqrt{15}$ berücksichtigt werden, weil im anderen Fall die Bedingung $z > -1$ verletzt ist.
Die notwendigen Bedingungen bezüglich M_2 lauten

$$2xy = 0, \quad x^2 - 1 = 0, \quad 2z + v = 0, \; z = -1$$

und besitzen die beiden Lösungspunkte $(\pm 1, 0, -1)$, die auch beide die geforderte Ungleichung erfüllen.
Die notwendigen Bedingungen bezüglich M_3 enthalten zwei *Lagrange*'sche Faktoren v_1 und v_2:

$$2xy + 2xv_1 = 0, \quad x^2 - 1 + 2yv_1 = 0, \quad 2z + 2zv_1 + v_2 = 0,$$
$$x^2 + y^2 + z^2 = 4, \quad z = -1.$$

Lösungen sind hier die Punkte $(0, \pm\sqrt{3}, -1)$ und $(\pm\sqrt{\frac{7}{3}}, \pm\sqrt{\frac{2}{3}}, -1)$.

Damit haben sich insgesamt folgende Punkte mit den daneben stehenden Werten von f ergeben:

(x, y, z)	$f(x, y, z)$	
$(\pm 1, 0, 0)$	0	
$(0, 2, 0)$	-2	Minimum
$(0, -2, 0)$	2	
$(\pm\sqrt{3}, 1, 0)$	2	
$(\pm\sqrt{3}, -1, 0)$	-2	Minimum
$(0, -\frac{1}{2}, \frac{1}{2}\sqrt{15})$	$\frac{17}{4}$	Maximum
$(\pm 1, 0, -1)$	1	
$(0, \sqrt{3}, -1)$	$1 - \sqrt{3}$	
$(0, -\sqrt{3}, -1)$	$1 + \sqrt{3}$	
$(\pm\sqrt{\frac{7}{3}}, \sqrt{\frac{2}{3}}, -1)$	$1 + \frac{4}{3}\sqrt{\frac{2}{3}}$	
$(\pm\sqrt{\frac{7}{3}}, -\sqrt{\frac{2}{3}}, -1)$	$1 - \frac{4}{3}\sqrt{\frac{2}{3}}$	

Unter diesen Werten treten das gesuchte Maximum und Minimum an den gekennzeichneten Stellen auf.

Ergänzungen und Aufgaben

17A Satz 17.2 liefert im Fall einer durch ein Gleichungssystem gegebenen Mannigfaltigkeit M lediglich notwendige Bedingungen zur Bestimmung möglicher Stellen lokaler Extrema einer Funktion f bezüglich M. In vielen Fällen kann man sich hiermit auch begnügen, wie z. B. die an den Satz anschließenden Betrachtungen zeigten. Bisweilen ist man aber auch an hinreichenden Bedingungen interessiert, wie sie in 16.2 behandelt wurden. Diese sind auch hier anwendbar. Nur hat man jetzt nicht die Matrix der zweiten Ableitungen der Funktion f, sondern der Funktion

$$h(u_1, \ldots, u_k) = f(u_1, \ldots, u_k, q_{k+1}(u_1, \ldots, u_k), \ldots, q_n(u_1, \ldots, u_k))$$

an der betreffenden Stelle $\mathfrak{u}^*$ zu untersuchen, die vorher aus den notwendigen Bedingungen gewonnen wurde. Diese zweiten Ableitungen sind durch Anwendung von 12.2 und durch weiteres Differenzieren nach der Kettenregel jedenfalls berechenbar. Denn jetzt handelt es sich ja um die Werte dieser Ableitungen an einer numerisch bekannten Stelle. Nur können diese Rechnungen recht aufwendig und unübersichtlich werden, so daß es zweckmäßig ist, hierfür ein einfach zu handhabendes Schema zu entwickeln.

Mit den in diesem Paragraphen benutzten Bezeichnungen gilt wegen 12.2 zunächst

$$\left(\frac{\partial(q_{k+1}, \ldots, q_n)}{\partial(u_1, \ldots, u_k)}\right)_{\mathfrak{u}^*} = -\left(\frac{\partial(p_1, \ldots, p_{n-k})}{\partial(x_1, \ldots, x_k)}\right)_{\mathfrak{x}^*} \left(\frac{\partial(p_1, \ldots, p_{n-k})}{\partial(x_{k+1}, \ldots, x_n)}\right)_{\mathfrak{x}^*}^{-1},$$

wobei jetzt jedoch die rechts stehenden Funktionalmatrizen an der der Stelle u^* entsprechenden, durch

$$x_1^* = u_1^*, \ldots, x_k^* = u_k^*, \; x_{k+1}^* = q_{k+1}(u_1^*, \ldots, u_k^*), \ldots, x_n^* = q_n(u_1^*, \ldots, u_k^*)$$

gegebenen Stelle $\mathfrak{x}^*$ zu bilden sind, so daß es sich um numerisch gegebene Matrizen handelt und auch die erforderliche Inversenbildung leicht durchführbar ist. Weiter seien

$$A = \left(\frac{\partial^2 f}{\partial x_\mu \partial x_\nu}\right)_{\mu,\nu=1,\ldots,n}, \quad B_\varrho = \left(\frac{\partial^2 p_\varrho}{\partial x_\mu \partial x_\nu}\right)_{\mu,\nu=1,\ldots,n} \qquad (\varrho = 1, \ldots, n-k)$$

die ebenfalls an der Stelle $\mathfrak{x}^*$ gebildeten Matrizen der zweiten Ableitungen der

Funktionen f und $p_1, \dots, p_{n-k}$. Mit den in den notwendigen Bedingungen berechneten *Lagrange*'schen Faktoren $v_1, \dots, v_{n-k}$ werde dann

$$S = A + v_1 B_1 + \cdots + v_{n-k} B_{n-k}$$

gesetzt. Schließlich sei noch

$$Q = \begin{pmatrix} 1 & 0 & \dots & 0 & \frac{\partial q_{k+1}}{\partial u_1} & \dots & \frac{\partial q_n}{\partial u_1} \\ & \ddots & & & & & \\ & & \ddots & & \dots & \dots & \dots \\ 0 & \dots & 0 & 1 & \frac{\partial q_{k+1}}{\partial u_k} & \dots & \frac{\partial q_n}{\partial u_k} \end{pmatrix},$$

wobei die Ableitungen an der Stelle $\mathfrak{u}^*$ zu bilden sind, also die bereits vorher angegebenen Werte haben.

Aufgabe: Man beweise, daß die an der Stelle $\mathfrak{u}^*$ gebildete Matrix der zweiten Ableitungen von h durch

$$\left(\frac{\partial^2 h}{\partial u_\kappa \partial u_\lambda}\right)_{\kappa,\lambda=1,\dots,k} = QSQ^T$$

gegeben wird.

Bei der Anwendung dieses Resultats ist allerdings darauf zu achten, daß es nicht immer gerade die letzten Variablen sein müssen, nach denen sich die die Mannigfaltigkeit definierenden Gleichungen auflösen lassen. Bei der Berechnung der Ableitungen der auflösenden Funktionen und bei der Aufstellung der Matrix Q muß dies durch entsprechende Vertauschungen berücksichtigt werden.

17B Aufgabe: Man bestimme den größten und kleinsten Wert der Funktion

$$f(x, y, z) = xy - z^4 - 2(x^2 + y^2 - z^2) \qquad \text{(vgl. 16C (1))}$$

in dem durch

$$x^2 + y^2 + 2z^2 \leqq 8$$

gegebenen Bereich B und die Punkte, in denen diese Extremwerte angenommen werden.

17C Aufgabe: Man berechne die möglichen Stellen lokaler Extrema der Funktion

$$f(x, y, z) = x^2 + 4y^2 + 16z^2$$

bezüglich der durch die folgenden Nebenbedingungen gegebenen Mannigfaltigkeiten und entscheide jeweils, ob es sich um ein lokales Minimum, ein lokales Maximum oder um einen Sattelpunkt handelt:

(1) $xyz = 1$;

(2) $xy = 3$ und $xz = 2$.

Sechstes Kapitel

Differentialgeometrische Anwendungen, Vektorfelder

In diesem letzten Kapitel der Differentiationstheorie wird auf zwei besonders wichtige Anwendungen eingegangen. Bei der Anwendung der Differentialrechnung in der Geometrie, also in der Differentialgeometrie, handelt es sich um die Untersuchung von Kurven und Flächen im dreidimensionalen Raum. Dabei werden hier allerdings nur einige wesentliche und typische Fragen behandelt. Besonders gilt dies für die Flächentheorie, da hier nicht nur der Platzmangel, sondern auch das Fehlen der Grundlagen der Integrationstheorie und der Differentialgleichungen stark einschränkend wirkt. Die letzten beiden Paragraphen dienen der Behandlung der Vektorfelder, der Differentialoperationen Divergenz und Rotation, sowie ihrer Beschreibung mit Hilfe von alternierenden Differentialformen.

§ 18 Raumkurven

In diesem Paragraphen sollen im orientierten dreidimensionalen euklidischen Raum Kurven untersucht werden, die durch eine Parameterdarstellung $\mathfrak{x} = \varphi(t)$ gegeben sind. Dabei soll die Abbildung $\varphi : I \to \mathbb{R}^3$ auf ihrem Definitionsintervall $I \subset \mathbb{R}$ immer hinreichend oft stetig differenzierbar sein, ohne daß hierauf ausdrücklich hingewiesen wird. Es wird höchstens dreimalige stetige Differenzierbarkeit gebraucht. Zunächst bedarf es jedoch noch einiger Präzisierungen.

Durch die Parameterdarstellung wird die Raumkurve nicht nur hinsichtlich ihrer geometrischen Gestalt und ihrer Lage im Raum beschrieben, sondern auch hinsichtlich der Art, wie sie in Abhängigkeit von dem Kurvenparameter t durchlaufen wird. Deutet man t als Zeit, so kann man den tangentiellen Vektor $\dot{\mathfrak{x}} = \frac{d\mathfrak{x}}{dt}$ als Geschwindigkeitsvektor auffassen, der die jeweilige Durchlaufungsrichtung und Bahngeschwindigkeit angibt. Hier sollen nun nur solche Parameterdarstellungen zugelassen werden, bei denen die Kurve einsinnig durchlaufen wird. Und dies ist sicher dann der Fall, wenn an allen Stellen von I die Bedingung $\dot{\mathfrak{x}} \neq \mathfrak{o}$ erfüllt ist. Dies wird weiterhin stets vorausgesetzt. Ausnahmepunkte mit $\dot{\mathfrak{x}} = \mathfrak{o}$, in denen der Durchlaufungssinn wechseln oder in denen die Kurve eine Spitze besitzen kann, sind also bei den folgenden Untersuchungen ausgeschlossen. Die jetzt zugelassenen Parameterdarstellungen beschreiben daher sogar orientierte, d.h. mit einem Durchlaufungssinn versehene Raumkurven.

Setzt man $t = f(u)$ mit einer (dreimal) stetig differenzierbaren Funktion f, so wird offenbar durch $\mathfrak{x} = \psi(u) = \varphi(f(u))$ dieselbe Kurve in Abhängigkeit von dem neuen Parameter u beschrieben. Allerdings muß man an eine solche **Parametertransformation** noch zwei Forderungen stellen: Erstens muß u ein Parameterintervall I^* durchlaufen, für das $f(I^*) = I$ gilt. Und zweitens bleibt die Orientierung der Kurve nur genau dann erhalten, wenn

$$(*) \qquad \frac{df}{du} > 0$$

in allen Punkten von I^* erfüllt ist, wenn also f eine streng monoton wachsende Funktion ist. Parametertransformationen, die diese beiden Bedingungen erfüllen, sollen **zulässig** genannt werden. Die Überführbarkeit einer Parameterdarstellung in eine andere mittels einer zulässigen Parametertransformation stellt offensichtlich eine Äquivalenzrelation dar. Alle Parameterdarstellungen aus einer Äquivalenzklasse beschreiben dieselbe orientierte Kurve, die man dann umgekehrt mit dieser Klasse identifizieren kann. Diese Auffassung einer Kurve als Klasse von Parameterdarstellungen hat eine Konsequenz, die zunächst an einem einfachen Beispiel erläutert werden soll.

18.I Durch die Parameterdarstellungen

$$\begin{aligned} \mathfrak{x} &= (\cos t, \sin t, 0) && \text{mit } 0 \leqq t \leqq 2\pi, \\ \mathfrak{x} &= (\cos 2u, \sin 2u, 0) && \text{mit } 0 \leqq u \leqq 2\pi, \\ \mathfrak{x} &= (\cos v, -\sin v, 0) && \text{mit } 0 \leqq v \leqq 2\pi \end{aligned}$$

wird in allen drei Fällen dieselbe Punktmenge beschrieben, nämlich in der (x, y)-Ebene die Kreislinie mit dem Radius 1 um den Nullpunkt. Diese Parameterdarstellungen liegen jedoch in verschiedenen Klassen und charakterisieren daher im Sinn der obigen Festsetzung verschiedene Kurven: Die erste und die dritte, weil der Kreis gegensinnig durchlaufen wird. (Wegen $t = -v$ gilt $\frac{dt}{dv} = -1 < 0$.) Bei der ersten und der zweiten Darstellung wird der Kreis zwar in derselben Richtung durchlaufen; jedoch wird hier durch $t = 2u$ das Parameterintervall $I^* = [0, 2\pi]$ nicht auf $I = [0, 2\pi]$ abgebildet. Geometrisch drückt sich dies darin aus, daß der Kreis im zweiten Fall zweimal durchlaufen wird.

Kurven können daher nicht unmittelbar mit der ihnen entsprechenden Punktmenge identifiziert werden: Zusätzlich ist die Orientierung zu berücksichtigen und bei geschlossenen Kurven außerdem noch die Vielfachheit, mit der die Punktmenge durchlaufen wird.

Die dieselbe Kurve beschreibenden Parameterdarstellungen einer Klasse sind zwar gleichberechtigt. Der folgende Satz zeigt jedoch, daß es unter ihnen ausgezeichnete Parameterdarstellungen gibt, die durch die geometrische Gestalt der Kurve, nämlich durch die Längenmessung auf der Kurve gekennzeichnet sind.

18.1 *Es sei $\mathfrak{x} = \varphi(t)$ die Parameterdarstellung einer Raumkurve. Dann gibt es eine Parameterdarstellung $\mathfrak{x} = \psi(s)$ derselben Kurve, bei der $\frac{d\mathfrak{x}}{ds}$ für alle Werte von s ein Einheitsvektor ist. Die zugehörige zulässige Parametertransformation ist*

$$(**)\quad s = \int_{t_0}^{t} \left|\frac{d\varphi(\tau)}{d\tau}\right| d\tau .$$

Sie ist bis auf eine additive Konstante eindeutig bestimmt.

Beweis: Wegen der Stetigkeit des Integranden kann man (**) nach t differenzieren und erhält wegen der generellen Voraussetzung $\dot{\mathfrak{x}} \neq \mathfrak{o}$

$$(***)\quad \frac{ds}{dt} = \left|\frac{d\varphi}{dt}\right| = |\dot{\mathfrak{x}}| > 0.$$

Dies ist die Bedingung (*) für eine zulässige Parametertransformation. Sie besagt außerdem, daß (**) nach t aufgelöst werden kann, daß also $t = f(s)$ mit einer geeigneten Funktion f gilt, wobei diese ebenfalls stetig differenzierbar ist. Mit $\psi(s) = \varphi(f(s))$ ist dann $\mathfrak{x} = \psi(s)$ offenbar ebenfalls eine Parameterdarstellung der gegebenen Kurve. Mit Hilfe der Kettenregel erhält man bei Berücksichtigung von (***)

$$|\dot{\mathfrak{x}}| = \left|\frac{d\mathfrak{x}}{dt}\right| = \left|\frac{d\mathfrak{x}}{ds}\right| \left|\frac{ds}{dt}\right| = \left|\frac{d\mathfrak{x}}{ds}\right| |\dot{\mathfrak{x}}|,$$

und es folgt $\left|\frac{d\mathfrak{x}}{ds}\right| = 1$.

Umgekehrt sei $s = g(t)$ eine zulässige Parametertransformation, und es gelte überall $\left|\frac{d\mathfrak{x}}{ds}\right| = 1$. Wegen (*) ist $\frac{ds}{dt} > 0$ erfüllt, also $\left|\frac{ds}{dt}\right| = \frac{ds}{dt}$, und wegen

$|\dot{\mathfrak{x}}| = \left|\frac{d\mathfrak{x}}{ds}\right| \left|\frac{ds}{dt}\right|$ schließlich $\frac{ds}{dt} = |\dot{\mathfrak{x}}| = \left|\frac{d\varphi}{dt}\right|$, woraus wieder (**) folgt. Willkürlich ist dabei nur die untere Grenze t_0, die den Nullpunkt des Parameters s festlegt und deren Änderung lediglich das Auftreten einer additiven Konstante bewirkt. ◆

Der Parameter s, der bis auf eine additive Konstante eindeutig durch die geometrische Gestalt der Kurve bestimmt ist, besitzt, wie später gezeigt werden wird, die Bedeutung der **Bogenlänge.** Nach Festlegung eines Nullpunkts auf der Kurve wird also durch s die Länge des auf der Kurve durchlaufenen Wegs gemessen. Als geometrisch ausgezeichneter Parameter besitzt die Bogenlänge besondere Bedeutung. Bei den weiteren Untersuchungen soll daher stets angenommen werden, daß die jeweilige Kurve durch die spezielle Parameterdarstellung mit der Bogenlänge s als Parameter beschrieben ist. Dazu soll noch folgende Verabredung getroffen werden: Ableitungen nach der Bogenlänge s werden durch Striche, Ableitungen nach einem beliebigen Parameter t durch Punkte gekennzeichnet.
Wegen 18.1 ist der von s abhängende Vektor

$$\mathfrak{t} = \mathfrak{x}' = \frac{d\mathfrak{x}}{ds}$$

stets ein Einheitsvektor, der der **Tangentenvektor** der orientierten Kurve in dem jeweiligen Punkt genannt wird. Ist die Kurve in Abhängigkeit von einem beliebigen Parameter t gegeben, so gilt offenbar

$$\mathfrak{t} = \frac{1}{|\dot{\mathfrak{x}}|}\dot{\mathfrak{x}}.$$

Hierzu zunächst einige Beispiele.

18.II Für die Bogenlänge der in der (x, y)-Ebene liegenden Kreislinie

$$\mathfrak{x} = (r\cos t,\ r\sin t,\ 0)$$

mit dem Radius r ergibt sich mit $t_0 = 0$

$$s = \int_0^t |\dot{\mathfrak{x}}(\tau)|\,d\tau = \int_0^t r\,d\tau = rt,$$

und dies ist tatsächlich die Länge des Kreisbogens, der zu dem im Bogenmaß gemessenen Zentriwinkel t gehört. Die Parameterdarstellung der Kreislinie in Abhängigkeit von der Bogenlänge lautet jetzt

$$\mathfrak{x} = \left(r\cos\frac{s}{r},\ r\sin\frac{s}{r},\ 0\right).$$

Es folgt

$$\mathfrak{t} = \mathfrak{x}' = \left(-\sin\frac{s}{r},\ \cos\frac{s}{r},\ 0\right),$$

und dies ist tatsächlich ein Einheitsvektor.

18.III Für die durch

$$\mathfrak{x} = (r\cos t,\ r\sin t,\ at)$$

gegebene Schraubenlinie erhält man

$$\dot{\mathfrak{x}} = (-r\sin t,\ r\cos t,\ a),$$

$$s = \int_0^t \sqrt{r^2+a^2}\,d\tau = t\sqrt{r^2+a^2},$$

$$\mathfrak{x} = \left(r\cos\frac{s}{b},\ r\sin\frac{s}{b},\ \frac{a}{b}s\right) \qquad \text{mit} \qquad b = \sqrt{r^2+a^2},$$

$$\mathfrak{t} = \mathfrak{x}' = \left(-\frac{r}{b}\sin\frac{s}{b},\ \frac{r}{b}\cos\frac{s}{b},\ \frac{a}{b}\right)$$

18.IV Für die ähnlich mit Hyperbelfunktionen gebildete Raumkurve

$$\mathfrak{x} = (\mathfrak{Cos}\, t,\ \mathfrak{Sin}\, t,\ t)$$

ergibt sich

$$\dot{\mathfrak{x}} = (\mathfrak{Sin}\, t,\ \mathfrak{Cos}\, t,\ 1),$$

$$s = \int_0^t \sqrt{2}\,\mathfrak{Cos}\,\tau\, d\tau = \sqrt{2}\ \mathfrak{Sin}\, t,$$

$$\mathfrak{x} = \left(\sqrt{1+\frac{s^2}{2}},\ \frac{s}{\sqrt{2}},\ \mathfrak{Ar}\,\mathfrak{Sin}\,\frac{s}{\sqrt{2}}\right),$$

$$\mathfrak{t} = \mathfrak{x}' = \left(\frac{s}{2\sqrt{1+\frac{s^2}{2}}},\ \frac{1}{\sqrt{2}},\ \frac{1}{\sqrt{2}\sqrt{1+\frac{s^2}{2}}}\right).$$

Wieder sei jetzt die betrachtete Raumkurve sogleich in der Form $\mathfrak{x} = \mathfrak{x}(s)$ mit ihrer Bogenlänge als Parameter gegeben. Für ihren Tangentenvektor $\mathfrak{t} = \mathfrak{t}(s)$ folgt dann wegen $\mathfrak{t}\cdot\mathfrak{t} = 1$ durch Ableitung nach s unmittelbar $2\mathfrak{t}\cdot\mathfrak{t}' = 0$. Demnach ist $\mathfrak{t}'$ ein auf $\mathfrak{t}$ senkrecht stehender Vektor, der allerdings im allgemeinen kein Einheitsvektor ist. Setzt man jedoch zusätzlich voraus, daß in dem betrachteten Parameterintervall $\mathfrak{t}' \neq \mathfrak{o}$ gilt, so ist

$$\mathfrak{n} = \frac{1}{|\mathfrak{t}'|}\mathfrak{t}' = \frac{1}{|\mathfrak{x}''|}\mathfrak{x}''$$

ein auf $\mathfrak{t}$ senkrecht stehender Einheitsvektor, der die **Hauptnormale** der Raumkurve genannt wird. Die Vektoren $\mathfrak{t}$ und $\mathfrak{n}$ können schließlich durch die **Binormale**

$$\mathfrak{b} = \mathfrak{t} \times \mathfrak{n}$$

zu einer positiv orientierten Orthonormalbasis des Raumes ergänzt werden. Diese Orthonormalbasis $\{\mathfrak{t}, \mathfrak{n}, \mathfrak{b}\}$ ist jedoch nicht raumfest; sie hängt vielmehr von der Bogenlänge ab und wird daher bei Änderung des betrachteten Kurvenpunkts im allgemeinen ebenfalls verändert. Denkt man sich die Basisvektoren in dem jeweiligen Kurvenpunkt angeheftet, so wird die Orthonormalbasis also bei Verschiebung des Punktes längs der Kurve mitgeführt. Man bezeichnet daher auch $\{\mathfrak{t}, \mathfrak{n}, \mathfrak{b}\}$ als **begleitendes Dreibein** der Kurve. Wie sich das begleitende Dreibein bei Verschiebung des Punktes ändert, wird lokal durch die Ableitungen $\mathfrak{t}', \mathfrak{n}', \mathfrak{b}'$ der Vektoren nach der Bogenlänge beschrieben. Dabei müssen sich diese Ableitungen wieder als Linearkombinationen der Vektoren $\mathfrak{t}, \mathfrak{n}, \mathfrak{b}$ darstellen lassen.

18.2 *Für die Ableitungen der Vektoren des begleitenden Dreibeins nach der Bogenlänge s gelten die folgenden Frenet'schen Gleichungen:*

$$\begin{aligned} \mathfrak{t}' &= \qquad \kappa\mathfrak{n}, \\ \mathfrak{n}' &= -\kappa\mathfrak{t} \qquad + \tau\mathfrak{b}, \\ \mathfrak{b}' &= \qquad -\tau\mathfrak{n}. \end{aligned}$$

Dabei sind κ und τ stetige Funktionen von s.

Beweis: Wegen $\mathfrak{n} = \frac{1}{|\mathfrak{t}'|}\mathfrak{t}'$ ergibt sich unmittelbar die erste Gleichung mit $\kappa = |\mathfrak{t}'| = |\mathfrak{x}''|$, und κ ist schon dann eine stetige Funktion von s, wenn $\mathfrak{x}$ lediglich zweimal stetig differenzierbar ist.
Aus $|\mathfrak{n}| = 1$, also $\mathfrak{n} \cdot \mathfrak{n} = 1$, folgt durch Ableitung $2\mathfrak{n} \cdot \mathfrak{n}' = 0$. Daher muß $\mathfrak{n}'$ eine Linearkombination von $\mathfrak{t}$ und $\mathfrak{b}$ sein. Aus $\mathfrak{t} \cdot \mathfrak{n} = 0$ folgt durch Differentiation $\mathfrak{t}' \cdot \mathfrak{n} + \mathfrak{t} \cdot \mathfrak{n}' = 0$ und damit $\mathfrak{t} \cdot \mathfrak{n}' = -\mathfrak{t}' \cdot \mathfrak{n} = -\kappa$. Setzt man noch $\tau = \mathfrak{n}' \cdot \mathfrak{b}$, so erhält man die zweite Gleichung. Da in dem Ausdruck für τ als höchste Ableitung $\mathfrak{x}'''$ auftritt und diese als stetig vorausgesetzt war, folgt außerdem die Stetigkeit von τ.

Schließlich erhält man aus den Gleichungen

$$\mathfrak{t}\cdot\mathfrak{b}=0, \qquad \mathfrak{n}\cdot\mathfrak{b}=0, \qquad \mathfrak{b}\cdot\mathfrak{b}=1$$

durch Ableitung

$$\mathfrak{t}'\cdot\mathfrak{b}+\mathfrak{t}\cdot\mathfrak{b}'=0, \qquad \mathfrak{n}'\cdot\mathfrak{b}+\mathfrak{n}\cdot\mathfrak{b}'=0, \qquad 2\mathfrak{b}\cdot\mathfrak{b}'=0,$$

also

$$\mathfrak{t}\cdot\mathfrak{b}'=-\mathfrak{t}'\cdot\mathfrak{b}=0, \qquad \mathfrak{n}\cdot\mathfrak{b}'=-\mathfrak{n}'\cdot\mathfrak{b}=-\tau, \qquad \mathfrak{b}\cdot\mathfrak{b}'=0$$

und damit die dritte Gleichung. ◆

Die Existenz des begleitenden Dreibeins und die daraus folgenden *Frenet*'schen Gleichungen hängen allerdings wesentlich von der Forderung $\mathfrak{t}'\neq\mathfrak{o}$ ab. Im allgemeinen wird diese Bedingung höchstens an einzelnen, diskret liegenden Stellen des Parameterbereichs verletzt sein, so daß die Betrachtungen zumindest für die dazwischen liegenden Intervalle gelten. Das begleitende Dreibein und die Funktionen κ und τ können dann auch in die Ausnahmepunkte stetig fortgesetzt werden. Sieht man von Häufungspunkten der Ausnahmepunkte ab, so muß noch der Extremfall betrachtet werden, daß $\mathfrak{t}'=\mathfrak{o}$ in einem ganzen Parameterintervall J gilt. Dann ist aber $\mathfrak{t}$ selbst ein konstanter, von s unabhängiger Einheitsvektor $\mathfrak{e}$, und wegen $\mathfrak{x}'=\mathfrak{t}$ folgt weiter

$$\mathfrak{x}=s\mathfrak{e}+\mathfrak{x}_0 \qquad (s\in J)$$

mit einem ebenfalls konstanten Vektor $\mathfrak{x}_0$. Dies ist aber die Parameterdarstellung einer Geraden bzw. Strecke.

Definition 18a: *Die durch eine Raumkurve bestimmten Funktionen κ und τ der Bogenlänge werden die* **Krümmung** *bzw.* **Windung (Torsion)** *der Raumkurve genannt.*

Die gewonnenen Begriffe sollen jetzt an den vorher behandelten Beispielen diskutiert werden.

18.V Für den in 18.II behandelten Kreis

$$\mathfrak{x}=\left(r\cos\frac{s}{r},\ r\sin\frac{s}{r},\ 0\right)$$

galt

$$\mathfrak{t}=\left(-\sin\frac{s}{r},\ \cos\frac{s}{r},\ 0\right).$$

Es folgt

$$\mathfrak{t}'=-\frac{1}{r}\left(\cos\frac{s}{r},\ \sin\frac{s}{r},\ 0\right),$$

also

$$\mathfrak{n}=\left(-\cos\frac{s}{r},\ -\sin\frac{s}{r},\ 0\right), \qquad \kappa(s)=\frac{1}{r}.$$

Weiter erhält man

$$\mathfrak{n}' = \frac{1}{r}\left(\sin\frac{s}{r},\ -\cos\frac{s}{r},\ 0\right) = -\kappa\mathfrak{t}$$

und daher $\tau(s) = 0$. Schließlich ist hier

$$\mathfrak{b} = \mathfrak{t} \times \mathfrak{n} = (0, 0, 1)$$

ein konstanter Vektor.
An dieses einfache Beispiel lassen sich einige Bemerkungen knüpfen: Wegen der dritten *Frenet*'schen Gleichung ist offenbar $\tau = 0$ gleichwertig mit $\mathfrak{b}' = \mathfrak{o}$, also gleichwertig damit, daß $\mathfrak{b}$ ein konstanter Vektor ist. In dem Beispiel lag dies daran, daß der Kreis eine ebene Kurve war. Der folgende Satz zeigt, daß dies allgemein gilt.

18.3: *Eine Raumkurve ist genau dann eine ebene Kurve, wenn ihre Windung die Nullfunktion ist.*

Beweis: Mit einem festen Kurvenpunkt $\mathfrak{x}_0 = \mathfrak{x}(s_0)$ und einem konstanten Einheitsvektor $\mathfrak{e}$ werde die Funktion

$$f(s) = \left(\mathfrak{x}(s) - \mathfrak{x}_0\right) \cdot \mathfrak{e}$$

gebildet. Ist $\mathfrak{x} = \mathfrak{x}(s)$ eine ebene Kurve, so sei $\mathfrak{e}$ Normalenvektor der Kurvenebene. Es gilt dann $f(s) = 0$ für alle s, und es folgt

$$\mathfrak{t}(s) \cdot \mathfrak{e} = \mathfrak{x}'(s) \cdot \mathfrak{e} = f'(s) = 0,$$

$$\mathfrak{n}(s) \cdot \mathfrak{e} = \frac{1}{|\mathfrak{t}'(s)|}\mathfrak{t}'(s) \cdot \mathfrak{e} = 0.$$

Da somit $\mathfrak{e}$ auf $\mathfrak{t}(s)$ und $\mathfrak{n}(s)$ für alle Werte von s senkrecht steht, ergibt sich bei richtiger Orientierung von $\mathfrak{e}$

$$\mathfrak{b}(s) = \mathfrak{t}(s) \times \mathfrak{n}(s) = \mathfrak{e},$$

also die Konstanz von $\mathfrak{b}$ und damit $\tau = 0$. Umgekehrt gelte $\tau = 0$. Dann ist $\mathfrak{b}$ ein konstanter Einheitsvektor, und es werde $\mathfrak{e} = \mathfrak{b}$ gesetzt. Wegen $f(s_0) = 0$ gilt nach dem Mittelwertsatz

$$\left(\mathfrak{x}(s) - \mathfrak{x}_0\right) \cdot \mathfrak{e} = f(s) - f(s_0) = (s - s_0)f'(s^*) = \mathfrak{x}'(s^*) \cdot \mathfrak{e} = \mathfrak{t}(s^*) \cdot \mathfrak{b} = 0$$

mit einer Zwischenstelle s^*. Alle Punkte der Kurve liegen daher in der durch $\mathfrak{x}_0$ gehenden und zu $\mathfrak{e}$ senkrechten Ebene. ◆

In der Nachbarschaft eines Kurvenpunktes $\mathfrak{x}_0 = \mathfrak{x}(s_0)$ kann eine Raumkurve in erster Näherung durch eine Gerade, nämlich durch ihre Tangente

$$\mathfrak{y} = \mathfrak{x}_0 + (s - s_0)\mathfrak{t}(s_0)$$

approximiert werden. Berücksichtigt man ein weiteres Glied der *Taylor*entwicklung, so erhält man eine Approximation durch die ebene Kurve

$$\begin{aligned}\mathfrak{y} &= \mathfrak{x}_0 + (s - s_0)\mathfrak{t}(s_0) + \frac{1}{2!}(s - s_0)^2\mathfrak{t}'(s_0) \\ &= \mathfrak{x}_0 + (s - s_0)\mathfrak{t}(s_0) + \frac{1}{2!}(s - s_0)^2\kappa(s_0)\mathfrak{n}(s_0).\end{aligned}$$

Diese verläuft in der durch $\mathfrak{t}(s_0)$ und $\mathfrak{n}(s_0)$ aufgespannten Ebene, die auch als **Schmiegebene** der Kurve im Punkt $\mathfrak{x}_0$ bezeichnet wird.
In der Schmiegebene gibt es einen Kreis, der die Raumkurve in $\mathfrak{x}_0$ in dem Sinn möglichst gut approximiert, daß er mit ihr dort den Tangentenvektor, den Hauptnormalenvektor und die Krümmung gemeinsam hat, daß also sein Ortsvektor in $\mathfrak{x}_0$ mit der Raumkurve die erste und die zweite Ableitung nach der Bogenlänge gemeinsam hat. Wegen 18.V muß der Radius dieses Schmiegkreises $\frac{1}{\kappa(s_0)}$ sein, und sein Mittelpunkt der Punkt $\mathfrak{x}_0 + \frac{1}{\kappa(s_0)}\mathfrak{n}(s_0)$, der auch als Krümmungsmittelpunkt der Raumkurve in $\mathfrak{x}_0$ bezeichnet wird.

18.VI Für die Schraubenlinie

$$\mathfrak{x} = \left(r\cos\frac{s}{b},\ r\sin\frac{s}{b},\ \frac{a}{b}s\right) \qquad \text{mit} \qquad b = \sqrt{r^2 + a^2}$$

aus 18.III galt

$$\mathfrak{t} = \left(-\frac{r}{b}\sin\frac{s}{b},\ \frac{r}{b}\cos\frac{s}{b},\ \frac{a}{b}\right).$$

Es folgt

$$\mathfrak{t}' = \left(-\frac{r}{b^2}\cos\frac{s}{b},\ -\frac{r}{b^2}\sin\frac{s}{b},\ 0\right)$$

und daher

$$\mathfrak{n} = \left(-\cos\frac{s}{b},\ -\sin\frac{s}{b},\ 0\right), \qquad \kappa = \frac{r}{b^2} = \frac{r}{r^2 + a^2}.$$

Ferner erhält man

$$\mathfrak{b} = \mathfrak{t} \times \mathfrak{n} = (\frac{a}{b}\sin\frac{s}{b},\ -\frac{a}{b}\cos\frac{s}{b},\ \frac{r}{b}),$$

$$\mathfrak{n}' = (\frac{1}{b}\sin\frac{s}{b},\ -\frac{1}{b}\cos\frac{s}{b},\ 0) = -\kappa\mathfrak{t} + \frac{a}{b^2}\mathfrak{b},$$

also

$$\tau = \frac{a}{b^2} = \frac{a}{r^2 + a^2}.$$

Dies stimmt mit

$$\mathfrak{b}' = (\frac{a}{b^2}\cos\frac{s}{b},\ \frac{a}{b^2}\sin\frac{s}{b},\ 0) = -\frac{a}{b^2}\mathfrak{n}$$

überein. Bemerkenswert ist, daß bei der Schraubenlinie κ und τ konstant sind. Es wird sich zeigen, daß dies umgekehrt auch die Schraubenlinien kennzeichnet. Den Schraubenradius r und die die Ganghöhe bestimmende Konstante a kann man umgekehrt durch κ und τ ausdrücken. Nach leichter Zwischenrechnung erhält man

$$r = \frac{\kappa}{\kappa^2 + \tau^2}, \qquad a = \frac{\tau}{\kappa^2 + \tau^2}.$$

Und weiter ergibt sich, daß

$$\mathfrak{d} = \tau\mathfrak{t} + \kappa\mathfrak{b}$$

ein Vektor in Richtung der Schraubenachse ist; im vorliegenden Fall gilt nämlich $\mathfrak{d} = (0, 0, \frac{1}{b})$.

Bei einer beliebigen Raumkurve werden κ und τ im allgemeinen von s abhängen. In einem festen Kurvenpunkt kann man sie jedoch lokal als näherungsweise konstant ansehen. Die Kurve verhält sich dann dort approximativ wie eine Schraubenlinie, deren Achse, Radius und Ganghöhe nach den letzten Gleichungen berechnet werden können.

18. VII Für die durch

$$\mathfrak{x} = (\mathfrak{Cos}\,t,\ \mathfrak{Sin}\,t,\ t)$$

gegebene Kurve wurden in 18.IV die Bogenlänge, die Parameterdarstellung in Abhängigkeit von s und der Tangentenvektor berechnet. Daran anschließend kann man also wie bisher das begleitende Dreibein, sowie κ und τ ermitteln. Jedoch werden die Rechnungen hier wegen der Wurzelausdrücke verhältnismäßig kompliziert. In solchen Fällen ist es bisweilen günstiger, den ursprünglichen Parameter t beizubehalten und die gewünschten Ableitungen nach s mit Hilfe der Kettenregel auszudrücken. Im vorliegenden Beispiel gilt ja

$$\frac{ds}{dt} = |\dot{\mathfrak{x}}| = \sqrt{2}\,\mathrm{Cos}\,t,$$

$$\mathfrak{t} = \frac{1}{|\dot{\mathfrak{x}}|}\,\dot{\mathfrak{x}} = \frac{1}{\sqrt{2}\,\mathrm{Cos}\,t}(\mathrm{Sin}\,t, \mathrm{Cos}\,t, 1) = \frac{1}{\sqrt{2}}\left(\mathrm{Tan}\,t, 1, \frac{1}{\mathrm{Cos}\,t}\right).$$

Es folgt

$$\mathfrak{t}' = \frac{1}{|\dot{\mathfrak{x}}|}\,\dot{\mathfrak{t}} = \frac{1}{2\,\mathrm{Cos}\,t}\left(\frac{1}{\mathrm{Cos}^2\,t}, 0, -\frac{\mathrm{Sin}\,t}{\mathrm{Cos}^2\,t}\right)$$

und daher

$$\mathfrak{n} = \frac{1}{\mathrm{Cos}\,t}(1, 0, -\mathrm{Sin}\,t), \qquad \kappa = \frac{1}{2\,\mathrm{Cos}^2\,t},$$

$$\mathfrak{b} = \mathfrak{t} \times \mathfrak{n} = -\frac{1}{\sqrt{2}\,\mathrm{Cos}\,t}(\mathrm{Sin}\,t, -\mathrm{Cos}\,t, 1) = -\frac{1}{\sqrt{2}}\left(\mathrm{Tan}\,t, -1, \frac{1}{\mathrm{Cos}\,t}\right)$$

und weiter

$$\mathfrak{b}' = -\frac{1}{\sqrt{2}}\left(\frac{1}{\mathrm{Cos}^2\,t}, 0, -\frac{\mathrm{Sin}\,t}{\mathrm{Cos}^2\,t}\right) = -\frac{1}{\sqrt{2}\,\mathrm{Cos}\,t}\,\mathfrak{n},$$

also

$$\tau = \frac{1}{\sqrt{2}\,\mathrm{Cos}\,t}.$$

Unterwirft man die durch eine Parameterdarstellung $\mathfrak{x} = \mathfrak{x}(s)$ gegebene Raumkurve einer Bewegung, also einer Translation und Drehung, so werden hierdurch die Parameterdarstellung und auch die Vektoren des begleitenden Dreibeins geändert. Unverändert bleiben jedoch die Längen und die skalaren Produkte dieser Vektoren und ihrer Ableitungen. Wegen $\kappa = \mathfrak{t}' \cdot \mathfrak{n}$ und $\tau = -\mathfrak{b}' \cdot \mathfrak{n}$ sind daher auch die Krümmung und die Windung einer Raumkurve Bewegungsinvarianten; d. h. sie hängen nur von der geometrischen Gestalt der orientierten Kurve, nicht aber von ihrer Lage im Raum ab.

Definition 18b: *Die durch eine orientierte Raumkurve bestimmten Gleichungen*

$$\kappa = \kappa(s) \qquad \text{und} \qquad \tau = \tau(s),$$

die die Krümmung und die Windung als Funktionen der Bogenlänge ausdrücken, heißen die **natürlichen Gleichungen** *der Raumkurve.*

Aus dem vorher Bemerkten folgt, daß die natürlichen Gleichungen bewegungsinvariant sind, daß also zu allen Raumkurven, die aus einander durch Bewegungen hervorgehen, dieselben natürlichen Gleichungen gehören. Die folgenden Betrachtungen werden ergeben, daß hiervon auch die Umkehrung gilt.

Es seien κ und τ als stetige Funktionen einer Veränderlichen s gegeben, und es gelte außerdem $\kappa(s) > 0$ für alle s aus dem gemeinsamen Definitionsbereich, der ohne Einschränkung der Allgemeinheit als Intervall angenommen werden kann. Mit diesen Funktionen kann man dann die *Frenet*'schen Gleichungen aufstellen:

$$\begin{aligned} \mathfrak{t}' &= \kappa\mathfrak{n}, \\ \mathfrak{n}' &= -\kappa\mathfrak{t} + \tau\mathfrak{b}, \\ \mathfrak{b}' &= -\tau\mathfrak{n}. \end{aligned} \tag{1}$$

Diese sind jedoch jetzt als Bestimmungsgleichungen für die in Abhängigkeit von s gesuchten Vektoren $\mathfrak{t}$, $\mathfrak{n}$, $\mathfrak{b}$ aufzufassen. Schreibt man sie koordinatenweise auf, so erhält man neun Gleichungen für die neun gesuchten Koordinatenfunktionen, in denen allerdings neben den Funktionen selbst auch noch deren Ableitungen auftreten. Diese neun Gleichungen bilden ein sogenanntes Differentialgleichungssystem erster Ordnung, das allgemein folgende Form besitzen kann:

$$y'_\mu = \sum_{\nu=1}^{n} a_{\mu,\nu} y_\nu + f_\mu \qquad (\mu = 1, \ldots, n). \tag{2}$$

Dabei sind die $a_{\mu,\nu}$ und f_μ gegebene stetige Funktionen von s mit einem gemeinsamen Definitionsintervall, und die y_μ sind gesuchte Funktionen von s. Für derartige Differentialgleichungssysteme gilt nun der hier nicht bewiesene Satz:

Ist s_0 ein innerer Punkt des Definitionsintervalls und sind $y_1^*, \ldots, y_n^*$ beliebig vorgegebene Zahlen, so gibt es genau ein Lösungs-n-Tupel $(y_1(s), \ldots, y_n(s))$ von (2), *das die Anfangsbedingungen*

$$y_1(s_0) = y_1^*, \ldots, y_n(s_0) = y_n^*$$

erfüllt.

Anwendung dieses Satzes auf die *Frenet*'schen Gleichungen (1) ergibt: Zu einem beliebig gegebenen positiv orientierten Orthonormalsystem $\{\mathfrak{t}^*, \mathfrak{n}^*, \mathfrak{b}^*\}$ gibt es genau ein Lösungstripel $(\mathfrak{t}(s), \mathfrak{n}(s), \mathfrak{b}(s))$ mit $\mathfrak{t}(s_0) = \mathfrak{t}^*$, $\mathfrak{n}(s_0) = \mathfrak{n}^*$, $\mathfrak{b}(s_0) = \mathfrak{b}^*$. Gezeigt werden soll nun zunächst, daß diese Lösungsvektoren nicht nur im Punkt s_0, sondern auch in jedem anderen Punkt des Definitionsintervalls ein Orthonormalsystem bilden.

Schreibt man zur momentanen Vereinfachung $\{\mathfrak{a}_1, \mathfrak{a}_2, \mathfrak{a}_3\}$ statt $\{\mathfrak{t}, \mathfrak{n}, \mathfrak{b}\}$, so gilt wegen (1)

$$\mathfrak{a}'_\mu = \sum_{\nu=1}^{3} a_{\mu,\nu} \mathfrak{a}_\nu \qquad \text{mit} \qquad a_{\mu,\nu} = -a_{\nu,\mu}.$$

(Speziell gilt $a_{1,2} = \kappa$, $a_{1,3} = 0$, $a_{2,3} = \tau$.) Hieraus folgt für die skalaren Produkte $p_{i,k}(s) = \mathfrak{a}_i(s) \cdot \mathfrak{a}_k(s)$ der Lösungsvektoren das neue lineare Differentialgleichungssystem

$$(3) \qquad p'_{i,k} = \mathfrak{a}'_i \cdot \mathfrak{a}_k + \mathfrak{a}_i \cdot \mathfrak{a}'_k = \sum_{\nu=1}^{3} (a_{i,\nu} p_{\nu,k} + a_{k,\nu} p_{\nu,i}) \qquad (i, k = 1, 2, 3).$$

Da an der Stelle s_0 die Vektoren $\mathfrak{a}_1(s_0)$, $\mathfrak{a}_2(s_0)$, $\mathfrak{a}_3(s_0)$, nämlich die Vektoren $\mathfrak{t}^*$, $\mathfrak{n}^*$, $\mathfrak{b}^*$, nach Voraussetzung ein Orthonormalsystem bilden, erfüllen die skalaren Produkte die Anfangsbedingungen $p_{i,k}(s_0) = \delta_{i,k}$ (*Kronecker*symbol), durch die sie ja dann eindeutig als Lösungsfunktionen von (3) festgelegt sind. Durch Einsetzen überzeugt man sich aber unmittelbar davon, daß die konstanten Funktionen $p_{i,k}(s) = \delta_{i,k}$ Lösungsfunktionen von (3) sind. (Man beachte $a_{\mu,\nu} = -a_{\nu,\mu}$!) Wegen der Eindeutigkeit folgt daher $\mathfrak{a}_i(s) \cdot \mathfrak{a}_k(s) = \delta_{i,k}$ für alle s aus dem Definitionsintervall.

Kehrt man jetzt wieder zur ursprünglichen Bezeichnungsweise zurück, so gewinnt man schließlich die Parameterdarstellung der gesuchten Raumkurve durch

$$(4) \qquad \mathfrak{x}(s) = \int_{s_0}^{s} \mathfrak{t}(\sigma)\, d\sigma,$$

wobei diese Integration koordinatenweise durchzuführen ist. Offenbar gilt dann $\mathfrak{x}'(s) = \mathfrak{t}(s)$, und wegen $|\mathfrak{t}(s)| = 1$ hat s für die so gewonnene Kurve auch die Bedeutung der Bogenlänge. Außerdem ergibt sich unmittelbar, daß die Ausgangsfunktionen $\kappa(s)$ und $\tau(s)$ jetzt gerade die Krümmung und Windung der durch (4) definierten Raumkurve sind.

Durch die Funktionen $\kappa(s)$ und $\tau(s)$ ist die Raumkurve jedoch nicht eindeutig bestimmt: willkürlich waren die Wahl von s_0 und die Wahl des Orthonormalsystems $\{\mathfrak{t}^*, \mathfrak{n}^*, \mathfrak{b}^*\}$, also des begleitenden Dreibeins in dem zu s_0 gehörenden

Kurvenpunkt. Nun bewirkt aber eine Änderung von s_0 in (4) lediglich, daß additiv ein konstanter Vektor $\mathfrak{x}_0$ hinzugefügt wird. Und dies bedeutet für die Raumkurve, daß sie der durch $\mathfrak{x}_0$ bestimmten Translation unterworfen wird. Schließlich entspricht einer Änderung von $\{\mathfrak{t}^*, \mathfrak{n}^*, \mathfrak{b}^*\}$ eine Drehung des begleitenden Dreibeins und damit der gesamten Kurve. Zusammenfassend gilt also

14.8 *Durch* $\mathfrak{x}_1 = \mathfrak{x}_1(s)$ *und* $\mathfrak{x}_2 = \mathfrak{x}_2(s)$ *seien zwei Raumkurven in Abhängigkeit von ihrer Bogenlänge gegeben:*
Genau dann gibt es eine Bewegung des Raumes, die die erste Kurve auf die zweite so abbildet, daß $\mathfrak{x}_1(s_0)$ *in* $\mathfrak{x}_2(s_0)$ *übergeht, wenn beide Kurven dieselbe Krümmung und dieselbe Windung* (aufgefaßt als Funktionen von s) *besitzen.*

Der Satz besagt also einerseits, daß eine Raumkurve durch ihre natürlichen Gleichungen bis auf Bewegungen eindeutig bestimmt ist. Und andererseits besagt er, daß zwei Raumkurven genau dann kongruent sind, wenn sie gleiche Krümmung und Windung besitzen; allerdings nur, wenn die Nullpunkte der Bogenmessung im Sinn der Kongruenz übereinstimmend gewählt werden.
Aus 18.VI folgt, daß es zu je zwei Zahlen κ_0, τ_0 mit $\kappa_0 > 0$ eine Schraubenlinie gibt, deren konstante Krümmung und Windung gerade κ_0 und τ_0 sind. Da diese Schraubenlinie dann aber auch umgekehrt durch die natürlichen Gleichungen $\kappa(s) = \kappa_0$ und $\tau(s) = \tau_0$ bis auf Bewegungen eindeutig bestimmt ist und da Schraubenlinien durch Bewegungen wieder in Schraubenlinien überführt werden, folgt

18.5 *Diejenigen Raumkurven, die konstante Krümmung und konstante Windung besitzen, sind genau die Schraubenlinien.*

Abschließend sei noch darauf hingewiesen, daß der Beweis zu 18.4 auch dann gültig bleibt, wenn man auf die Voraussetzung $\kappa(s) > 0$ verzichtet. Man erhält dann allerdings auch Parameterdarstellungen, bei denen die generelle Voraussetzung $\dot{\mathfrak{x}} \neq \mathfrak{o}$ verletzt ist.

Ergänzungen und Aufgaben

18A Aufgabe: Für die Krümmung und die Windung einer durch $\mathfrak{x} = \mathfrak{x}(s)$ bzw. $\mathfrak{x} = \mathfrak{x}(t)$ mit einem beliebigen Parameter t gegebenen Raumkurve beweise man die Formeln

$$\kappa = |\mathfrak{x}''| = \frac{|\dot{\mathfrak{x}} \times \ddot{\mathfrak{x}}|}{|\dot{\mathfrak{x}}|^3}, \qquad \tau = \frac{\operatorname{Det}(\mathfrak{x}', \mathfrak{x}'', \mathfrak{x}''')}{|\mathfrak{x}''|^2} = \frac{\operatorname{Det}(\dot{\mathfrak{x}}, \ddot{\mathfrak{x}}, \dddot{\mathfrak{x}})}{|\dot{\mathfrak{x}} \times \ddot{\mathfrak{x}}|^2}.$$

18B Aufgabe: Für eine durch $\mathfrak{x} = \mathfrak{x}(s)$ gegebene Raumkurve beweise man die Gleichwertigkeit folgender Aussagen:

(1) Mit einem festen Einheitsvektor $\mathfrak{e}$ und einem konstanten Winkel α gilt stets $\mathfrak{x}' \cdot \mathfrak{e} = \cos\alpha$.

(2) Für die Krümmung und die Windung gilt stets $\kappa\cos\alpha = \tau\sin\alpha$; dies ist gleichwertig damit, daß die Krümmung und die Windung ein konstantes Verhältnis haben.

(3) $\mathrm{Det}(\mathfrak{x}'', \mathfrak{x}''', \mathfrak{x}^{(4)}) = 0$.

Die Gleichwertigkeit von (3) erfordert selbstverständlich die viermalige Differenzierbarkeit. Raumkurven mit diesen Eigenschaften werden **Böschungslinien** genannt.

18C Für alle Werte von t aus einem gegebenen Definitionsintervall sei $\mathfrak{e} = \mathfrak{e}(t)$ ein Einheitsvektor. Ferner sei $\mathfrak{x} = \mathfrak{x}(t)$ die Parameterdarstellung einer solchen Raumkurve, für die

$$\dot{\mathfrak{x}} = c(\mathfrak{e} \times \dot{\mathfrak{e}})$$

mit einer Konstante $c \neq 0$ gilt. Dies ist offenbar genau dann der Fall, wenn die Parameterdarstellung die Form

$$\mathfrak{x} = c \int_{t_0}^{t} \big(\mathfrak{e}(u) \times \dot{\mathfrak{e}}(u)\big)\,du$$

besitzt, wobei dieses Integral koordinatenweise zu berechnen ist.

Aufgabe: (1) Man berechne die Windung und die Binormale einer solchen Raumkurve und zeige insbesondere, daß die Windung konstant ist.
(2) Man beweise, daß umgekehrt jede Raumkurve mit konstanter, von Null verschiedener Windung in der oben angegebenen Weise mit einem geeigneten Vektor $\mathfrak{e}$ darstellbar ist.

18D Aufgabe: Man beweise, daß eine nicht ebene Raumkurve genau dann eine sphärische Kurve ist (d.h. die Kurve verläuft auf der Oberfläche einer geeigneten Kugel), wenn ihre Krümmung und ihre Windung folgende Gleichung erfüllen:

$$\frac{\tau}{\kappa} + \frac{d}{ds}\left(\frac{1}{\tau}\,\frac{d}{ds}\left(\frac{1}{\kappa}\right)\right) = 0.$$

§ 19 Flächen

In diesem Paragraphen seien der euklidische $\mathbb{R}^2$ und $\mathbb{R}^3$ mit einer festen Orientierung versehen, und D sei stets eine zusammenhängende und offene Teilmenge des $\mathbb{R}^2$, also ein Gebiet. Ferner bedeute $\varphi: D \to \mathbb{R}^3$ immer eine hinreichend oft stetig differenzierbare und injektive Abbildung, deren Differential $d\varphi$ in allen Punkten $\mathfrak{u} \in D$ den Rang 2 besitzen soll. Durch

$$\mathfrak{x} = \varphi\mathfrak{u} \qquad (\mathfrak{u} \in D)$$

wird dann eine zweidimensionale Mannigfaltigkeit F im $\mathbb{R}^3$, also eine Fläche bzw. ein Flächenstück beschrieben. Für jeden festen Punkt $\mathfrak{u} \in D$ ist

$$T_\mathfrak{u} = (d_\mathfrak{u}\varphi)\mathbb{R}^2$$

ein zweidimensionaler Unterraum des $\mathbb{R}^3$, und die lineare Mannigfaltigkeit

$$\varphi\mathfrak{u} + T_\mathfrak{u} = \{\varphi\mathfrak{u} + \mathfrak{v} : \mathfrak{v} \in T_\mathfrak{u}\}$$

ist die **Tangentialebene** an die Fläche im Flächenpunkt $\mathfrak{x} = \varphi\mathfrak{u}$.

Weiter sei jetzt $\{\mathfrak{a}_1, \mathfrak{a}_2\}$ eine die positive Orientierung des $\mathbb{R}^2$ kennzeichnende Basis. Dann ist $\{(d_\mathfrak{u}\varphi)\mathfrak{a}_1, (d_\mathfrak{u}\varphi)\mathfrak{a}_2\}$ für jeden Punkt $\mathfrak{u} \in D$ eine Basis von $T_\mathfrak{u}$, die ihrerseits eine Orientierung von $T_\mathfrak{u}$ festlegt. Zu ihr gibt es genau einen Einheitsvektor $\mathfrak{n}_\mathfrak{u}$ im $\mathbb{R}^3$, der auf $T_\mathfrak{u}$ senkrecht steht und mit dem $\{(d_\mathfrak{u}\varphi)\mathfrak{a}_1, (d_\mathfrak{u}\varphi)\mathfrak{a}_2, \mathfrak{n}_\mathfrak{u}\}$ eine positiv orientierte Basis des $\mathbb{R}^3$ ist. Offenbar besitzt $\mathfrak{n}_\mathfrak{u}$ die Bedeutung der **Flächennormalen** und es gilt wegen $(d_\mathfrak{u}\varphi)\mathfrak{a} = \varphi'_\mathfrak{v}(\mathfrak{u})$

$$\mathfrak{n}_\mathfrak{u} = \frac{1}{|\varphi'_{\mathfrak{a}_1}(\mathfrak{u}) \times \varphi'_{\mathfrak{a}_2}(\mathfrak{u})|} (\varphi'_{\mathfrak{a}_1}(\mathfrak{u}) \times \varphi'_{\mathfrak{a}_2}(\mathfrak{u})).$$

Der die Fläche beschreibenden Abbildung $\varphi: D \to \mathbb{R}^3$ entspricht somit eindeutig eine zweite, durch

$$\psi\mathfrak{u} = \mathfrak{n}_\mathfrak{u} \qquad (\mathfrak{u} \in D)$$

definierte Abbildung $\psi: D \to \mathbb{R}^3$.
Ähnlich wie bei Raumkurven soll nun jedem Punkt der Fläche ein der Fläche angepaßtes, positiv orientiertes Orthonormalsystem $\{\mathfrak{e}_1, \mathfrak{e}_2, \mathfrak{e}_3\}$ des $\mathbb{R}^3$, also ein **begleitendes Dreibein**, zugeordnet werden. Setzt man

$$\mathfrak{e}_3 = \psi\mathfrak{u} = \mathfrak{n}_\mathfrak{u},$$

so ist dieser Vektor des begleitenden Dreibeins eindeutig durch die Fläche, ihre Orientierung und die Orientierung des $\mathbb{R}^3$ bestimmt. Der Vektor $\mathfrak{e}_1$ kann noch willkürlich als Einheitsvektor in T_u gewählt werden; z. B. als

$$\mathfrak{e}_1 = \frac{1}{|\varphi'_{\mathfrak{a}_1}(\mathfrak{u})|}\,\varphi'_{\mathfrak{a}_1}(\mathfrak{u}).$$

Der Vektor $\mathfrak{e}_2$ ist dann eindeutig als

$$\mathfrak{e}_2 = \mathfrak{e}_3 \times \mathfrak{e}_1$$

festgelegt. Die Vektoren dieses begleitenden Dreibeins hängen von dem Flächenpunkt, also von dem entsprechenden Vektor $\mathfrak{u} \in D$ ab, definieren also Abbildungen $\psi_\nu : D \to \mathbb{R}^3$ mit

$$\mathfrak{e}_\nu = \psi_\nu \mathfrak{u} \qquad (\mathfrak{u} \in D,\ \nu = 1, 2, 3)$$

und speziell mit $\psi_3 = \psi$.
Es soll nun zunächst gezeigt werden, daß die in der Wahl von $\mathfrak{e}_1$ liegende Willkür bei der Bestimmung eines begleitenden Dreibeins behoben werden kann: Für alle $\mathfrak{u} \in D$ ist $\psi\mathfrak{u} = \mathfrak{n}_u = \mathfrak{e}_3$ ein Einheitsvektor, es gilt also $(\psi\mathfrak{u}) \cdot (\psi\mathfrak{u}) = 1$. Durch Differentiation nach einem beliebigen Vektor $\mathfrak{a} \in \mathbb{R}^2$ folgt hieraus

$$2\psi'_{\mathfrak{a}}(\mathfrak{u}) \cdot \psi(\mathfrak{u}) = 0.$$

Da aber $\psi(\mathfrak{u})$ auch auf T_u senkrecht steht, ergibt sich weiter $(d_u\psi)\,\mathfrak{a} = \psi'_{\mathfrak{a}}(\mathfrak{u}) \in T_u$, und es folgt, daß $d_u\psi$ eine lineare Abbildung in T_u ist. Da außerdem $d_u\varphi : \mathbb{R}^2 \to T_u$ sogar ein Isomorphismus und damit umkehrbar ist, wird durch

$$\chi_u = (d_u\psi) \circ (d_u\varphi)^{-1}$$

eine lineare Abbildung $\chi_u : T_u \to T_u$ definiert. Sind nun $\mathfrak{v}$, $\mathfrak{w}$ beliebige Vektoren aus T_u, so gilt mit $\mathfrak{a} = (d_u\varphi)^{-1}\mathfrak{v}$ und $\mathfrak{b} = (d_u\varphi)^{-1}\mathfrak{w}$

$$(\chi_u\mathfrak{v}) \cdot \mathfrak{w} = \big((d_u\psi)\,\mathfrak{a}\big) \cdot \big((d_u\varphi)\,\mathfrak{b}\big) = \psi'_{\mathfrak{a}}(\mathfrak{u}) \cdot \varphi'_{\mathfrak{b}}(\mathfrak{u}).$$

Nun steht aber $\psi\mathfrak{u}$ auf T_u senkrecht. Es gilt also $(\psi\mathfrak{u}) \cdot \varphi'_{\mathfrak{b}}(\mathfrak{u}) = 0$ für alle $\mathfrak{b}$, und durch Ableitung nach $\mathfrak{a}$ folgt (φ als zweimal stetig differenzierbar vorausgesetzt)

$$(1) \qquad \psi'_{\mathfrak{a}}(\mathfrak{u}) \cdot \varphi'_{\mathfrak{b}}(\mathfrak{u}) + (\psi\mathfrak{u}) \cdot \varphi''_{\mathfrak{b},\mathfrak{a}}(\mathfrak{u}) = 0$$

und damit

$$\begin{aligned}(\chi_u\mathfrak{v}) \cdot \mathfrak{w} &= \psi'_{\mathfrak{a}}(\mathfrak{u}) \cdot \varphi'_{\mathfrak{b}}(\mathfrak{u}) = -(\psi\mathfrak{u}) \cdot \varphi''_{\mathfrak{b},\mathfrak{a}}(\mathfrak{u}) \\ &= -(\psi\mathfrak{u}) \cdot \varphi''_{\mathfrak{a},\mathfrak{b}}(\mathfrak{u}) = \psi'_{\mathfrak{b}}(\mathfrak{u}) \cdot \varphi'_{\mathfrak{a}}(\mathfrak{u}) = \mathfrak{v} \cdot (\chi_u\mathfrak{w}).\end{aligned}$$

Daher ist χ_u sogar eine selbstadjungierte Abbildung, besitzt also reelle Eigenwerte c_1 und c_2, und die zu diesen Eigenwerten gehörenden Eigenvektoren $\mathfrak{e}_1^*$, $\mathfrak{e}_2^*$ können im Sinn der Orientierung von $T_\mathfrak{u}$ als positiv orientierte Orthonormalbasis von $T_\mathfrak{u}$ gewählt werden. Im Fall verschiedener Eigenwerte c_1, c_2 sind hierdurch die Eigenvektoren $\mathfrak{e}_1^*$, $\mathfrak{e}_2^*$ im wesentlichen eindeutig bestimmt: möglich sind lediglich Umnumerierung und Vorzeichenwechsel. Legt man sich jedoch an einer Stelle fest, so ist wegen des Zusammenhangs von D das Dreibein auch an allen anderen Stellen aus Stetigkeitsgründen eindeutig bestimmt*). Lediglich im Fall gleicher Eigenwerte läßt sich kein spezielles Orthonormalsystem in T auszeichnen.

Definition 19a: *Ein Flächenpunkt $\mathfrak{x} = \varphi\mathfrak{u}$ heißt* **Nabelpunkt** *der Fläche, wenn $\chi_\mathfrak{u}$ einen doppelten Eigenwert besitzt. Ist $\mathfrak{x}$ kein Nabelpunkt, so heißen die durch die Eigenvektoren $\mathfrak{e}_1^*$, $\mathfrak{e}_2^*$ von $\chi_\mathfrak{u}$ in $T_\mathfrak{u}$ eindeutig bestimmten Geraden $[\mathfrak{e}_1^*]$, $[\mathfrak{e}_2^*]$ die* **Hauptkrümmungsachsen** *der Fläche in $\mathfrak{x}$.*

Nach dem Vorangehenden gibt es in jedem Flächenpunkt, der kein Nabelpunkt ist, ein durch die Hauptkrümmungsachsen eindeutig bestimmtes begleitendes Dreibein. Dies soll jetzt an einem Beispiel erläutert werden.

19.I Mit $\mathfrak{u} = (u, v)$ gelte

$$\mathfrak{x} = \varphi\mathfrak{u} = (u, v, u^2 + v^2).$$

Dies ist eine Parameterdarstellung eines Rotationsparaboloids. Es folgt

$$\mathfrak{x}'_u = (1, 0, 2u), \qquad \mathfrak{x}'_v = (0, 1, 2v), \qquad \mathfrak{x}'_u \times \mathfrak{x}'_v = (-2u, -2v, 1),$$

und es ist

$$\mathfrak{e}_1 = \frac{1}{\sqrt{1 + 4u^2}}(1, 0, 2u), \qquad \mathfrak{e}_2 = \mathfrak{e}_3 \times \mathfrak{e}_1,$$

$$\mathfrak{e}_3 = \frac{1}{\sqrt{1 + 4u^2 + 4v^2}}(-2u, -2v, 1)$$

ein mögliches begleitendes Dreibein. Zur Berechnung der Hauptkrümmungsachsen benutzt man jedoch als Basis von $T_\mathfrak{u}$ besser die Vektoren $\mathfrak{x}'_u$, $\mathfrak{x}'_v$. Es gilt dann nach kurzer Zwischenrechnung

$$\chi_\mathfrak{u}\mathfrak{x}'_u = (d_\mathfrak{u}\psi)\mathfrak{a}_1 = \frac{\partial\mathfrak{e}_3}{\partial u} = \frac{1}{\sqrt{1 + 4u^2 + 4v^2}^{\,3}}\left((-2 - 8v^2)\mathfrak{x}'_u + 8uv\mathfrak{x}'_v\right),$$

*) Nichtorientierbare Flächen (wie z. B. das Möbiusband) sind durch die Anfangsvoraussetzungen ausgeschlossen.

$$\chi_{\mathfrak{u}} \mathfrak{x}'_v = (d_{\mathfrak{u}}\psi)\mathfrak{a}_2 = \frac{\partial \mathfrak{e}_3}{\partial v} \frac{1}{\sqrt{1+4u^2+4v^2}^3} (8uv\mathfrak{x}'_u + (-2-8u^2)\mathfrak{x}'_v).$$

Daher ist $\chi_{\mathfrak{u}}$ hinsichtlich der Basis $\{\mathfrak{x}'_u, \mathfrak{x}'_v\}$ von $T_{\mathfrak{u}}$ die Matrix

$$\frac{1}{\sqrt{1+4u^2+4v^2}^3} \begin{pmatrix} -2-8v^2 & 8uv \\ 8uv & -2-8u^2 \end{pmatrix}$$

mit den Eigenwerten

$$c_1 = \frac{-2}{\sqrt{1+4u^2+4v^2}^3}, \quad c_2 = \frac{-2-8u^2-8v^2}{\sqrt{1+4u^2+4v^2}^3}$$

zugeordnet. Im Fall $u = v = 0$ gilt $c_1 = c_2$, und man hat es mit einem Nabelpunkt zu tun. Sonst erhält man als normierte Eigenvektoren in Richtung der Hauptkrümmungsachsen die Vektoren

$$\mathfrak{e}_1^* = \frac{1}{\sqrt{u^2+v^2}\sqrt{1+4u^2+4v^2}} (u, v, 2u^2+2v^2),$$

$$\mathfrak{e}_2^* = \frac{1}{\sqrt{u^2+v^2}} (-v, u, 0),$$

die durch $\mathfrak{e}_3^* = \mathfrak{e}_3$ zu dem ausgezeichneten begleitenden Dreibein ergänzt werden. Auf dem Rotationsparaboloid weist $\mathfrak{e}_1^*$ immer in Meridianrichtung, $\mathfrak{e}_2^*$ in Richtung des Breitenkreises. Wählt man daher eine Parameterdarstellung in Abhängigkeit von ebenen Polarkoordinaten r, α, nämlich

$$\mathfrak{x} = (r\cos\alpha, \; r\sin\alpha, \; r^2),$$

so erhält man $\mathfrak{e}_1^*$, $\mathfrak{e}_2^*$ direkt als die normierten Vektoren $\mathfrak{x}'_r$ und $\mathfrak{x}'_\alpha$.

Die Eigenvektoren der selbstadjungierten Abbildung $\chi_{\mathfrak{u}}$ ergaben die Hauptkrümmungsachsen. Die Herkunft dieser Bezeichnung und die Bedeutung der Eigenwerte von $\chi_{\mathfrak{u}}$ ergeben sich, wenn jetzt Kurven auf der Fläche betrachtet werden.
Wie bisher gelte $\mathfrak{x} = \varphi\mathfrak{u}$, jedoch hänge jetzt $\mathfrak{u}$ selbst noch von einem reellen Parameter t ab. Mit $\mathfrak{u} = \mathfrak{u}(t)$ ist dann

$$\mathfrak{x} = \varphi(\mathfrak{u}(t))$$

die Parameterdarstellung einer Kurve im $\mathbb{R}^3$, die aber auf der durch φ beschriebenen Fläche liegt. Es handelt sich also um eine **Flächenkurve**. Dabei kann der Kurvenparameter sogleich als Bogenlänge der Flächenkurve gewählt werden und soll dann auch mit s bezeichnet werden, so daß also die Flächenkurve durch

$$\mathfrak{x} = \varphi(\mathfrak{u}(s)) \qquad \text{mit} \qquad |\mathfrak{x}'| = 1 \qquad \text{für alle } s$$

gegeben ist. Man beachte jedoch, daß s im allgemeinen nicht auch Bogenlänge der Kurve $\mathfrak{u} = \mathfrak{u}(s)$ im $\mathbb{R}^2$ ist, daß also im allgemeinen $|\mathfrak{u}'| \neq 1$ gilt.
Für den Tangentenvektor $\mathfrak{t}$ der Kurve erhält man nach der Kettenregel den Ausdruck

$$\mathfrak{t} = \mathfrak{x}' = (d_{\mathfrak{u}(s)}\varphi)\,\mathfrak{u}'(s) = \frac{\partial\varphi(\mathfrak{u}(s))}{\partial\mathfrak{u}'(s)}.$$

Es folgt $\mathfrak{t} \in (d_{\mathfrak{u}}\varphi)\mathbb{R}^2 = T_{\mathfrak{u}}$; der Tangentenvektor der Flächenkurve liegt also in dem entsprechenden Tangentialraum der Fläche. Weiter folgt hieraus durch nochmalige Ableitung für die Krümmung κ der Kurve und ihre Hauptnormale $\mathfrak{n}$

$$\text{(2)} \qquad \kappa\mathfrak{n} = \mathfrak{t}' = (d_{\mathfrak{u}}^2\varphi)(\mathfrak{u}', \mathfrak{u}') + (d_{\mathfrak{u}}\varphi)\,\mathfrak{u}'' = \frac{\partial^2\varphi}{\partial\mathfrak{u}'^2} + \frac{\partial\varphi}{\partial\mathfrak{u}''}.$$

Der zweite Summand $(d_{\mathfrak{u}}\varphi)\,\mathfrak{u}''$ liegt in $T_{\mathfrak{u}}$, steht also auf der Flächennormalen $\mathfrak{n}_{\mathfrak{u}} = \mathfrak{e}_3$ senkrecht. Für den ersten Summanden ergibt sich wegen $\mathfrak{e}_3 = \psi\mathfrak{u}$ mit Hilfe von (1)

$$\text{(3)} \qquad \frac{\partial^2\varphi}{\partial\mathfrak{u}'^2}\cdot(\psi\mathfrak{u}) = -\frac{\partial\psi(\mathfrak{u})}{\partial\mathfrak{u}'}\cdot\frac{\partial\varphi(\mathfrak{u})}{\partial\mathfrak{u}'}.$$

Das hier rechts stehende skalare Produkt soll jetzt weiter umgeformt werden. Wie vorher seien $\mathfrak{e}_1^*$, $\mathfrak{e}_2^*$ orthonormale Eigenvektoren von $\chi_{\mathfrak{u}}$ mit den zugehörigen Eigenwerten c_1, c_2. Für den Tangentenvektor $\mathfrak{t} = (d_{\mathfrak{u}}\varphi)\,\mathfrak{u}'$ gilt dann offenbar

$$\text{(4)} \qquad \mathfrak{t} = t_1\mathfrak{e}_1^* + t_2\mathfrak{e}_2^* \quad \textit{mit} \quad t_1 = \mathfrak{t}\cdot\mathfrak{e}_1^*, \; t_2 = \mathfrak{t}\cdot\mathfrak{e}_2^*.$$

Es folgt

$$\frac{\partial\psi(\mathfrak{u})}{\partial\mathfrak{u}'} = (d_{\mathfrak{u}}\psi)\,\mathfrak{u}' = (d_{\mathfrak{u}}\psi)\big((d_{\mathfrak{u}}\varphi)^{-1}\mathfrak{t}\big) = \chi_{\mathfrak{u}}\mathfrak{t} = t_1(\chi_{\mathfrak{u}}\mathfrak{e}_1^*) + t_2(\chi_{\mathfrak{u}}\mathfrak{e}_2^*) = t_1c_1\mathfrak{e}_1^* + t_2c_2\mathfrak{e}_2^*$$

und daher wegen $\mathfrak{t} = \dfrac{\partial\varphi}{\partial\mathfrak{u}'}$

(5) $\quad \dfrac{\partial\psi(\mathfrak{u})}{\partial\mathfrak{u}'}\cdot\dfrac{\partial\varphi(\mathfrak{u})}{\partial\mathfrak{u}'} = (t_1 c_1 \mathfrak{e}_1^* + t_2 c_2 \mathfrak{e}_2^*)\cdot(t_1 \mathfrak{e}_1^* + t_2 \mathfrak{e}_2^*) = c_1 t_1^2 + c_2 t_2^2.$

Zusammen mit (2) und (3) erhält man somit schließlich

(6) $\quad \kappa(\mathfrak{n}\cdot\mathfrak{e}_3) = -(c_1 t_1^2 + c_2 t_2^2).$

Diese Gleichung gestattet nun einige wichtige Folgerungen. Ihre rechte Seite hängt nur von dem Tangentenvektor $\mathfrak{t}$ der Flächenkurve bzw. dessen Koordinaten t_1, t_2 ab. Da $\mathfrak{t}$ und der Hauptnormalenvektor $\mathfrak{n}$ die Schmiegebene aufspannen, besagt (6) zunächst

19.1 *Zwei durch einen Flächenpunkt gehende Flächenkurven, die dort dieselbe Schmiegebene besitzen, haben in diesem Punkt auch dieselbe Krümmung.*

Da $\mathfrak{n}$ und $\mathfrak{e}_3$ Einheitsvektoren sind, ist das skalare Produkt $\mathfrak{n}\cdot\mathfrak{e}_3$ der Kosinus des Winkels zwischen Hauptnormale und Flächennormale oder auch der Sinus des Winkels α zwischen der Schmiegebene der Kurve und der Tangentialebene der Fläche: $\sin\alpha = \mathfrak{n}\cdot\mathfrak{e}_3$. Aus (6) folgt nun, daß die Krümmung κ einer Flächenkurve mit gegebenem Tangentenvektor offenbar genau dann minimal ausfällt, wenn $|\sin\alpha| = |\mathfrak{n}\cdot\mathfrak{e}_3| = 1$ gilt, wenn also die Schmiegebene der Flächenkurve auf der Tangentialebene der Fläche senkrecht steht. Eine solche Flächenkurve erhält man z.B., wenn man die Fläche mit derjenigen Ebene schneidet, die den Tangentenvektor in dem betreffenden Punkt enthält und auf der Tangentialebene der Fläche in diesem Punkt senkrecht steht. Derartige Kurven nennt man auch **Normalschnittkurven**. Es folgt

19.2 (*Meusnier*) *In einem Flächenpunkt* $\mathfrak{x}$ *sei* $\kappa_0(\mathfrak{t})$ *die Krümmung der Normalschnittkurve mit dem Tangentenvektor* $\mathfrak{t}$. *Für die Krümmung* κ *einer durch* $\mathfrak{x}$ *gehenden Flächenkurve mit demselben Tangentenvektor* $\mathfrak{t}$, *deren Schmiegebene mit der Tangentialebene der Fläche in* $\mathfrak{x}$ *den Winkel* α *einschließt, gilt dann*

$$\kappa|\sin\alpha| = \kappa_0(\mathfrak{t}).$$

Außerdem ergibt (6) noch

19.3 (*Euler*) *Für die Krümmung* $\kappa_0(\mathfrak{t})$ *der Normalschnittkurve mit dem Tangentenvektor* $\mathfrak{t} = t_1\mathfrak{e}_1^* + t_2\mathfrak{e}_2^*$ *gilt*

$$\kappa_0(\mathfrak{t}) = |c_1 t_1^2 + c_2 t_2^2|.$$

Speziell für $\mathfrak{e}_1^*$ als Tangentenvektor gilt nach (6)

$$\kappa_0(\mathfrak{e}_1^*)(\mathfrak{n}\cdot\mathfrak{e}_3) = -c_1.$$

Da $\kappa_0(\mathfrak{e}_1^*) \geqq 0$ erfüllt sein muß, folgt, daß im Fall $c_1 > 0$ die Hauptnormale $\mathfrak{n}$ der Normalschnittkurve und die Flächennormale entgegengesetzt gerichtet sein müssen und im Fall $c_1 < 0$ gleichgerichtet. Man kann somit c_1 und entsprechend c_2 als mit Vorzeichen versehene Krümmungen der Normalschnittkurven in Richtung der Hauptkrümmungsachsen auffassen, wobei positives Vorzeichen konkaves Verhalten in Richtung der Flächennormale, negatives Vorzeichen konvexes Verhalten der Normalschnittkurve bedeutet. Bei entsprechender Festsetzung für beliebige Normalschnittkurven wird deren mit Vorzeichen versehene Krümmung gerade durch $c_1 t_1^2 + c_2 t_2^2$ geliefert. Wegen

$$(7) \qquad t_1 = \mathfrak{t} \cdot \mathfrak{e}_1^* = \cos\beta, \quad t_2 = \mathfrak{t} \cdot \mathfrak{e}_2^* = \sin\beta$$

gilt im Fall $c_1 \leqq c_2$

$$c_1 \leqq c_1 \cos^2\beta + c_2 \sin^2\beta = c_1 t_1^2 + c_2 t_2^2 \leqq c_2.$$

Die Hauptkrümmungsachsen geben also gerade die Tangentenrichtungen extremaler Krümmungen der Normalschnittkurven an, wodurch nachträglich ihre Benennung motiviert wird. Entsprechend werden die Eigenwerte c_1, c_2 auch als **Hauptkrümmungen** und ihre reziproken Werte $r_1 = \frac{1}{c_1}, r_2 = \frac{1}{c_2}$ als **Hauptkrümmungsradien** bezeichnet.

Das charakteristische Polynom von $\chi_{\mathfrak{u}}$, dessen Nullstellen ja c_1 und c_2 sind, kann in der Form

$$f(t) = t^2 - 2Ht + K$$

geschrieben werden, wobei die Koeffizienten H und K natürlich von der Stelle $\mathfrak{u} \in D$ abhängen.

Definition 19b:

$$H = \frac{1}{2} Sp\,\chi_{\mathfrak{u}} = \frac{1}{2}(c_1 + c_2) = \frac{1}{2}\left(\frac{1}{r_1} + \frac{1}{r_2}\right)$$

wird die **mittlere Krümmung** *und*

$$K = \operatorname{Det}\chi_{\mathfrak{u}} = c_1 c_2 = \frac{1}{r_1} \cdot \frac{1}{r_2}$$

die **Gauß'sche Krümmung** *oder auch nur die* **Krümmung** *der Fläche in dem betreffenden Flächenpunkt genannt.*

Während H keine unmittelbar anschauliche Bedeutung besitzt, gestattet K eine einfache geometrische Deutung: Es gilt $K \geqq 0$ genau dann, wenn c_1 und

c_2 dasselbe Vorzeichen besitzen, wenn also auch die Krümmung jeder Normalschnittkurve dieses gemeinsame Vorzeichen aufweist. Dies ist aber gleichwertig damit, daß die Fläche in dem betreffenden Punkt in jeder Richtung gleichsinnig gekrümmt ist, etwa wie ein Ellipsoid. Im Fall $K < 0$, also im Fall entgegengesetzter Vorzeichen von c_1 und c_2, ist die Fläche längs der Hauptkrümmungsachsen gegensinnig gekrümmt, besitzt also lokal Sattelcharakter wie z.B. ein einschaliges Hyperboloid. In einem Nabelpunkt, der ja durch $c_1 = c_2$ charakterisiert ist, gilt wegen $K = c_1 c_2 = c_1^2$ notwendig $K \geqq 0$.
Für den mit Vorzeichen versehenen Krümmungsradius r einer Normalschnittkurve gilt mit der Bezeichnung (7)

$$\frac{1}{r} = c_1 \cos^2 \beta + c_2 \sin^2 \beta = \frac{1}{r_1} \cos^2 \beta + \frac{1}{r_2} \sin^2 \beta .$$

Setzt man hier, je nach dem Vorzeichen von r, $\varrho^2 = \pm r$, deutet man ϱ, β als ebene Polarkoordinaten und setzt $x_1 = \varrho \cos \beta$, $x_2 = \varrho \sin \beta$, so ergibt Multiplikation der Gleichung mit ϱ^2

$$(8) \qquad \frac{x_1^2}{r_1} + \frac{x_2^2}{r_2} = \pm 1 .$$

Dies ist die Gleichung eines Kegelschnitts (bzw. eines Paars von Kegelschnitten), wobei der Typ von den Vorzeichen von r_1, r_2 abhängt. Dieser Kegelschnitt wird die *Dupin'sche* **Indikatrix** der Fläche in dem jeweiligen Flächenpunkt genannt. Der Abstand ϱ eines Punktes der Indikatrix von ihrem Mittelpunkt ist wegen $\varrho = \sqrt{|r|}$ die Quadratwurzel aus dem Betrag des Krümmungsradius der zu dieser Richtung gehörenden Normalschnittkurve.
In Punkten mit $K > 0$ ist die Indikatrix eine Ellipse und speziell genau in Nabelpunkten ein Kreis. Im Fall $K < 0$ besteht die Indikatrix aus zwei Hyperbeln mit gemeinsamen Asymptoten. Bei den zu den Asymptotenrichtungen gehörenden Normalschnittkurven gilt $\kappa = 0$, $r = \infty$. Schließlich besteht die Indikatrix im Fall $K = 0$, wenn nur genau einer der beiden Eigenwerte c_1, c_2 verschwindet, aus einem Paar paralleler Geraden. Lediglich im Fall eines Punktes mit $c_1 = c_2 = 0$ ist die Indikatrix die leere Menge. Solche speziellen Nabelpunkte werden **Flachpunkte** genannt.
Wie schon oben bemerkt wurde, gilt in Nabelpunkten jedenfalls $K \geqq 0$. Man kann sich nun fragen, ob es Flächen gibt, die überhaupt nur aus Nabelpunkten bestehen, die dann also überall eine nicht-negative *Gauß*'sche Krümmung besitzen müssen. Unmittelbar überzeugt man sich davon, daß die Ebenen und die Sphären (Kugeloberflächen) derartige „Nabelflächen" sind. Darüber hinaus

besagt der folgende Satz, daß dies im wesentlichen aber auch die einzigen Fälle sind.

19.4 *Eine nur aus Nabelpunkten bestehende Fläche ist entweder in einer Ebene* $(K=0)$ *oder in einer Sphäre mit dem Radius* $\frac{1}{\sqrt{K}}$ $(K>0)$ *enthalten.*

Beweis: In einem Nabelpunkt $\mathfrak{x}=\varphi\mathfrak{u}$ besitzt $\chi_\mathfrak{u}$ einen doppelten Eigenwert $c=c(\mathfrak{u})$, und für jeden Vektor $\mathfrak{v}\in T_\mathfrak{u}$ gilt $\chi_\mathfrak{u}\mathfrak{v}=c\mathfrak{v}$, also wegen $\chi_\mathfrak{u}=(d_\mathfrak{u}\psi)\circ(d_\mathfrak{u}\varphi)^{-1}$ mit $\mathfrak{a}=(d_\mathfrak{u}\varphi)^{-1}\mathfrak{v}$

$$(d_\mathfrak{u}\psi)\,\mathfrak{a}=c(\mathfrak{u})(d_\mathfrak{u}\varphi)\,\mathfrak{a}$$

für alle $\mathfrak{a}\in\mathbb{R}^2$. Mit der reellwertigen Abbildung $c:D\to\mathbb{R}$ gilt daher im Fall einer nur aus Nabelpunkten bestehenden Fläche sogar für die Differentiale selbst

$$d\psi=c\,d\varphi,$$

und alternierende Ableitung dieser Gleichung liefert wegen 15.13 und 15.11

$$0=\mathrm{d}\,\mathrm{d}\psi=dc\wedge d\varphi.$$

Ist nun $\{\mathfrak{a}_1,\mathfrak{a}_2\}$ eine Basis des $\mathbb{R}^2$, so sind wegen der Injektivität von $d_\mathfrak{u}\varphi$ auch die Vektoren $(d_\mathfrak{u}\varphi)\,\mathfrak{a}_1$ und $(d_\mathfrak{u}\varphi)\,\mathfrak{a}_2$ linear unabhängig. Wegen

$$\mathfrak{o}=[(dc\wedge d\varphi)\mathfrak{u}](\mathfrak{a}_1,\mathfrak{a}_2)=\frac{1}{2}\left(\frac{\partial c(\mathfrak{u})}{\partial\mathfrak{a}_1}(d_\mathfrak{u}\varphi)\,\mathfrak{a}_2-\frac{\partial c(\mathfrak{u})}{\partial\mathfrak{a}_2}(d_\mathfrak{u}\varphi)\,\mathfrak{a}_1\right)$$

folgt somit

$$\frac{\partial c(\mathfrak{u})}{\partial\mathfrak{a}_1}=\frac{\partial c(\mathfrak{u})}{\partial\mathfrak{a}_2}=0$$

für alle $\mathfrak{u}\in D$. Daher ist c überhaupt eine von $\mathfrak{u}$ unabhängige Konstante und ebenso $K=c^2$. Im Fall $K=0$, also $c=0$ gilt $d\psi=0$. Die Flächennormale $\mathfrak{e}_3=\psi\mathfrak{u}$ ist daher konstant, und die Fläche ist Teil einer Ebene. Im Fall $K>0$, also etwa $c>0$ (oder $c<0$), ist wegen $d\psi-c\,d\varphi=0$

$$\mathfrak{m}=\frac{1}{c}\psi(\mathfrak{u})-\varphi(\mathfrak{u})$$

ein von $\mathfrak{u}$ unabhängiger, konstanter Vektor. Die Fläche ist daher Teil der Sphäre mit dem Radius $\frac{1}{c}=\frac{1}{\sqrt{K}}$ und dem Mittelpunkt $\mathfrak{m}$. ◆

Definition 19c: *Es seien F und F* zwei Flächen. Dann heißt eine Abbildung* $\beta: F \to F^*$ *eine* **Biegung**, *wenn sie F umkehrbar eindeutig längen- und orientierungstreu auf F* abbildet.*

Unter diesen Begriff der Biegung fallen jedenfalls diejenigen Prozesse, die man in der Umgangssprache als Biegungen bezeichnet, nämlich die dehnungsfreien Verformungen. Die hier definierten Biegungen sind jedoch allgemeiner, weil sie keinen kontinuierlichen Prozeß beinhalten.
Ist $\mathfrak{x} = \varphi \mathfrak{u}$ $(\mathfrak{u} \in D)$ eine Parameterdarstellung von F und ist $\beta: F \to F^*$ eine Biegung, so ist

$$\mathfrak{x}^* = \varphi^* \mathfrak{u} \qquad \textit{mit} \qquad \varphi^* = \beta \circ \varphi$$

eine Parameterdarstellung von F^* mit demselben Definitionsbereich D. Wegen der Längen- und Orientierungstreue von β muß dann auch die durch

$$\vartheta_{\mathfrak{u}} = (d_{\mathfrak{u}} \varphi^*) \circ (d_{\mathfrak{u}} \varphi)^{-1}$$

definierte lineare Abbildung $\vartheta_{\mathfrak{u}}: T_{\mathfrak{u}} \to T_{\mathfrak{u}}^*$ zwischen den entsprechenden Tangentialräumen von F und F^* eine eigentlich orthogonale Abbildung sein: Ist also $\{\mathfrak{e}_1, \mathfrak{e}_2\}$ eine positiv orientierte Orthonormalbasis von $T_{\mathfrak{u}}$, so ist $\{\vartheta_{\mathfrak{u}} \mathfrak{e}_1, \vartheta_{\mathfrak{u}} \mathfrak{e}_2\}$ eine positiv orientierte Orthonormalbasis von $T_{\mathfrak{u}}^*$, und für beliebige Vektoren $\mathfrak{v}, \mathfrak{w} \in T_{\mathfrak{u}}$ gilt $(\vartheta_{\mathfrak{u}} \mathfrak{v}) \cdot (\vartheta_{\mathfrak{u}} \mathfrak{w}) = \mathfrak{v} \cdot \mathfrak{w}$.

Von besonderem Interesse für die Flächentheorie sind nun gerade die **biegungsinvarianten** Eigenschaften, also Größen (Funktionen, Abbildungen, Differentialformen), die durch Eigenschaften der Fläche definiert sind und die sich bei Biegungen nicht ändern. Sie hängen offenbar nicht von der Einbettung der Fläche in den $\mathbb{R}^3$ ab, sondern beschreiben sogenannte **innere Eigenschaften** der Fläche, die sich durch Messungen in der Fläche selbst bestimmen lassen (z. B. von hypothetischen Flächenwesen, deren Vorstellung die dritte Dimension unzugänglich ist). Hierzu zunächst einige Beispiele.

19. II Es sei $\mathfrak{x} = \varphi \mathfrak{u}$ $(\mathfrak{u} \in D)$ die Parameterdarstellung einer Fläche, und $\lambda: D \to \mathbb{R}^2$ sei eine beliebige (jedoch hinreichend oft stetig differenzierbare) Abbildung. Durch

$$\hat{\lambda}_{\mathfrak{u}} \mathfrak{a} = \big((d_{\mathfrak{u}} \varphi)(\lambda \mathfrak{u})\big) \cdot \big((d_{\mathfrak{u}} \varphi)\, \mathfrak{a}\big)$$

wird dann eine Differentialform $\hat{\lambda}$ auf D definiert, die biegungsinvariant ist: Bildet man nämlich für eine durch Biegung entstehende Fläche $\mathfrak{x} = \varphi^* \mathfrak{u}$ die entsprechende Differentialform $\hat{\lambda}^*$, so gilt mit den obigen Bezeichnungen

$$\hat{\lambda}_{\mathfrak{u}}^* \mathfrak{a} = \big(\vartheta_{\mathfrak{u}}((d_{\mathfrak{u}} \varphi)(\lambda \mathfrak{u}))\big) \cdot \big(\vartheta_{\mathfrak{u}}((d_{\mathfrak{u}} \varphi)\, \mathfrak{a})\big) = \big((d_{\mathfrak{u}} \varphi)(\lambda \mathfrak{u})\big) \cdot \big((d_{\mathfrak{u}} \varphi)\, \mathfrak{a}\big) = \hat{\lambda}_{\mathfrak{u}} \mathfrak{a}.$$

19.III Die Hauptkrümmungen c_1, c_2 und die mittlere Krümmung H sind keine Biegungsinvarianten: Bei einem ebenen (etwa rechteckigen) Flächenstück gilt überall $c_1 = c_2 = H = 0$. Biegt man es zur Mantelfläche eines Kreiszylinderstumpfs, so verschwindet zwar immer noch eine Hauptkrümmung, die andere und damit auch H sind aber von Null verschieden. Hingegen bleibt das Produkt der Hauptkrümmungen, also die *Gauß*'sche Krümmung K, in diesem Beispiel invariant. Daß dies allgemein so ist, zeigt der folgende Satz.

19.5 (**Theorema egregium** *von Gauß*). *Die Gauß'sche Krümmung K ist biegungsinvariant: Durch eine Biegung auf einander abgebildete Flächen besitzen in entsprechenden Punkten dasselbe Krümmungsmaß K.*

Beweis: Es sei $\{\mathfrak{e}_1, \mathfrak{e}_2, \mathfrak{e}_3\}$ mit $\mathfrak{e}_\nu = \psi_\nu \mathfrak{u}$ ($\mathfrak{u} \in D$, $\nu = 1, 2, 3$) ein begleitendes Dreibein der durch $\mathfrak{x} = \varphi \mathfrak{u}$ ($\mathfrak{u} \in D$) gegebenen Fläche. Wie $\mathfrak{e}_1$, $\mathfrak{e}_2$ hängen dann auch die Vektoren

$$\mathfrak{a}_1 = \mathfrak{a}_1(\mathfrak{u}) = (d_\mathfrak{u}\varphi)^{-1}\mathfrak{e}_1, \quad \mathfrak{a}_2 = \mathfrak{a}_2(\mathfrak{u}) = (d_\mathfrak{u}\varphi)^{-1}\mathfrak{e}_2$$

von $\mathfrak{u} \in D$ ab. Wegen $\chi_\mathfrak{u} = (d_\mathfrak{u}\psi_3) \circ (d_\mathfrak{u}\varphi)^{-1}$ gilt

$$\chi_\mathfrak{u}\mathfrak{e}_\mu = (d_\mathfrak{u}\psi_3)\mathfrak{a}_\mu = a_{\mu,1}\mathfrak{e}_1 + a_{\mu,2}\mathfrak{e}_2 \quad \textit{mit} \quad a_{\mu,\nu} = \big((d_\mathfrak{u}\psi_3)\mathfrak{a}_\mu\big) \cdot \mathfrak{e}_\nu \quad (\mu, \nu = 1, 2).$$

Für die *Gauß*'sche Krümmung in dem zu $\mathfrak{u}$ gehörenden Flächenpunkt ergibt sich daher

$$\text{(7)} \qquad K(\mathfrak{u}) = \operatorname{Det}\chi_\mathfrak{u} = \big[\big((d_\mathfrak{u}\psi_3)\mathfrak{a}_1\big)\cdot\mathfrak{e}_1\big]\big[\big((d_\mathfrak{u}\psi_3)\mathfrak{a}_2\big)\cdot\mathfrak{e}_2\big] - \big[\big((d_\mathfrak{u}\psi_3)\mathfrak{a}_1\big)\cdot\mathfrak{e}_2\big]\big[\big((d_\mathfrak{u}\psi_3)\mathfrak{a}_2\big)\cdot\mathfrak{e}_1\big].$$

Nun folgt aber aus $\mathfrak{e}_\mu \cdot \mathfrak{e}_\nu = \delta_{\mu,\nu}$ (*Kronecker*-Symbol) durch Ableitung nach einem beliebigen Vektor $\mathfrak{a}$

$$\text{(8)} \qquad \big((d_\mathfrak{u}\psi_\mu)\mathfrak{a}\big)\cdot\mathfrak{e}_\nu = \frac{\partial\mathfrak{e}_\mu}{\partial\mathfrak{a}}\cdot\mathfrak{e}_\nu = -\mathfrak{e}_\mu\cdot\frac{\partial\mathfrak{e}_\nu}{\partial\mathfrak{a}} = \big((d_\mathfrak{u}\psi_\nu)\mathfrak{a}\big)\cdot\mathfrak{e}_\mu \qquad (\mu \neq \nu),$$

$$\text{(9)} \qquad \big((d_\mathfrak{u}\psi_\mu)\mathfrak{a}\big)\cdot\mathfrak{e}_\mu = \frac{\partial\mathfrak{e}_\mu}{\partial\mathfrak{a}}\cdot\mathfrak{e}_\mu = 0.$$

Einsetzen von (8) in (7) liefert

$$K(\mathfrak{u}) = \big[\big((d_\mathfrak{u}\psi_1)\mathfrak{a}_1\big)\cdot\mathfrak{e}_3\big]\big[\big((d_\mathfrak{u}\psi_2)\mathfrak{a}_2\big)\cdot\mathfrak{e}_3\big] - \big[\big((d_\mathfrak{u}\psi_2)\mathfrak{a}_1\big)\cdot\mathfrak{e}_3\big]\big[\big((d_\mathfrak{u}\psi_1)\mathfrak{a}_2\big)\cdot\mathfrak{e}_3\big].$$

Wegen (9) liegt aber $(d_\mathfrak{u}\psi_1)\mathfrak{a}_1$ in dem von $\mathfrak{e}_2$, $\mathfrak{e}_3$ und $(d\ \psi_2)\mathfrak{a}_2$ in dem von $\mathfrak{e}_1$, $\mathfrak{e}_3$ aufgespannten Unterraum. Daher gilt

$$[((d_u\psi_1)\mathfrak{a}_1)\cdot\mathfrak{e}_3][((d_u\psi_2)\mathfrak{a}_2)\cdot\mathfrak{e}_3] = ((d_u\psi_1)\mathfrak{a}_1)\cdot((d_u\psi_2)\mathfrak{a}_2)$$

und Entsprechendes für das andere Produkt, so daß schließlich

$$(10)\quad K(\mathfrak{u}) = ((d_u\psi_1)\mathfrak{a}_1)\cdot((d_u\psi_2)\mathfrak{a}_2) - ((d_u\psi_2)\mathfrak{a}_1)\cdot((d_u\psi_1)\mathfrak{a}_2)$$

folgt.
Weiter sei jetzt $\mathfrak{u}_0 \in D$ fest gewählt, und es gelte $\mathfrak{a}_1^0 = \mathfrak{a}_1(\mathfrak{u}_0)$, $\mathfrak{a}_2^0 = \mathfrak{a}_2(\mathfrak{u}_0)$. Jeder Vektor $\mathfrak{b} \in \mathbb{R}^2$ läßt sich dann eindeutig in der Form $\mathfrak{b} = b_1\mathfrak{a}_1^0 + b_2\mathfrak{a}_2^0$ darstellen, und durch

$$\lambda_{\mathfrak{b}}\mathfrak{u} = b_1\mathfrak{a}_1(\mathfrak{u}) + b_2\mathfrak{a}_2(\mathfrak{u})$$

wird eine Abbildung $\lambda_{\mathfrak{b}}: D \to \mathbb{R}^2$ definiert, der nach 19.II eine biegungsinvariante Differentialform $\hat{\lambda}_{\mathfrak{b}}$ entspricht. Dann ist aber auch die durch alternierende Ableitung gewonnene Differentialform $d\hat{\lambda}_{\mathfrak{b}}$ biegungsinvariant und weiter ebenfalls die durch

$$\omega_u\mathfrak{b} = 2(d_u\hat{\lambda}_{\mathfrak{b}})(\mathfrak{a}_1^0, \mathfrak{a}_2^0)$$

definierte Differentialform ω. Nun gilt aber

$$\begin{aligned}[][\hat{\lambda}_{\mathfrak{b}}\mathfrak{u}]\mathfrak{a} &= (b_1(d_u\varphi)\mathfrak{a}_1 + b_2(d_u\varphi)\mathfrak{a}_2)\cdot((d_u\varphi)\mathfrak{a})\\ &= (b_1\mathfrak{e}_1 + b_2\mathfrak{e}_2)\cdot((d_u\varphi)\mathfrak{a})\\ &= (b_1(\psi_1\mathfrak{u}) + b_2(\psi_2\mathfrak{u}))\cdot((d_u\varphi)\mathfrak{a}),\end{aligned}$$

und bei Berücksichtigung von 15.13 ergibt sich

$$\begin{aligned}\omega_u\mathfrak{b} = 2(d_u\hat{\lambda}_{\mathfrak{b}})(\mathfrak{a}_1^0, \mathfrak{a}_2^0) = &\ (b_1(d_u\psi_1)\mathfrak{a}_1^0 + b_2(d_u\psi_2)\mathfrak{a}_1^0)\cdot\mathfrak{e}_2\\ &- (b_1(d_u\psi_1)\mathfrak{a}_2^0 + b_2(d_u\psi_2)\mathfrak{a}_2^0)\cdot\mathfrak{e}_1.\end{aligned}$$

Wegen (9) entfallen hier jedoch zwei Summanden, und man erhält bei Anwendung von (8) weiter

$$\begin{aligned}\omega_u\mathfrak{b} &= b_1((d_u\psi_1)\mathfrak{a}_1^0)\cdot\mathfrak{e}_2 - b_2((d_u\psi_2)\mathfrak{a}_2^0)\cdot\mathfrak{e}_1\\ &= b_1((d_u\psi_1)\mathfrak{a}_1^0)\cdot\mathfrak{e}_2 + b_2((d_u\psi_1)\mathfrak{a}_2^0)\cdot\mathfrak{e}_2\\ &= [(d_u\psi_1)(b_1\mathfrak{a}_1^0 + b_2\mathfrak{a}_2^0)]\cdot\mathfrak{e}_2 = [(d_u\psi_1)\mathfrak{b}]\cdot\mathfrak{e}_2.\end{aligned}$$

Aus der Biegungsinvarianz von ω folgt aber schließlich auch die von $d\omega$. Nun gilt aber

$$\begin{aligned}2(d_{\mathfrak{u}_0}\omega)(\mathfrak{a}_1^0, \mathfrak{a}_2^0) = &\ ((d_{\mathfrak{u}_0}\psi_1)\mathfrak{a}_1^0)\cdot((d_{\mathfrak{u}_0}\psi_2)\mathfrak{a}_2^0)\\ &- ((d_{\mathfrak{u}_0}\psi_1)\mathfrak{a}_2^0)\cdot((d_{\mathfrak{u}_0}\psi_2)\mathfrak{a}_1^0) = K(\mathfrak{u}_0)\end{aligned}$$

wegen (10). Damit ist die Behauptung bewiesen. ◆

Da in allen Punkten der Ebene $K = 0$, in allen Punkten einer Sphäre aber $K > 0$ gilt, folgt aus dem letzten Satz speziell, daß sphärische Flächenstücke nicht längentreu in die Ebene abgebildet werden können.

Ergänzungen und Aufgaben

19A Aufgabe: Für die hinsichtlich einer Orthonomalbasis durch

$$\mathfrak{x} = (\sin u, \sin v, \cos u + \cos v)$$

gegebene Fläche berechne man die *Gauß*'sche Krümmung und die mittlere Krümmung in Abhängigkeit von u und v. Welche Flachpunkte besitzt die Fläche? Man zeige, daß es außerdem Nabelpunkte gibt, die keine Flachpunkte sind. In dem zu $u = \frac{1}{6}\pi$, $v = \frac{5}{6}\pi$ gehörenden Flächenpunkt berechne man die Hauptkrümmungen, die Hauptkrümmungsrichtungen und die *Dupin*'sche Indikatrix.

19B Flächenkurven, deren Tangentenvektor überall in Richtung einer Hauptkrümmung weist, werden **Krümmungslinien** genannt. Ist die Fläche durch $\mathfrak{x} = \varphi(\mathfrak{u})$ und eine Flächenkurve durch $\mathfrak{x} = \varphi(\mathfrak{u}(t))$ gegeben, so ist $\dot{\mathfrak{x}} = (d_{\mathfrak{u}}\varphi)\dot{\mathfrak{u}}$ ein tangentieller Vektor der Kurve. Er weist genau dann in Richtung einer Hauptkrümmung, wenn er Eigenvektor von $\chi_{\mathfrak{u}} = (d_{\mathfrak{u}}\psi) \circ (d_{\mathfrak{u}}\varphi)^{-1}$ ist, wenn also mit einem (von $\mathfrak{u}$ abhängenden) Eigenwert $c_{\mathfrak{u}}$ von $\chi_{\mathfrak{u}}$

$$\chi_{\mathfrak{u}}\dot{\mathfrak{x}} = c_{\mathfrak{u}}\dot{\mathfrak{x}}$$

gilt. Wegen

$$\chi_{\mathfrak{u}}\dot{\mathfrak{x}} = [(d_{\mathfrak{u}}\psi) \circ (d_{\mathfrak{u}}\varphi)^{-1}](d_{\mathfrak{u}}\varphi)\dot{\mathfrak{u}}$$

ist dies aber wiederum gleichwertig damit, daß

$$(d_{\mathfrak{u}}\psi)\dot{\mathfrak{u}} = c_{\mathfrak{u}}(d_{\mathfrak{u}}\varphi)\dot{\mathfrak{u}}$$

erfüllt ist, daß also $(d_{\mathfrak{u}}\psi)\dot{\mathfrak{u}}$ und $(d_{\mathfrak{u}}\varphi)\dot{\mathfrak{u}}$ linear abhängige Vektoren sind. Diese Bedingung stellt eine Differentialgleichung für die Koordinaten von $\mathfrak{u}$ als Funktionen von t dar, die stets Lösungen besitzt. Es gilt, daß durch jeden Flächenpunkt, der kein Nabelpunkt ist, genau zwei Krümmungslinien gehen. Da die Hauptkrümmungsrichtungen orthogonal sind, bilden die Krümmungslinien einer Fläche (außerhalb der Nabelpunkte) ein orthogonales Kurvennetz.

Aufgabe: Man beweise, daß auf einer Rotationsfläche die „Breitenkreise" und die „Meridiane" die Krümmungslinien sind.

19C Eine Flächenkurve, deren Schmiegebene überall die Tangentialebene der Fläche ist, wird eine **Schmieglinie** genannt. Ist die Fläche durch $\mathfrak{x} = \varphi(\mathfrak{u})$ und eine Flächenkurve durch $\mathfrak{x} = \varphi(\mathfrak{u}(s))$ mit der Bogenlänge der Kurve als Parameter gegeben, so ist $\mathfrak{x}' = (d_\mathfrak{u}\varphi)\mathfrak{u}' = \frac{\partial \varphi}{\partial \mathfrak{u}'}$ jedenfalls ein Vektor der Tangentialebene. Da die Schmiegebene von $\mathfrak{x}'$ und $\mathfrak{x}''$ aufgespannt wird, ist die Flächenkurve genau dann eine Schmieglinie, wenn

$$\mathfrak{x}'' = (d_\mathfrak{u}^2\varphi)(\mathfrak{u}', \mathfrak{u}') + (d_\mathfrak{u}\varphi)\mathfrak{u}''$$

in der Tangentialebene liegt, also auf der Flächennormale $\mathfrak{n} = \psi(\mathfrak{u})$ senkrecht steht. Für den zweiten Summanden trifft dies offensichtlich immer zu. Es handelt sich daher genau dann um eine Schmieglinie, wenn die Bedingung

$$[(d_\mathfrak{u}^2\varphi)(\mathfrak{u}', \mathfrak{u}')] \cdot (\psi\mathfrak{u}) = \left(\frac{\partial^2 \varphi}{\partial \mathfrak{u}' \partial \mathfrak{u}'}\right) \cdot (\psi\mathfrak{u}) = 0$$

erfüllt ist. Dies aber ist wegen Gleichung (3) dieses Paragraphen wieder gleichwertig mit

$$[(d_\mathfrak{u}\psi)\mathfrak{u}'] \cdot [(d_\mathfrak{u}\varphi)\mathfrak{u}'] = 0.$$

Setzt man hier $(d\ \varphi)\mathfrak{u}' = \mathfrak{v}$, so läßt sich diese Gleichung wegen $\chi_\mathfrak{u} = (d_\mathfrak{u}\psi) \circ (d_\mathfrak{u}\varphi)^{-1}$ auch in der Form

$$(\chi_\mathfrak{u}\mathfrak{v}) \cdot \mathfrak{v} = 0$$

schreiben, wobei $\mathfrak{v}$ ein vom Nullvektor verschiedener Vektor der Tangentialebene sein muß. Bezeichnet man mit v_1, v_2 die Koordinaten von $\mathfrak{v}$ bezüglich der durch die Hauptkrümmungsrichtungen bestimmten Orthonormalbasis, so muß mit den Eigenwerten c_1, c_2 von $\chi_\mathfrak{u}$, also mit den Hauptkrümmungen,

$$c_1 v_1^2 + c_2 v_2^2 = 0$$

gelten. Diese Bedingung ist jedoch nur genau dann erfüllbar, wenn $K = c_1 c_2 \leqq 0$ gilt. Im Fall $K < 0$ besitzt die Gleichung offenbar genau zwei Lösungen für das Verhältnis $v_2 : v_1$. Im Fall $K = 0$ ($c_1 = 0$, $c_2 \neq 0$) gibt es nur eine Lösung, im Fall eines Flachpunktes ($c_1 = c_2 = 0$) unendlich viele. Auf Flächen positiver *Gauß*'scher Krümmung können also keine Schmieglinien existieren. Auf Flächen negativer *Gauß*'scher Krümmung gibt es durch jeden Flächenpunkt zwei Schmieglinien unterschiedlicher Richtung. Diese Richtungen der Schmieglinien können in einfacher Weise geometrisch gedeutet werden: Durch

$$c_1 x_1^2 + c_2 x_2^2 = \pm 1$$

wird ja die *Dupin*'sche Indikatrix beschrieben, die im Fall $K < 0$ aus zwei Hyperbeln mit gemeinsamen Asymptoten besteht. Die Gleichung $c_1 v_1^2 + c_2 v_2^2 = 0$ besagt daher gerade, daß die Richtungen der Schmieglinien mit den Asymptotenrichtungen zusammenfallen. Aus diesem Grund werden die Schmieglinien auch als **Asymptotenlinien** bezeichnet.
Da die Winkel zwischen den Asymptoten durch die Hauptachsen der Hyperbeln halbiert werden, folgt noch: *Auf Flächen negativer Gauß'scher Krümmung halbieren die Krümmungslinien die Winkel zwischen den Schmieglinien.*

Aufgabe: Für die durch

$$\mathfrak{x} = (\cos u \cosh v, \sin u \cosh v, v)$$

gegebene Rotationsfläche berechne man in Abhängigkeit von u und v die Richtungen der Schmieglinien und ermittle eine Parameterdarstellung der Schmieglinien.

19D Bei einer durch $\mathfrak{x} = \varphi(\mathfrak{u})$ gegebenen Fläche mit der Flächennormale $\mathfrak{n} = \psi(\mathfrak{u})$ werden durch

$$[\alpha_1 \mathfrak{u}](\mathfrak{v}_1, \mathfrak{v}_2) = [(d_{\mathfrak{u}}\varphi)\mathfrak{v}_1] \cdot [(d_{\mathfrak{u}}\varphi)\mathfrak{v}_2],$$
$$[\alpha_2 \mathfrak{u}](\mathfrak{v}_1, \mathfrak{v}_2) = [(d_{\mathfrak{u}}\psi)\mathfrak{v}_1] \cdot [(d_{\mathfrak{u}}\varphi)\mathfrak{v}_2],$$
$$[\alpha_3 \mathfrak{u}](\mathfrak{v}_1, \mathfrak{v}_2) = [(d_{\mathfrak{u}}\psi)\mathfrak{v}_1] \cdot [(d_{\mathfrak{u}}\psi)\mathfrak{v}_2]$$

symmetrische Differentialformen α_1, α_2, α_3 zweiter Ordnung definiert. (Die Symmetrie von α_2 wurde am Anfang des Paragraphen bewiesen). Die ihnen entsprechenden, durch

$$(Q_\mu \mathfrak{u}]\mathfrak{v} = [\alpha_\mu \mathfrak{u}](\mathfrak{v}, \mathfrak{v}) \qquad (\mu = 1, 2, 3)$$

erklärten quadratischen Differentialformen werden die **Grundformen der Flächentheorie** genannt. Hinsichtlich einer Basis $\{\mathfrak{a}_1, \mathfrak{a}_2\}$ des Parameterraumes besitzt jede der Differentialformen α_μ eine Darstellung der Form

$$\alpha = f_{1,1}\, du_1\, du_1 + f_{1,2}\, du_1\, du_2 + f_{2,1}\, du_2\, du_1 + f_{2,2}\, du_2\, du_2$$

mit von u_1, u_2 abhängenden Koeffizientenfunktionen. Wegen der Symmetrie der Formen gilt stets $f_{1,2} = f_{2,1}$, so daß die entsprechenden quadratischen Formen als

$$Q = f_{1,1}\, du_1^2 + 2f_{1,2}\, du_1\, du_2 + f_{2,2}\, du_2^2$$

geschrieben werden können. Speziell pflegt man

$$Q_1 = E\,du_1^2 + 2F\,du_1\,du_2 + G\,du_2^2,$$
$$-Q_2 = L\,du_1^2 + 2M\,du_1\,du_2 + N\,du_2^2$$

zu setzen, wobei also $E, F, \ldots, N$ Funktionen von u_1, u_2 sind.

Aufgabe: Man beweise die für die *Gauß*'sche Krümmung geltende Gleichung

$$K = \frac{LN - M^2}{EG - F^2}.$$

§ 20 Deformationen

Der Verlauf einer Strömung im n-dimensionalen Raum X kann folgendermaßen beschrieben werden: Zu einem festen Zeitpunkt, etwa zur Zeit $t_0 = 0$, sei $\mathfrak{x}$ der Ortsvektor eines Teilchens des strömenden Mediums. Dasselbe Teilchen befindet sich dann zur Zeit t an einer durch den Ortsvektor $\mathfrak{y} = \varphi(\mathfrak{x}, t)$ gekennzeichneten Stelle, wobei offenbar $\varphi(\mathfrak{x}, 0) = \mathfrak{x}$ gilt. Faßt man hierbei φ bei festem Wert t nur als Funktion von $\mathfrak{x}$ auf, so ist der Wert der Ortsvektor desjenigen Teilchens zur Zeit t, das sich zur Zeit 0 an der Stelle $\mathfrak{x}$ befand. Man kann daher eine Strömung auch durch eine Abbildung λ beschreiben, die jedem Wert t als Bild $\lambda(t)$ eine Abbildung von X in sich zuordnet. Dabei ist dann $\mathfrak{y} = (\lambda(t))\mathfrak{x}$ der Ort des zur Zeit 0 in $\mathfrak{x}$ befindlichen Teilchens zur Zeit t, und speziell ist $\lambda(0)$ die Identität.

Definition 20a: *Es sei $C^1(D, X)$ der Raum aller stetig differenzierbaren Abbildungen des Definitionsbereichs $D \subset X$ in X. Ferner sei J ein Intervall der Zahlengeraden mit $0 \in J$.*
Eine stetig differenzierbare Abbildung $\lambda: J \to C^1(D, X)$ heißt eine **Deformation**, *wenn $\lambda(0)$ die identische Abbildung ist.*
Eine Deformation λ heißt **linear**, *wenn $\lambda(t)$ für jedes $t \in J$ eine lineare Abbildung von X in sich ist, wenn also $\lambda: J \to L(X, X)$ und $\lambda(0) = \varepsilon$ gilt.*

Ist allgemeiner $\mu: I \to L(X, X)$ eine stetig differenzierbare Abbildung eines beliebigen Intervalls I, bei der für ein $t_0 \in I$ die lineare Abbildung $\mu(t_0)$ regulär ist, so wird durch

$$\lambda(t) = (\mu(t_0))^{-1} \circ \mu(t + t_0)$$

eine lineare Deformation definiert. Umgekehrt ist bei einer linearen Deformation λ wegen $\lambda(0) = \varepsilon$ offenbar $\lambda(0)$ eine reguläre Abbildung. Wegen der

Stetigkeit von λ ist dann aber auch $\lambda(t)$ für hinreichend kleine Werte von $|t|$ regulär. Eine lineare Deformation bildet also eine geeignete Umgebung der Null auf reguläre lineare Abbildungen ab.

Durch $\Delta(t) = \operatorname{Det}(\lambda(t))$ wird die von der linearen Deformation bewirkte Volumenänderung, also etwa eine Ausdehnung oder Kontraktion, beschrieben. Speziell gilt $\Delta(0) = \operatorname{Det}\varepsilon = 1$ und daher wegen der Stetigkeit von λ auch $\Delta(t) > 0$ für hinreichend kleine Werte von $|t|$. Da λ nach Voraussetzung differenzierbar ist, gilt dies auch für Δ. Es ist dann $\dot{\Delta}(0) = \frac{d\Delta(0)}{dt}$ die Ausdehnungsgeschwindigkeit der linearen Deformation λ im Nullpunkt, die auch als Divergenz von λ bezeichnet wird.

Definition 20b: *Es sei $\lambda: J \to L(X, X)$ eine lineare Deformation. Dann heißt*

$$\operatorname{div}\lambda = \frac{d}{dt}\operatorname{Det}(\lambda(t))\big|_{t=0}$$

die **Divergenz** *von λ.*

Im Sinn der Deutung des Parameters t als Zeit sollen nachstehend Ableitungen nach t durch einen Punkt gekennzeichnet werden. Unter der Spur einer linearen Abbildung $\varphi: X \to X$ (in Zeichen: $\operatorname{Sp}\varphi$) versteht man bekanntlich die Summe der Eigenwerte von φ. Sie tritt bis aufs Vorzeichen als Koeffizient des zweithöchsten Gliedes im charakteristischen Polynom von φ auf und ist auch die Summe der Hauptdiagonalglieder jeder die Abbildung φ beschreibenden Matrix.

20.1 $\operatorname{div}\lambda = \operatorname{Sp}(\dot{\lambda}(0))$.

Beweis: Hinsichtlich einer Basis von X sei $\lambda(t)$ die Matrix $A(t) = (a_{\mu,\nu}(t))$ und daher $\dot{\lambda}(t)$ die Matrix $\dot{A}(t) = (\dot{a}_{\mu,\nu}(t))$ zugeordnet. Wegen $\lambda(0) = \varepsilon$ gilt dabei $a_{\mu,\nu}(0) = \delta_{\mu,\nu}$ (*Kronecker*-Symbol). Wegen 11.4 ergibt sich

$$\operatorname{div}\lambda = \frac{d}{dt}\operatorname{Det}A(t)\big|_{t=0} = \sum_{\nu=1}^{n} \begin{vmatrix} a_{1,1}(0) \cdots\cdots a_{1,n}(0) \\ \cdots\cdots\cdots\cdots\cdots \\ \dot{a}_{\nu,1}(0) \cdots\cdots \dot{a}_{\nu,n}(0) \\ \cdots\cdots\cdots\cdots\cdots \\ a_{n,1}(0) \cdots\cdots a_{n,n}(0) \end{vmatrix}$$

$$= \sum_{\nu=1}^{n} \begin{vmatrix} 1 \quad 0 \cdots\cdots \quad 0 \\ \cdots\cdots\cdots\cdots\cdots \\ \dot{a}_{\nu,1}(0) \cdots\cdots \dot{a}_{\nu,n}(0) \\ \cdots\cdots\cdots\cdots\cdots \\ 1 \quad 0 \cdots\cdots\cdots 1 \end{vmatrix} = \sum_{\nu=1}^{n} \dot{a}_{\nu,\nu}(0) = \operatorname{Sp}\dot{A}(0) = \operatorname{Sp}(\dot{\lambda}(0)).$$ ◆

Hierzu zunächst ein Beispiel!

20.1 Es gelte $\operatorname{Dim} X = 3$, und hinsichtlich einer Basis von X sei $\lambda(t)$ die Matrix

$$A(t) = \begin{pmatrix} \cos t & t & \sin t \\ t^2 & 1 + 2\sin t & 0 \\ 0 & 1 - \cos t & 1 + 3t \end{pmatrix}$$

zugeordnet. Wegen $A(0) = E$ wird hierdurch tatsächlich eine lineare Deformation beschrieben. Unmittelbar erhält man

$$\dot{A}(t) \begin{pmatrix} -\sin t & 1 & \cos t \\ 2t & 2\cos t & 0 \\ 0 & \sin t & 3 \end{pmatrix}$$

und daher

$$\operatorname{div} \lambda = \operatorname{Sp} \dot{A}(0) = -\sin 0 + 2\cos 0 + 3 = 5.$$

Es bleibe dem Leser überlassen, zur Bestätigung dieses Ergebnisses die Determinante von $A(t)$ und ihre Ableitung an der Stelle 0 zu berechnen.

Bekanntlich kann jede reguläre lineare Abbildung $\varphi: X \to X$ auf genau eine Weise in der Form $\varphi = \chi \circ \psi$ mit einer orthogonalen Abbildung χ und einer selbstadjungierten Abbildung ψ mit lauter positiven Eigenwerten dargestellt werden. Da bei einer linearen Deformation λ in einer Umgebung U des Nullpunkts $\lambda(t)$ jedenfalls regulär ist, gilt dort ebenfalls

$$\lambda(t) = \tau(t) \circ \sigma(t),$$

wobei $\tau(t)$ für alle $t \in U$ eine orthogonale und $\sigma(t)$ eine selbstadjungierte Abbildung mit lauter positiven Eigenwerten ist. Wegen $\lambda(0) = \varepsilon$ und wegen der Eindeutigkeit der Zerlegung muß überdies auch $\sigma(0) = \varepsilon$ und $\tau(0) = \varepsilon$ gelten, so daß hierdurch sogar lineare Deformationen σ und τ definiert werden. (Die stetige Differenzierbarkeit von σ und τ folgt unmittelbar aus der Konstruktion dieser Abbildungen; vgl. L.A. 23.8.) Schließlich muß wegen $\operatorname{Det}(\tau(0)) = \operatorname{Det} \varepsilon = 1$ und wegen der Stetigkeit auch $\operatorname{Det}(\tau(t)) = 1$ für alle $t \in U$ gelten. Die orthogonalen Abbildungen $\tau(t)$ sind somit sogar eigentlich orthogonal, also Drehungen.

20.2 *Es sei σ eine lineare Deformation, bei der für alle t aus einer Umgebung U der Null $\sigma(t)$ eine selbstadjungierte Abbildung ist. Dann ist für alle $t \in U$ auch $\sigma(t)$ selbstadjungiert.*

Beweis: Für beliebige, aber von t unabhängige Vektoren $\mathfrak{x}, \mathfrak{y} \in X$ gilt

$$((\sigma(t))\mathfrak{x}) \cdot \mathfrak{y} = \mathfrak{x} \cdot ((\sigma(t))\mathfrak{y}) \qquad (t \in U).$$

Durch Ableitung nach t folgt aus dieser Gleichung

$$\big((\dot\sigma(t))\mathfrak{x}\big)\cdot\mathfrak{y} = \mathfrak{x}\cdot\big((\dot\sigma(t))\mathfrak{y}\big) \qquad (t \in U),$$

d.h. auch $\dot\sigma(t)$ ist selbstadjungiert. ◆

Weiter sei jetzt vorausgesetzt, daß $\sigma(t)$ für alle $t \in U$ nicht nur eine reguläre, sondern für $t \neq 0$ auch eine von der Identität verschiedene selbstadjungierte Abbildung ist. Dann gibt es für $t \neq 0$ eine Orthonormalbasis $\{\mathfrak{e}_1(t), \ldots, \mathfrak{e}_n(t)\}$ aus Eigenvektoren von $\sigma(t)$ mit entsprechenden Eigenwerten $c_1(t), \ldots, c_n(t)$. Im Fall paarweise verschiedener Eigenwerte sind die Vektoren dieser Orthonormalbasis (bis auf das Vorzeichen) eindeutig bestimmt und hängen stetig differenzierbar von t ab. Dasselbe gilt für die Eigenwerte $c_\nu(t)$, bei denen außerdem noch wegen $\sigma(0) = \varepsilon$

$$\lim_{t\to 0} c_\nu(t) = c_\nu(0) = 1 \qquad (\nu = 1, \ldots, n)$$

erfüllt sein muß. Nun gilt wegen der stetigen Differenzierbarkeit und wegen $\sigma(0) = \varepsilon$

$$\sigma(t) = \varepsilon + t\dot\sigma(0) + t\delta(t) \qquad \textit{mit} \qquad \lim_{t\to 0} \delta(t) = 0$$

und entsprechend auch für $\nu = 1, \ldots, n$

$$c_\nu(t) = 1 + t\dot c_\nu(q_t t) \qquad \textit{mit} \qquad 0 \leqq q_t \leqq 1.$$

Hiermit ergibt sich

$$\begin{aligned}\mathfrak{e}_\nu(t) + t\dot\sigma(0)\,\mathfrak{e}_\nu(t) + t\delta(t)\,\mathfrak{e}_\nu(t) &= \sigma(t)\,\mathfrak{e}_\nu(t) = c_\nu(t)\,\mathfrak{e}_\nu(t)\\ &= \mathfrak{e}_\nu(t) + t\dot c_\nu(q_t t)\,\mathfrak{e}_\nu(t),\end{aligned}$$

also für $t \neq 0$

$$\dot\sigma(0)\,\mathfrak{e}_\nu(t) + \delta(t)\,\mathfrak{e}_\nu(t) = \dot c_\nu(q_t t)\,\mathfrak{e}_\nu(t) \qquad (\nu = 1, \ldots, n).$$

Wegen der Kompaktheit der Einheitssphäre kann man nun eine Nullfolge (t_μ) jedenfalls so bestimmen, daß

$$\lim_{\mu\to\infty} \mathfrak{e}_\nu(t_\mu) = \mathfrak{e}_\nu^* \qquad (\nu = 1, \ldots, n)$$

mit einem Orthonormalsystem $\{\mathfrak{e}_1^*, \ldots, \mathfrak{e}_n^*\}$ gilt. Aus der vorher abgeleiteten Gleichung folgt dann durch Grenzübergang wegen $\lim\big(\delta(t_\mu)\big) = 0$

$$\dot\sigma(0)\,\mathfrak{e}_\nu^* = \dot c_\nu(0)\,\mathfrak{e}_\nu^*.$$

Die Werte $\dot c_\nu(0)$ der Ableitungen der Eigenwerte von $\sigma(t)$ sind also Eigenwerte von $\dot\sigma(0)$, und die Vektoren $\mathfrak{e}_\nu^*$ sind die zugehörigen Eigenvektoren. Da diese aber im Fall paarweise verschiedener Werte $\dot c_\nu(0)$ (bis auf das Vorzeichen) eindeutig bestimmt sind, hängt somit in diesem Fall das Orthonormalsystem $\{\mathfrak{e}_1^*, \ldots, \mathfrak{e}_n^*\}$ nicht von der Wahl der Nullfolge (t_μ) ab, sondern es gilt sogar $\lim\limits_{t\to 0} \mathfrak{e}_\nu(t) = \mathfrak{e}_\nu^*$ für $\nu = 1, \ldots, n$. Wegen

$$c_\nu(t) = 1 + t\dot{c}_\nu(0) + t\delta_\nu(t) \qquad mit \qquad \lim_{t\to 0} \delta_\nu(t) = 0$$

folgt aus der Verschiedenheit der Werte $\dot{c}_\nu(0)$ übrigens auch die Verschiedenheit der Werte $c_\nu(t)$ in einer geeigneten Umgebung des Nullpunkts. Damit hat sich folgendes Resultat ergeben.

20.3 *Es sei σ eine lineare Deformation, bei der $\sigma(t)$ für alle hinreichend kleinen Werte von $|t|$ sogar eine selbstadjungierte Abbildung ist, der dann eine Orthonormalbasis $\{\mathfrak{e}_1(t), \ldots, \mathfrak{e}_n(t)\}$ aus Eigenvektoren mit zugehörigen Eigenwerten $c_1(t), \ldots, c_n(t)$ entsprechen, die ihrerseits stetig differenzierbar sind. Dann gilt: Die Ableitungen $\dot{c}_1(0), \ldots, \dot{c}_n(0)$ sind Eigenwerte von $\dot{\sigma}(0)$. Wenn sie paarweise verschieden sind, existieren die Grenzwerte*

$$\mathfrak{e}_\nu^* = \lim_{t\to 0} \mathfrak{e}_\nu(t) \qquad (\nu = 1, \ldots, n)$$

und bilden gerade das Orthonormalsystem der Eigenvektoren von $\dot{\sigma}(0)$.

Inhaltlich besagt dieses Ergebnis, daß bei einer selbstadjungierten linearen Deformation σ die durch die Eigenvektoren von $\sigma(t)$ gegebenen Streckungsrichtungen beim Grenzübergang $t \to 0$, also beim Übergang zur Identität, im allgemeinen selbst gegen Grenzrichtungen konvergieren. Und diese sind gerade die Streckungsrichtungen der nach 20.2 ebenfalls selbstadjungierten Abbildung $\dot{\sigma}(0)$, wobei die zugehörigen Eigenwerte die momentanen Streckungsgeschwindigkeiten von σ sind. Sinngemäß gelten diese Ergebnisse auch im Fall mehrfacher Eigenwerte von $\dot{\sigma}(0)$. Nur sind dann die Vektoren $\mathfrak{e}_\nu^*$ nicht eindeutig festgelegt, und die Konvergenz der Vektoren $\mathfrak{e}_\nu(t)$ ist nicht gesichert. Zunächst nun ein Beispiel!

20.II Hinsichtlich einer Orthonormalbasis des $\mathbb{R}^3$ werde $\sigma(t)$ durch die symmetrische Matrix

$$A(t) = \begin{pmatrix} 1 - \dfrac{t}{2}\cos t & -\dfrac{t}{2}\cos t & \dfrac{t}{\sqrt{2}}\sin t \\[2ex] -\dfrac{t}{2}\cos t & 1 - \dfrac{t}{2}\cos t & \dfrac{t}{\sqrt{2}}\sin t \\[2ex] \dfrac{t}{\sqrt{2}}\sin t & \dfrac{t}{\sqrt{2}}\sin t & 1 + t\cos t \end{pmatrix}$$

beschrieben. Wegen $A(0) = E$ ist σ eine Deformation. Als Eigenwerte von $A(t)$ erhält man

$$c_1(t) = 1 + t, \quad c_2(t) = 1 - t, \quad c_3(t) = 1.$$

Eine Orthonormalbasis aus zugehörigen Eigenvektoren ist

$$\mathfrak{e}_1(t) = \frac{1}{2\sqrt{1+\cos t}}\left(\sin t, \sin t, \sqrt{2}(1+\cos t)\right),$$

$$\mathfrak{e}_2(t) = \frac{1}{2\sqrt{1-\cos t}}\left(\sin t, \sin t, -\sqrt{2}(1-\cos t)\right),$$

$$\mathfrak{e}_3(t) = \frac{1}{\sqrt{2}}(1, -1, 0).$$

Nach leichter Zwischenrechnung im zweiten Fall erhält man für $t \to 0$ als Grenzvektoren

$$\mathfrak{e}_1^* = (0, 0, 1), \quad \mathfrak{e}_2^* = \frac{1}{\sqrt{2}}(1, 1, 0), \quad \mathfrak{e}_3^* = \frac{1}{\sqrt{2}}(1, -1, 0).$$

Ferner gilt

$$\dot{c}_1(0) = 1, \quad \dot{c}_2(0) = -1, \quad \dot{c}_3(0) = 0.$$

Diese Werte erhält man auch als Eigenwerte der Matrix

$$\dot{A}(0) = \begin{pmatrix} -\frac{1}{2} & -\frac{1}{2} & 0 \\ -\frac{1}{2} & -\frac{1}{2} & 0 \\ 0 & 0 & 1 \end{pmatrix},$$

die ja das charakteristische Polynom $f(t) = t(1+t)(1-t)$ besitzt. Ebenso ergibt sich unmittelbar, daß $\mathfrak{e}_1^*, \mathfrak{e}_2^*, \mathfrak{e}_3^*$ die zugehörigen Eigenvektoren von $\dot{A}(0)$ sind.

20.4 *Es sei τ eine lineare Deformation, bei der für alle t aus einer Umgebung U der Null $\tau(t)$ eine orthogonale Abbildung (also eine Drehung) ist. Dann ist $\dot{\tau}(0)$ anti-selbstadjungiert.*

Beweis: Für beliebige, aber von t unabhängige Vektoren $\mathfrak{x}, \mathfrak{y} \in X$ gilt

$$\left((\tau(t))\mathfrak{x}\right) \cdot \left((\tau(t))\mathfrak{y}\right) = \mathfrak{x} \cdot \mathfrak{y} \qquad (t \in U).$$

Ableitung nach t ergibt

$$\left((\dot{\tau}(t))\mathfrak{x}\right) \cdot \left((\tau(t))\mathfrak{y}\right) + \left((\tau(t))\mathfrak{x}\right) \cdot \left((\dot{\tau}(t))\mathfrak{y}\right) = 0.$$

Speziell für $t = 0$ folgt wegen $\tau(0) = \varepsilon$

$$((\dot{\tau}(0))\mathfrak{x}) \cdot \mathfrak{y} + \mathfrak{x} \cdot ((\dot{\tau}(0))\mathfrak{y}) = 0$$

und damit die Behauptung. ◆

Zu jeder Drehung $\varphi: X \to X$ gibt es eine Orthonormalbasis

$$\{\mathfrak{e}_1, \ldots, \mathfrak{e}_r, \mathfrak{e}_1', \mathfrak{e}_1'', \ldots, \mathfrak{e}_k', \mathfrak{e}_k''\}$$

mit folgenden Eigenschaften: Die Vektoren $\mathfrak{e}_1, \ldots, \mathfrak{e}_r$ sind Eigenvektoren zum Eigenwert 1; für sie gilt also $\varphi\mathfrak{e}_\varrho = \mathfrak{e}_\varrho$. Bei ungerader Dimension tritt mindestens ein solcher Vektor auf (Drehachse). Die übrigen Basisvektoren gehören paarweise zusammen. Je zwei von ihnen, etwa $\mathfrak{e}_\kappa'$, $\mathfrak{e}_\kappa''$, spannen einen 2-dimensionalen Unterraum auf, der durch φ in sich gedreht wird. Es gilt also

$$\begin{aligned} \varphi\mathfrak{e}_\kappa' &= \cos\alpha_\kappa\,\mathfrak{e}_\kappa' + \sin\alpha_\kappa\,\mathfrak{e}_\kappa'', \\ \varphi\mathfrak{e}_\kappa'' &= -\sin\alpha_\kappa\,\mathfrak{e}_\kappa' + \cos\alpha_\kappa\,\mathfrak{e}_\kappa'' \end{aligned}$$

mit einem Drehwinkel α_κ.

Weiter sei nun wieder τ eine lineare Deformation, bei der für alle t aus einer Umgebung U der Null $\tau(t)$ eine Drehung ist. Dabei kann die Umgebung U so gewählt werden, daß 1 für alle $t \in U$ mit $t \neq 0$ ein genau r-facher Eigenwert ist, wobei also r nicht von t abhängt. Jedem $t \neq 0$ aus U können dann entsprechend dem vorher Bemerkten eine Orthonormalbasis

$$\{\mathfrak{e}_1(t), \ldots, \mathfrak{e}_r(t),\ \mathfrak{e}_1'(t),\ \mathfrak{e}_1''(t), \ldots, \mathfrak{e}_k'(t),\ \mathfrak{e}_k''(t)\}$$

und Drehwinkel $\alpha_1(t), \ldots, \alpha_k(t)$ so zugeordnet werden, daß die Vektoren und Winkel stetig differenzierbar von t abhängen. Wegen $\tau(0) = \varepsilon$ gilt dabei noch

$$\lim_{t \to 0} \alpha_\kappa(t) = 0 \qquad (\kappa = 1, \ldots, k).$$

Es erhebt sich die Frage, ob die Vektoren der Orthonormalbasis beim Grenzübergang $t \to 0$ ebenfalls gegen Grenzvektoren konvergieren, die dann momentane Fixvektoren bzw. momentane Drehebenen kennzeichnen würden.

20.5 *Es sei τ eine lineare Deformation, bei der $\tau(t)$ für alle t aus einer Umgebung der Null eine Drehung ist. Ferner gelte mit einer Nullfolge (t_μ) $(t_\mu \neq 0$* für alle *$\mu)$*

$$\lim_{\mu \to \infty} \mathfrak{a}(t_\mu) = \mathfrak{a}^* \qquad \textit{und} \qquad \tau(t_\mu)\,\mathfrak{a}(t_\mu) = \mathfrak{a}(t_\mu).$$

Dann folgt $\dot{\tau}(0)\,\mathfrak{a}^* = \mathfrak{o}$.

Beweis: Wegen

$$\tau(t) = \varepsilon + t\dot{\tau}(0) + t\delta(t) \qquad \text{mit} \qquad \lim_{t \to 0} \delta(t) = 0$$

gilt

$$\mathfrak{a}(t_\mu) = \tau(t_\mu)\mathfrak{a}(t_\mu) = \mathfrak{a}(t_\mu) + t_\mu \dot{\tau}(0)\mathfrak{a}(t_\mu) + t_\mu \delta(t_\mu)\mathfrak{a}(t_\mu)$$

und daher $(t_\mu \neq 0)$

$$\dot{\tau}(0)\mathfrak{a}(t_\mu) + \delta(t_\mu)\mathfrak{a}(t_\mu) = \mathfrak{o}.$$

Die Behauptung folgt hieraus durch Grenzübergang. ◆

20.6 *Es sei τ eine lineare Deformation, und für jedes t aus einer Umgebung der Null bewirke $\tau(t)$ eine Drehung der von den orthonormalen Vektoren $\mathfrak{e}'(t)$, $\mathfrak{e}''(t)$ aufgespannten Ebene um den Winkel $\alpha(t)$. Ferner sei mit einer Nullfolge (t_μ)* ($t_\mu \neq 0$ für alle μ)

$$\lim_{\mu \to \infty} \mathfrak{e}'(t_\mu) = \mathfrak{e}' \qquad \textit{und} \qquad \lim_{\mu \to \infty} \mathfrak{e}''(t_\mu) = \mathfrak{e}''$$

erfüllt. Dann gilt: Das Quadrat $(\dot{\alpha}(0))^2$ der momentanen Winkelgeschwindigkeit ist Eigenwert von $-\dot{\tau}(0) \circ \dot{\tau}(0)$, und $\mathfrak{e}'$, $\mathfrak{e}''$ sind zugehörige Eigenvektoren.

Beweis: Hinsichtlich der Basis $\{\mathfrak{e}'(t), \mathfrak{e}''(t)\}$ wird die auf diesen Unterraum eingeschränkte Drehung $\tau(t)$ durch die Matrix

$$\begin{pmatrix} \cos\alpha(t) & \sin\alpha(t) \\ -\sin\alpha(t) & \cos\alpha(t) \end{pmatrix}$$

beschrieben. Daher entspricht $\dot{\tau}(t)$ die Matrix

$$\begin{pmatrix} -\dot{\alpha}(t)\sin\alpha(t) & \dot{\alpha}(t)\cos\alpha(t) \\ -\dot{\alpha}(t)\cos\alpha(t) & -\dot{\alpha}(t)\sin\alpha(t) \end{pmatrix}$$

und somit $\dot{\tau}(0)$ bzw. $(\dot{\tau}(0))^2$ wegen $\alpha(0) = 0$

$$\begin{pmatrix} 0 & \dot{\alpha}(0) \\ -\dot{\alpha}(0) & 0 \end{pmatrix} \qquad \text{bzw.} \qquad \begin{pmatrix} -(\dot{\alpha}(0))^2 & 0 \\ 0 & -(\dot{\alpha}(0))^2 \end{pmatrix}.$$

Die letzte Matrix ergibt unmittelbar die Behauptung. ◆

Zusammen besagen die beiden letzten Sätze, daß das Momentanverhalten einer orthogonalen Deformation τ zur Zeit $t = 0$ durch $\dot{\tau}(0)$ in folgendem Sinn beschrieben wird: Der Kern von $\dot{\tau}(0)$, der, abgesehen vom Nullvektor, ja gerade aus den Eigenvektoren zum Eigenwert Null besteht, ist gleichzeitig die

Menge der momentan ruhenden Vektoren. Zu diesen gehören einerseits nach 20.5 die momentan fixen Vektoren, nämlich Grenzvektoren von Eigenvektoren zum Eigenwert 1, andererseits aber auch Vektoren mit verschwindender momentaner Drehgeschwindigkeit. Momentane Drehebenen, in denen die momentane Winkelgeschwindigkeit $\dot{\alpha}(0)$ nicht verschwindet, werden von Eigenvektoren der Abbildung $\dot{\tau}(0) \circ \dot{\tau}(0)$ zum Eigenwert $-(\dot{\alpha}(0))^2$ aufgespannt. (Die entsprechenden Eigenwerte von $\dot{\tau}(0)$ selbst sind $\pm\dot{\alpha}(0)i$, zu denen dann aber komplexe Eigenvektoren gehören.) Im Fall $\operatorname{Dim} X = 3$ und $\dot{\tau}(0) \neq 0$ ist der Kern von $\dot{\tau}(0)$ genau eindimensional, es gibt also eine eindeutig bestimmte **momentane Drehachse**. Hierzu zwei Beispiele!

20.III Hinsichtlich einer Orthonormalbasis wird im $\mathbb{R}^3$ durch

$$A(t) = \begin{pmatrix} \cos^2 t & \cos t \sin t & \sin t \\ -\sin t & \cos t & 0 \\ -\sin t \cos t & -\sin^2 t & \cos t \end{pmatrix}$$

eine orthogonale Deformation beschrieben. Als Drehachse zur Zeit t, also als Eigenvektor zum Eigenwert 1, ergibt sich der Einheitsvektor

$$\mathfrak{d}(t) = \frac{1}{\sqrt{3 - 2\cos t - \cos^2 t}} (\cos t - 1, \ \sin t, \ -\sin t).$$

Die Berechnung der momentanen Drehachse $\mathfrak{d}_0$ erfordert die Durchführung unbestimmter Grenzübergänge. Man erhält

$$\mathfrak{d}_0 = \lim_{t \to 0} \mathfrak{d}(t) = \frac{1}{\sqrt{2}} (0, 1, -1).$$

Weiter gilt für den Drehwinkel $\alpha(t)$

$$\cos\alpha(t) = \tfrac{1}{2}(\operatorname{Sp} A(t) - 1) = \tfrac{1}{2}(2\cos t + \cos^2 t - 1) = \cos t - \tfrac{1}{2}\sin^2 t.$$

Es folgt

$$-\dot{\alpha}(t)\sin\alpha(t) = -\sin t(1 + \cos t),$$

$$\dot{\alpha}(t) = \frac{1 + \cos t}{\sqrt{1 + \cos t - \frac{1}{4}\sin^2 t}}$$

und durch Grenzübergang $\dot{\alpha}(0) = \sqrt{2}$. Dieselben Ergebnisse erhält man einfacher mit Hilfe der Matrix $\dot{A}(0)$. Es gilt

$$\dot{A}(0) = \begin{pmatrix} 0 & 1 & 1 \\ -1 & 0 & 0 \\ -1 & 0 & 0 \end{pmatrix} \quad \textit{und} \quad \dot{A}(0)\dot{A}(0) = \begin{pmatrix} -2 & 0 & 0 \\ 0 & -1 & -1 \\ 0 & -1 & -1 \end{pmatrix}.$$

Eigenwerte der letzten Matrix sind 0, -2, -2. Einheitseigenvektor zum Eigenwert 0 ist wieder die momentane Drehachse $\mathfrak{d}_0$. Eigenvektoren zum Eigenwert -2 sind etwa die Vektoren

$$(1, 0, 0) \quad \textit{und} \quad \frac{1}{\sqrt{2}}(0, 1, 1).$$

die die zu $\mathfrak{d}_0$ orthogonale momentane Drehebene aufspannen. Die momentane Winkelgeschwindigkeit in dieser Ebene ist die Quadratwurzel aus dem negativ genommenen Eigenwert, also $\sqrt{2}$, wie sich schon oben ergeben hatte.

20.IV Hinsichtlich einer Orthonormalbasis des $\mathbb{R}^4$ wird durch

$$A(t) = \frac{1}{\sqrt{1+t^2}} \begin{pmatrix} \cos(2t) & \sin(2t) & -t\cos t & -t\sin t \\ -\sin(2t) & \cos(2t) & -t\sin t & t\cos t \\ t\cos(2t) & t\sin(2t) & \cos t & \sin t \\ t\sin(2t) & -t\cos(2t) & -\sin t & \cos t \end{pmatrix}$$

eine orthogonale Deformation beschrieben. Es gilt

$$\dot{A}(0) = \begin{pmatrix} 0 & 2 & -1 & 0 \\ -2 & 0 & 0 & 1 \\ 1 & 0 & 0 & 1 \\ 0 & -1 & -1 & 0 \end{pmatrix},$$

und die charakteristische Gleichung dieser Matrix lautet

$$t^4 + 7t^2 + 9 = 0.$$

Die Quadrate der Eigenwerte von $\dot{A}(0)$, also die Eigenwerte von $\dot{A}(0)\dot{A}(0)$ sind daher

$$-(\dot{\alpha}_1(0))^2 = -\tfrac{7}{2} + \tfrac{1}{2}\sqrt{13}, \quad -(\dot{\alpha}_2(0))^2 = -\tfrac{7}{2} - \tfrac{1}{2}\sqrt{13}.$$

Weiter gilt

$$B = \dot{A}(0)\dot{A}(0) = \begin{pmatrix} -5 & 0 & 0 & 1 \\ 0 & -5 & 1 & 0 \\ 0 & 1 & -2 & 0 \\ 1 & 0 & 0 & -2 \end{pmatrix}.$$

Die zu $\dot{\alpha}_1(0)$ gehörende momentane Drehebene wird z. B. von folgenden beiden Eigenvektoren der Matrix B aufgespannt:

$$(1, 0, 0, \tfrac{1}{2}(3+\sqrt{13})), \quad (0, 1, \tfrac{1}{2}(3+\sqrt{13}), 0).$$

Entsprechend erzeugen die dazu orthogonalen Vektoren

$$\left(1, 0, 0, \tfrac{1}{2}(3-\sqrt{13})\right), \quad \left(0, 1, \tfrac{1}{2}(3-\sqrt{13}), 0\right)$$

die zu $\dot{\alpha}_2(0)$ gehörende momentane Drehebene.
Hat man es nun wieder mit einer beliebigen linearen Deformation λ zu tun, so kann man diese, wie schon vorher bemerkt, in einer Umgebung U der Null eindeutig in der Form

$$\lambda(t) = \sigma(t) \circ \tau(t) \qquad (t \in U)$$

zerlegen, wobei $\tau(t)$ für alle t eine Drehung und $\sigma(t)$ eine selbstadjungierte Abbildung mit lauter positiven Eigenwerten ist. Das Momentanverhalten von λ zur Zeit $t = 0$ setzt sich dann offenbar aus dem durch $\dot{\sigma}(0)$ beschriebenen momentanen Dilatationsverhalten und aus dem durch $\dot{\tau}(0)$ beschriebenen momentanen Drehverhalten zusammen. Um diese Komponenten zu bestimmen, bedarf es jedoch nicht der expliziten Berechnung der Zerlegung. Man kann vielmehr $\dot{\sigma}(0)$ und $\dot{\tau}(0)$ direkt aus $\dot{\lambda}(0)$ und der dazu adjungierten Abbildung $(\dot{\lambda}(0))^*$ (ihr entspricht die transponierte Matrix) gewinnen.

20.7 *Es sei λ eine lineare Deformation, und in einer Umgebung der Null gelte $\lambda(t) = \sigma(t) \circ \tau(t)$ mit einer Drehung $\tau(t)$ und einer selbstadjungierten Abbildung $\sigma(t)$ mit lauter positiven Eigenwerten. Dann folgt*

$$\dot{\sigma}(0) = \tfrac{1}{2}\left(\dot{\lambda}(0) + (\dot{\lambda}(0))^*\right),$$
$$\dot{\tau}(0) = \tfrac{1}{2}\left(\dot{\lambda}(0) - (\dot{\lambda}(0))^*\right).$$

Beweis: Aus $\lambda(t) = \sigma(t) \circ \tau(t)$ ergibt sich durch Ableitung nach t

$$\dot{\lambda}(t) = \dot{\sigma}(t) \circ \tau(t) + \sigma(t) \circ \dot{\tau}(t)$$

und weiter wegem $\sigma(0) = \tau(0) = \varepsilon$

$$\dot{\lambda}(0) = \dot{\sigma}(0) + \dot{\tau}(0).$$

Wegen 20.2 und 20.4 ist dies die eindeutige additive Zerlegung von $\dot{\lambda}(0)$ in eine selbstadjungierte und eine anti-selbstadjungierte Abbildung, die sich bekanntlich in der angegebenen Weise ausdrücken lassen (vgl. L.A. 22.13). ◆

Eine besonders einfache Beschreibung des momentanen Drehverhaltens einer linearen Deformation λ ist im Fall des orientierten dreidimensionalen Raumes möglich: Zunächst ist die momentane Drehgeschwindigkeit $\dot{\alpha}_\lambda(0)$ nur bis auf ihr Vorzeichen bestimmt, da sie noch von der Wahl der Orientierung der momentanen Drehebene abhängt. Es sei nun $\{\mathfrak{a}_1, \mathfrak{a}_2\}$ eine die Orientierung der momentanen Drehebene so bestimmende Basis, daß $\dot{\alpha}_\lambda(0) \geqq 0$ gilt. Dann gibt es genau einen auf der momentanen Drehebene senkrecht stehenden Einheitsvektor $\mathfrak{e}_\lambda$, so daß $\{\mathfrak{a}_1, \mathfrak{a}_2, \mathfrak{e}_\lambda\}$ die positive Orientierung des Gesamtraumes ergibt. Der mit der doppelten momentanen Drehgeschwindigkeit multiplizierte Vektor $\mathfrak{e}_\lambda$ wird dann der **Rotationsvektor** von λ genannt.

Definition 20c: $\operatorname{rot} \lambda = 2\dot{\alpha}_\lambda(0)\mathfrak{e}_\lambda$.

Die Bedeutung des hier zunächst unmotivierten Faktors 2 ergibt sich bei der folgenden Berechnung des Rotationsvektors, bei der der sonst auftretende Faktor $\frac{1}{2}$ vermieden wird.

20.8 *Hinsichtlich einer positiv orientierten Orthonormalbasis* $\{\mathfrak{e}_1, \mathfrak{e}_2, \mathfrak{e}_3\}$ *sei* $\dot{\lambda}(0)$ *die Matrix* $A = (a_{\mu,\nu})$ *zugeordnet. Dann gilt*

$$\operatorname{rot} \lambda = (a_{2,3} - a_{3,2})\mathfrak{e}_1 + (a_{3,1} - a_{1,3})\mathfrak{e}_2 + (a_{1,2} - a_{2,1})\mathfrak{e}_3.$$

Beweis: Wegen 20.7 entspricht dem Rotationsanteil $\dot{\tau}(0)$ die schiefsymmetrische Matrix

$$B = \tfrac{1}{2}(A - A^T) = \tfrac{1}{2}\begin{pmatrix} 0 & a_{1,2} - a_{2,1} & a_{1,3} - a_{3,1} \\ a_{2,1} - a_{1,2} & 0 & a_{2,3} - a_{3,2} \\ a_{3,1} - a_{1,3} & a_{3,2} - a_{2,3} & 0 \end{pmatrix}$$

$$= \tfrac{1}{2}\begin{pmatrix} 0 & b_3 & -b_2 \\ -b_3 & 0 & b_1 \\ b_2 & -b_1 & 0 \end{pmatrix}.$$

Bei dieser neuen Bezeichnung lautet die Behauptung des Satzes $\operatorname{rot} \lambda = \mathfrak{r}$ mit

$$\mathfrak{r} = b_1\mathfrak{e}_1 + b_2\mathfrak{e}_2 + b_3\mathfrak{e}_3,$$

wobei sogleich $\mathfrak{r} \neq \mathfrak{o}$ angenommen werden kann. Unmittelbar erhält man

$$(b_1, b_2, b_3)B = (0, 0, 0),$$

weswegen $\mathfrak{r}$ ein Vektor in Richtung der momentanen Drehachse ist. Weiter bilden die zu $\mathfrak{r}$ orthogonalen Vektoren

$$\mathfrak{e}_1^* = \frac{1}{\sqrt{b_1^2 + b_2^2}}(b_2\mathfrak{e}_1 - b_1\mathfrak{e}_2),$$

$$\mathfrak{e}_2^* = \frac{1}{|\mathfrak{r}|}\mathfrak{r} \times \mathfrak{e}_1^* = \frac{1}{|\mathfrak{r}|\sqrt{b_1^2 + b_2^2}}(b_1 b_3\mathfrak{e}_1 + b_2 b_3\mathfrak{e}_2 - (b_1^2 + b_2^2)\mathfrak{e}_3)$$

eine Orthonormalbasis der momentanen Drehebene, die zusammen mit $\mathfrak{r}$ die positive Orientierung des $\mathbb{R}^3$ ergibt. Schließlich erhält man (vgl. Beweis zu 20.6)

$$\dot{\alpha}(0) = \left(\dot{\tau}(0)\mathfrak{e}_1^*\right) \cdot \mathfrak{e}_2^* = \frac{1}{|\mathfrak{r}|(b_1^2 + b_2^2)}(b_2, -b_1, 0)B \begin{bmatrix} b_1 b_3 \\ b_2 b_3 \\ -(b_1^2 + b_2^2) \end{bmatrix}$$
$$= \tfrac{1}{2}|\mathfrak{r}| > 0.$$

Es folgt

$$\mathfrak{r} = 2\dot{\alpha}(0)\mathfrak{e}_\lambda = \operatorname{rot}\lambda. \quad ◆$$

Nach den einführenden Bemerkungen am Anfang dieses Paragraphen kann eine Strömung durch eine, im allgemeinen allerdings nicht lineare Deformation $\lambda : J \to C^1(D, X)$ oder auch mit Hilfe der durch

$$\varphi(\mathfrak{x}, t) = [\lambda(t)]\mathfrak{x}$$

definierten Abbildung beschrieben werden. Hier soll zusätzlich vorausgesetzt werden, daß φ zweimal stetig differenzierbar ist.
Lokal kann die Abbildung $\lambda(t)$ in $\mathfrak{x}$ durch ihr Differential $d_\mathfrak{x}(\lambda(t))$, also durch eine lineare Abbildung approximiert werden. Da wegen $\lambda(0) = \varepsilon$ auch $d\,(\lambda(0)) = \varepsilon$ gilt, wird durch

$$\mu_\mathfrak{x}(t) = d_\mathfrak{x}(\lambda(t))$$

eine lineare Deformation definiert. Dabei gilt für einen beliebigen Vektor $\mathfrak{a} \in X$

$$[\mu_\mathfrak{x}(t)]\mathfrak{a} = [d_\mathfrak{x}(\lambda(t))]\mathfrak{a} = \frac{\partial(\lambda(t)\mathfrak{x})}{\partial \mathfrak{a}} = \frac{\partial \varphi(\mathfrak{x}, t)}{\partial \mathfrak{a}}.$$

Wegen der vorausgesetzten zweimaligen stetigen Differenzierbarkeit erhält man nach 14.6

$$[\dot{\mu}_\mathfrak{x}(0)]\mathfrak{a} = \frac{\partial^2 \varphi(\mathfrak{x}, 0)}{\partial t\, \partial \mathfrak{a}} = \frac{\partial}{\partial \mathfrak{a}}\left(\frac{\partial \varphi(\mathfrak{x}, 0)}{\partial t}\right) = [d_\mathfrak{x}(\dot{\lambda}(0))]\mathfrak{a},$$

also

$$(*) \quad \dot{\mu}_\mathfrak{x}(0) = d_\mathfrak{x}(\dot{\lambda}(0)).$$

Nun ist $\mathfrak{y} = [\lambda(t)]\mathfrak{x}$ in Abhängigkeit von t die Gleichung der Bahnkurve desjenigen Teilchens, das sich zur Zeit $t = 0$ an der Stelle $\mathfrak{x}$ befindet. Daher ist $\dot{\lambda}(0)\mathfrak{x}$ der Vektor der Strömungsgeschwindigkeit an der Stelle $\mathfrak{x}$. Durch $\dot{\lambda}(0)$ wird also das **momentane Geschwindigkeitsfeld** der Strömung beschrieben. Umgekehrt kann auch jedes Vektorfeld $\psi : D \to X$ $(D \subset X)$ als momentanes

Geschwindigkeitsfeld einer Strömung aufgefaßt werden: Man setze etwa

$$\lambda(t)\mathfrak{x} = \mathfrak{x} + t\psi(\mathfrak{x}).$$

Dann gilt offenbar $\dot{\lambda}(0)\mathfrak{x} = \psi(\mathfrak{x})$. Die Gleichung (*) besagt nun, daß die durch $\dot{\mu}_{\mathfrak{x}}(0)$ beschriebenen Momentaneigenschaften wie Dilatations- und Rotationsverhalten lokal durch das Geschwindigkeitsfeld ausgedrückt werden können. Speziell führt dies im Anschluß an 20.1 zu dem allgemeinen Begriff der Divergenz eines Vektorfeldes.

Definition 20d: *Es sei $\psi: D \to X$ $(D \subset X)$ ein stetig differenzierbares Vektorfeld. Unter der Divergenz des Feldvektors $\mathfrak{v} = \psi(\mathfrak{x})$ an der Stelle $\mathfrak{x}$ versteht man dann den Wert*

$$\operatorname{div}_{\mathfrak{x}} \mathfrak{v} = \operatorname{div} \psi(\mathfrak{x}) = \operatorname{Sp}(d_{\mathfrak{x}}\psi).$$

Wird das Vektorfeld hinsichtlich einer Basis durch die Koordinatengleichungen

$$v_\nu = f_\nu(x_1, \ldots, x_n) \qquad (\nu = 1, \ldots, n)$$

beschrieben, so entspricht $d_{\mathfrak{x}}\psi$ die an der Stelle $\mathfrak{x}$ gebildete Funktionalmatrix

$$\begin{pmatrix} \frac{\partial v_1}{\partial x_1} & \frac{\partial v_2}{\partial x_1} & \cdots & \frac{\partial v_n}{\partial x_1} \\ \frac{\partial v_1}{\partial x_2} & \frac{\partial v_2}{\partial x_2} & \cdots & \frac{\partial v_n}{\partial x_2} \\ \cdots & \cdots & \cdots & \cdots \\ \frac{\partial v_1}{\partial x_n} & \frac{\partial v_2}{\partial x_n} & \cdots & \frac{\partial v_n}{\partial x_n} \end{pmatrix},$$

deren Spur dann gerade die Divergenz des Vektorfeldes liefert. Daher gilt

20.9 *Das Vektorfeld ψ werde hinsichtlich einer Basis durch die Koordinatengleichungen*

$$v_\nu = f_\nu(x_1, \ldots, x_n) \qquad (\nu = 1, \ldots, n)$$

beschrieben. Dann gilt

$$\operatorname{div}_{\mathfrak{x}} \mathfrak{v} = \operatorname{div} \psi(\mathfrak{x}) = \frac{\partial v_1}{\partial x_1} + \frac{\partial v_2}{\partial x_2} + \cdots + \frac{\partial v_n}{\partial x_n},$$

wobei diese Ableitungen an der Stelle $\mathfrak{x}$ zu bilden sind.

Da jedem Vektorfeld $\psi : D \to X$ an einer Stelle $\mathfrak{x} \in D$ eine lineare Deformation $\mu_{\mathfrak{x}}$ mit

$$\dot{\mu}_{\mathfrak{x}}(0) = d_{\mathfrak{x}}\psi$$

entspricht, kann man im Fall $\operatorname{Dim} X = 3$ auch die Rotation des Vektorfeldes bzw. des Feldvektors $\mathfrak{v} = \psi\mathfrak{x}$ folgendermaßen erklären.

Definition 20e: $\mathfrak{rot}_{\mathfrak{x}}\mathfrak{v} = \mathfrak{rot}\,\psi(\mathfrak{x}) = \mathfrak{rot}\,\mu_{\mathfrak{x}}$.

Da der Matrix A aus Satz 20.8 jetzt die Funktionalmatrix der Koordinatenfunktionen des Vektorfeldes entspricht, ergibt sich unmittelbar

20.10: *Das Vektorfeld $\psi : D \to \mathbb{R}^3$ $(D \subset \mathbb{R}^3)$ sei hinsichtlich einer positiv orientierten Orthonormalbasis $\{\mathfrak{e}_1, \mathfrak{e}_2, \mathfrak{e}_3\}$ durch die Koordinatengleichungen*

$$v_\nu = f_\nu(x_1, x_2, x_3) \qquad (\nu = 1, 2, 3)$$

beschrieben. Dann gilt

$$\mathfrak{rot}_{\mathfrak{x}}\mathfrak{v} = \mathfrak{rot}\,\psi(\mathfrak{x}) = \left(\frac{\partial v_3}{\partial x_2} - \frac{\partial v_2}{\partial x_3}\right)\mathfrak{e}_1 + \left(\frac{\partial v_1}{\partial x_3} - \frac{\partial v_3}{\partial x_1}\right)\mathfrak{e}_2 + \left(\frac{\partial v_2}{\partial x_1} - \frac{\partial v_1}{\partial x_2}\right)\mathfrak{e}_3,$$

wobei die partiellen Ableitungen an der Stelle $\mathfrak{x}$ zu bilden sind.

Als Merkregel für diesen Ausdruck kann folgende formale Determinante benutzt werden:

$$\mathfrak{rot}_{\mathfrak{x}}\mathfrak{v} = \begin{vmatrix} \mathfrak{e}_1 & \mathfrak{e}_2 & \mathfrak{e}_3 \\ \dfrac{\partial}{\partial x_1} & \dfrac{\partial}{\partial x_2} & \dfrac{\partial}{\partial x_3} \\ v_1 & v_2 & v_3 \end{vmatrix}.$$

Sie ist so zu verstehen, daß man sie entsprechend dem Entwicklungssatz von *Laplace* formal nach der ersten Zeile entwickelt, wobei man bei der Adjunktenbildung die Multiplikation sinngemäß durch die Anwendung der Differentialoperatoren zu ersetzen hat.

20.V Hinsichtlich einer positiv orientierten Orthonormalbasis des $\mathbb{R}^3$ sei das Vektorfeld ψ durch die Koordinatengleichungen

$$v_1 = x(5+y) + z(3+y) + y^2,$$
$$v_2 = 2y - y^2 - x^4 + 4z - z^2,$$
$$v_3 = z(x-y) - 3y$$

gegeben. Dann gilt an einer zunächst noch beliebigen Stelle $\mathfrak{x} = (x, y, z)$

$$\operatorname{div}_{\mathfrak{x}} \mathfrak{v} = \frac{\partial v_1}{\partial x} + \frac{\partial v_2}{\partial y} + \frac{\partial v_3}{\partial z} = 5 + y + 2 - 2y + x - y = 7 + x - 2y,$$

$$\operatorname{rot}_{\mathfrak{x}} \mathfrak{v} = \begin{vmatrix} \mathfrak{e}_1 & \mathfrak{e}_2 & \mathfrak{e}_3 \\ \dfrac{\partial}{\partial x} & \dfrac{\partial}{\partial y} & \dfrac{\partial}{\partial z} \\ v_1 & v_2 & v_3 \end{vmatrix} = (z - 7,\ 3 + y - z,\ -4x^3 - x - 2y - z).$$

Speziell an der Stelle $\mathfrak{x}_0 = (1, -2, 3)$ ergibt sich

$$\operatorname{div}_{\mathfrak{x}_0} \mathfrak{v} = 12, \quad \operatorname{rot}_{\mathfrak{x}_0} \mathfrak{v} = (-4, -2, -4) = 6(-\tfrac{2}{3}, -\tfrac{1}{3}, -\tfrac{2}{3}).$$

Das bei dem Ausdruck für den Rotationsvektor rechts stehende Tripel ist ein Einheitsvektor, der die Richtung der momentanen Drehachse angibt. Die momentane Winkelgeschwindigkeit beträgt $\frac{6}{2} = 3$. Das durch die Divergenz gegebene Maß besagt, daß die Momentangeschwindigkeit der Volumenänderung 12 ist. Will man das momentane Dilatationsverhalten genauer studieren, hat man die Funktionalmatrix

$$\begin{pmatrix} 5 + y & -4x^3 & z \\ x + z + 2y & 2 - 2y & -z - 3 \\ 3 + y & 4 - 2z & x - y \end{pmatrix}$$

an der Stelle $\mathfrak{x}_0$ zu betrachten. Sie lautet dort

$$A = \begin{pmatrix} 3 & -4 & 3 \\ 0 & 6 & -6 \\ 1 & -2 & 3 \end{pmatrix}.$$

Die symmetrisierte Matrix

$$B = \tfrac{1}{2}(A + A^T) = \begin{pmatrix} 3 & -2 & 2 \\ -2 & 6 & -4 \\ 2 & -4 & 3 \end{pmatrix}$$

besitzt die Eigenwerte 2, $5 + 2\sqrt{6}$ und $5 - 2\sqrt{6}$, zu denen entsprechend die Eigenvektoren

$$(2, 1, 0), \quad (1 + \sqrt{6},\ -2(1 + \sqrt{6}),\ 5), \quad (1 - \sqrt{6},\ -2(1 - \sqrt{6}),\ 5)$$

gehören. In diesen Richtungen wird momentan mit den durch die Eigenwerte gegebenen Geschwindigkeiten gestreckt. (Negative Geschwindigkeiten bedeuten dabei Abnahme der Streckungsfaktoren, also Stauchungen.) Die Summe dieser Geschwindigkeiten ist wieder die bereits berechnete Divergenz.

Ergänzungen und Aufgaben

20A Aufgabe: Es sei $\varphi : \mathbb{R}^3 \to \mathbb{R}^3$ ein Vektorfeld. Man zeige:

(1) Ist φ stetig differenzierbar, so gilt für je zwei Vektoren $\mathfrak{a}, \mathfrak{b} \in \mathbb{R}^3$ an jeder Stelle $\mathfrak{x}$

$$\left(\operatorname{rot} \varphi(\mathfrak{x})\right) \cdot (\mathfrak{a} \times \mathfrak{b}) = \frac{\partial \varphi(\mathfrak{x})}{\partial \mathfrak{a}} \cdot \mathfrak{b} - \mathfrak{a} \cdot \frac{\partial \varphi(\mathfrak{x})}{\partial \mathfrak{b}}.$$

(2) Ist φ zweimal stetig differenzierbar, so gilt an jeder Stelle $\mathfrak{x}$

$$\operatorname{div}\left(\operatorname{rot} \varphi(\mathfrak{x})\right) = 0.$$

(3) Ist $\alpha : \mathbb{R}^3 \to \mathbb{R}$ eine zweimal stetig differenzierbare reellwertige Abbildung, so gilt an allen Stellen $\mathfrak{x}$

$$\operatorname{rot}\left(\operatorname{grad} \alpha(\mathfrak{x})\right) = \mathfrak{o}.$$

20B Aufgabe: Es seien $\alpha : D \to \mathbb{R}$ und $\varphi : D \to \mathbb{R}^n$ mit $D \subset \mathbb{R}^n$ stetig differenzierbare Abbildungen, und $\psi : D \to \mathbb{R}^n$ sei durch

$$\psi \mathfrak{x} = (\alpha \mathfrak{x})(\varphi \mathfrak{x})$$

definiert. Man beweise:

(1) $\operatorname{div} \psi(\mathfrak{x}) = (\alpha \mathfrak{x})\left(\operatorname{div} \varphi(\mathfrak{x})\right) + \left(\operatorname{grad} \alpha(\mathfrak{x})\right) \cdot (\varphi \mathfrak{x}),$

(2) im Fall $n = 3$

$$\operatorname{rot} \psi(\mathfrak{x}) = \left(\operatorname{grad} \alpha(\mathfrak{x})\right) \times (\varphi \mathfrak{x}) + (\alpha \mathfrak{x})\left(\operatorname{rot} \varphi(\mathfrak{x})\right).$$

20C Aufgabe: Mit $D \subset \mathbb{R}^3$ seien $\varphi : D \to \mathbb{R}^3$ und $\psi : D \to \mathbb{R}^3$ stetig differenzierbare Vektorfelder. Ferner seien $\alpha : D \to \mathbb{R}$ und $\chi : D \to \mathbb{R}^3$ durch

$$\alpha \mathfrak{x} = (\varphi \mathfrak{x}) \cdot (\psi \mathfrak{x}), \quad \chi \mathfrak{x} = (\varphi \mathfrak{x}) \times (\psi \mathfrak{x})$$

definiert. Man beweise:

(1) $\operatorname{grad} \alpha(\mathfrak{x}) = (\varphi \mathfrak{x}) \times (\operatorname{rot} \psi(\mathfrak{x})) + (\psi \mathfrak{x}) \times (\operatorname{rot} \varphi(\mathfrak{x})) + \dfrac{\partial \varphi(\mathfrak{x})}{\partial (\psi \mathfrak{x})} + \dfrac{\partial \psi(\mathfrak{x})}{\partial (\varphi \mathfrak{x})},$

(2) $\operatorname{div} \chi(\mathfrak{x}) = (\operatorname{rot} \varphi(\mathfrak{x})) \cdot (\psi \mathfrak{x}) - (\varphi \mathfrak{x}) \cdot (\operatorname{rot} \psi(\mathfrak{x})),$

(3) $\operatorname{rot} \chi(\mathfrak{x}) = \left(\operatorname{div} \psi(\mathfrak{x})\right)(\varphi \mathfrak{x}) - \left(\operatorname{div} \varphi(\mathfrak{x})\right)(\psi \mathfrak{x}) + \dfrac{\partial \varphi(\mathfrak{x})}{\partial (\psi \mathfrak{x})} - \dfrac{\partial \psi(\mathfrak{x})}{\partial (\varphi \mathfrak{x})}.$

20D Für zweimal stetig differenzierbare reellwertige Abbildungen $\varphi: D \to \mathbb{R}$ mit $D \subset \mathbb{R}^n$ wird durch

$$(\Delta\varphi)\mathfrak{x} = \operatorname{div}(\operatorname{grad}\varphi(\mathfrak{x}))$$

der *Laplace*-Operator Δ definiert. Wird φ hinsichtlich einer Orthonormalbasis $\{\mathfrak{e}_1, \ldots, \mathfrak{e}_n\}$ durch die Koordinatenfunktion f beschrieben, so gilt

$$\operatorname{grad}\varphi(\mathfrak{x}) = \frac{\partial f}{\partial x_1}\mathfrak{e}_1 + \cdots + \frac{\partial f}{\partial x_n}\mathfrak{e}_n,$$

und das Differential dieses Gradientenfeldes wird daher durch die Matrix $A = \left(\frac{\partial^2 f}{\partial x_\mu \partial x_\nu}\right)$ der zweiten Ableitungen von f an der Stelle $\mathfrak{x}$ beschrieben. Es folgt

$$(\Delta\varphi)\mathfrak{x} = (\Delta f)\mathfrak{x} = \operatorname{Sp} A = \frac{\partial^2 f}{\partial x_1^2} + \cdots + \frac{\partial^2 f}{\partial x_n^2},$$

wobei die partiellen Ableitungen ebenfalls an der Stelle $\mathfrak{x}$ zu bilden sind.

Aufgabe (1) In den Fällen $n = 2$ und $n = 3$ transformiere man Δ auf ebene bzw. räumliche Polarkoordinaten; d.h. man drücke Δf durch Ableitungen der Funktion

$$g(r, u) = f(r\cos u, r\sin u) \qquad \text{bzw.}$$

$$g(r, u, v) = f(r\cos u\cos v, r\sin u\cos v, r\sin v)$$

aus.

(2) Es sei $\psi: D \to \mathbb{R}^n$ ein zweimal stetig differenzierbares Vektorfeld. Man zeige, daß es zu jeder Stelle $\mathfrak{x} \in D$ genau einen Vektor $\mathfrak{d}_\mathfrak{x}$ gibt, mit dem für alle Vektoren $\mathfrak{a} \in \mathbb{R}^n$

$$\mathfrak{d}_\mathfrak{x} \cdot \mathfrak{a} = \Delta(\psi(\mathfrak{x}) \cdot \mathfrak{a})$$

gilt, und drücke die Koordinaten von $\mathfrak{d}_\mathfrak{x}$ hinsichtlich einer Orthonormalbasis durch die Koordinatenfunktionen von ψ aus.

Durch $(\Delta\psi)\mathfrak{x} = \mathfrak{d}_\mathfrak{x}$ wird dann der *Laplace*-Operator auch für Vektorfelder definiert.

(3) Mit den Bezeichnungen aus (2) und im Fall $n = 3$ beweise man

$$\operatorname{rot}(\operatorname{rot}\psi(\mathfrak{x})) = \operatorname{grad}(\operatorname{div}\psi(\mathfrak{x})) - \Delta\psi(\mathfrak{x}).$$

20E Aufgabe: Das momentane Geschwindigkeitsfeld einer Strömung im $\mathbb{R}^4$ sei durch folgende Koordinatenfunktionen gegeben:

$$f_1(x, y, z, u) = (x - u + 1)(2y + z + 5),$$
$$f_2(x, y, z, u) = (2x - u - 1)(y - z + 2),$$
$$f_3(x, y, z, u) = (3x - y)(z + u + 1),$$
$$f_4(x, y, z, u) = (x + 4y + 2)(z + 3u - 1).$$

Man berechne im Nullpunkt die momentanen Drehebenen und die zugehörigen momentanen Winkelgeschwindigkeiten. Gibt es momentan ruhende Vektoren?

20F Aufgabe: Hinsichtlich einer Orthonormalbasis $\{\mathfrak{e}_1, \mathfrak{e}_2, \mathfrak{e}_3\}$ des $\mathbb{R}^3$ gelte $\mathfrak{x}_1 = (1, 0, 1)$ und $\mathfrak{x}_2 = (1, 1, -1)$. Man berechne in diesen Punkten für das durch

$$\varphi\mathfrak{x} = |\mathfrak{x}|^2\mathfrak{x} + (\mathfrak{x} \times \mathfrak{e}_1)$$

gegebene momentane Geschwindigkeitsfeld die Divergenz, die momentanen Dilatationsrichtungen und -Geschwindigkeiten, sowie die momentanen Drehachsen und Winkelgeschwindigkeiten.

§ 21 Vektorfelder und alternierende Differentialformen

In diesem Paragraphen sei X stets ein n-dimensionaler orientierter euklidischer Raum. Vektorfeldern $\varphi: D \to X\,(D \subset X)$ wurden bereits in § 13 auf zwei verschiedene Arten alternierende Differentialformen umkehrbar eindeutig zugeordnet. Diese Zuordnung soll hier noch einmal im Zusammenhang mit dem vorangehenden Paragraphen aufgegriffen werden. Dabei sollen bei den auftretenden Abbildungen und Differentialen stets die jeweils erforderlichen Differenzierbarkeitseigenschaften vorausgesetzt sein.
In 13.II wurde eine n-fach alternierende Linearform Δ definiert, die allein durch das skalare Produkt und durch die Orientierung von X festgelegt war. Bei beliebig gewählter positiv orientierter Orthonormalbasis $\{\mathfrak{e}_1, \ldots, \mathfrak{e}_n\}$ von X wurde nämlich

$$\Delta(\mathfrak{a}_1, \ldots, \mathfrak{a}_n) = \begin{vmatrix} \mathfrak{a}_1 \cdot \mathfrak{e}_1 \cdots \mathfrak{a}_1 \cdot \mathfrak{e}_n \\ \cdots\cdots\cdots\cdots\cdots \\ \mathfrak{a}_n \cdot \mathfrak{e}_1 \cdots \mathfrak{a}_n \cdot \mathfrak{e}_n \end{vmatrix}$$

gesetzt und gezeigt, daß dieser Wert nicht von der Wahl der Orthonormalbasis abhängt, sofern diese nur positiv orientiert ist. Da der Vektorraum aller n-fach alternierenden Linearformen auf X bekanntlich eindimensional ist, ist jede n-fach alternierende Linearform ein skalares Vielfaches von Δ. Ist nun α eine

n-fach alternierende Differentialform, so ist $\alpha\mathfrak{x}$ für jeden Punkt $\mathfrak{x}$ aus dem Definitionsbereich D eine n-fach alternierende Linearform, und nach dem soeben Gesagten gilt $\alpha\mathfrak{x} = c_\mathfrak{x}\Delta$ mit einem von $\mathfrak{x}$ abhängenden Skalar $c_\mathfrak{x}$. Da man Δ auch als konstante (nämlich nicht von $\mathfrak{x}$ abhängende) n-fach alternierende Differentialform auffassen kann, gilt hiernach mit der durch $\psi\mathfrak{x} = c_\mathfrak{x}$ definierten und durch α eindeutig bestimmten reellwertigen Abbildung ψ sogar $\alpha = \psi\Delta$.

In 13.II wurde nun weiter jedem Vektorfeld $\varphi : D \to X$ umkehrbar eindeutig die folgendermaßen definierte $(n-1)$-fach alternierende Differentialform β_φ zugeordnet:

$$[\beta_\varphi\mathfrak{x}](\mathfrak{a}_1, \ldots, \mathfrak{a}_{n-1}) = \Delta(\varphi\mathfrak{x}, \mathfrak{a}_1, \ldots, \mathfrak{a}_{n-1}).$$

Bildet man von ihr die alternierende Ableitung $\mathrm{d}\beta_\varphi$, so erhält man eine n-fach alternierende Differentialform, für die mit einer geeigneten reellwertigen Abbildung ψ

$$\mathrm{d}\beta_\varphi = \psi\Delta$$

erfüllt sein muß. Der folgende Satz besagt, daß diese Abbildung ψ bis auf einen konstanten Faktor gerade die Divergenz des Vektorfeldes ist.

21.1 $(\mathrm{d}\beta_\varphi)\mathfrak{x} = \dfrac{1}{n}(\operatorname{div}\varphi(\mathfrak{x}))\Delta$,

oder gleichwertig

$$\operatorname{div}\varphi(\mathfrak{x}) = n\,\frac{[(\mathrm{d}\beta_\varphi)\mathfrak{x}](\mathfrak{a}_1, \ldots, \mathfrak{a}_n)}{\Delta(\mathfrak{a}_1, \ldots, \mathfrak{a}_n)},$$

wobei $\{\mathfrak{a}_1, \ldots, \mathfrak{a}_n\}$ *eine beliebige Basis von* X *ist.*

Beweis: Benutzt man speziell eine positiv orientierte Orthonormalbasis $\{\mathfrak{e}_1, \ldots, \mathfrak{e}_n\}$, so gilt jedenfalls $\Delta(\mathfrak{e}_1, \ldots, \mathfrak{e}_n) = 1$. Weiter erhält man mit $\mathfrak{v} = \varphi\mathfrak{x} = v_1(\mathfrak{x})\mathfrak{e}_1 + \cdots + v_n(\mathfrak{x})\mathfrak{e}_n$ und einer Permutation $\pi \in \mathfrak{S}_n$

$$[(d\beta_\varphi)\mathfrak{x}](\mathfrak{e}_{\pi 1}, \ldots, \mathfrak{e}_{\pi n}) = \Delta\left(\frac{\partial\varphi(\mathfrak{x})}{\partial\mathfrak{e}_{\pi 1}}, \mathfrak{e}_{\pi 2}, \ldots, \mathfrak{e}_{\pi n}\right)$$

$$= (\operatorname{sgn}\pi)\,\Delta\left(\mathfrak{e}_1, \ldots, \frac{\partial\varphi(\mathfrak{x})}{\partial\mathfrak{e}_{\pi 1}}, \ldots, \mathfrak{e}_n\right) = (\operatorname{sgn}\pi)\begin{vmatrix} 1 & \cdot\cdot & 0 & \cdot\cdot & 0 \\ \cdots & & \cdots & & \cdots \\ \dfrac{\partial v_1}{\partial x_{\pi 1}} & \cdot\cdot & \dfrac{\partial v_{\pi 1}}{\partial x_{\pi 1}} & \cdot\cdot & \dfrac{\partial v_n}{\partial x_{\pi 1}} \\ \cdots & & \cdots & & \cdots \\ 0 & \cdot\cdot & 0 & \cdot\cdot & 1 \end{vmatrix}$$

$$= (\operatorname{sgn}\pi)\,\frac{\partial v_{\pi 1}(\mathfrak{x})}{\partial x_{\pi 1}}$$

und daher als alternierende Ableitung

$$[(\mathrm{d}\beta_\varphi)\mathfrak{x}](\mathfrak{e}_1, \ldots, \mathfrak{e}_n) = \frac{1}{n!} \sum_{\pi \in \mathfrak{S}_n} (\operatorname{sgn} \pi)[(d\beta_\varphi)\mathfrak{x}](\mathfrak{e}_{\pi 1}, \ldots, \mathfrak{e}_{\pi n})$$

$$= \frac{1}{n!} \sum_{\pi \in \mathfrak{S}_n} \frac{\partial v_{\pi 1}(\mathfrak{x})}{\partial x_{\pi 1}} = \frac{1}{n}\left(\frac{\partial v_1(\mathfrak{x})}{\partial x_1} + \cdots + \frac{\partial v_n(\mathfrak{x})}{\partial x_n}\right).$$

Wegen 20.9 ist dies die Behauptung. ◆

Da die Divergenz eines Vektorfeldes unabhängig von einem skalaren Produkt und auch von einer Orientierung definiert ist, kann man in dem letzten Satz eine beliebige Basis $\{\mathfrak{a}_1, \ldots, \mathfrak{a}_n\}$ benutzen und kann diese als positiv orientierte Orthonormalbasis auffassen. Dann wird $\Delta(\mathfrak{a}_1, \ldots, \mathfrak{a}_n) = 1$, und es gilt mit $\mathfrak{v} = \varphi\mathfrak{x} = v_1(\mathfrak{x})\mathfrak{a}_1 + \cdots + v_n(\mathfrak{x})\mathfrak{a}_n$, wie bereits in 13.II gezeigt wurde,

$$[\beta_\varphi \mathfrak{x}](\mathfrak{a}_1, \ldots, \mathfrak{a}_{\nu-1}, \mathfrak{a}_{\nu+1}, \ldots, \mathfrak{a}_n) = (-1)^{\nu-1} v_\nu(\mathfrak{x}) \qquad (\nu = 1, \ldots, n).$$

Wegen 15.8 folgt

$$\beta_\varphi = (n-1)!(v_1 d\omega_2 \wedge \ldots \wedge d\omega_n - v_2 d\omega_1 \wedge d\omega_3 \wedge \ldots \wedge d\omega_n + \cdots$$
$$\cdots + (-1)^{n-1} v_n d\omega_1 \wedge \ldots \wedge d\omega_{n-1}).$$

An diesem Ausdruck läßt sich das vorher gewonnene Ergebnis unmittelbar bestätigen. Man erhält nämlich

$$\mathrm{d}\beta_\varphi = (n-1)!\left(\frac{\partial v_1}{\partial x_1} + \cdots + \frac{\partial v_n}{\partial x_n}\right) d\omega_1 \wedge \ldots \wedge d\omega_n.$$

Wegen $(d\omega_1 \wedge \ldots \wedge d\omega_n)(\mathfrak{a}_1, \ldots, \mathfrak{a}_n) = \frac{1}{n!}$ folgt tatsächlich

$$[(\mathrm{d}\beta_\varphi)\mathfrak{x}](\mathfrak{a}_1, \ldots, \mathfrak{a}_n) = \frac{1}{n}\left(\frac{\partial v_1(\mathfrak{x})}{\partial x_1} + \cdots + \frac{\partial v_n(\mathfrak{x})}{\partial x_n}\right) = \frac{1}{n} \operatorname{div} \varphi(\mathfrak{x}).$$

Die andere, in 13.I getroffene Zuordnung läßt jedem Vektorfeld $\varphi: D \to X$ die durch

$$[\alpha_\varphi \mathfrak{x}]\mathfrak{a} = (\varphi\mathfrak{x}) \cdot \mathfrak{a}$$

definierte Differentialform α_φ entsprechen. Hinsichtlich einer Orthonormalbasis $\{\mathfrak{e}_1, \ldots, \mathfrak{e}_n\}$ von X gilt mit $\mathfrak{v} = \varphi(\mathfrak{x}) = v_1(\mathfrak{x})\mathfrak{e}_1 + \cdots + v_n(\mathfrak{x})\mathfrak{e}_n$ offenbar

$$\alpha_\varphi = v_1 d\omega_1 + \cdots + v_n d\omega_n,$$

was auch schon in 13.I bemerkt wurde.

21.2: *Es sei $\psi: D \to \mathbb{R}$ eine differenzierbare reellwertige Abbildung, und φ sei das durch $\varphi\mathfrak{x} = \operatorname{grad}\psi(\mathfrak{x})$ definierte Gradientenfeld von ψ. Dann gilt*

$$\alpha_\varphi = d\psi.$$

Beweis: Wegen

$$[(d\psi)\mathfrak{x}]\mathfrak{a} = \frac{\partial\psi(\mathfrak{x})}{\partial\mathfrak{a}} = (\operatorname{grad}\psi(\mathfrak{x}))\cdot\mathfrak{a} = (\varphi\mathfrak{x})\cdot\mathfrak{a} = [\alpha_\varphi\mathfrak{x}]\mathfrak{a}$$

für alle $\mathfrak{x} \in D$ und $\mathfrak{a} \in X$ folgt die Behauptung. ◆

Der Rotationsanteil des Vektorfeldes φ wird lokal (vgl. 20.7) durch die antisymmetrisierte Abbildung

$$\tfrac{1}{2}(d_\mathfrak{x}\varphi - (d_\mathfrak{x}\varphi)^*)$$

beschrieben. Der folgende Satz zeigt, daß diese eng mit der alternierenden Ableitung von α_φ zusammenhängt.

21.3 $[(\mathrm{d}\alpha_\varphi)\mathfrak{x}](\mathfrak{a}_1, \mathfrak{a}_2) = [\tfrac{1}{2}(d_\mathfrak{x}\varphi - (d_\mathfrak{x}\varphi)^*)\mathfrak{a}_1]\cdot\mathfrak{a}_2 \qquad (\mathfrak{x} \in D,\ \mathfrak{a}_1, \mathfrak{a}_2 \in X).$

Beweis: Aus der Definition von α_φ folgt unmittelbar

$$[(d\alpha_\varphi)\mathfrak{x}](\mathfrak{a}_1, \mathfrak{a}_2) = [(d_\mathfrak{x}\varphi)\mathfrak{a}_1]\cdot\mathfrak{a}_2.$$

Für die alternierende Ableitung ergibt sich daher

$$\begin{aligned}[(\mathrm{d}\alpha_\varphi)\mathfrak{x}](\mathfrak{a}_1, \mathfrak{a}_2) &= \tfrac{1}{2}([(d_\mathfrak{x}\varphi)\mathfrak{a}_1]\cdot\mathfrak{a}_2 - [(d_\mathfrak{x}\varphi)\mathfrak{a}_2]\cdot\mathfrak{a}_1)\\ &= \tfrac{1}{2}([(d_\mathfrak{x}\varphi)\mathfrak{a}_1]\cdot\mathfrak{a}_2 - [(d_\mathfrak{x}\varphi)^*\mathfrak{a}_1]\cdot\mathfrak{a}_2)\\ &= [\tfrac{1}{2}(d_\mathfrak{x}\varphi - (d_\mathfrak{x}\varphi)^*)\mathfrak{a}_1]\cdot\mathfrak{a}_2.\end{aligned}$$ ◆

Benutzt man eine positiv orientierte Orthonormalbasis $\{\mathfrak{e}_1, \dots, \mathfrak{e}_n\}$, so sind die von $\mathfrak{x}$ abhängenden Zahlen

$$b_{\mu,\nu}(\mathfrak{x}) = [\tfrac{1}{2}(d_\mathfrak{x}\varphi - (d_\mathfrak{x}\varphi)^*)\mathfrak{e}_\mu]\cdot\mathfrak{e}_\nu$$

gerade die Elemente der antisymmetrisierten Funktionalmatrix des Vektorfeldes. Andererseits gilt nach dem letzten Satz auch

$$[(\mathrm{d}\alpha_\varphi)\mathfrak{x}](\mathfrak{e}_\mu, \mathfrak{e}_\nu) = b_{\mu,\nu}(\mathfrak{x}),$$

so daß nach 15.8 die zweifach alternierende Differentialform $\mathrm{d}\alpha_\varphi$ gerade die Darstellung

$$\mathrm{d}\alpha_\varphi = 2\sum_{\mu<\nu} b_{\mu,\nu}\,d\omega_\mu \wedge d\omega_\nu$$

besitzt.

Im Spezialfall $n = 3$ kann jedem stetig differenzierbaren Vektorfeld φ das neue Vektorfeld $\mathfrak{rot}\,\varphi$ zugeordnet werden, das jeden Vektor $\mathfrak{x} \in D$ auf den Vektor $\mathfrak{rot}\,\varphi(\mathfrak{x})$ abbildet. Diesem Vektorfeld entspricht dann weiter die zweifach alternierende Differentialform $\beta_{\mathfrak{rot}\varphi}$. Andererseits ist auch $d\alpha_\varphi$ eine zweifach alternierende Differentialform.

21.4 *Für jedes stetig differenzierbare Vektorfeld $\varphi: D \to \mathbb{R}^3$ $(D \subset \mathbb{R}^3)$ des 3-dimensionalen Raumes gilt*

$$2\,d\alpha_\varphi = \beta_{\mathfrak{rot}\varphi}$$

Beweis: Hinsichtlich einer positiv orientierten Orthonormalbasis $\{\mathfrak{e}_1, \mathfrak{e}_2, \mathfrak{e}_3\}$ gilt mit $\varphi\mathfrak{x} = v_1(\mathfrak{x})\,\mathfrak{e}_1 + v_2(\mathfrak{x})\mathfrak{e}_2 + v_3(\mathfrak{x})\,\mathfrak{e}_3$ wegen 21.3

$$2[(d\alpha_\varphi)\mathfrak{x}](\mathfrak{e}_\mu, \mathfrak{e}_\nu) = \frac{\partial\varphi(\mathfrak{x})}{\partial\mathfrak{e}_\mu}\cdot\mathfrak{e}_\nu - \mathfrak{e}_\mu\cdot\frac{\partial\varphi(\mathfrak{x})}{\partial\mathfrak{e}_\nu} = \frac{\partial v_\nu(\mathfrak{x})}{\partial x_\mu} - \frac{\partial v_\mu(\mathfrak{x})}{\partial x_\nu}.$$

Andererseits gilt nach den Ergebnissen aus 13.II

$$[\beta_{\mathfrak{rot}\varphi}\,\mathfrak{x}](\mathfrak{e}_\mu, \mathfrak{e}_\nu) = (\mathfrak{rot}\,\varphi(\mathfrak{x}))\cdot(\mathfrak{e}_\mu \times \mathfrak{e}_\nu).$$

Mit Hilfe von 20.10 ergibt sich aber gerade (vgl. auch 20A)

$$(\mathfrak{rot}\,\varphi(\mathfrak{x}))\cdot(\mathfrak{e}_\mu \times \mathfrak{e}_\nu) = \frac{\partial v_\nu(\mathfrak{x})}{\partial x_\mu} - \frac{\partial v_\mu(\mathfrak{x})}{\partial x_\nu},$$

so daß insgesamt

$$2[(d\alpha_\varphi)\mathfrak{x}](\mathfrak{e}_\mu, \mathfrak{e}_\nu) = [\beta_{\mathfrak{rot}\varphi}\,\mathfrak{x}](\mathfrak{e}_\mu, \mathfrak{e}_\nu)$$

für alle Indexkombinationen und damit die Behauptung folgt. ◆

21.I Für das in 20.V hinsichtlich einer positiv orientierten Orthonormalbasis des $\mathbb{R}^3$ durch die Koordinatengleichungen

$$v_1 = x(5 + y) + z(3 + y) + y^2,$$
$$v_2 = 2y - y^2 - x^4 + 4z - z^2,$$
$$v_3 = z(x - y) - 3y$$

gegebene Vektorfeld $\mathfrak{v} = \varphi\mathfrak{x}$ gilt mit den Bezeichnungen $d\omega_1 = dx$, $d\omega_2 = dy$, $d\omega_3 = dz$

$$\alpha_\varphi = v_1\,dx + v_2\,dy + v_3\,dz.$$

Man erhält

$$\mathrm{d}\alpha_\varphi = \frac{\partial v_1}{\partial y} dy \wedge dx + \frac{dv_1}{\partial z} dz \wedge dx + \cdots$$
$$= (z-7) dy \wedge dz + (3+y-z) dz \wedge dx +$$
$$+ (-4x^3 - x - 2y - z) dx \wedge dy.$$

Die hierbei auftretenden Koeffizientenfunktionen waren auch die in 20.V berechneten Koordinaten von $\mathrm{rot}\,\mathfrak{v}$. Und zwar entspricht wegen

$$\mathfrak{e}_1 = \mathfrak{e}_2 \times \mathfrak{e}_3, \quad \mathfrak{e}_2 = \mathfrak{e}_3 \times \mathfrak{e}_1, \quad \mathfrak{e}_3 = \mathfrak{e}_1 \times \mathfrak{e}_2$$

gerade der ersten Koordinate der Faktor bei $dy \wedge dz$, der zweiten Koordinate der Faktor bei $dz \wedge dx$ und der dritten Koordinate der Faktor bei $dx \wedge dy$. Die Differentialform $\beta_{\mathrm{rot}\,\varphi}$ selbst ist jedoch das Doppelte von $\mathrm{d}\alpha_\varphi$, weil ja nach 15.8 noch der Faktor 2! zu berücksichtigen ist. Aus denselben Gründen gilt auch

$$\beta_\varphi = 2(v_1 dy \wedge dz + v_2 dz \wedge dx + v_3 dx \wedge dy)$$

und daher

$$\mathrm{d}\beta_\varphi = 2\big((5+y) dx \wedge dy \wedge dz + (2-2y) dy \wedge dz \wedge dx$$
$$+ (x-y) dz \wedge dx \wedge dy\big)$$
$$= 2(7 + x - 2y) dx \wedge dy \wedge dz.$$

Die hierbei auftretende Klammer ist wieder der in 20.V für $\mathrm{div}\,\mathfrak{v}$ berechnete Wert. Wegen

$$(dx \wedge dy \wedge dz)(\mathfrak{e}_1, \mathfrak{e}_2, \mathfrak{e}_3) = \frac{1}{3!}$$

stimmt dieses Ergebnis mit 21.1 überein.

21.II Es sei $\psi: D \to \mathbb{R}$ ($D \subset \mathbb{R}^n$) eine zweimal stetig differenzierbare reellwertige Abbildung. Für das durch sie bestimmte Gradientenfeld gilt nach 21.2

$$\alpha_{\mathrm{grad}\,\psi} = d\psi,$$

wobei statt $d\psi$ auch $\mathrm{d}\psi$ geschrieben werden kann. Nach 21.3 wird durch

$$\mathrm{d}\alpha_{\mathrm{grad}\,\psi} = \mathrm{d}(\mathrm{d}\psi)$$

der Rotationsanteil des Gradientenfeldes beschrieben, der aber wegen 15.13, nämlich wegen $\mathrm{d}(\mathrm{d}\psi) = 0$, hier nicht auftritt. Speziell im Fall $n = 3$ erhält man wegen 21.4

$$0 = 2\,\mathrm{d}\alpha_{\operatorname{grad}\psi} = \beta_{\operatorname{rot}(\operatorname{grad}\psi)}$$

und daher (vgl. 20A)

21.5 *Für jede zweimal stetig differenzierbare reellwertige Abbildung $\psi: D \to \mathbb{R}$ $(D \subset \mathbb{R}^3)$ gilt*

$$\operatorname{rot}(\operatorname{grad}\psi) = \mathfrak{o}.$$

Ganz analog kann man im Fall eines 3-dimensionalen Vektorfelds $\varphi: D \to \mathbb{R}^3$ $(D \subset \mathbb{R}^3)$ vorgehen. Hier erhält man wegen 21.1 und 21.4

$$\tfrac{1}{3}(\operatorname{div}(\operatorname{rot}\varphi)) \cdot \Delta = \mathrm{d}\beta_{\operatorname{rot}\varphi} = 2\,\mathrm{d}\,(\mathrm{d}\alpha_{\varphi}) = 0$$

und daher (vgl. 20A)

21.6 *Für jedes zweimal stetig differenzierbare Vektorfeld $\varphi: D \to \mathbb{R}^3$ $(D \subset \mathbb{R}^3)$ gilt*

$$\operatorname{div}(\operatorname{rot}\varphi) = 0.$$

Da die Zuordnungen $\varphi \to \alpha_\varphi$ und $\varphi \to \beta_\varphi$ umkehrbar und übrigens auch linear sind, werden durch $\alpha_\varphi \to \beta_\varphi$ die einfachen Differentialformen umkehrbar eindeutig und linear auf die $(n-1)$-fach alternierenden Differentialformen abgebildet. Bei festem Vektor $\mathfrak{x}$ wird dann durch $\alpha_\varphi \mathfrak{x} \to \beta_\varphi \mathfrak{x}$ entsprechend ein Isomorphismus des Raumes $A^1(X, \mathbb{R})$ der (einfach alternierenden) Linearformen auf den Raum $A^{n-1}(X, \mathbb{R})$ der $(n-1)$-fach alternierenden Linearformen definiert. Nun gilt bekanntlich $\operatorname{Dim} A^k(X, \mathbb{R}) = \binom{n}{k}$, so daß aus Dimensionsgründen der Isomorphismus nur wegen $\binom{n}{1} = \binom{n}{n-1}$ möglich ist. Wenn man also allgemeiner einen Isomorphismus der k-fach alternierenden Differentialformen $(0 < k < n)$ bestimmen will, so kann er diese wegen $\binom{n}{k} = \binom{n}{n-k}$ jedenfalls nur auf $(n-k)$-fach alternierende Differentialformen abbilden. Daß dies in natürlicher Weise möglich ist, soll jetzt gezeigt werden. Dabei sei wie bisher X ein n-dimensionaler orientierter euklidischer Vektorraum.

Es seien $\mathfrak{a}_1, \ldots, \mathfrak{a}_k$ $(0 < k < n)$ linear unabhängige Vektoren aus X, die also einen k-dimensionalen Unterraum U aufspannen. Weiter sei $\{\mathfrak{e}_1, \ldots, \mathfrak{e}_k\}$ eine Orthonormalbasis von U, die mit der Basis $\{\mathfrak{a}_1, \ldots, \mathfrak{a}_k\}$ gleich orientiert ist.

Dann hängt die durch

$$\Gamma_k(\mathfrak{a}_1, \ldots, \mathfrak{a}_k) = \begin{vmatrix} (\mathfrak{a}_1 \cdot \mathfrak{e}_1) & \cdots & (\mathfrak{a}_1 \cdot \mathfrak{e}_k) \\ \cdots & \cdots & \cdots \\ (\mathfrak{a}_k \cdot \mathfrak{e}_1) & \cdots & (\mathfrak{a}_k \cdot \mathfrak{e}_k) \end{vmatrix}$$

definierte Determinante nur von den Vektoren $\mathfrak{a}_1, \ldots, \mathfrak{a}_k$, nicht aber von der speziellen Wahl der Orthonormalbasis ab: Geht man nämlich zu einer zweiten, entsprechend gewählten Orthonormalbasis $\{\mathfrak{e}_1^*, \ldots, \mathfrak{e}_k^*\}$ über, so wird die Determinante nur mit der Determinante der Transformationsmatrix multipliziert. Da diese aber wegen der Orientierungstreue eine eigentlich orthogonale Matrix ist, besitzt sie die Determinante $+1$.

Weiter sei jetzt ϕ eine $(n-k)$-fach alternierende Linearform. Zu den Vektoren $\mathfrak{a}_1, \ldots, \mathfrak{a}_k$ sei wie vorher eine gleich orientierte Orthonormalbasis $\{\mathfrak{e}_1, \ldots, \mathfrak{e}_k\}$ bestimmt, und diese werde durch das Orthonormalsystem $\{\mathfrak{e}_{k+1}, \ldots, \mathfrak{e}_n\}$ so zu einer Orthonormalbasis von X ergänzt, daß $\{\mathfrak{e}_1, \ldots, \mathfrak{e}_n\}$ die positive Orientierung von X repräsentiert. Dann ist wieder der Wert $\phi\,(\mathfrak{e}_{k+1}, \ldots, \mathfrak{e}_n)$ allein von den Vektoren $\mathfrak{a}_1, \ldots, \mathfrak{a}_k$ bestimmt: Für ein zweites Orthonormalsystem $\mathfrak{e}_{k+1}^*, \ldots, \mathfrak{e}_n^*$ würde wegen der Orientierungstreue ebenfalls

$$\mathfrak{e}_\mu^* = \sum_{\nu=k+1}^{n} s_{\mu,\nu}\,\mathfrak{e}_\nu \qquad (\mu = k+1, \ldots, n)$$

mit einer eigentlich orthogonalen Matrix $S = (s_{\mu,\nu})$ gelten. Es folgt in bekannter Weise

$$\begin{aligned}\phi(\mathfrak{e}_{k+1}^*, \ldots, \mathfrak{e}_n^*) &= \sum_{\nu_{k+1}, \ldots, \nu_n} s_{k+1,\nu_{k+1}} \cdots s_{n,\nu_n} \phi(\mathfrak{e}_{\nu_{k+1}}, \ldots, \mathfrak{e}_{\nu_n}) \\ &= \sum_{\pi} (\operatorname{sgn}\pi)\, s_{k+1,\pi(k+1)} \cdots s_{n,\pi n}\,\phi(\mathfrak{e}_{k+1}, \ldots\, \mathfrak{e}_n) \\ &= (\operatorname{Det} S)\,\phi(\mathfrak{e}_{k+1}, \ldots, \mathfrak{e}_n) = \phi(\mathfrak{e}_{k+1}, \ldots, \mathfrak{e}_n).\end{aligned}$$

Dieselbe Rechnung zeigt übrigens

$$\phi(\mathfrak{a}_{k+1}, \ldots, \mathfrak{a}_n) = \Gamma_{n-k}(\mathfrak{a}_{k+1}, \ldots, \mathfrak{a}_n)\,\phi(\mathfrak{e}_{k+1}, \ldots, \mathfrak{e}_n)$$

für jede mit $\{\mathfrak{e}_{k+1}, \ldots, \mathfrak{e}_n\}$ gleich orientierte Basis $\{\mathfrak{a}_{k+1}, \ldots, \mathfrak{a}_n\}$ des gemeinsam aufgespannten Unterraums. Die Rechnungen zeigten, daß schließlich durch

$$\hat{\phi}(\mathfrak{a}_1, \ldots, \mathfrak{a}_k) = \begin{cases} \Gamma_k(\mathfrak{a}_1, \ldots, \mathfrak{a}_k)\,\phi(\mathfrak{e}_{k+1}, \ldots, \mathfrak{e}_n) \\ 0 \end{cases}$$

je nachdem ob die Vektoren $\mathfrak{a}_1, \ldots, \mathfrak{a}_k$ linear unabhängig bzw. abhängig sind, eine nur von den Argumentvektoren abhängende Funktion $\hat{\phi}$ definiert wird.

21.7 *$\hat{\phi}$ ist eine k-fach alternierende Linearform.*

Beweis: Die zweite Linearitätseigenschaft

$$\hat{\phi}(\mathfrak{a}_1, \ldots, c\mathfrak{a}_\kappa, \ldots, \mathfrak{a}_k) = c\hat{\phi}(\mathfrak{a}_1, \ldots, \mathfrak{a}_\kappa, \ldots, \mathfrak{a}_k)$$

ist im Fall $c = 0$ wegen des zweiten Teils der Definition von $\hat{\phi}$ erfüllt. Gilt

$c \neq 0$, so wird die Wahl der Vektoren $\mathfrak{e}_1, \ldots, \mathfrak{e}_n$ nicht von diesem Faktor beeinflußt, und die Behauptung folgt aus der entsprechenden Linearitätseigenschaft der Determinante Γ_k.

Die Vertauschung zweier Argumentvektoren zieht wegen der Orientierungstreue auch die Vertauschung von zwei der Vektoren $\mathfrak{e}_1, \ldots, \mathfrak{e}_k$ und dann auch von zwei der Vektoren $\mathfrak{e}_{k+1}, \ldots, \mathfrak{e}_n$ nach sich. In der Determinante Γ_k werden somit zwei Zeilen und zwei Spalten vertauscht, ihr Wert bleibt also erhalten. Bei dem durch ϕ bestimmten Faktor tritt hingegen ein Vorzeichenwechsel ein. Daher ist $\hat{\phi}$ alternierend.

Es bleibt der Nachweis der Additivität, der ohne Einschränkung der Allgemeinheit hinsichtlich des letzten Arguments erfolgen kann. Es ist also

$$\hat{\phi}(\mathfrak{a}_1, \ldots, \mathfrak{a}_{k-1}, \mathfrak{a}'_k + \mathfrak{a}''_k) = \hat{\phi}(\mathfrak{a}_1, \ldots, \mathfrak{a}_{k-1}, \mathfrak{a}'_k) + \hat{\phi}(\mathfrak{a}_1, \ldots, \mathfrak{a}_{k-1}, \mathfrak{a}''_k)$$

zu beweisen. Sind die Vektoren $\mathfrak{a}'_k$ und $\mathfrak{a}''_k$ beide von $\mathfrak{a}_1, \ldots, \mathfrak{a}_{k-1}$ abhängig, so auch $\mathfrak{a}'_k + \mathfrak{a}''_k$, und die Behauptung ist trivialerweise in der Form $0 = 0 + 0$ erfüllt.

Zweitens seien $\mathfrak{a}_1, \ldots, \mathfrak{a}_{k-1}, \mathfrak{a}'_k$ linear unabhängig, es gelte jedoch

$$\mathfrak{a}''_k = c_1 \mathfrak{a}_1 + \cdots + c_{k-1} \mathfrak{a}_{k-1} + c_k \mathfrak{a}'_k.$$

Dann können die für die Berechnung von $\hat{\phi}$ erforderlichen Vektoren $\mathfrak{e}_1, \ldots, \mathfrak{e}_n$ für alle Fälle gemeinsam gewählt werden, und die Behauptung folgt aus der Additivität der Determinante Γ_k.

Es bleibt der Fall, daß die Vektoren $\mathfrak{a}_1, \ldots, \mathfrak{a}_{k-1}, \mathfrak{a}'_k, \mathfrak{a}''_k$ insgesamt linear unabhängig sind. Dann sei $\{\mathfrak{e}_1, \ldots, \mathfrak{e}_n\}$ eine positive orientierte Orthonormalbasis von X mit

$$[\mathfrak{a}_1, \ldots, \mathfrak{a}_{k-1}] = [\mathfrak{e}_1, \ldots, \mathfrak{e}_{k-1}] \qquad \textit{und}$$
$$[\mathfrak{a}_1, \ldots, \mathfrak{a}_{k-1}, \mathfrak{a}'_k, \mathfrak{a}''_k] = [\mathfrak{e}_1, \ldots, \mathfrak{e}_{k+1}],$$

bei der außerdem $\{\mathfrak{a}_1, \ldots, \mathfrak{a}_{k-1}\}$ und $\{\mathfrak{e}_1, \ldots, \mathfrak{e}_{k-1}\}$ gleich orientiert sind. Eine mit $\{\mathfrak{a}_1, \ldots, \mathfrak{a}_{k-1}, \mathfrak{a}'_k\}$ gleich orientierte Orthonormalbasis ist $\{\mathfrak{e}_1, \ldots, \mathfrak{e}_{k-1}, \mathfrak{e}'_k\}$ mit

$$\mathfrak{e}'_k = \frac{1}{d'}\big((\mathfrak{a}'_k \cdot \mathfrak{e}_k)\mathfrak{e}_k + (\mathfrak{a}'_k \cdot \mathfrak{e}_{k+1})\mathfrak{e}_{k+1}\big) \quad \textit{und} \quad d' = \sqrt{(\mathfrak{a}'_k \cdot \mathfrak{e}_k)^2 + (\mathfrak{a}'_k \cdot \mathfrak{e}_{k+1})^2}.$$

Sie wird durch die Vektoren $\mathfrak{e}'_{k+1}, \mathfrak{e}_{k+2}, \ldots, \mathfrak{e}_n$ mit

$$\mathfrak{e}'_{k+1} = \frac{1}{d'}\big(-(\mathfrak{a}'_k \cdot \mathfrak{e}_{k+1})\mathfrak{e}_k + (\mathfrak{a}'_k \cdot \mathfrak{e}_k)\mathfrak{e}_{k+1}\big)$$

zu einer positiv orientierten Orthonormalbasis von X ergänzt. Unmittelbar erhält man

$$\Gamma_k(\mathfrak{a}_1, \ldots, \mathfrak{a}_{k-1}, \mathfrak{a}_k') = d'\Gamma_{k-1}(\mathfrak{a}_1, \ldots, \mathfrak{a}_{k-1}),$$

so daß sich insgesamt

$$\begin{aligned}\hat{\phi}(\mathfrak{a}_1, \ldots, \mathfrak{a}_{k-1}, \mathfrak{a}_k') &= d'\Gamma_{k-1}(\mathfrak{a}_1, \ldots, \mathfrak{a}_{k-1})\phi(\mathfrak{e}_{k+1}', \mathfrak{e}_{k+2}, \ldots, \mathfrak{e}_n) \\ &= \Gamma_{k-1}(\mathfrak{a}_1, \ldots, \mathfrak{a}_{k-1})\big(-(\mathfrak{a}_k' \cdot \mathfrak{e}_{k+1})\phi(\mathfrak{e}_k, \mathfrak{e}_{k+2}, \ldots, \mathfrak{e}_n) \\ &\quad + (\mathfrak{a}_k' \cdot \mathfrak{e}_k)\phi(\mathfrak{e}_{k+1}, \mathfrak{e}_{k+2}, \ldots, \mathfrak{e}_n)\big)\end{aligned}$$

ergibt. Entsprechende Ausdrücke erhält man bei der Ersetzung von $\mathfrak{a}_k'$ durch $\mathfrak{a}_k''$ bzw. $\mathfrak{a}_k' + \mathfrak{a}_k''$, woraus dann die Behauptung unmittelbar folgt (auch wenn $\mathfrak{a}_k' + \mathfrak{a}_k''$ von $\mathfrak{a}_1, \ldots, \mathfrak{a}_{k-1}$ linear abhängt). ◆

Setzt man jetzt

$$\eta_{n-k}(\phi) = \frac{(n-k)!}{k!}\hat{\phi},$$

so wird hierdurch eine Abbildung η_{n-k} des Raumes $A^{n-k}(X, \mathbb{R})$ der $(n-k)$-fach alternierenden Linearformen in den Raum $A^k(X, \mathbb{R})$ definiert. Und zwar ist diese Abbildung η_{n-k} für alle Werte von k mit $0 < k < n$ definiert, so daß η_k eine Abbildung von $A^k(X, \mathbb{R})$ in $A^{n-k}(X, \mathbb{R})$ ist.

21.8 *Für* $0 < k < n$ *ist* $\eta_k: A^k(X, \mathbb{R}) \to A^{n-k}(X, \mathbb{R})$ *ein Isomorphismus, und* $(-1)^{k(n-k)}\eta_{n-k} \circ \eta_k$ ist die Identität.

Beweis: Die Linearitätseigenschaften folgen unmittelbar aus der Definition der Linearformen $\hat{\phi}$. Daß η_k sogar ein Isomorphismus ist, folgt, wenn $(-1)^{k(n-k)}\eta_{n-k} \circ \eta_k$ als Identität nachgewiesen ist, da dann ja $\pm\eta_{n-k}$ und η_k wechselseitig Umkehrabbildungen von einander sind. Zu diesem Zweck gelte $\phi \in A^k(X, \mathbb{R})$, und $\mathfrak{a}_1, \ldots, \mathfrak{a}_k$ seien linear unabhängige Vektoren. Dann gilt

$$[(\eta_{n-k} \circ \eta_k)\phi](\mathfrak{a}_1, \ldots, \mathfrak{a}_k) = \frac{(n-k)!}{k!}\Gamma_k(\mathfrak{a}_1, \ldots, \mathfrak{a}_k)[\eta_k\phi](\mathfrak{e}_{k+1}, \ldots, \mathfrak{e}_n),$$

wobei $\{\mathfrak{e}_1, \ldots, \mathfrak{e}_n\}$ eine positiv orientierte Orthonormalbasis von X ist und $\{\mathfrak{e}_1, \ldots, \mathfrak{e}_k\}$ denselben Unterraum und in ihm dieselbe Orientierung wie $\{\mathfrak{a}_1, \ldots, \mathfrak{a}_k\}$ erzeugt. Mit denselben Vektoren ergibt sich daher weiter

$$[\eta_k\phi](\mathfrak{e}_{k+1}, \ldots, \mathfrak{e}_n) = \frac{(-1)^{k(n-k)}k!}{(n-k)!}\Gamma_{n-k}(\mathfrak{e}_{k+1}, \ldots, \mathfrak{e}_n)\phi(\mathfrak{e}_1, \ldots, \mathfrak{e}_k),$$

da $n(n-k)$ Vertauschungen nötig sind, um die Vektoren $\mathfrak{e}_{k+1}, \ldots, \mathfrak{e}_n, \mathfrak{e}_1, \ldots, \mathfrak{e}_k$ in die natürliche Reihenfolge zu bringen.
Offenbar gilt $\Gamma_{n-k}(\mathfrak{e}_{k+1}, \ldots, \mathfrak{e}_n) = 1$, so daß insgesamt

$$\begin{aligned}[(\eta_{n-k} \circ \eta_k)\phi](\mathfrak{a}_1, \ldots, \mathfrak{a}_k) &= (-1)^{k(n-k)} \Gamma_k(\mathfrak{a}_1, \ldots, \mathfrak{a}_k) \phi(\mathfrak{e}_1, \ldots, \mathfrak{e}_k) \\ &= (-1)^{k(n-k)} \phi(\mathfrak{a}_1, \ldots, \mathfrak{a}_k)\end{aligned}$$

folgt, wobei auf die Gültigkeit der letzten Gleichung schon weiter oben hingewiesen wurde. ◆

Der so gewonnene Isomorphismus läßt sich nun in natürlicher Weise auf Differentialformen übertragen, wobei die Bezeichnung mit dem Buchstaben η beibehalten werden soll, da Verwechslungen nicht auftreten können.

Definition 21a: *Der durch $(\eta_k \alpha)\mathfrak{x} = \eta_k(\alpha \mathfrak{x})$ definierte Isomorphismus des Raumes der k-fach alternierenden Differentialformen auf den Raum der $(n-k)$-fach alternierenden Differentialformen $(0 < k < n)$ heißt der zu dem skalaren Produkt und der Orientierung von X gehörende* **kanonische Isomorphismus**. *Mit reellwertigen Abbildungen wird er durch*

$$\eta_0 \varphi = \frac{1}{n!} \varphi \Delta, \qquad \eta_n(\varphi \Delta) = n! \varphi$$

auch auf die Fälle $k = 0$ und $k = n$ ausgedehnt.

Unmittelbar aus der Definition folgt noch, daß für reellwertige Abbildungen φ die Vertauschungsregel

$$\eta_k(\varphi \alpha) = \varphi(\eta_k \alpha)$$

gilt, da ja an jeder Stelle $\mathfrak{x}$ des Definitionsbereichs $\varphi \mathfrak{x}$ nur einen festen skalaren Faktor bedeutet.
Der kanonische Isomorphismus stimmt im Fall $k = 1$ bis auf einen Faktor mit dem durch $\alpha_\varphi \to \beta_\varphi$ bestimmten Isomorphismus überein: Mit einer positiv orientierten Orthonormalbasis $\{\mathfrak{e}_1, \ldots, \mathfrak{e}_n\}$ von X gilt wegen $[\alpha_\varphi \mathfrak{x}]\mathfrak{e}_\nu = (\varphi \mathfrak{x}) \cdot \mathfrak{e}_\nu$

$$\begin{aligned}&[(\eta_1 \alpha_\varphi)\mathfrak{x}](\mathfrak{e}_1, \ldots, \mathfrak{e}_{\nu-1}, \mathfrak{e}_{\nu+1}, \ldots, \mathfrak{e}_n) \\ &\quad = \frac{(-1)^{n-\nu}}{(n-1)!} \Gamma_{n-1}(\mathfrak{e}_1, \ldots, \mathfrak{e}_{\nu-1}, \mathfrak{e}_{\nu+1}, \ldots, \mathfrak{e}_n)[(\varphi \mathfrak{x}) \cdot \mathfrak{e}_\nu] \\ &\quad = \frac{(-1)^{n-\nu}}{(n-1)!} [(\varphi \mathfrak{x}) \cdot \mathfrak{e}_\nu],\end{aligned}$$

da der Faktor Γ_{n-1} offenbar den Wert 1 annimmt und $\mathfrak{e}_\nu$ mit den $(n-\nu)$

Vektoren $\mathfrak{e}_{\nu+1}, \ldots, \mathfrak{e}_n$ vertauscht werden muß, um die die positive Orientierung definierende natürliche Reihenfolge zu erreichen. Andererseits gilt

$$\begin{aligned}[\beta_\varphi \mathfrak{x}](\mathfrak{e}_1, \ldots, \mathfrak{e}_{\nu-1}, \mathfrak{e}_{\nu+1}, \ldots, \mathfrak{e}_n) &= \Delta(\varphi\mathfrak{x}, \mathfrak{e}_1, \ldots, \mathfrak{e}_{\nu-1}, \mathfrak{e}_{\nu+1}, \ldots, \mathfrak{e}_n) \\ &= (-1)^{\nu-1} \Delta(\mathfrak{e}_1, \ldots, \mathfrak{e}_{\nu-1}, \varphi\mathfrak{x}, \mathfrak{e}_{\nu+1}, \ldots, \mathfrak{e}_n) = (-1)^{\nu-1}[(\varphi\mathfrak{x}) \cdot \mathfrak{e}_\nu].\end{aligned}$$

Die so erhaltenen beiden Ausdrücke unterscheiden sich also nur um den von ν unabhängigen Faktor $(-1)^{n-1} \dfrac{1}{(n-1)!}$, und daher gilt allgemein

$$\eta_1 \alpha_\varphi = \frac{(-1)^{n-1}}{(n-1)!} \beta_\varphi .$$

21.9 *Hinsichtlich einer positiv orientierten Orthonormalbasis* $\{\mathfrak{e}_1, \ldots, \mathfrak{e}_n\}$ *von* X *sei die k-fach alternierende Differentialform* α *durch*

$$\alpha = \sum_{\nu_1 < \cdots < \nu_k} \varphi_{\nu_1, \ldots, \nu_k} d\omega_{\nu_1} \wedge \ldots \wedge d\omega_{\nu_k}$$

gegeben. Dann gilt

$$\eta_k \alpha = (-1)^{kn - \binom{k}{2}} \sum_{\nu_1 < \cdots < \nu_k} (-1)^{\nu_1 + \ldots + \nu_k} \varphi_{\nu_1, \ldots, \nu_k} d\omega_1 \wedge \ldots \wedge \widehat{d\omega_{\nu_1}} \wedge \ldots \wedge \widehat{d\omega_{\nu_2}} \wedge \\ \ldots \wedge \widehat{d\omega_{\nu_k}} \wedge \ldots \wedge d\omega_n ,$$

wobei das Zeichen $\frown$ *bedeutet, daß der betreffende Faktor entfällt.* (Für $k < 2$ ist $\binom{k}{2} = 0$ zu setzen.)

Beweis: Nach 15.8 gilt jedenfalls

$$\eta_k \alpha = \sum_{\mu_1 < \ldots < \mu_{n-k}} \psi_{\mu_1, \ldots, \mu_{n-k}} d\omega_{\mu_1} \wedge \ldots \wedge d\omega_{\mu_{n-k}}$$

mit

$$\psi_{\mu_1, \ldots, \mu_{n-k}} \mathfrak{x} = (n-k)! [(\eta_k \alpha) \mathfrak{x}](\mathfrak{e}_{\mu_1}, \ldots, \mathfrak{e}_{\mu_{n-k}}).$$

Zur Berechnung dieses Werts kann man als Orthonormalbasis des entsprechenden Unterraums gleich die Vektoren $\mathfrak{e}_{\mu_1}, \ldots, \mathfrak{e}_{\mu_{n-k}}$ selbst nehmen, wobei dann offenbar $\Gamma_{n-k}(\mathfrak{e}_{\mu_1}, \ldots, \mathfrak{e}_{\mu_{n-k}}) = 1$ gilt. Bezeichnet man weiter die von $\mu_1, \ldots, \mu_{n-k}$ verschiedenen Zahlen zwischen 1 und n in ihrer natürlichen Reihenfolge mit $\nu_1, \ldots, \nu_k$, so ist $\{\mathfrak{e}_{\mu_1}, \ldots, \mathfrak{e}_{\mu_{n-k}}, \mathfrak{e}_{\nu_1}, \ldots, \mathfrak{e}_{\nu_k}\}$ eine Orthonormalbasis von X, die allerdings nicht positiv orientiert zu sein braucht. Um die Basisvektoren in die natürliche Reihenfolge zu bringen, muß man

$$\begin{aligned}
&(\mu_1 - 1) + (\mu_2 - 2) + \cdots + (\mu_{n-k} - n + k) \\
&\quad = (\mu_1 + \cdots + \mu_{n-k}) - \frac{(n-k)(n-k+1)}{2} \\
&\quad = \frac{n(n+1)}{2} - (\nu_1 + \cdots + \nu_k) - \frac{(n-k)(n-k+1)}{2} \\
&\quad = kn - \tbinom{k}{2} - (\nu_1 + \cdots + \nu_k)
\end{aligned}$$

Vertauschungen vornehmen. Es folgt

$$\begin{aligned}
\psi_{\mu_1, \ldots, \mu_{n-k}} &= (-1)^{kn - \binom{k}{2} - (\nu_1 + \ldots + \nu_k)} k! [\alpha \mathfrak{x}](\mathfrak{e}_{\nu_1}, \ldots, \mathfrak{e}_{\nu_k}) \\
&= (-1)^{kn - \binom{k}{2} - (\nu_1 + \ldots + \nu_k)} \varphi_{\nu_1, \ldots, \nu_k}
\end{aligned}$$

und damit die Behauptung. ◆

Definition 21b: *Jeder k-fach alternierenden Differentialform α mit $k \geqq 1$ wird durch*

$$d^* \alpha = \eta_{n+1-k}(d(\eta_k \alpha))$$

eine $(k-1)$-fach alternierende Differentialform zugeordnet. Die so erklärte Operation d^* *wird als* **duale alternierende Ableitung** *bezeichnet.*

Diese duale alternierende Ableitung, auf deren formale Eigenschaften in den nachfolgenden Aufgaben eingegangen wird, gestattet bisweilen eine einfachere Beschreibung von sonst verhältnismäßig komplizierten Zusammenhängen. So läßt sich z.B. die Divergenz eines Vektorfeldes φ, zu deren Gewinnung in 21.1 die Differentialform β_φ herangezogen wurde, jetzt auch mit Hilfe der Differentialform α_φ darstellen: Wegen

$$\eta_1 \alpha_\varphi = \frac{(-1)^{n-1}}{(n-1)!} \beta_\varphi$$

gilt zunächst

$$d(\eta_1 \alpha_\varphi) = \frac{(-1)^{n-1}}{(n-1)!} d\beta_\varphi = \frac{(-1)^{n-1}}{n!} (\operatorname{div} \varphi) \Delta$$

und daher

$$d^* \alpha_\varphi = \frac{(-1)^{n-1}}{n!} \eta_n [(\operatorname{div} \varphi) \Delta] = (-1)^{n-1} \operatorname{div} \varphi .$$

Ergänzungen und Aufgaben

21A Aufgabe: Hinsichtlich einer positiv orientierten Orthonormalbasis $\{e_1, \ldots, e_n\}$ von X sei die k-fach alternierende Differentialform $\alpha (k \geqq 1)$ durch

$$\alpha = \sum_{\nu_1 < \ldots < \nu_k} \varphi_{\nu_1, \ldots, \nu_k} d\omega_{\nu_1} \wedge \ldots \wedge d\omega_{\nu_k}$$

mit zweimal stetig differenzierbaren Funktionen $\varphi_{\nu_1, \ldots, \nu_k}$ gegeben. Man beweise

(1) $$\mathrm{d}^* \alpha = \sum_{\nu_1 < \ldots < \nu_k} \sum_{\kappa = 1}^{k} (-1)^{kn - \kappa} \frac{\partial \varphi_{\nu_1, \ldots, \nu_k}}{\partial x_{\nu_\kappa}} d\omega_{\nu_1} \wedge \ldots \wedge \widehat{d\omega_{\nu_\kappa}} \wedge \ldots \wedge d\omega_{\nu_k}.$$

(2) $$\mathrm{d}^* (\mathrm{d}^* \alpha) = 0.$$

(3) $$\mathrm{d}(\mathrm{d}^* \alpha) + (-1)^n \mathrm{d}^* (\mathrm{d}\alpha) = (-1)^{kn - 1} \sum_{\nu_1 < \ldots < \nu_k} (\Delta \varphi_{\nu_1, \ldots, \nu_k}) d\omega_{\nu_1} \wedge \ldots \wedge d\omega_{\nu_k},$$

wobei Δ hier den *Laplace*-Operator bedeutet (vgl. 20D).

21B Es seien α und β Differentialformen p-ter bzw. q-ter Ordnung im $\mathbb{R}^n$ mit $p + q \geqq n$. Durch

$$\alpha \vee \beta = \eta_{2n - p - q}((\eta_p \alpha) \wedge (\eta_q \beta))$$

wird dann eine Differentialform $\alpha \vee \beta$ der Ordnung $p + q - n$ definiert.

Aufgabe: (1) Man beweise

$$\alpha \vee \beta = (-1)^{(n-p)(n-q)} \beta \vee \alpha.$$

(2) Für Differentialformen γ, δ der Ordnungen p bzw. q mit $p + q \leqq n$ beweise man

$$\eta_{p+q}(\gamma \wedge \delta) = (-1)^{(p+q)(n-1)} (\eta_p \gamma) \vee (\eta_q \delta).$$

(3) Speziell für

$$\alpha = \varphi d\omega_{\mu_1} \wedge \ldots \wedge d\omega_{\mu_p}, \quad \beta = \psi d\omega_{\nu_1} \wedge \ldots \wedge d\omega_{\nu_q}$$

beweise man, daß im Fall $\alpha \neq 0$, $\beta \neq 0$ genau dann $\alpha \vee \beta \neq 0$ gilt, wenn die Bedingung

$$\{\mu_1, \ldots, \mu_p\} \cup \{\nu_1, \ldots, \nu_q\} = \{1, \ldots, n\}$$

erfüllt ist, und daß dann

$$\alpha \vee \beta = (-1)^a \varphi \psi d\omega_{\lambda_1} \wedge \ldots \wedge d\omega_{\lambda_{p+q-n}}$$

mit einem geeigneten Exponenten a und mit

$$\{\lambda_1, \ldots, \lambda_{p+q-n}\} = \{\mu_1, \ldots, \mu_p\} \cap \{\nu_1, \ldots, \nu_q\}$$

gilt.

(4) Im $\mathbb{R}^6$ berechne man

$$\begin{aligned}\alpha = (d\omega_1 \wedge d\omega_2 \wedge d\omega_4 \wedge d\omega_6 + d\omega_1 \wedge d\omega_3 \wedge d\omega_5 \wedge d\omega_6) \\ \vee (d\omega_2 \wedge d\omega_3 \wedge d\omega_4 \wedge d\omega_5 + d\omega_1 \wedge d\omega_3 \wedge d\omega_4 \wedge d\omega_5).\end{aligned}$$

(5) Man beweise

$$\begin{aligned}\mathrm{d}^*(\alpha \vee \beta) = (-1)^{(p+q)(n-p-q)}\big[(-1)^{(n+1)(p-1)}(\mathrm{d}^*\alpha) \vee \beta \\ + (-1)^{(n+1)(q-1)+(n-p)}\alpha \vee (\mathrm{d}^*\beta)\big].\end{aligned}$$

21C Aufgabe: Es bedeute $\varphi: \mathbb{R}^n \to \mathbb{R}^n$ ein Vektorfeld und $\gamma: \mathbb{R}^n \to \mathbb{R}$ eine reellwertige Abbildung. Ferner seien α_φ und β_φ die dem Vektorfeld zugeordneten Differentialformen. Unter entsprechenden Differenzierbarkeitsvoraussetzungen beweise man

(1) $\big(\eta_1(d\gamma) \vee \alpha_\varphi\big)\mathfrak{x} = \big(\operatorname{grad}\gamma(\mathfrak{x})\big) \cdot (\varphi\mathfrak{x})$.

(2) $2(d\gamma \wedge \alpha_\varphi) = \beta_\psi$,

wobei ψ das durch $\psi\mathfrak{x} = \big(\operatorname{grad}\gamma(\mathfrak{x})\big) \times (\varphi\mathfrak{x})$ definierte Vektorfeld bedeutet. ($n = 3$.)

(3) $\frac{1}{2}\mathrm{d}^*\beta_\varphi = \alpha_{\operatorname{rot}\varphi}$ $\quad$ ($n = 3$).

(4) Man leite erneut die Gleichungen 20B (1), (2) und 20D (3) her.

Lösungen der Aufgaben

1A Durch Induktion beweist man

$$\mathfrak{x}_\nu = (\mathfrak{x}_0 \cdot \mathfrak{e})\mathfrak{e} + \frac{1}{2^\nu}(\mathfrak{x}_0 - (\mathfrak{x}_0 \cdot \mathfrak{e})\mathfrak{e}),$$

woraus unmittelbar $\lim(\mathfrak{x}_\nu) = (\mathfrak{x}_0 \cdot \mathfrak{e})\mathfrak{e}$ folgt. Unabhängig von der Dimension liegen alle Vektoren der Folge in dem von $\mathfrak{e}$ und $\mathfrak{x}_0$ aufgespannten Unterraum. Dies erkennt man auch unmittelbar aus der geometrischen Deutung des Bildungsgesetzes.

1B (1) Die inverse Basistransformation lautet $\mathfrak{e}_\mu = \mathfrak{e}_\mu^* + \mu\mathfrak{e}_0^*$ $(\mu \in \mathbb{N})$.
(2) Hinsichtlich der Basis $\{\mathfrak{e}_\mu : \mu \in \mathbb{N}\}$ bestehen alle Koordinatenfolgen aller drei Vektorfolgen mit Ausnahme je eines Gliedes aus lauter Nullen, konvergieren also gegen Null. Daher konvergieren die drei Vektorfolgen hinsichtlich dieser Basis gegen den Nullvektor. Im Fall der Basis $\{\mathfrak{e}_\mu^* : \mu \in \mathbb{N}\}$ gilt

$$\mathfrak{x}_\nu = \mathfrak{e}_\nu^* + \nu\mathfrak{e}_0^*, \quad \mathfrak{y}_\nu = \frac{1}{\nu}\mathfrak{e}_\nu^* + \mathfrak{e}_0^*, \quad \mathfrak{z}_\nu = \frac{1}{\nu^2}\mathfrak{e}_\nu^* + \frac{1}{\nu}\mathfrak{e}_0^*.$$

Daher divergiert jetzt die Folge $(\mathfrak{x}_\nu)$, während die Folge $(\mathfrak{y}_\nu)$ gegen $\mathfrak{e}_0^*$ und die Folge $(\mathfrak{z}_\nu)$ gegen $\mathfrak{o}$ konvergiert.

1C (1) Wegen

$$\begin{aligned}\|f+g\| &= \sup\{|f(t)+g(t)|\} \leqq \sup\{|f(t)|+|g(t)|\} \\ &\leqq \sup\{|f(t)|\} + \sup\{|g(t)|\} = \|f\| + \|g\|\end{aligned}$$

gilt die Dreiecksungleichung (N4). Die übrigen Normeigenschaften ergeben sich unmittelbar. Die Parallelogrammgleichung

$$\|f+g\|^2 + \|f-g\|^2 = 2(\|f\|^2 + \|g\|^2)$$

ist hier z.B. von den durch $f(t) = 1$, $g(t) = t$ definierten Funktionen wegen $4 + 4 \neq 2(1+1)$ nicht erfüllt.

(2) Aus $\|f_\nu - f\| > \varepsilon$, also $|f_\nu(t) - f(t)| < \varepsilon$ für $-1 \leqq t \leqq +1$ folgt $(f_\nu - f, f_\nu - f) < 2\varepsilon^2$ und damit die Behauptung.
(3) Es sei $g \in X$ beliebig. Im Fall $g(0) \leqq \frac{1}{2}$ gilt $\|f - g\| \geqq |f_\nu(0) - g(0)| \geqq \frac{1}{2}$ für alle ν. Im Fall $g(0) > \frac{1}{2}$ folgt wegen der Stetigkeit auch $g(t)\frac{1}{2}$ für $|t| < \delta$

und daher für alle $\nu > \frac{1}{\delta}$ wieder $\|f - g\| \geqq |f_\nu\left(\frac{1}{\nu}\right) - g\left(\frac{1}{\nu}\right)| > \frac{1}{2}$. Hinsichtlich dieser Norm kann daher die Folge gegen keine Funktion $g \in X$ konvergieren.
Es gilt jedoch

$$(f_\nu, f_\nu) = \int_{-\frac{1}{\nu}}^{\frac{1}{\nu}} (f_\nu(t))^2 \, dt = \frac{2}{3\nu},$$

so daß die Folge hinsichtlich des skalaren Produkts gegen die Nullfunktion konvergiert.

1D (1) Es gelte $B = \{\mathfrak{e}_\iota : \iota \in I\}$. Jeder Vektor $\mathfrak{x}$ besitzt eine Basisdarstellung $\mathfrak{x} = \sum_{\iota \in I} x_\iota \mathfrak{e}_\iota$ mit $x_\iota = \mathfrak{x} \cdot \mathfrak{e}_\iota$, wobei jedoch nur für endlich viele Indizes $x_\iota \neq 0$ gilt. Wegen $|x_{\iota_0}| \leqq (\sum_{i \in I} x_\iota^2)^{1/2} = |\mathfrak{x}|$ für jeden Index ι_0 folgt aus der Konvergenz der Vektorfolge auch die Konvergenz aller Koordinatenfolgen gegen die entsprechenden Koordinaten des Grenzvektors.
(2) Gilt $\mathfrak{x}_\nu = \mathfrak{e}_{\iota_\nu}$ mit paarweise verschiedenen Indizes ι_ν, so bestehen alle Koordinatenfolgen bis auf jeweils höchstens ein Glied aus lauter Nullen. Die Folge $(\mathfrak{x}_\nu)$ konvergiert daher koordinatenmäßig gegen den Nullvektor. Ein beliebiger Vektor $\mathfrak{x} \in X$ besitzt die Darstellung $\mathfrak{x} = x_1 \mathfrak{e}_{\kappa_1} + \cdots + x_r \mathfrak{e}_\kappa$ mit $\kappa_1, \ldots, \kappa_r \in I$. Es gibt dann ein $n \in \mathbb{N}$, so daß $\iota_\nu \neq \kappa_1, \ldots, \iota_\nu \neq \kappa_r$ für $\nu \geqq n$ gilt. Es folgt dann $|\mathfrak{x}_\nu - \mathfrak{x}|^2 = 1 + x_1^2 + \cdots + x_r^2 \geqq 1$, weswegen die Folge hinsichtlich der durch das skalare Produkt definierten Norm gegen keinen Vektor aus X konvergieren kann.

1E Es genügt, die Behauptung für eine Folge $(\mathfrak{x}_\nu)$ zu beweisen, die im Sinn der Linearformen-Konvergenz gegen den Nullvektor konvergiert. Angenommen sei, daß die Folge in keinem endlich-dimensionalen Unterraum enthalten ist. Dann gibt es eine Teilfolge $(\mathfrak{x}_{n_\nu})$ aus paarweise verschiedenen und insgesamt linear unabhängigen Vektoren, auf denen man daher die Werte einer Linearform willkürlich festsetzen kann. Es gibt also z.B. ein $\alpha \in X^*$ mit $\alpha \mathfrak{x}_{n_\nu} = \nu$, weswegen die Wertfolge $(\alpha \mathfrak{x}_\nu)$ nicht gegen Null konvergieren kann.

1F Für jede Funktion $\varphi : \mathbb{N} \to \mathbb{N}$ mit $\varphi(\nu) \geqq \nu$ gilt

$$\mathfrak{x}_\nu - \mathfrak{x}_{\varphi(\nu)} = \begin{cases} -\mathfrak{e}_{\nu+1} - \cdots - \mathfrak{e}_{\varphi(\nu)} & \text{wenn } \varphi(\nu) > \nu \\ \mathfrak{o} & \phantom{\text{wenn }} \varphi(\nu) = \nu. \end{cases}$$

Alle Koordinatenfolgen von $(\mathfrak{x}_\nu - \mathfrak{x}_{\varphi(\nu)})$ bestehen daher von einem Index an aus lauter Nullen, konvergieren also gegen Null. Daher ist $(\mathfrak{x}_\nu)$ eine *Cauchy*-Folge. Andererseits bestehen alle Koordinatenfolgen der Folge $(\mathfrak{x}_\nu)$ selbst von einem Index an aus lauter Einsen und konvergieren daher gegen Eins. Da somit unendlich viele Koordinatenfolgen einen von Null verschiedenen Grenzwert besitzen, ist die Folge $(\mathfrak{x}_\nu)$ nicht konvergent.

2A (1) Es gelte $\lim_{\nu\to\infty} \mathfrak{x}_\nu^\kappa = \mathfrak{x}^\kappa$, also $\lim_{\nu\to\infty} |\mathfrak{x}_\nu^\kappa - \mathfrak{x}^\kappa| = 0$ für $\kappa = 1, \ldots, k$. Es folgt $|\mathfrak{x}_\nu^\kappa| - |\mathfrak{x}^\kappa| \leqq |\mathfrak{x}_\nu^\kappa - \mathfrak{x}^\kappa| < 1$ ab einem geeigneten Index, also weiter $|\mathfrak{x}_\nu^\kappa| < |\mathfrak{x}^\kappa| + 1$ und daher schließlich $|\mathfrak{x}_\nu^\kappa| \leqq a$ mit einer für alle Glieder und für $\kappa = 1, \ldots, k$ gültigen Schranke a. Wegen der Linearitätseigenschaften von ϕ erhält man

$$\begin{aligned}
&\phi(\mathfrak{x}_\nu^1, \ldots, \mathfrak{x}_\nu^k) - \phi(\mathfrak{x}^1, \ldots, \mathfrak{x}^k)\\
&\quad = \sum_{\kappa=1}^{k} \big(\phi(\mathfrak{x}^1, \ldots, \mathfrak{x}^{\kappa-1}, \mathfrak{x}_\nu^\kappa, \ldots, \mathfrak{x}_\nu^k) - \phi(\mathfrak{x}^1, \ldots, \mathfrak{x}^\kappa, \mathfrak{x}_\nu^{\kappa+1}, \ldots, \mathfrak{x}_\nu^k)\big)\\
&\quad = \sum_{\kappa=1}^{k} \phi(\mathfrak{x}^1, \ldots, \mathfrak{x}^{\kappa-1}, \mathfrak{x}_\nu^\kappa - \mathfrak{x}^\kappa, \mathfrak{x}_\nu^{\kappa+1}, \ldots, \mathfrak{x}_\nu^k).
\end{aligned}$$

Setzt man nun die Gültigkeit von 2.1 voraus, so ergibt sich

$$|\phi(\mathfrak{x}_\nu^1, \ldots, \mathfrak{x}_\nu^k) - \phi(\mathfrak{x}^1, \ldots, \mathfrak{x}_\nu^k)| \leqq c a^{k-1} \Big(\sum_{\kappa=1}^{k} |\mathfrak{x}_\nu^\kappa - \mathfrak{x}^\kappa|\Big),$$

und mit der rechten konvergiert auch die linke Seite gegen Null; d.h. es gilt 2.2. Umgekehrt sei 2.1 nicht erfüllt. Dann gibt es zu jedem $\nu \in \mathbb{N}$ Vektoren $\mathfrak{x}_\nu^1, \ldots, \mathfrak{x}_\nu^k$ mit

$$|\phi(\mathfrak{x}_\nu^1, \ldots, \mathfrak{x}_\nu^k)| > \nu^k |\mathfrak{x}_\nu^1| \cdots |\mathfrak{x}_\nu^k|.$$

Es folgt, daß die Vektoren $\mathfrak{x}_\nu^\kappa$ vom Nullvektor verschieden sind. Setzt man nun $\mathfrak{y}_\nu^\kappa = \frac{1}{\nu |\mathfrak{x}_\nu^\kappa|} \mathfrak{x}_\nu^\kappa$, so gilt $|\mathfrak{y}_\nu^\kappa| = \frac{1}{\nu}$ und daher $\lim_{\nu\to\infty} \mathfrak{y}_\nu^\kappa = \mathfrak{o}$ für $\kappa = 1, \ldots, k$, aber $|\phi(\mathfrak{y}_\nu^1, \ldots, \mathfrak{y}_\nu^k)| > 1$. Wegen $\phi(\mathfrak{o}, \ldots, \mathfrak{o}) = \mathfrak{o}$ ist also auch 2.2 nicht erfüllt.

(2) Da man einer Linearform die Werte auf einer Basis vorschreiben kann, gibt es eine Linearform φ mit $\varphi \mathfrak{e}_\nu = \nu$ für alle $\nu \in \mathbb{N}$. Bei gegebenem $c \in \mathbb{R}$ folgt für $\nu > c$ auch $|\varphi \mathfrak{e}_\nu| = \nu > c = c|\mathfrak{e}_\nu|$; d.h. φ erfüllt nicht 2.1. Mit $\mathfrak{x}_\nu = \frac{1}{\nu} \mathfrak{e}_\nu$ gilt offenbar $\lim(\mathfrak{x}_\nu) = \mathfrak{o}$. Wegen $|\varphi \mathfrak{x}_\nu| = 1$ konvergiert die Wertfolge $(\varphi \mathfrak{x}_\nu)$ aber nicht gegen $\varphi \mathfrak{o} = 0$.

2B Es gelte $\lim(\varphi^\nu) = \psi$, c sei ein Eigenwert von φ, und $\mathfrak{x}$ sei ein zugehöriger Eigenvektor. (Es können hier auch komplexe Eigenwerte und Eigenvektoren zugelassen werden, für die alle Ergebnisse entsprechend gelten.) Dann ist $\mathfrak{x}$ auch Eigenvektor von φ^ν zum Eigenwert c^ν (vgl. L.A. 17D). Es folgt

$$\psi\mathfrak{x} = \lim_{\nu\to\infty} (\varphi^\nu \mathfrak{x}) = \lim_{\nu\to\infty} (c^\nu \mathfrak{x}).$$

Die Folge (c^ν) muß daher konvergieren, und ihr Grenzwert ist dann Eigenwert von ψ. Dies ist aber nur für $c = 1$ oder $|c| < 1$ möglich.
Im Fall $\varphi: \mathbb{R}^2 \to \mathbb{R}^2$ kann φ durch einen der beiden folgenden Matrizentypen beschrieben werden (vgl. L.A. 36.1):

$$A = \begin{pmatrix} c_1 & 0 \\ 0 & c_2 \end{pmatrix} \quad mit \quad |c_1| \geqq |c_2|, \quad B = \begin{pmatrix} c & 1 \\ 0 & c \end{pmatrix}.$$

Die Matrizenfolge (A^ν) konvergiert in den nachstehend angegebenen Fällen gegen folgende Grenzmatrizen:

$$\begin{pmatrix} 1 & 0 \\ 0 & 1 \end{pmatrix} \qquad \begin{pmatrix} 1 & 0 \\ 0 & 0 \end{pmatrix} \qquad \begin{pmatrix} 0 & 0 \\ 0 & 0 \end{pmatrix}$$

$$c_1 = c_2 = 1, \qquad c_1 = 1, |c_2| < 1, \qquad |c_1| < 1, |c_2| < 1.$$

Im Fall der Matrix B gilt

$$B^\nu = \begin{pmatrix} c^\nu & \nu c^{\nu-1} \\ 0 & c^\nu \end{pmatrix}.$$

Diese Matrizenfolge konvergiert nur im Fall $|c| < 1$, und zwar dann gegen die Nullmatrix. Um auch den Fall komplexer Eigenwerte durch einen im Reellen verlaufenden Beweis zu erfassen, kann man so vorgehen: Besitzt φ die von Null verschiedenen, nicht reellen Eigenwerte $|c|(\cos\alpha \pm i \sin\alpha)$, so kann man die Abbildung durch eine Matrix der Form (vgl. L.A. 36.2)

$$|c| \begin{pmatrix} \cos\alpha & -\sin\alpha \\ \sin\alpha & \cos\alpha \end{pmatrix}$$

beschreiben. Da hierbei der Fall $\alpha = 0$ ausgeschlossen ist, konvergieren die Potenzen dieser Matrix offenbar nur genau im Fall $|c| < 1$ und dann wieder gegen die Nullmatrix.
Im allgemeinen Fall $\varphi: \mathbb{R}^n \to \mathbb{R}^n$ führen entsprechende Überlegungen mit Hilfe der *Jordan*'schen Normalform zum Ziel: Die Folge (φ^ν) ist genau dann konvergent, wenn für alle Eigenwerte c von φ entweder $|c| < 1$ oder $c = 1$ gilt und wenn es zu dem Eigenwert 1 ebensoviele linear unabhängige Eigenvektoren gibt, wie seine Vielfachheit beträgt. Die letzte Bedingung besagt, daß in

der *Jordan*'schen Normalform die Eins als Eigenwert nur in Einerkästchen auftreten darf.

2C Geht man von $\lim(\mathfrak{x}_\nu) = \mathfrak{x}$ und $\lim(\mathfrak{y}_\nu) = \mathfrak{y}$ aus, so folgt aus den Rekursionsgleichungen durch Grenzübergang

$$\mathfrak{x} = \mathfrak{x} + \mathfrak{y} \times \mathfrak{e}_1, \quad \mathfrak{y} = \tfrac{1}{2}(\mathfrak{x} + \mathfrak{y})$$

und daher $\mathfrak{x} = \mathfrak{y}$ und $\mathfrak{y} \times \mathfrak{e}_1 = \mathfrak{o}$, also $\mathfrak{x} = \mathfrak{y} = c\mathfrak{e}_1$. Mit $\mathfrak{x}_\nu = a_\nu \mathfrak{e}_1 + \mathfrak{x}_\nu^*$, $\mathfrak{y}_\nu = b_\nu \mathfrak{e}_1 + \mathfrak{y}_\nu^*$ und $\mathfrak{x}_\nu^*, \mathfrak{y}_\nu^* \in [\mathfrak{e}_2, \mathfrak{e}_3]$ ergibt sich

$$\begin{aligned} &a_{\nu+1} = a_\nu, \quad b_{\nu+1} = \tfrac{1}{2}(a_\nu + b_\nu), \\ &\mathfrak{x}_{\nu+1}^* = \mathfrak{x}_\nu^* + \mathfrak{y}_\nu^* \times \mathfrak{e}_1, \quad \mathfrak{y}_{\nu+1}^* = \tfrac{1}{2}(\mathfrak{x}_\nu^* + \mathfrak{y}_\nu^*). \end{aligned}$$

Es folgt $\lim\limits_{\nu\to\infty} a_\nu = \lim\limits_{\nu\to\infty} b_\nu = a_0$, und die Folgen $(\mathfrak{x}_\nu)$, $(\mathfrak{y}_\nu)$ sind genau dann konvergent, wenn die Folgen $(\mathfrak{x}_\nu^*)$, $(\mathfrak{y}_\nu^*)$ gegen den Nullvektor konvergieren. Für sie gilt

$$\begin{aligned} \mathfrak{x}_{\nu+1}^* \cdot \mathfrak{y}_{\nu+1}^* &= \tfrac{1}{2}\big(|\mathfrak{x}_\nu^*|^2 + \mathfrak{x}_\nu^* \cdot \mathfrak{y}_\nu^* + \mathfrak{x}_\nu^* \cdot (\mathfrak{y}_\nu^* \times \mathfrak{e}_1)\big), \\ \mathfrak{x}_{\nu+1}^* \cdot (\mathfrak{y}_{\nu+1}^* \times \mathfrak{e}_1) &= \tfrac{1}{2}\big(|\mathfrak{y}_\nu^*|^2 + \mathfrak{x}_\nu^* \cdot \mathfrak{y}_\nu^* + \mathfrak{x}_\nu^* \cdot (\mathfrak{y}_\nu^* \times \mathfrak{e}_1)\big). \end{aligned}$$

Hieraus ergibt sich: Gilt für einen Index ν_0 sowohl $\mathfrak{x}_{\nu_0}^* \cdot \mathfrak{y}_{\nu_0}^* \geqq 0$ als auch $\mathfrak{x}_{\nu_0}^* \cdot (\mathfrak{y}_{\nu_0}^* \times \mathfrak{e}_1) \geqq 0$, so sind diese Ungleichungen auch für alle folgenden Indizes erfüllt, und wegen

$$|\mathfrak{x}_{\nu+1}^*|^2 = |\mathfrak{x}_\nu^*|^2 + |\mathfrak{y}_\nu^*|^2 + 2\mathfrak{x}_\nu^* \cdot (\mathfrak{y}_\nu^* \times \mathfrak{e}_1)$$

nimmt von diesem Index an die Länge von $\mathfrak{x}_\nu^*$ nicht ab; die Folge kann daher im Fall $\mathfrak{x}_{\nu_0}^* \neq \mathfrak{o}$ nicht gegen den Nullvektor konvergieren. Die erwähnten Ungleichungen sind nun aber für $\nu_0 = 3$ erfüllt, wie man erkennt, wenn man $\mathfrak{x}_3^*$, $\mathfrak{y}_3^*$ durch $\mathfrak{x}_0^*$, $\mathfrak{y}_0^*$ ausdrückt. Und es gilt auch $\mathfrak{x}_3^* \neq \mathfrak{o}$, sofern $\mathfrak{x}_0^*$, $\mathfrak{y}_0^*$ nicht beide der Nullvektor sind. Zusammenfassend hat sich damit ergeben: Die Folgen $(\mathfrak{x}_\nu)$, $(\mathfrak{y}_\nu)$ sind genau dann konvergent, wenn $\mathfrak{x}_0$ und $\mathfrak{y}_0$ in $[\mathfrak{e}_1]$ liegen; in diesem Fall gilt dann $\lim(\mathfrak{x}_\nu) = \lim(\mathfrak{y}_\nu) = \mathfrak{x}_0$.

2D Die Dimension des Raumes sei r, und es werde $\underline{\lim}(Rg\,\varphi_\nu) = k$ gesetzt. Dann gilt von einem Index an stets $Rg\,\varphi_\nu \geqq k$ und für eine Teilfolge (φ_{n_ν}) sogar $Rg\,\varphi_n = k$. Zu jedem Index n_ν gibt es daher $(r-k)$ orthonormale Vektoren $\mathfrak{e}_{n,1} \ldots, \mathfrak{e}_{n,r-k}$ mit $\varphi_{n_\nu} \mathfrak{e}_{n_\nu,\kappa} = \mathfrak{o}$ für $\kappa = 1, \ldots, r-k$. Die Folge $(\mathfrak{e}_{n,1})_{\nu\in\mathbb{N}}$ enthält nach 1.7 eine konvergente Teilfolge. Die entsprechend aus $(\mathfrak{e}_{n_\nu,2})_{\nu\in\mathbb{N}}$ ausgesonderte Teilfolge enthält ihrerseits eine konvergente Teilfolge usw. Nach einem $(r-k)$-maligen Aussonderungsprozeß, den man immer simultan an allen Folgen vornimmt, gewinnt man Teilfolgen $(\mathfrak{e}_{m_{n_\nu},\kappa})_{\nu\in\mathbb{N}}$ mit $\lim\limits_{\nu\to\infty} \mathfrak{e}_{m_{n_\nu},\kappa} = \mathfrak{e}_\kappa$ $(\kappa = 1, \ldots, r-k)$. Wegen der Stetigkeit des skalaren Produkts bilden auch die

Vektoren $\mathfrak{e}_1, \ldots, \mathfrak{e}_{r-k}$ ein Orthonormalsystem, sind also linear unabhängig. Weiter gilt

$$\varphi \mathfrak{e}_\kappa = \lim_{\nu \to \infty} \varphi_{m_{n_\nu}} \mathfrak{e}_{m_{n_\nu}, \kappa} = \mathfrak{o} \qquad (\kappa = 1, \ldots, r-k),$$

weswegen der Kern von φ mindestens die Dimension $r-k$ besitzt, so daß $Rg\,\varphi \leqq k$ folgt.
Es gelte $0 \leqq m \leqq k \leqq r$, und $\{\mathfrak{a}_1, \ldots, \mathfrak{a}_r\}$ sei eine Basis des Raumes X. Durch

$$\varphi_\nu \mathfrak{a}_1 = \cdots = \varphi_\nu \mathfrak{a}_m = 1, \quad \varphi_\nu \mathfrak{a}_{m+1} = \cdots = \varphi_\nu \mathfrak{a}_k = \frac{1}{\nu},$$

$$\varphi_\nu \mathfrak{a}_{k+1} = \cdots = \varphi_\nu \mathfrak{a}_r = 0$$

werden dann lineare Abbildungen $\varphi_\nu : X \to \mathbb{R}$ mit $Rg\,\varphi_\nu = k$ definiert. Die Folge (φ_ν) konvergiert gegen die durch

$$\varphi \mathfrak{a}_1 = \cdots = \varphi \mathfrak{a}_m = 1, \quad \varphi \mathfrak{a}_{m+1} = \cdots = \varphi \mathfrak{a}_r = 0$$

definierte Abbildung, für die also $Rg\,\varphi = m$ gilt.

2E (1) Bei festen Vektoren $\mathfrak{x}$ und $\mathfrak{y}$ folgt aus

$$(\varphi_\nu \mathfrak{x}) \cdot \mathfrak{y} = \pm \mathfrak{x} \cdot (\varphi_\nu \mathfrak{y}) \qquad \textit{bzw.} \qquad (\varphi_\nu \mathfrak{x}) \cdot (\varphi_\nu \mathfrak{y}) = \mathfrak{x} \cdot \mathfrak{y}$$

die jeweils entsprechende Gleichung auch für die Grenzabbildung φ.
(2) Aus $\operatorname{Det} \varphi_\nu = 1$ für alle ν folgt auch $\operatorname{Det} \varphi = 1$; somit ist φ als orthogonale Abbildung ebenfalls eine Drehung. Für den Drehwinkel α_ν von φ_ν gilt bekanntlich

$$\cos \alpha_\nu = \tfrac{1}{2}(Sp\,\varphi_\nu - 1),$$

woraus durch Grenzübergang für den Drehwinkel α von φ jedenfalls $\cos \alpha = \lim_{\nu \to \infty} \cos \alpha_\nu$ folgt. Eindeutig ist der Drehwinkel durch die jeweilige Abbildung ohnehin nur etwa bei der Normierung $0 \leqq \alpha_\nu \leqq \pi$ bestimmt, bei der er dann auch eindeutig durch seinen Cosinus festgelegt ist. Wenn φ nicht die Identität ist, gilt dasselbe von einem Index an auch für die Abbildungen φ_ν, die damit bis aufs Vorzeichen eindeutig einen Einheitsvektor $\mathfrak{e}_\nu$ in Richtung ihrer Drehachse festlegen. Über die Wahl zwischen $\mathfrak{e}_\nu$ und $-\mathfrak{e}_\nu$ kann dadurch verfügt werden, daß man mit einem geeigneten festen Vektor $\mathfrak{a} \neq \mathfrak{o}$ noch $\mathfrak{a} \cdot \mathfrak{e}_\nu \geqq 0$ fordert. Die Folge $(\mathfrak{e}_\nu)$ besitzt wegen 1.7 mindestens einen Häufungspunkt $\mathfrak{e}$, enthält also eine gegen $\mathfrak{e}$ konvergente Teilfolge $(\mathfrak{e}_{n_\nu})$. Es folgt wegen $\varphi \mathfrak{e}_\nu = \mathfrak{e}_\nu$

$$\varphi \mathfrak{e} = \lim_{\nu \to \infty} \varphi_{n_\nu} \mathfrak{e}_{n_\nu} = \lim_{\nu \to \infty} \mathfrak{e}_{n_\nu} = \mathfrak{e};$$

d.h. $\mathfrak{e}$ ist der durch φ und die Normierungsbedingung eindeutig bestimmte Einheitsvektor der Drehachse. Daher ist $\mathfrak{e}$ sogar der einzige Häufungspunkt der Folge $(\mathfrak{e}_\nu)$, die daher gegen $\mathfrak{e}$ konvergiert.

3A Als Näherungslösung erhält man

$$x = 0{,}73, \qquad y = -2{,}86, \qquad z = 1{,}21.$$

3B Aus $\varphi\mathfrak{x}_1^* = \mathfrak{x}_1^*$, $\varphi\mathfrak{x}_2^* = \mathfrak{x}_2^*$ und $\mathfrak{x}_1^* \neq \mathfrak{x}_2^*$ folgt wegen $c < 1$ der Widerspruch

$$|\mathfrak{x}_1^* - \mathfrak{x}_2^*| = |\varphi\mathfrak{x}_1^* - \varphi\mathfrak{x}_2^*| \leqq c|\mathfrak{x}_1^* - \mathfrak{x}_2^*| < |\mathfrak{x}_1^* - \mathfrak{x}_2^*|.$$

Es gibt daher höchstens einen Fixpunkt. Gilt $\lim(\mathfrak{x}_\nu) = \mathfrak{x}$, so folgt aus $\mathfrak{x}_{\nu+1} = \varphi\mathfrak{x}_\nu$ durch Grenzübergang $\mathfrak{x} = \varphi\mathfrak{x}$. Wenn also die Folge konvergiert, dann ist ihr Grenzvektor unabhängig vom Anfangsvektor $\mathfrak{x}_0$ der einzige Fixpunkt von φ. Nun gilt aber

$$\mathfrak{x}_\nu = \mathfrak{x}_0 + \sum_{\mu=1}^{\nu} (\mathfrak{x}_\mu - \mathfrak{x}_{\mu-1}),$$

und wegen

$$\frac{|\mathfrak{x}_{\mu+1} - \mathfrak{x}_\mu|}{|\mathfrak{x}_\mu - \mathfrak{x}_{\mu-1}|} = \frac{|\varphi\mathfrak{x}_\mu - \varphi\mathfrak{x}_{\mu-1}|}{|\mathfrak{x}_\mu - \mathfrak{x}_{\mu-1}|} = c < 1$$

ist die rechts stehende Reihe konvergent. (Gilt $\mathfrak{x}_\mu = \mathfrak{x}_{\mu-1}$, also $\varphi\mathfrak{x}_{\mu-1} = \mathfrak{x}_{\mu-1}$, so ist die Folge konstant, und $\mathfrak{x}_{\mu-1}$ selbst ist Fixpunkt.) Als Fehlerabschätzung erhält man

$$|\mathfrak{x} - \mathfrak{x}_\nu| \leqq \sum_{\mu=\nu+1}^{\infty} |\mathfrak{x}_\mu - \mathfrak{x}_{\mu-1}| \leqq \Big(\sum_{\mu=\nu+1}^{\infty} c^{\mu-1}\Big)|\mathfrak{x}_1 - \mathfrak{x}_0| = \frac{c^\nu}{1-c}|\varphi\mathfrak{x}_0 - \mathfrak{x}_0|.$$

3C (1) Es seien $\mathfrak{e}_1, \ldots, \mathfrak{e}_r$ zu den entsprechenden Eigenwerten gehörende Eigenvektoren, die bei einer selbstadjungierten Abbildung bekanntlich als Orthonormalsystem gewählt werden können. Mit $\mathfrak{a} = a_1\mathfrak{e}_1 + \cdots + a_r\mathfrak{e}_r$ gilt dann

$$\begin{aligned}\varphi^\nu\mathfrak{a} &= c_1^\nu(a_1\mathfrak{e}_1 + \cdots + a_k\mathfrak{e}_k) + c_{k+1}^\nu a_{k+1}\mathfrak{e}_{k+1} + \cdots + c_r^\nu a_r\mathfrak{e}_r \\ &= c_1^\nu\left[a_1\mathfrak{e}_1 + \cdots + a_k\mathfrak{e}_k + \left(\frac{c_{k+1}}{c_1}\right)^\nu a_{k+1}\mathfrak{e}_{k+1} + \cdots + \left(\frac{c_r}{c_1}\right)^\nu a_r\mathfrak{e}_r\right].\end{aligned}$$

Wegen $\left|\frac{c_\varrho}{c_1}\right| < 1$ für $\varrho = k+1, \ldots, r$ konvergiert die normierte Folge bis auf den entsprechenden Normierungsfaktor gegen den Vektor $a_1\mathfrak{e}_1 + \cdots + a_k\mathfrak{e}_k$, der offensichtlich ein Eigenvektor zum Eigenwert c_1 ist. Für die Glieder der Zahlenfolge ergibt sich nach entsprechender Umrechnung

$$a = c_1 \frac{a_1^2 + \cdots + a_k^2 + \left(\frac{c_{k+1}}{c_1}\right)^{2\nu+1} a_{k+1}^2 + \cdots + \left(\frac{c_r}{c_1}\right)^{2\nu+1} a_r^2}{a_1^2 + \cdots + a_k^2 + \left(\frac{c_{k+1}}{c_1}\right)^{2\nu} a_{k+1}^2 + \cdots + \left(\frac{c_r}{c_1}\right)^{2\nu} a_r^2},$$

woraus auch die zweite Behauptung unmittelbar folgt. Auszunehmen ist lediglich der Fall, daß $a_1 = \cdots = a_k = 0$ gilt. Der Anfangsvektor $\mathfrak{x}_0$ darf also nicht auf allen zum Eigenwert c_1 gehörenden Eigenvektoren senkrecht stehen.
(2) Eigenwerte gleichen Betrages können sich nur im Vorzeichen unterscheiden, da sie ja bei einer selbstadjungierten Abbildung jedenfalls reell sind. Dies bewirkt, daß nach Ausklammerung von c_1^ν bei den zu $-c_1$ gehörenden Eigenvektoren der Faktor $(-1)^\nu$ auftritt. Hier konvergieren die Vektoren $\mathfrak{x}_{2\nu} - \mathfrak{x}_{2\nu-1}$ bzw. $\mathfrak{x}_{2\nu} + \mathfrak{x}_{2\nu-1}$ gegen Eigenvektoren zu den Eigenwerten c_1 bzw. $-c_1$. Entsprechend hat man jetzt die Zahlenfolge

$$\frac{(\varphi^{\nu+2}\mathfrak{a}) \cdot (\varphi^\nu \mathfrak{a})}{|\varphi^\nu \mathfrak{a}|^2}$$

zu untersuchen, die gegen c_1^2 konvergiert. Voraussetzung ist dabei, daß $\mathfrak{x}_0$ nicht auf allen zu c_1 gehörenden Eigenvektoren senkrecht steht und auch nicht auf allen zu $-c_1$ gehörenden Eigenvektoren.
(3) Rechnet man bis zum Index $\nu = 5$, so erhält man als Eigenwert größten Betrages den Wert 9,01 und als zugehörigen Eigenvektor den (hier nicht normierten) Vektor (1; $-2{,}19$; 1,94).

4A Wegen $M \subset M \cup N$ gilt $\overline{M} \subset \overline{M \cup N}$ und entsprechend $\overline{N} \subset \overline{M \cup N}$, also auch $\overline{M} \cup \overline{N} \subset \overline{M \cup N}$. Umgekehrt folgt aus $M \subset \overline{M}$, $N \subset \overline{N}$ zunächst $M \cup N \subset \overline{M} \cup \overline{N}$. Da aber $\overline{M} \cup \overline{N}$ nach 4.2 und 4.6 eine abgeschlossene Menge ist, gilt sogar $\overline{M \cup N} \subset \overline{\overline{M} \cup \overline{N}} = \overline{M} \cup \overline{N}$. Beide Inklusionen zusammen ergeben die Behauptung.
Für die Durchschnittsbildung gilt lediglich $\overline{M \cap N} \subset \overline{M} \cap \overline{N}$. Daß hier im allgemeinen keine Gleichheit herrscht, zeigen die offenen Intervalle $M = (-1{,}0)$ und $N = (0, +1)$ der Zahlengeraden. Hier gilt $\overline{M \cap N} = \overline{\emptyset} = \emptyset$, aber $\overline{M} \cap \overline{N} = \{0\}$.

4B Es ist $\mathfrak{x} \in \complement(\overline{\complement M})$ gleichwertig mit $\mathfrak{x} \notin \overline{\complement M}$, also gleichwertig mit der Existenz einer Umgebung $U \in \mathfrak{U}(\mathfrak{x})$, für die $U \cap \complement M = \emptyset$, d. h. $U \subset M$ gilt. Dies aber ist wiederum gleichwertig damit, daß $\mathfrak{x}$ innerer Punkt von M ist, daß also $\mathfrak{x} \in \underline{M}$ gilt. Als Komplement der abgeschlossenen Menge $\overline{\complement M}$ ist $\underline{M}$ eine offene Teilmenge von M. Umgekehrt ist eine offene Teilmenge N von M eine in M ent-

haltene Umgebung jedes ihrer Punkte. Daher besteht dann N aus lauter inneren Punkten von M, es gilt also $N \subset \underline{M}$. Somit ist $\underline{M}$ sogar größte offene Teilmenge von M.
Die Menge $\mathbb{Q}$ der rationalen Zahlen enthält als Teilmenge der Zahlengeraden $\mathbb{R}$ keine inneren Punkte: Jede Umgebung einer rationalen Zahl enthält ja auch irrationale Zahlen. Daher gilt $\underline{\mathbb{Q}} = \emptyset$. Andererseits kann jede reelle Zahl als Grenzwert einer Folge rationaler Zahlen gewonnen werden. Es folgt $\overline{\mathbb{Q}} = \mathbb{R}$ und daher $\underline{(\overline{\mathbb{Q}})} = \underline{\mathbb{R}} = \mathbb{R}$.

4C Wegen $M_1 \subset \complement M_2$ und da $\complement M_2$ offen ist, gibt es zu jedem $\mathfrak{x} \in M_1$ eine positive Zahl $\varepsilon_\mathfrak{x}$ mit $U_{\varepsilon_\mathfrak{x}}(\mathfrak{x}) \subset \complement M_2$. Es ist dann

$$U_1 = \bigcup \{U_{\frac{1}{2}\varepsilon_\mathfrak{x}}(\mathfrak{x}) \colon \mathfrak{x} \in M_1\}$$

wegen 4.3 eine offene Menge, für die jedenfalls $M_1 \subset U_1$ erfüllt ist. Ebenso existiert zu jedem $\mathfrak{y} \in M_2$ ein $\varepsilon_\mathfrak{y} > 0$ mit $U_{\varepsilon_\mathfrak{y}}(\mathfrak{y}) \subset \complement M_1$, und

$$U_2 = \bigcup \{U_{\frac{1}{2}\varepsilon_\mathfrak{y}}(\mathfrak{y}) \colon \mathfrak{y} \in M_2\}$$

ist eine offene Menge mit $M_2 \subset U_2$. Es ist also nur noch $U_1 \cap U_2 = \emptyset$ nachzuweisen. Es werde $\mathfrak{z} \in U_1 \cap U_2$ angenommen. Dann gilt $\mathfrak{z} \in U_{\frac{1}{2}\varepsilon_\mathfrak{x}}(\mathfrak{x}) \cap U_{\frac{1}{2}\varepsilon_\mathfrak{y}}(\mathfrak{y})$ mit geeigneten Punkten $\mathfrak{x} \in M_1$ und $\mathfrak{y} \in M_2$. Ohne Einschränkung der Allgemeinheit kann $\varepsilon_\mathfrak{y} \leqq \varepsilon_\mathfrak{x}$ vorausgesetzt werden. Wegen $|\mathfrak{z} - \mathfrak{x}| < \frac{1}{2}\varepsilon_\mathfrak{x}$ und $|\mathfrak{z} - \mathfrak{y}| < \frac{1}{2}\varepsilon_\mathfrak{y} \leqq \frac{1}{2}\varepsilon_\mathfrak{x}$ folgt $|\mathfrak{x} - \mathfrak{y}| \leqq |\mathfrak{x} - \mathfrak{z}| + |\mathfrak{z} - \mathfrak{y}| < \varepsilon_\mathfrak{x}$, also $\mathfrak{y} \in U_{\varepsilon_\mathfrak{x}}(\mathfrak{x})$, was $U_{\varepsilon_\mathfrak{x}}(\mathfrak{x}) \subset \complement M_2$ und $\mathfrak{y} \in M_2$ widerspricht.

4D Es sei M eine nicht leere offene Teilmenge von X. Zu jedem Punkt $\mathfrak{y} \in M$ gibt es dann eine natürliche Zahl n so, daß $U_{\frac{2}{n}}(\mathfrak{y}) \subset M$ gilt. Da sich die Koordinaten von $\mathfrak{y}$ beliebig genau durch rationale Zahlen approximieren lassen, gibt es weiter ein $\mathfrak{x} \in Q$ mit $|\mathfrak{x} - \mathfrak{y}| < \dfrac{1}{n}$. Es folgt $\mathfrak{y} \in U_{\frac{1}{n}}(\mathfrak{x}) \subset U_{\frac{2}{n}}(\mathfrak{y}) \subset M$. Jeder Punkt von M liegt also in einer Menge aus $\mathfrak{B}$, die ihrerseits in M enthalten ist. Daher ist M die Vereinigung aller in M enthaltenen Mengen aus $\mathfrak{B}$.

4E Die erste Hälfte wird ebenso wie in 4D bewiesen. Dort wurde auch nur benutzt, daß Q eine dichte Menge war. Zum Beweis des zweiten Teils sei $\mathfrak{x}$ ein beliebiger Punkt aus X, und $\varepsilon > 0$ sei beliebig gewählt. Dann ist $U_\varepsilon(\mathfrak{x})$ als offene Menge Vereinigung von Mengen aus $\mathfrak{B}$. Es gibt daher ein $B \in \mathfrak{B}$ mit $B \subset U_\varepsilon(\mathfrak{x})$, und wegen $\mathfrak{x}_B \in B$ folgt $\mathfrak{x}_B \in U_\varepsilon(\mathfrak{x})$. Es gilt also $U_\varepsilon(\mathfrak{x}) \cap M \neq \emptyset$ und damit nach 4.5 auch $\mathfrak{x} \in \overline{M}$. Da $\mathfrak{x} \in X$ beliebig gewählt war, erhält man schließlich $\overline{M} = X$.

5A Jedes Intervall ist eine konvexe Menge und ist daher nach 5.5 zusammenhängend. Umgekehrt sei M eine zusammenhängende Teilmenge der Zahlengeraden, es gelte $a \in M$, $c \in M$ und außerdem $a < b < c$. Aus $b \notin M$ würde der Widerspruch folgen, daß $M_1 = M \cap (\leftarrow, b)$ und $M_2 = M \cap (b, \rightarrow)$ eine Zerlegung von M in zwei in M offene Mengen bilden, die wegen $a \in M_1$, $c \in M_2$ beide nicht leer sind.

5B Es gilt $N = N^* \cap M$ mit einer offenen (abgeschlossenen) Menge N^*. Da M ebenfalls offen (abgeschlossen) ist, muß dasselbe wegen 4.2, 4.3 für $N^* \cap M = N$ gelten.

5C Es werde $\delta(M, N) = 0$ angenommen. Dann gibt es zu jeder positiven natürlichen Zahl ν Punkte $\mathfrak{x}_\nu \in M$, $\mathfrak{y}_\nu \in N$ mit $|\mathfrak{x}_\nu - \mathfrak{y}_\nu| < \frac{1}{\nu}$. Es genügt nun, die Kompaktheit nur von einer Menge – etwa von M – zu fordern. Dann enthält nämlich die Folge $(\mathfrak{x}_\nu)$ eine Teilfolge $(\mathfrak{x}_{n_\nu})$, die gegen einen Punkt $\mathfrak{x} \in M$ konvergiert. Die entsprechende Teilfolge $(\mathfrak{y}_{n_\nu})$ muß wegen $\lim |\mathfrak{x}_{n_\nu} - \mathfrak{y}_{n_\nu}| = 0$ ebenfalls gegen $\mathfrak{x}$ konvergieren. Wenn nun die Menge N abgeschlossen ist, muß weiter $\mathfrak{x}$ als adhärenter Punkt von N auch in N liegen, was der Voraussetzung $M \cap N = \emptyset$ widerspricht. Es genügt jedoch nicht, beide Mengen nur als abgeschlossen vorauszusetzen: Ein Gegenbeispiel erhält man in der Ebene, wenn man als Menge M einen Hyperbelast wählt und als Menge N eine seiner Asymptoten.

5D Die Menge M_1 ist weder kompakt noch zusammenhängend: Die Folge $\mathfrak{x}_\nu = \left(\frac{1}{(2\nu + \frac{1}{2})\pi}, 1\right)$ besteht aus Punkten von M_1, konvergiert aber gegen den nicht in M_1 liegenden Punkt (0,1). Weiter bilden die Mengen $M_1' = M_1 \cap \{(x, y): x > 0\}$ und $M_1'' = M_1 \cap \{(x, y): x < 0\}$ eine Zerlegung von M_1 in nicht leere, in M_1 offene Mengen.
M_2 ist aus demselben Grund wie vorher nicht kompakt. Jedoch ist M_2 zusammenhängend: Es sei M_2^* eine in M_2 gleichzeitig offene und abgeschlossene Menge mit $(0, 0) \in M_2^*$. Da M_2^* offen in M_2 ist, gibt es eine Umgebung U von (0, 0) mit $U \cap M_2 \subset M_2^*$. Es folgt $M_2^* \cap M_1' \neq \emptyset$ und $M_2^* \cap M_1'' \neq \emptyset$. Setzt man nun $x^* = \sup\left\{x : \left(x, \sin\frac{1}{x}\right) \in M_2^*\right\}$, so gilt wegen der Abgeschlossenheit von M_2^* in M_2 jedenfalls $\left(x^*, \sin\frac{1}{x^*}\right) \in M_2^*$. Wäre $x^* < 1$, so würde dies im Widerspruch dazu stehen, daß wegen der Offenheit von M_2^* in M_2 auch Punkte $\left(x, \sin\frac{1}{x}\right)$ mit $x > x^*$ zu M_2^* gehören müßten. Es folgt $x^* = 1$ und daher $M_1' \subset M_2^*$. Analog ergibt sich $M_1'' \subset M_2^*$, so daß insgesamt $M_2^* = M_2$ folgt.

Schließlich ist M_3 kompakt und zusammenhängend: Die bei M_1 fehlenden adhärenten Punkte sind gerade die Punkte des hinzugenommenen kompakten Intervalls $J = \{(0, y): -1 \leqq y \leqq +1\}$. Wegen $M_3 = M_2 \cup J$ und $M_2 \cap J = \{0\} \neq \emptyset$ ist M_3 nach 5.4 auch zusammenhängend.

5E Die Menge M besteht aus zwei um π gegen einander verdrehten Spiralen. Entfernt man aus der Komplementärmenge $\complement M$ den Nullpunkt, so zerfällt die Restmenge in zwei getrennte Gebiete K_1, K_2 zwischen den Spiralen. In ihnen lassen sich offenbar jeweils zwei Punkte durch einen Streckenzug verbinden, so daß K_1 und K_2 tatsächlich zusammenhängend sind. Ist nun N eine in $\complement M$ gleichzeitig offene und abgeschlossene Menge, die den Nullpunkt enthält, so muß sogar $U \cap \complement M \subset N$ mit einer geeigneten Umgebung U des Nullpunkts gelten. Es folgt, daß N auch Punkte von K_1 und K_2 enthält. Da K_1 zusammenhängend ist, kann die nicht leere, in K_1 offene und abgeschlossene Menge $N \cap K_1$ keine echte Teilmenge von K_1 sein. Daher gilt $K_1 \subset N$ und entsprechend auch $K_2 \subset N$, also $N = \complement M$. Somit ist $\complement M$ zusammenhängend. Zum Beispiel ist aber der Nullpunkt mit keinem anderen Punkt von $\complement M$ innerhalb von $\complement M$ durch einen Streckenzug verbindbar, weil jede vom Nullpunkt ausgehende Strecke unendlich oft von den Spiralen geschnitten wird. Dies widerspricht jedoch nicht 5.6, weil der Nullpunkt kein innerer Punkt von $\complement M$ und daher $\complement M$ keine offene Menge ist.

6A $\varphi \mathfrak{x} = \dfrac{1}{x^2 + y^2 + z^2}(xz,\ yz,\ -x^2 - y^2).$

Einsetzen von $x = r \cos u \cos v$, $y = r \sin u \cos v$, $z = r \sin v$ ergibt

$$\varphi \mathfrak{x} = \cos v(\cos u \sin v,\ \sin u \sin v,\ -\cos v).$$

Es folgt $|\varphi \mathfrak{x}| = |\cos v|$.

6B (1) $\mathfrak{x} \in \varphi^-(\complement M) \Leftrightarrow \varphi \mathfrak{x} \in \complement M \Leftrightarrow \varphi \mathfrak{x} \notin M \Leftrightarrow \mathfrak{x} \notin \varphi^- M \Leftrightarrow \mathfrak{x} \in \complement(\varphi^- M)$.

(2) $$\mathfrak{y} \in \varphi(\bigcup_{\iota \in I} M_\iota) \Leftrightarrow \bigvee_{\iota \in I} \bigvee_{\mathfrak{x} \in M_\iota} \mathfrak{y} = \varphi \mathfrak{x} \Leftrightarrow \bigvee_{\iota \in I} \mathfrak{y} \in \varphi M_\iota \Leftrightarrow \mathfrak{y} \in \bigcup_{\iota \in I} (\varphi M_\iota).$$

$$\mathfrak{y} \in \varphi(\bigcap_{\iota \in I} M_\iota) \Rightarrow \bigvee_{\mathfrak{x}} (\mathfrak{y} = \varphi \mathfrak{x} \wedge \bigwedge_{\iota \in I} \mathfrak{x} \in M_\iota) \Rightarrow \bigwedge_{\iota \in I} \mathfrak{y} \in \varphi M_\iota \Rightarrow \mathfrak{y} \in \bigcap_{\iota \in I} (\varphi M_\iota).$$

Es gelte $D = \{\mathfrak{x}_1,\ \mathfrak{x}_2\}$, $M_1 = \{\mathfrak{x}_1\}$, $M_2 = \{\mathfrak{x}_2\}$ und $\varphi \mathfrak{x}_1 = \varphi \mathfrak{x}_2 = \mathfrak{o}$. Es folgt $M_1 \cap M_2 = \emptyset$ und daher $\varphi(M_1 \cap M_2) = \emptyset$. Andererseits gilt $\varphi M_1 = \varphi M_2 = \{\mathfrak{o}\}$ und somit auch $(\varphi M_1) \cap (\varphi M_2) = \{\mathfrak{o}\}$.
Aus $\mathfrak{y} \in \bigcap_{\iota \in I} (\varphi M_\iota)$ folgt zunächst nur $\mathfrak{y} = \varphi \mathfrak{x}_\iota$ mit $\mathfrak{x}_\iota \in M_\iota$ für alle $\iota \in I$. Ist aber

φ injektiv, so muß $\mathfrak{x}_\iota = \mathfrak{x}$ für alle $\iota \in I$ gelten, also $\mathfrak{y} = \varphi\mathfrak{x}$ mit $\mathfrak{x} \in \bigcap_{\iota \in I} M_\iota$ und damit umgekehrt $\mathfrak{y} \in \varphi(\bigcap_{\iota \in I} M_\iota)$.

$$(3)\ \mathfrak{x} \in \varphi^-(\bigcup_{\iota \in I} M_\iota) \Leftrightarrow \varphi\mathfrak{x} \in \bigcup_{\iota \in I} M_\iota \Leftrightarrow \bigvee_{\iota \in I} \varphi\mathfrak{x} \in M_\iota \Leftrightarrow \bigvee_{\iota \in I} \mathfrak{x} \in \varphi^- M_\iota$$
$$\Leftrightarrow \mathfrak{x} \in \bigcup_{\iota \in I} (\varphi^- M_\iota).$$

$$\mathfrak{x} \in \varphi^-(\bigcap_{\iota \in I} M_\iota) \Leftrightarrow \varphi\mathfrak{x} \in \bigcap_{\iota \in I} M_\iota \Leftrightarrow \bigwedge_{\iota \in I} \varphi\mathfrak{x} \in M_\iota \Leftrightarrow \bigwedge_{\iota \in I} \mathfrak{x} \in \varphi^- M_\iota$$
$$\Leftrightarrow \mathfrak{x} \in \bigcap_{\iota \in I} (\varphi^- M_\iota).$$

6C Die Abbildung φ ist eine Drehstreckung mit dem Streckungsfaktor 3 und dem Einheitsvektor $\mathfrak{e} = \frac{1}{\sqrt{2}}(1, 1, 0)$ als Eigenvektor zum Eigenwert 3. Es folgt $\psi(t\mathfrak{e}) = 0$ für $t \neq 0$ und daher auch $\lim_{t \to 0} \psi(t\mathfrak{e}) = 0$. Hinsichtlich einer Orthonormalbasis mit $\mathfrak{e}$ als erstem Basisvektor entspricht φ die Matrix

$$\begin{pmatrix} 3 & 0 & 0 \\ 0 & -1 & -2\sqrt{2} \\ 0 & 2\sqrt{2} & -1 \end{pmatrix}.$$

Bezeichnet man die Koordinaten von $\mathfrak{x}$ hinsichtlich dieser Basis mit x, y, z, so ergibt sich nach kurzer Zwischenrechnung mit $y^2 + z^2 = r^2$

$$\psi\mathfrak{x} = \frac{-24r^2}{24r^2 + (x^2 + r^2)^2} = \frac{-1}{1 + \frac{1}{24}\left(\frac{x^2 + r^2}{r}\right)^2}.$$

An diesem Ausdruck läßt sich folgendes ablesen: Ist die Teilmenge M des Definitionsbereichs so beschaffen, daß in ihr bei Annäherung an den Nullpunkt auch $\frac{x^2}{r}$ gegen Null konvergiert, schmiegt sich also die Berandung von M an die durch $\mathfrak{e}$ bestimmte Achse schwächer als x^2 an, so gilt auf M

$$\lim_{\substack{\mathfrak{x} \to \mathfrak{o} \\ \mathfrak{x} \in M}} \psi\mathfrak{x} = -1.$$

Geht jedoch auf M umgekehrt bei Annäherung an den Nullpunkt $\frac{r}{x^2}$ gegen Null, enthält also M die $\mathfrak{e}$-Achse und schmiegt sich die Berandung von M stärker als x^2 an diese Achse an, so gilt

$$\lim_{\substack{\mathfrak{x} \to \mathfrak{o} \\ \mathfrak{x} \in M}} \psi\mathfrak{x} = 0.$$

Nähert man sich aber dem Nullpunkt auf Paraboloidflächen des Typs $x^2 = cr$, so läßt sich bei geeigneter Wahl von c jeder Grenzwert zwischen -1 und 0 erreichen.

7A Die Stetigkeit von φ folgt aus der Stetigkeit der Sinusfunktion und des hyperbolischen Tangens. Durchläuft t die Zahlengerade, so durchläuft $s = \tanh t$ monoton das offene Intervall von -1 bis $+1$. Da aber die Funktionen $\sin(\pi s)$ und $\sin(2\pi s)$ nicht beide an zwei verschiedenen Stellen des Intervalls $(-1, +1)$ gleiche Werte annehmen, ist φ sogar injektiv. Die Bildmenge $\varphi\mathbb{R}$ ist eine achtförmige Kurve. Für die Punkte $\mathfrak{x}_\nu = \varphi\nu$ gilt

$$\lim_{\nu\to\infty} x_\nu = \lim_{\nu\to\infty} \sin(\pi \tanh \nu) = \sin\pi = 0,$$

$$\lim_{\nu\to\infty} y_\nu = \lim_{\nu\to\infty} \sin(2\pi \tanh \nu) = \sin 2\pi = 0$$

und daher $\lim\limits_{\nu\to\infty} \mathfrak{x}_\nu = \mathfrak{o} = \varphi 0$. Die Folge $(\varphi^{-1}\mathfrak{x}_\nu) = (\nu)$ konvergiert aber nicht gegen Null.

7B Wegen $f(x, 0) = 0$ ist die Restriktion auf die x-Achse die Nullabbildung und damit gleichmäßig stetig. Es gilt aber auch wegen $|x| < 1 + x^2$

$$|f(x, y) - f(x, 0)| \leqq \frac{y^2(1 + |y|)}{1 + y^2},$$

so daß $f(x, y) - f(x, 0)$ unabhängig von x mit y gegen Null konvergiert. Es ist also sogar φ auf der x-Achse gleichmäßig stetig. Wegen $|y| < 1 + (y - \delta)^2$ für $\delta < \frac{1}{2}$ gilt

$$|f(0, y + \delta) - f(0, y)| = \frac{|2\delta y + \delta^2|}{1 + (y - \delta)^2} \leqq 2\delta + \delta^2.$$

Diese Differenz konvergiert also unabhängig von y mit δ gegen Null, weswegen die Restriktion von φ auf die y-Achse ebenfalls gleichmäßig stetig ist. Andererseits gilt jedoch mit $y = \dfrac{1}{x}$

$$\left|f\left(x, \frac{1}{x}\right) - f\left(0, \frac{1}{x}\right)\right| = \frac{|1 - x^2|}{(1 + x^2)^2} > \frac{1}{2} \qquad \text{für } |x| < \frac{1}{2}.$$

Daher konvergiert die Differenz $f(x, y) - f(0, y)$ nicht gleichmäßig in y mit x gegen Null, und φ ist somit auf der y-Achse nicht gleichmäßig stetig.

7C (1) Im $\mathbb{R}^{2n}$ sind die n-Tupel reeller Nullstellen im Sinn der vorher in 7C benutzten Bezeichnung durch

$$c_1 \leqq c_2 \leqq \cdots \leqq c_n \qquad \textit{und} \qquad d_1 = \cdots = d_n = 0$$

gekennzeichnet. Sie bilden daher insgesamt eine abgeschlossene und offensichtlich auch zusammenhängende Teilmenge D_0 von D, und die Menge der normierten Polynome n-ten Grades mit nur reellen Nullstellen ist $\varphi^{-1}D_0$. Da φ stetig ist, muß nach 7.7 mit D_0 auch $\varphi^{-1}D_0$ abgeschlossen sein. Und da weiter φ^{-1} ebenfalls stetig ist, folgt nach 7.8 der Zusammenhang von $\varphi^{-1}D_0$.
(2) Da die Eigenwerte stetig von den Koeffizienten des charakteristischen Polynoms und damit stetig von den Elementen der Matrix abhängen, bleiben verschiedene Eigenwerte bei hinreichend kleinen Änderungen der Matrix verschieden. Bei derartigen Änderungen kann die Vielfachheit eines Eigenwerts also höchstens abnehmen. Ebenso wie die Eigenwerte ändern sich auch die zugehörigen Eigenvektoren stetig, und linear unabhängige Eigenvektoren bleiben bei kleinen Änderungen der Matrix linear unabhängig. Ihre Anzahl kann also höchstens zunehmen. Abnehmende Vielfachheit der Eigenwerte oder zunehmende Anzahl linear unabhängiger Eigenvektoren sind aber gerade gleichwertig mit Abnahme der Kästchen-Größe.
Die angegebene Matrix besitzt die Eigenwerte 1 und t, sowie die Eigenvektoren $(1, 0)$ und $(1, t-1)$. Im Fall $t \neq 1$ ist die Matrix zu einer Diagonalmatrix ähnlich, während im Fall $t = 1$ die Eigenvektoren linear abhängig werden, und die gegebene Matrix bereits die *Jordan*'sche Normalform besitzt.

7D Offenbar gilt $\psi(-\mathfrak{x}) = -\psi(\mathfrak{x})$, und $\varphi(\mathfrak{x}) = \varphi(-\mathfrak{x})$ ist gleichwertig mit $\psi\mathfrak{x} = 0$. Es sei nun $\mathfrak{x}_0$ ein beliebiger Punkt aus K. Gilt $\psi\mathfrak{x}_0 = 0$, so ist man fertig. Andernfalls kann $\psi\mathfrak{x}_0 > 0$ angenommen werden. Es folgt $\psi(-\mathfrak{x}_0) < 0$, und da K zusammenhängend ist, muß ψ nach dem Zwischenwertsatz auch den Zwischenwert Null annehmen.

8A (1) Wegen der vorausgesetzten punktweisen Konvergenz gilt $|\varphi\mathfrak{x}^* - \varphi_r\mathfrak{x}^*| < \frac{\varepsilon}{3}$ für einen geeigneten Index r. Wegen der Stetigkeit von φ und φ_r gibt es weiter ein $\delta > 0$, so daß aus $|\mathfrak{x}' - \mathfrak{x}^*| < \delta$ stets

$$|\varphi\mathfrak{x}' - \varphi\mathfrak{x}^*| < \frac{\varepsilon}{3} \qquad \textit{und} \qquad |\varphi_r\mathfrak{x}' - \varphi_r\mathfrak{x}^*| < \frac{\varepsilon}{3}$$

folgt. Wegen der vorausgesetzten Monotonie gilt dann aber auch für alle $\nu \geqq r$

$$\begin{aligned} 0 &\leqq \varphi\mathfrak{x}' - \varphi_\nu\mathfrak{x}' \leqq \varphi\mathfrak{x}' - \varphi_r\mathfrak{x}' \\ &\leqq |\varphi\mathfrak{x}' - \varphi\mathfrak{x}^*| + |\varphi\mathfrak{x}^* - \varphi_r\mathfrak{x}^*| + |\varphi_r\mathfrak{x}^* - \varphi_r\mathfrak{x}'| < \varepsilon. \end{aligned}$$

Wegen $\lim_{\nu\to\infty} \mathfrak{x}_{n_\nu} = \mathfrak{x}^*$ gibt es nun ein $\nu_0 \geqq r$ mit $|\mathfrak{x}_{n_{\nu_0}} - \mathfrak{x}^*| < \delta$. Es folgt dann für ein beliebiges $\mathfrak{x} \in D$ und für alle $\nu \geqq m = n_{\nu_0}$ bei weiterer Ausnutzung der Monotonie

$$0 \leqq \varphi\mathfrak{x} - \varphi_\nu\mathfrak{x} \leqq m_\nu = \varphi\mathfrak{x}_\nu - \varphi_\nu\mathfrak{x}_\nu \leqq \varphi\mathfrak{x}_\nu - \varphi_{n_{\nu_0}}\mathfrak{x}_\nu$$
$$\leqq \varphi\mathfrak{x}_{n_{\nu_0}} - \varphi_{n_{\nu_0}}\mathfrak{x}_{n_{\nu_0}} < \varepsilon.$$

(2) Die in 8.I durch $\varphi_\nu\mathfrak{x} = |\mathfrak{x}|^{\frac{1}{\nu}}$ definierte Abbildungsfolge ist auf dem eingeschränkten Definitionsbereich $D = \{\mathfrak{x} : |\mathfrak{x}| \leqq 1\}$ monoton wachsend. Die Abbildungen sind auch stetig, und die Folge konvergiert punktweise gegen eine im Nullpunkt unstetige Grenzabbildung φ. Der Definitionsbereich D ist kompakt, die Konvergenz ist aber, wie in 8.I gezeigt wurde, nicht gleichmäßig.

8B (1) Nach 4D besitzt der Gesamtraum eine abzählbare Basis $\mathfrak{B}$. Ordnet man nun wie in 4E jedem $B \in \mathfrak{B}$ mit $B \cap D \neq \emptyset$ einen Punkt $\mathfrak{x}_B \in B \cap D$ zu, so ist die Menge $M = \{\mathfrak{x}_B : B \in \mathfrak{B} \wedge B \cap D \neq \emptyset\}$ dieser Punkte abzählbar und dicht in D. (Beweis wie in 4E.)

(2) Als beschränkte Folge enthält $(\varphi_\nu\mathfrak{x}_0)$ eine konvergente Teilfolge $(\varphi_{m_\nu}\mathfrak{x}_0)$. Die entsprechende Teilfolge (φ_{m_ν}) der Abbildungsfolge soll auch mit (φ'_ν) bezeichnet werden. Aus demselben Grund enthält $(\varphi'_\nu\mathfrak{x}_1)$ eine konvergente Teilfolge $(\varphi'_{m_\nu}\mathfrak{x}_1)$. Bezeichnet man die entsprechende Abbildungsfolge (φ'_{m_ν}) mit (φ''_ν), so gilt: (φ''_ν) ist Teilfolge von (φ'_ν) und (φ_ν), und die Folgen $(\varphi''_\nu\mathfrak{x}_0)$, $(\varphi''_\nu\mathfrak{x}_1)$ sind beide konvergent. So fortfahrend konstruiert man Folgen $(\varphi_\nu^{(\kappa)})$ mit folgenden Eigenschaften: $(\varphi_\nu^{(\kappa)})$ ist Teilfolge aller Folgen $(\varphi_\nu^{(\kappa)})$ mit $\kappa \leqq k$; die Vektorfolgen $(\varphi_\nu^{(k)}\mathfrak{x}_\mu)$ konvergieren für $\mu = 0, \dots, k-1$. Die „Diagonalfolge" $(\varphi_\nu^{(\nu)})$ ist dann schließlich eine Teilfolge der ursprünglichen Folge (φ_ν), die in allen Punkten von M konvergiert und die weiterhin mit (φ_{n_ν}) bezeichnet werden soll.

(3) Zu jedem $\mathfrak{x} \in K$ gibt es ein $\delta_\mathfrak{x} > 0$, so daß aus $|\mathfrak{x}^* - \mathfrak{x}| < \delta_\mathfrak{x}$ stets $|\varphi_\nu\mathfrak{x}^* - \varphi_\nu\mathfrak{x}| < \frac{\varepsilon}{3}$ für alle ν folgt. Das Mengensystem $\{U_{\delta_\mathfrak{x}}(\mathfrak{x}) : \mathfrak{x} \in K\}$ ist eine offene Überdeckung der kompakten Menge K. Wegen 5.2 gilt daher

$$K \subset U_{\delta_{\mathfrak{x}_1}}(\mathfrak{x}_1) \cup \cdots \cup U_{\delta_{\mathfrak{x}_r}}(\mathfrak{x}_r)$$

mit geeignetem r.

(4) Wegen der Konvergenz der Folgen $(\varphi_{n_\nu}\mathfrak{x}_1), \dots, (\varphi_{n_\nu}\mathfrak{x}_r)$ gilt mit geeignetem m für $\mu, \nu \geqq m$ und $\varrho = 1, \dots, r$

$$|\varphi_{n_\mu}\mathfrak{x}_\varrho - \varphi_{n_\nu}\mathfrak{x}_\varrho| < \frac{\varepsilon}{3}.$$

Gilt nun $\mathfrak{x} \in K$, so folgt $\mathfrak{x} \in U_{\delta_{\mathfrak{x}_\varrho}}(\mathfrak{x}_\varrho)$ mit geeignetem $\varrho \leqq r$ und daher für $\mu, \nu \geqq m$

$$|\varphi_{n_\mu}\mathfrak{x} - \varphi_{n_\nu}\mathfrak{x}| \leqq |\varphi_{n_\mu}\mathfrak{x} - \varphi_{n_\mu}\mathfrak{x}_\varrho| + |\varphi_{n_\mu}\mathfrak{x}_\varrho - \varphi_{n_\nu}\mathfrak{x}_\varrho| + |\varphi_{n_\nu}\mathfrak{x}_\varrho - \varphi_{n_\nu}\mathfrak{x}|$$
$$< \frac{\varepsilon}{3} + \frac{\varepsilon}{3} + \frac{\varepsilon}{3} = \varepsilon.$$

Da der Index m von $\mathfrak{x}$ nicht abhängt, konvergiert die Teilfolge (φ_{n_ν}) auf K gleichmäßig, sie ist also auf D kompakt konvergent.

9A Für die Umkehrung muß zusätzlich vorausgesetzt werden, daß D zusammenhängend ist. Wenn nämlich D nicht zusammenhängend ist, gibt es nicht leere und in D offene Mengen D_1, D_2 mit $D = D_1 \cup D_2$ und $D_1 \cap D_2 = \emptyset$. Setzt man dann $\varphi\mathfrak{x} = \mathfrak{c}_1$ für $\mathfrak{x} \in D_1$ und $\varphi\mathfrak{x} = \mathfrak{c}_2$ für $\mathfrak{x} \in D_2$ mit $\mathfrak{c}_1 \neq \mathfrak{c}_2$, so ist φ überall in D differenzierbar, das Differential ist überall die Nullabbildung, φ ist aber nicht konstant. Ist nun D zusammenhängend, so sei $\mathfrak{x}_0 \in D$ fest gewählt, und es gelte $M = \{\mathfrak{x} : \mathfrak{x} \in D \wedge \varphi\mathfrak{x} = \varphi\mathfrak{x}_0\}$. Zu zeigen ist $M = D$. Angenommen werde $M \neq D$. Jedenfalls ist M seiner Definition nach in D abgeschlossen. Wegen des Zusammenhangs von D kann dann M nicht auch offen in D sein. Es gibt daher einen Punkt $\mathfrak{x}_1 \in M$ und eine in D enthaltene ε-Umgebung $U_\varepsilon(\mathfrak{x}_1)$ (D sollte ja generell offen sein), die einen Punkt $\mathfrak{x}_2 \in D \backslash M$ enthält. Da die Verbindungsstrecke von $\mathfrak{x}_1$ und $\mathfrak{x}_2$ in $U_\varepsilon(\mathfrak{x}_1)$, erst recht also in D liegt, kann der Mittelwertsatz auf die Koordinatenabbildungen $\varphi_1, \ldots, \varphi_r$ von φ hinsichtlich einer Orthonormalbasis $\{\mathfrak{e}_1, \ldots, \mathfrak{e}_r\}$ von Y angewandt werden. Man erhält mit $\mathfrak{v} = \mathfrak{x}_2 - \mathfrak{x}_1$

$$\varphi_\varrho\mathfrak{x}_2 - \varphi_\varrho\mathfrak{x}_1 = \varphi_\varrho(\mathfrak{x}_1 + \mathfrak{v}) - \varphi_\varrho\mathfrak{x}_1 = \frac{\partial\varphi_\varrho(\mathfrak{x}_1 + q_\varrho\mathfrak{v})}{\partial\mathfrak{v}}$$
$$= [(d_{\mathfrak{x}_1 + q_\varrho\mathfrak{v}}\varphi)\mathfrak{v}] \cdot \mathfrak{e}_\varrho = 0 \qquad (\varrho = 1, \ldots, r),$$

da ja diese Differentiale nach Voraussetzung die Nullabbildung sind. Es folgt $\varphi\mathfrak{x}_2 = \varphi\mathfrak{x}_1$, was $\mathfrak{x}_2 \notin M$ widerspricht.

9B Die Ableitung des Ortsvektors lautet $(-\sin t, \cos t, 1)$. Bei Gültigkeit des Mittelwertsatzes für die Parameterwerte t und $t + h$ müßten die Gleichungen

$$\cos(t+h) - \cos t = -h\sin(t+qh) \qquad \textit{und}$$
$$\sin(t+h) - \sin t = \quad h\cos(t+qh)$$

mit demselben Wert von q erfüllt sein. Quadrieren beider Gleichungen und nachfolgende Addition führen auf

$$h^2 = 2 - 2(\cos(t+h)\cos t + \sin(t+h)\sin t) = 2(1 - \cos h),$$

und diese Gleichung ist nur genau für $h = 0$ erfüllt.

9C (1) $\varphi(\mathfrak{x}+\mathfrak{v}) = ((\mathfrak{x}+\mathfrak{v})\cdot\mathfrak{e})(\mathfrak{x}+\mathfrak{v})\times\mathfrak{e}$

$$= \varphi\mathfrak{x} + [(\mathfrak{x}\cdot\mathfrak{e})\mathfrak{v} + (\mathfrak{v}\cdot\mathfrak{e})\mathfrak{x}]\times\mathfrak{e} + |\mathfrak{v}|\left[\frac{\mathfrak{v}\cdot\mathfrak{e}}{|\mathfrak{v}|}\mathfrak{v}\times\mathfrak{e}\right].$$

Da die erste eckige Klammer linear von $\mathfrak{v}$ abhängt und da die zweite eckige Klammer mit $\mathfrak{v}$ gegen den Nullvektor konvergiert, ist φ überall differenzierbar, und es gilt

$$(d_{\mathfrak{x}}\varphi)\mathfrak{v} = [(\mathfrak{x}\cdot\mathfrak{e})\mathfrak{v} + (\mathfrak{v}\cdot\mathfrak{e})\mathfrak{x}]\times\mathfrak{e}.$$

(2) Im Nullpunkt gilt wegen $\psi\mathfrak{o} = \mathfrak{o}$

$$\psi(\mathfrak{o}+\mathfrak{v}) = |\mathfrak{v}|\mathfrak{e}\times\mathfrak{v} = \psi\mathfrak{o} + |\mathfrak{v}|\mathfrak{e}\times\mathfrak{v},$$

wobei noch $\mathfrak{e}\times\mathfrak{v}$ mit $\mathfrak{v}$ gegen den Nullvektor konvergiert. Daher ist ψ im Nullpunkt differenzierbar, und $d_0\psi$ ist die Nullabbildung. Weiterhin gelte jetzt $\mathfrak{x} \neq \mathfrak{o}$. Mit einem beliebigen Vektor $\mathfrak{v}$ ergibt sich

$$\frac{1}{h}(\psi(\mathfrak{x}+h\mathfrak{v}) - \psi\mathfrak{x}) = \frac{|\mathfrak{x}+h\mathfrak{v}| - |\mathfrak{x}|}{h}\mathfrak{e}\times\mathfrak{x} + |\mathfrak{x}+h\mathfrak{v}|\mathfrak{e}\times\mathfrak{v}.$$

Für $h \to 0$ konvergiert der zweite Summand gegen $|\mathfrak{x}|\mathfrak{e}\times\mathfrak{v}$. Für den Faktor des ersten Summanden ergibt sich mit Hilfe der Regel von *de l'Hospital*

$$\lim_{h\to 0}\frac{|\mathfrak{x}+h\mathfrak{v}| - |\mathfrak{x}|}{h} = \lim_{h\to 0}\frac{\sqrt{|\mathfrak{x}|^2 + 2h\mathfrak{x}\cdot\mathfrak{v} + h^2|\mathfrak{v}|^2} - |\mathfrak{x}|}{h}$$

$$= \lim_{h\to 0}\frac{2(\mathfrak{x}\cdot\mathfrak{v}) + 2h|\mathfrak{v}|^2}{2\sqrt{|\mathfrak{x}|^2 + 2h\mathfrak{x}\cdot\mathfrak{v} + h^2|\mathfrak{v}|^2}} = \frac{\mathfrak{x}\cdot\mathfrak{v}}{|\mathfrak{x}|},$$

so daß man insgesamt für die partielle Ableitung folgenden Wert erhält

$$\frac{\partial\psi(\mathfrak{x})}{\partial\mathfrak{v}} = \frac{\mathfrak{x}\cdot\mathfrak{v}}{|\mathfrak{x}|}\mathfrak{e}\times\mathfrak{x} + |\mathfrak{x}|\mathfrak{e}\times\mathfrak{v}.$$

Da diese partielle Ableitung für jeden Vektor $\mathfrak{v}$ existiert und überall (auch im Nullpunkt) stetig ist, ist auch ψ überall differenzierbar.

10A Bezeichnet man die Koordinaten von $\mathfrak{x}$ mit x, y, z, so gilt

$$\varphi\mathfrak{x} = (0, xz, -xy), \quad \psi\mathfrak{x} = \sqrt{x^2+y^2+z^2}(0, -z, y).$$

Die entsprechenden Funktionalmatrizen sind

$$\begin{pmatrix} 0 & z & -y \\ 0 & 0 & -x \\ 0 & x & 0 \end{pmatrix}, \quad \frac{1}{\sqrt{x^2+y^2+z^2}}\begin{pmatrix} 0 & -xz & xy \\ 0 & -yz & x^2+2y^2+z^2 \\ 0 & -x^2-y^2-2z^2 & zy \end{pmatrix},$$

wobei die zweite Matrix im Nullpunkt durch die Nullmatrix zu ersetzen ist. Ihre Werte im Punkt $\mathfrak{x}_0$ sind

$$\begin{pmatrix} 0 & -2 & -1 \\ 0 & 0 & -2 \\ 0 & 2 & 0 \end{pmatrix}, \qquad \frac{1}{3}\begin{pmatrix} 0 & 4 & 2 \\ 0 & 2 & 10 \\ 0 & -13 & -2 \end{pmatrix}.$$

Multipliziert man diese Matrizen von links mit der Koordinatenzeile von $\mathfrak{v}$, so erhält man als partielle Ableitungen

$$\varphi'_{\mathfrak{v}}(\mathfrak{x}_0) = (0,\ -2,\ -1),\quad \psi'_{\mathfrak{v}}(\mathfrak{x}_0) = \tfrac{1}{3}(0,\ -16,\ -8).$$

10B Bezeichnet man die Koordinaten hinsichtlich der ursprünglich gegebenen Orthonormalbasis mit x, y, z, so ist ψ die Koordinatenfunktion

$$f(x, y, z) = -\frac{(x-y)^2 + 2z^2}{(x-y)^2 + 2z^2 + \frac{1}{12}(x^2+y^2+z^2)^2}$$

zugeordnet. Es folgt, wenn man mit Z, N den Zähler bzw. Nenner von f bezeichnet

$$\operatorname{grad} f = \frac{2}{N^2}(Z-N)(x-y,\ y-x,\ 2z) + \frac{Z(x^2+y^2+z^2)}{3N^2}(x, y, z),$$

so daß sich nach Einsetzen der Koordinaten von $\mathfrak{x}_0$

$$\operatorname{grad}_{\mathfrak{x}_0}\psi = -\tfrac{1}{6}(-1, 1, 2) + \tfrac{1}{6}(1, 2, 1) = \tfrac{1}{6}(2, 1, -1)$$

ergibt. Bei der Lösung von 6C wurde eine Orthonormalbasis mit $\frac{1}{\sqrt{2}}(1, 1, 0)$ als erstem Basisvektor benutzt. Als die beiden anderen Basisvektoren kann man $\frac{1}{\sqrt{2}}(-1, 1, 0)$ und $(0, 0, 1)$ verwenden, so daß

$$S = \begin{pmatrix} \frac{1}{\sqrt{2}} & \frac{1}{\sqrt{2}} & 0 \\ -\frac{1}{\sqrt{2}} & \frac{1}{\sqrt{2}} & 0 \\ 0 & 0 & 1 \end{pmatrix}$$

die Matrix der Basistransformation ist. Bezeichnet man die Koordinaten hinsichtlich dieser neuen Basis mit $\bar{x}, \bar{y}, \bar{z}$, so wurde als zu ψ gehörende Koordinatenfunktion in der Lösung von 6C bereits

$$g(\bar{x}, \bar{y}, \bar{z}) = -\frac{r^2}{r^2 + \frac{1}{24}(\bar{x}^2 + r^2)^2} \quad \text{mit} \quad r^2 = \bar{y}^2 + \bar{z}^2$$

errechnet. Es folgt jetzt mit $\bar{Z}$, $\bar{N}$ als Zähler bzw. Nenner von g

$$\operatorname{grad} g = \frac{2}{\bar{N}^2}(\bar{Z} - \bar{N})(0, \bar{y}, \bar{z}) + \frac{\bar{Z}}{6\bar{N}^2}(\bar{x}^2 + r^2)(\bar{x}, \bar{y}, \bar{z}).$$

Die Koordinaten von $\mathfrak{x}_0$ im neuen Koordinatensystem sind

$$(1, 2, 1)S^T = \left(\frac{3}{\sqrt{2}}, \frac{1}{\sqrt{2}}, 1\right),$$

so daß sich als Gradientenvektor an dieser Stelle jetzt bezüglich der neuen Basis

$$\begin{aligned} \operatorname{grad}_{\mathfrak{x}_0} \psi &= -\frac{1}{3}\left(0, \frac{1}{\sqrt{2}}, 1\right) + \frac{1}{6}\left(\frac{3}{\sqrt{2}}, \frac{1}{\sqrt{2}}, 1\right) \\ &= \frac{1}{6}\left(\frac{3}{\sqrt{2}}, -\frac{1}{\sqrt{2}}, -1\right) \end{aligned}$$

ergibt. Wegen

$$\frac{1}{6}\left(\frac{3}{\sqrt{2}}, -\frac{1}{\sqrt{2}}, -1\right)S = \tfrac{1}{6}(2, 1, -1)$$

stimmt dies mit dem vorher gewonnenen Ergebnis überein.

10C Es gilt $\operatorname{grad} f = (2x, 4y, -1)$ und daher $\operatorname{grad}_{\mathfrak{x}_0} f = (6, -8, -1)$. Wegen $z_0 = x_0^2 + 2y_0^2 = 17$, $\mathfrak{x}_0 + \operatorname{grad}_{\mathfrak{x}_0} f = (9, -10, 16)$ und $f(9, -10, 16) = 265 > 0$ hat der Gradientenvektor die geforderte Richtung, so daß

$$\mathfrak{n} = \frac{1}{\sqrt{101}}(6, -8, -1)$$

die gesuchte Flächennormale ist. Die Parameterdarstellung des Paraboloids lautet

$$\mathfrak{x}(r, u) = (\sqrt{2}r\cos u, r\sin u, 2r^2),$$

und $\mathfrak{x}_0$ entsprechen die Parameterwerte

$$r_0 = \sqrt{\frac{1}{2}z_0} = \sqrt{\frac{17}{2}}, \quad u_0 = \arcsin\frac{y_0}{r_0} = \arcsin\left(-\frac{2\sqrt{2}}{\sqrt{17}}\right).$$

Es gilt

$$\mathfrak{x}'_u(r, u) = (-\sqrt{2}r\sin u, r\cos u, 0),$$

$$\mathfrak{x}'_r(r, u) = (\sqrt{2}\cos u, \sin u, 4r)$$

und daher

$$\mathfrak{x}'_u(r_0, u_0) = \left(-\sqrt{2}y_0, \frac{1}{\sqrt{2}}x_0, 0\right) = \frac{1}{\sqrt{2}}(4, 3, 0),$$

$$\mathfrak{x}'_r(r_0, u_0) = \left(\frac{x_0}{r_0}, \frac{y_0}{r_0}, 4r_0\right) = \frac{1}{r_0}(3, -2, 34).$$

Es folgt

$$\mathfrak{x}'_u(r_0, u_0) \times \mathfrak{x}'_r(r_0, u_0) = \frac{1}{\sqrt{17}}(102, -136, -17) = \sqrt{17}(6, -8, -1).$$

Nach Normierung erhält man hier wieder denselben Vektor $\mathfrak{n}$.

11A Der Mittelpunkt des Kreises durch $\mathfrak{a}_1$, $\mathfrak{a}_2$, $\mathfrak{x}$ ist

$$\mathfrak{m}_1 = \tfrac{1}{2}(\cot\alpha, 1).$$

Entsprechend besitzt der Kreis durch $\mathfrak{a}_2$, $\mathfrak{a}_3$, $\mathfrak{x}$ den Mittelpunkt

$$\mathfrak{m}_2 = (1, \cot\beta).$$

Weiter ist

$$\mathfrak{n} = (\tfrac{1}{2} - \cot\beta, 1 - \tfrac{1}{2}\cot\alpha)$$

ein auf $\mathfrak{m}_1 - \mathfrak{m}_2$ senkrecht stehender Vektor. Es folgt

$$\begin{aligned}\mathfrak{x} &= \frac{2}{|\mathfrak{n}|^2}(\mathfrak{m}_1 \cdot \mathfrak{n})\mathfrak{n} \\ &= \frac{1 - \cot\alpha\cot\beta}{(\frac{1}{2} - \cot\beta)^2 + (1 - \frac{1}{2}\cot\alpha)^2}(\tfrac{1}{2} - \cot\beta, 1 - \tfrac{1}{2}\cot\alpha).\end{aligned}$$

In den gegebenen beiden Fällen ergibt dies die Punkte

$$\mathfrak{x}_1 = (0{,}65; 0{,}52), \quad \mathfrak{x}_2 = (1{,}74; 1{,}92)$$

Als partielle Ableitungen der Koordinatenfunktionen x_1, x_2 erhält man, wenn Z und N den Zähler bzw. Nenner des gemeinsamen Faktors bedeuten,

$$\frac{\partial x_1}{\partial \alpha} = \frac{1}{N^2 \sin^2 \alpha} (\cot \beta \cdot N - (1 - \tfrac{1}{2} \cot \alpha) Z)(\tfrac{1}{2} - \cot \beta),$$

$$\frac{\partial x_1}{\partial \beta} = \frac{1}{N^2 \sin^2 \beta} (\cot \alpha \cdot N - (\tfrac{1}{2} - \cot \beta) \cdot 2Z)(\tfrac{1}{2} - \cot \beta) + \frac{Z}{N \cdot \sin^2 \beta},$$

$$\frac{\partial x_2}{\partial \alpha} = \frac{1}{N^2 \sin^2 \alpha} (\cot \beta \cdot N - (1 - \tfrac{1}{2} \cot \alpha) Z)(1 - \tfrac{1}{2} \cot \alpha) + \frac{Z}{2N \sin^2 \alpha},$$

$$\frac{\partial x_2}{\partial \beta} = \frac{1}{N^2 \sin^2 \beta} (\cot \alpha \cdot N - (\tfrac{1}{2} - \cot \beta) \cdot 2Z)(1 - \tfrac{1}{2} \cot \alpha).$$

Bei der Abschätzung der Suprema wird man die Winkel jeweils so um ein Grad abändern, daß man stets eine Abschätzung nach oben erhält. Als Schranken ergeben sich im ersten Fall

$$\left|\frac{\partial x_1}{\partial \alpha}\right| \leqq 0,9, \quad \left|\frac{\partial x_1}{\partial \beta}\right| \leqq 2,6, \quad \left|\frac{\partial x_2}{\partial \alpha}\right| \leqq 1,2, \quad \left|\frac{\partial x_2}{\partial \beta}\right| \leqq 1,4.$$

Berücksichtigt man nun noch, daß die Fehlerschranke von 1° in Bogenmaß $1{,}7 \cdot 10^{-2}$ beträgt, so erhält man schließlich

$$|\Delta x_1| \leqq (0{,}9 + 2{,}6) \cdot 1{,}7 \cdot 10^{-2} \leqq 6 \cdot 10^{-2},$$

$$|\Delta x_2| \leqq (1{,}2 + 1{,}4) \cdot 1{,}7 \cdot 10^{-2} \leqq 4{,}5 \cdot 10^{-2}.$$

Hier hätte man auch auf die Abschätzung der Suprema verzichten können, ohne an den Größenordnungen der Abschätzungen etwas zu ändern. Ganz andere Verhältnisse ergeben sich jedoch im zweiten Fall. Hier lauten die Abschätzungen

$$\left|\frac{\partial x_1}{\partial \alpha}\right| \leqq 70, \quad \left|\frac{\partial x_1}{\partial \beta}\right| \leqq 38, \quad \left|\frac{\partial x_2}{\partial \alpha}\right| \leqq 214, \quad \left|\frac{\partial x_2}{\partial \beta}\right| \leqq 100,$$

so daß man

$$|\Delta x_1| \leqq 108 \cdot 1{,}7 \cdot 10^{-2} \leqq 1{,}9,$$

$$|\Delta x_2| \leqq 314 \cdot 1{,}7 \cdot 10^{-2} \leqq 5{,}4$$

erhält. Wenn diese Abschätzungen auch recht grob durchgeführt wurden, so zeigen sie doch, daß die Berechnung von $\mathfrak{x}_2$ sinnlos ist, weil das Berechnungsverfahren bei diesen Werten zu fehleranfällig ist. Der Leser überlege sich, welches der geometrische Grund hierfür ist. (Schnitt zweier sehr benachbarter Kreise!)

11B (1) Für $\mathfrak{v} \in U$ gilt

$$\big([\operatorname{grad}(\varphi \circ \psi)]\mathfrak{u}\big) \cdot \mathfrak{v} = \big(\operatorname{grad}_{\mathfrak{u}}(\varphi \circ \psi)\big) \cdot \mathfrak{v} = [d_{\mathfrak{u}}(\varphi \circ \psi)]\mathfrak{v}.$$

Anwendung von 11.5 ergibt dann

$$\begin{aligned}\big([\operatorname{grad}(\varphi \circ \psi)]\mathfrak{u}\big) \cdot \mathfrak{v} &= [(d_{\psi\mathfrak{u}}\varphi) \circ (d_{\mathfrak{u}}\psi)]\mathfrak{v} \\ &= (d_{\psi\mathfrak{u}}\varphi)[(d_{\mathfrak{u}}\psi)\mathfrak{v}] = (\operatorname{grad}_{\psi\mathfrak{u}}\varphi) \cdot [(d_{\mathfrak{u}}\psi)\mathfrak{v}] \\ &= [((\operatorname{grad}\varphi) \circ \psi)\mathfrak{u}] \cdot [(d_{\mathfrak{u}}\psi)\mathfrak{v}] \\ &= \big((d_{\mathfrak{u}}\psi)^* [((\operatorname{grad}\varphi) \circ \psi)\mathfrak{u}]\big) \cdot \mathfrak{v}.\end{aligned}$$

Da dies für alle $\mathfrak{v} \in U$ gilt, folgt die Behauptung.

(2) Im Fall der Ebene lauten die Koordinatengleichungen

$$x = r\cos u, \quad y = r\sin u.$$

Dem Differential $d_{\mathfrak{u}}\psi$ mit $\mathfrak{u} = (r, u)$ entspricht die Matrix

$$A = \begin{pmatrix} \cos u & \sin u \\ -r\sin u & r\cos u \end{pmatrix} = \begin{pmatrix} 1 & 0 \\ 0 & r \end{pmatrix} \begin{pmatrix} \cos u & \sin u \\ -\sin u & \cos u \end{pmatrix}.$$

Da sich bei der ganz rechts stehenden orthogonalen Matrix Inversion und Transposition aufheben, ist $(d_{\mathfrak{u}}\psi)^{*-1}$ die Matrix $(r \neq 0)$

$$(A^T)^{-1} = \begin{pmatrix} 1 & 0 \\ 0 & \frac{1}{r} \end{pmatrix} \begin{pmatrix} \cos u & \sin u \\ -\sin u & \cos u \end{pmatrix} = \begin{pmatrix} \cos u & \sin u \\ -\frac{1}{r}\sin u & \frac{1}{r}\cos u \end{pmatrix}$$

zugeordnet. Der auf Polarkoordinaten transformierte Gradient von f wird daher durch

$$\left(\frac{\partial h}{\partial r}, \frac{\partial h}{\partial u}\right)(A^T)^{-1} = \frac{\partial h}{\partial r}(\cos u, \sin u) + \frac{1}{r}\,\frac{\partial h}{\partial u}(-\sin u, \cos u)$$

gegeben. Entsprechend gilt im Fall des dreidimensionalen Raumes:

$$x = r\cos u \cos v, \; y = r\sin u \cos v, \; z = r\sin v.$$

$$A = \begin{pmatrix} \cos u \cos v & \sin u \cos v & \sin v \\ -r\sin u \cos v & r\cos u \cos v & 0 \\ -r\cos u \sin v & -r\sin u \sin v & r\cos v \end{pmatrix},$$

$$(A^T)^{-1} = \begin{pmatrix} 1 & 0 & 0 \\ 0 & \dfrac{1}{r\cos v} & 0 \\ 0 & 0 & \dfrac{1}{r} \end{pmatrix} \begin{pmatrix} \cos u \cos v & \sin u \cos v & \sin v \\ -\sin u & \cos u & 0 \\ -\cos u \sin u & -\sin u \sin v & \cos v \end{pmatrix},$$

$$\begin{aligned}\left(\frac{\partial h}{\partial r}, \frac{\partial h}{\partial u}, \frac{\partial h}{\partial v}\right)(A^T)^{-1} &= \frac{\partial h}{\partial r}(\cos u \cos v, \sin u \cos v, \sin v) \\ &+ \frac{1}{r\cos v}\frac{\partial h}{\partial u}(-\sin u, \cos u, 0) \\ &+ \frac{1}{r}\frac{\partial h}{\partial v}(-\cos u \sin v, -\sin u \sin v, \cos v).\end{aligned}$$

11C Wegen $\mathfrak{x} = \varepsilon\mathfrak{x}$ und $d_{\mathfrak{x}}\varepsilon = \varepsilon$ (ε = Identität) gilt $\dfrac{\partial \mathfrak{x}}{\partial \mathfrak{v}} = \mathfrak{v}$. Aus $\varphi\mathfrak{x} = (\mathfrak{x} \cdot \mathfrak{e})\mathfrak{x} \times \mathfrak{e}$ folgt daher

$$\begin{aligned}\frac{\partial \varphi(\mathfrak{x})}{\partial \mathfrak{v}} &= \left(\frac{\partial \mathfrak{x}}{\partial \mathfrak{v}} \cdot \mathfrak{e}\right)\mathfrak{x} \times \mathfrak{e} + (\mathfrak{x} \cdot \mathfrak{e})\frac{\partial \mathfrak{x}}{\partial \mathfrak{v}} \times \mathfrak{e} \\ &= (\mathfrak{v} \cdot \mathfrak{e})\mathfrak{x} \times \mathfrak{e} + (\mathfrak{x} \cdot \mathfrak{e})\mathfrak{v} \times \mathfrak{e}\end{aligned}$$

und aus $\psi\mathfrak{x} = |\mathfrak{x}|\mathfrak{e} \times \mathfrak{x}$ wegen $|\mathfrak{x}| = \sqrt{\mathfrak{x} \cdot \mathfrak{x}}$ im Fall $\mathfrak{x} \neq \mathfrak{o}$

$$\frac{\partial \psi(\mathfrak{x})}{\partial \mathfrak{v}} = \frac{\dfrac{\partial \mathfrak{x}}{\partial \mathfrak{v}} \cdot \mathfrak{x}}{\sqrt{\mathfrak{x} \cdot \mathfrak{x}}}\mathfrak{e} \times \mathfrak{x} + |\mathfrak{x}|\mathfrak{e} \times \frac{\partial \mathfrak{x}}{\partial \mathfrak{v}} = \frac{\mathfrak{v} \cdot \mathfrak{x}}{|\mathfrak{x}|}\mathfrak{e} \times \mathfrak{x} + |\mathfrak{x}|\mathfrak{e} \times \mathfrak{v}$$

in Übereinstimmung mit den Ergebnissen aus 9C.

12A

$$\operatorname{Det}\frac{\partial(u, v, w)}{\partial(x, y, z)} = \begin{vmatrix} \sin(yz) & \cos(yz) & 2x \\ xz\cos(yz) & -xz\sin(yz) & 2y \\ xy\cos(yz) & -xy\sin(yz) & 2z \end{vmatrix} = 2x(y^2 - z^2).$$

Lokale Umkehrbarkeit herrscht jedenfalls, wenn diese Determinante nicht verschwindet, wenn also $x \neq 0$ und $y \neq \pm z$ gilt. Wegen $w(0, y, z) = y^2 + z^2$ können y und z stetig so geändert werden, daß dieser Wert konstant bleibt. Da außerdem unabhängig von y und z stets $u(0, y, z) = v(0, y, z) = 0$ gilt, ist φ in den Punkten $(0, y, z)$ nicht lokal umkehrbar. Setzt man im Fall $x \neq 0$, $y = \pm z$

$$x(t) = \left(x^2 + \left(2 - t^2 - \frac{1}{t^2}\right)y^2\right)^{\frac{1}{2}}, \quad y(t) = ty, \quad z(t) = \frac{1}{t}z,$$

so ist der bei $x(t)$ auftretende Radikand für t-Werte aus einer Umgebung der Eins jedenfalls positiv, und $\mathfrak{x}(t) = (x(t), y(t), z(t))$ konvergiert für $t \to 1$ gegen $\mathfrak{x} = (x, y, z)$. Außerdem gilt aber, wie eine kurze Zwischenrechnung zeigt, $\varphi\mathfrak{x}(t) = \varphi\mathfrak{x}\left(\frac{1}{t}\right)$, so daß φ auch in diesen Fällen nicht lokal umkehrbar ist.

An der Stelle $\mathfrak{x}_0 = (1, 0, 2)$ gilt

$$A = \left.\frac{\partial(u, v, w)}{\partial(x, y, z)}\right|_{\mathfrak{x}_0} = \begin{pmatrix} 0 & 1 & 2 \\ 2 & 0 & 0 \\ 0 & 0 & 4 \end{pmatrix}, \quad A^{-1} = \tfrac{1}{4}\begin{pmatrix} 0 & 2 & 0 \\ 4 & 0 & -2 \\ 0 & 0 & 1 \end{pmatrix}$$

und daher

$$\frac{\partial\varphi_{\mathfrak{x}_0}^{-1}(\varphi\mathfrak{x}_0)}{\partial\mathfrak{v}} = (2, 1, -2)A^{-1} = (1, 1, -1).$$

12B Nach Einsetzen von $\mathfrak{x}^* = (x^*, y^*, z^*)$ erhält man

$$v\sin\frac{\pi}{2}(u^2 - 1) + u(3u + 4) = -1,$$

$$1 + v = 2.$$

Es folgt $v^* = 1$, und die resultierende Gleichung

$$3u^2 + 4u + \sin\frac{\pi}{2}(u^2 - 1) = -1$$

besitzt nur genau die Lösungen $u^* = 0$ und $u^* = -1$. Es werde $\mathfrak{u}_1^* = (0, 1)$, $\mathfrak{u}_2^* = (-1, 1)$ gesetzt. Die Funktionalmatrix

$$\frac{\partial(f, g)}{\partial(u, v)} = \begin{pmatrix} uv\cos\frac{\pi}{2}(u^2 - y) + (6u + 4)\cos(xz) & z \\ \sin\frac{\pi}{2}(u^2 - y) & y \end{pmatrix}$$

nimmt an den betreffenden Stellen folgende Werte an:

$$\left.\frac{\partial(f, g)}{\partial(u, v)}\right|_{(\mathfrak{x}^*, \mathfrak{u}_1^*)} = \begin{pmatrix} 4 & 0 \\ -1 & 1 \end{pmatrix}, \quad \left.\frac{\partial(f, g)}{\partial(u, v)}\right|_{(\mathfrak{x}^* \mathfrak{u}_2^*)} = \begin{pmatrix} -\pi & 0 \\ 0 & 1 \end{pmatrix}.$$

In beiden Fällen sind diese Matrizen regulär. Weiter gilt

$$\frac{\partial(f,g)}{\partial(x,y,z)} = \begin{pmatrix} -uz(3u+4)\sin(xz) & 2x \\ -\frac{\pi}{2}yv\cos\frac{\pi}{2}(u^2-y) & v \\ -ux(3u+4)\sin(xz) & u \end{pmatrix}$$

und daher

$$\left.\frac{\partial(f,g)}{\partial(x,y,z)}\right|_{(\mathfrak{x}^*,\mathfrak{u}_1^*)} = \begin{pmatrix} 0 & 2 \\ 0 & 1 \\ 0 & 0 \end{pmatrix}, \quad \left.\frac{\partial(f,g)}{\partial(x,y,z)}\right|_{(\mathfrak{x}^*,\mathfrak{u}_2^*)} = \begin{pmatrix} 0 & 2 \\ -\frac{\pi}{2} & 1 \\ 0 & -1 \end{pmatrix}.$$

Damit erhält man schließlich bezüglich $\mathfrak{u}_1^*$

$$\left.\frac{\partial(u,v)}{\partial(x,y,z)}\right|_{\mathfrak{x}^*} = -\tfrac{1}{4}\begin{pmatrix} 0 & 2 \\ 0 & 1 \\ 0 & 0 \end{pmatrix}\begin{pmatrix} 1 & 0 \\ 1 & 4 \end{pmatrix} = -\tfrac{1}{4}\begin{pmatrix} 2 & 8 \\ 1 & 4 \\ 0 & 0 \end{pmatrix}$$

und bezüglich $\mathfrak{u}_2^*$

$$\left.\frac{\partial(u,v)}{\partial(x,y,z)}\right|_{\mathfrak{x}^*} = -\begin{pmatrix} 0 & 2 \\ -\frac{\pi}{2} & 1 \\ 0 & -1 \end{pmatrix}\begin{pmatrix} -\frac{1}{\pi} & 0 \\ 0 & 1 \end{pmatrix} = -\frac{1}{2}\begin{pmatrix} 0 & 4 \\ 2 & 2 \\ 0 & -2 \end{pmatrix}.$$

12C Die durch $\varphi\mathfrak{x} = |\mathfrak{x}|^2\mathfrak{x}$ definierte erste Abbildung ist überall injektiv: Aus $\varphi\mathfrak{x}_1 = \varphi\mathfrak{x}_2$, also aus $|\mathfrak{x}_1|^2\mathfrak{x}_1 = |\mathfrak{x}_2|^2\mathfrak{x}_2$ folgt durch Betragsbildung zunächst $|\mathfrak{x}_1|^3 = |\mathfrak{x}_2|^3$ und damit $|\mathfrak{x}_1| = |\mathfrak{x}_2|$, also schließlich $\mathfrak{x}_1 = \mathfrak{x}_2$. Es galt

$$(d_{\mathfrak{x}}\varphi)\mathfrak{v} = |\mathfrak{x}|^2\mathfrak{v} + 2(\mathfrak{x}\cdot\mathfrak{v})\mathfrak{x}.$$

Da dies für $\mathfrak{x} = \mathfrak{o}$ die Nullabbildung ist, ist φ^{-1} im Nullpunkt nicht differenzierbar. Im Fall $\mathfrak{x} \neq \mathfrak{o}$ folgt aus $(d_{\mathfrak{x}}\varphi)\mathfrak{v} = \mathfrak{o}$ zunächst die lineare Abhängigkeit von $\mathfrak{x}$ und $\mathfrak{v}$, also $\mathfrak{v} = c\mathfrak{x}$, und nach Einsetzen dieses Wertes weiter

$$c|\mathfrak{x}|^2\mathfrak{x} + 2c|\mathfrak{x}|^2\mathfrak{x} = \mathfrak{o},$$

woraus $c = 0$, also $\mathfrak{v} = \mathfrak{o}$ folgt. Daher ist $d_{\mathfrak{x}}\varphi$ jetzt regulär, und φ^{-1} ist somit in $\mathfrak{x}$ differenzierbar. Aus $\mathfrak{v} = (d_{\varphi\mathfrak{x}}\varphi^{-1})\mathfrak{w} = (d\ \varphi)^{-1}\mathfrak{w}$ ergibt sich

$$\mathfrak{w} = (d_{\mathfrak{x}}\varphi)\mathfrak{v} = |\mathfrak{x}|^2\mathfrak{v} + 2(\mathfrak{x}\cdot\mathfrak{v})\mathfrak{x}.$$

Setzt man $\mathfrak{v} = a\mathfrak{x} + b\mathfrak{w}$, so folgt

$$\mathfrak{w} = \big(3a|\mathfrak{x}|^2 + 2b(\mathfrak{x}\cdot\mathfrak{w})\big)\mathfrak{x} + b|\mathfrak{x}|^2\mathfrak{w}.$$

Sind $\mathfrak{x}$ und $\mathfrak{w}$ linear unabhängig, erhält man

$$b = \frac{1}{|\mathfrak{x}|^2}, \quad a = -\frac{2(\mathfrak{x}\cdot\mathfrak{w})}{3|\mathfrak{x}|^4}$$

und daher

$$(d_{\varphi\mathfrak{x}}\varphi^{-1})\mathfrak{w} = \mathfrak{v} = -\frac{2(\mathfrak{x}\cdot\mathfrak{w})}{3|\mathfrak{x}|^4}\mathfrak{x} + \frac{1}{|\mathfrak{x}|^2}\mathfrak{w}.$$

Wie man sofort nachprüft, ist diese Gleichung auch im Fall linearer Abhängigkeit von $\mathfrak{x}$ und $\mathfrak{w}$ richtig.
Für die zweite, durch $\varphi\mathfrak{x} = (\mathfrak{e}\times\mathfrak{x})\times\mathfrak{x}$ definierte Abbildung gilt

$$\varphi\mathfrak{x} = \begin{cases} \mathfrak{o} & \textit{für alle} \quad \mathfrak{x}\in[\mathfrak{e}] \\ -|\mathfrak{x}|^2\mathfrak{e} & \phantom{\textit{für alle}} \quad \mathfrak{x}\in[\mathfrak{e}]^\perp. \end{cases}$$

In allen diesen Punkten ist φ also sicher nicht lokal umkehrbar. Weiterhin gelte nun $\mathfrak{x}\cdot\mathfrak{e} \neq 0$ und $\mathfrak{x}\notin[\mathfrak{e}]$. Bereits in 9.III wurde

$$\mathfrak{w} = (d_\mathfrak{x}\varphi)\mathfrak{v} = (\mathfrak{e}\times\mathfrak{v})\times\mathfrak{x} + (\mathfrak{e}\times\mathfrak{x})\times\mathfrak{v}$$

gezeigt. Diese Gleichung ist unter den angegebenen Voraussetzungen stets nach $\mathfrak{v}$ auflösbar: Die Vektoren $\mathfrak{e}$, $\mathfrak{x}$ und $\mathfrak{e}\times\mathfrak{x}$ sind jedenfalls linear unabhängig. Setzt man $\mathfrak{v}$ als Linearkombination aus ihnen an, so erhält man nach etwas längerer Zwischenrechnung

$$\mathfrak{v} = \frac{\mathfrak{x}\cdot\mathfrak{w}}{2|\mathfrak{e}\times\mathfrak{x}|^2}\mathfrak{e} + \frac{\mathfrak{w}\cdot(\mathfrak{e}\times\mathfrak{x})}{(\mathfrak{e}\cdot\mathfrak{x})|\mathfrak{e}\times\mathfrak{x}|^2}(\mathfrak{e}\times\mathfrak{x}) - \frac{1}{2|\mathfrak{e}\times\mathfrak{x}|^2}(\mathfrak{e}\times\mathfrak{x})\times\mathfrak{w}$$

oder einen der zahlreichen äquivalenten Ausdrücke. Damit ist $(d_{\varphi\mathfrak{x}}\varphi^{-1})\mathfrak{w} = \mathfrak{v}$ berechnet und gleichzeitig gezeigt, daß $d_\mathfrak{x}\varphi$ regulär ist, daß φ also in diesen Punkten tatsächlich lokal umkehrbar ist.

13A (1) Es gilt

$$\begin{aligned}[(d\varphi)\mathfrak{x}]\mathfrak{v} &= (\mathfrak{e}_1\times\mathfrak{v})\times\mathfrak{x} + (\mathfrak{e}_1\times\mathfrak{x})\times\mathfrak{v} \\ &= -2(x_2v_2 + x_3v_3)\mathfrak{e}_1 + (x_1v_2 + x_2v_1)\mathfrak{e}_2 + (x_1v_3 + x_3v_1)\mathfrak{e}_3 \\ &= (x_2\mathfrak{e}_2 + x_3\mathfrak{e}_3)v_1 + (-2x_2\mathfrak{e}_1 + x_1\mathfrak{e}_2)v_2 + (-2x_3\mathfrak{e}_1 + x_1\mathfrak{e}_3)v_3,\end{aligned}$$

also

$$d\varphi = (0, x_2, x_3)d\omega_1 + (-2x_2, x_1, 0)d\omega_2 + (-2x_3, 0, x_1)d\omega_3$$

und

$$\begin{aligned}\alpha = x_2 d\omega_1\cdot d\omega_2 + x_3 d\omega_1\cdot d\omega_3 - 2x_2 d\omega_2\cdot d\omega_1 + x_1 d\omega_2\cdot d\omega_2 \\ -2x_3 d\omega_3\cdot d\omega_1 + x_1 d\omega_3\cdot d\omega_3.\end{aligned}$$

(2) Mit Hilfe dieser Koordinatendarstellung erhält man

$$[(d\varphi)\mathfrak{x}]\mathfrak{u} = 2\cdot(0,3,-1) + 0\cdot(-6,1,0) - 4\cdot(2,0,1) = (-8,6,-6),$$
$$[\alpha\mathfrak{x}](\mathfrak{v},\mathfrak{w}) = 3\cdot 1\cdot 2 + (-1)\cdot 1\cdot(-3) - 2\cdot 3\cdot 1\cdot(-1)$$
$$+ 1\cdot 1\cdot 2 - 2\cdot(-1)\cdot 2\cdot(-1) + 1\cdot 2\cdot(-3) = 7.$$

Zu denselben Resultaten gelangt man aber natürlich auch durch direktes Einsetzen in die Definitionen:

$$[(d\varphi)\mathfrak{x}]\mathfrak{u} = (\mathfrak{e}_1\times\mathfrak{u})\times\mathfrak{x} + (\mathfrak{e}_1\times\mathfrak{x})\times\mathfrak{u}$$

$$= \begin{vmatrix} \mathfrak{e}_1 & \mathfrak{e}_2 & \mathfrak{e}_3 \\ 1 & 0 & 0 \\ 2 & 0 & -4 \end{vmatrix} \times\mathfrak{x} + \begin{vmatrix} \mathfrak{e}_1 & \mathfrak{e}_2 & \mathfrak{e}_3 \\ 1 & 0 & 0 \\ 1 & 3 & -1 \end{vmatrix} \times\mathfrak{u}$$

$$= \begin{vmatrix} \mathfrak{e}_1 & \mathfrak{e}_2 & \mathfrak{e}_3 \\ 0 & 4 & 0 \\ 1 & 3 & -1 \end{vmatrix} + \begin{vmatrix} \mathfrak{e}_1 & \mathfrak{e}_2 & \mathfrak{e}_3 \\ 0 & 1 & 3 \\ 2 & 0 & -4 \end{vmatrix} = (-4,0,-4) + (-4,6,-2)$$

$$= (-8,6,-6),$$

$$[\alpha\mathfrak{x}](\mathfrak{v},\mathfrak{w}) = \big([(d\varphi)\mathfrak{x}]\mathfrak{v}\big)\cdot\mathfrak{w}$$

$$= \left(\begin{vmatrix} \mathfrak{e}_1 & \mathfrak{e}_2 & \mathfrak{e}_3 \\ 1 & 0 & 0 \\ 1 & 1 & 2 \end{vmatrix} \times\mathfrak{x} + \begin{vmatrix} \mathfrak{e}_1 & \mathfrak{e}_2 & \mathfrak{e}_3 \\ 1 & 0 & 0 \\ 1 & 3 & -1 \end{vmatrix} \times\mathfrak{v}\right)\cdot\mathfrak{w}$$

$$= \left(\begin{vmatrix} \mathfrak{e}_1 & \mathfrak{e}_2 & \mathfrak{e}_3 \\ 0 & -2 & 1 \\ 1 & 3 & -1 \end{vmatrix} + \begin{vmatrix} \mathfrak{e}_1 & \mathfrak{e}_2 & \mathfrak{e}_3 \\ 0 & 1 & 3 \\ 1 & 1 & 2 \end{vmatrix}\right)\cdot\mathfrak{w}$$

$$= \big((-1,1,2) + (-1,3,-1)\big)\cdot\mathfrak{w} = (-2,4,1)\cdot(-1,2,-3) = 7.$$

Rechnet man weiter mit der Koordinatendarstellung, so gilt

$$[((d\varphi)\cdot\alpha)\mathfrak{x}](\mathfrak{u},\mathfrak{v},\mathfrak{w}) = \big([\alpha\mathfrak{x}](\mathfrak{v},\mathfrak{w})\big)\big([(d\varphi)\mathfrak{x}]\mathfrak{u}\big)$$
$$= 7\cdot(-8,6,-6) = (-56,42,-42),$$

$$[(\alpha\cdot(d\varphi))\mathfrak{x}](\mathfrak{u},\mathfrak{v},\mathfrak{w}) = \big([\alpha\mathfrak{x}](\mathfrak{u},\mathfrak{v})\big)\big([(d\varphi)\mathfrak{x}]\mathfrak{w}\big)$$
$$= \big(3\cdot 2\cdot 1 + (-1)\cdot 2\cdot 2 - 2\cdot 3\cdot 0\cdot 1 + 1\cdot 0\cdot 1 - 2\cdot(-1)\cdot(-4)\cdot 1$$
$$+ 1\cdot(-4)\cdot 2\big)[(-1)(0,3,-1) + 2(-6,1,0) + (-3)(2,0,1)]$$
$$= (-14)(-18,-1,-2) = (252,14,28).$$

13B (1) Die Linearitätseigenschaften von $\gamma\mathfrak{x}$ ergeben sich unmittelbar aus der Definition. Weiter erhält man

$$\begin{aligned}[\gamma\mathfrak{x}](\mathfrak{v}_1, \ldots, \mathfrak{v}_k) &= [\beta\mathfrak{x}]\Big(\sum_{\nu_1, \ldots, \nu_k} v_{\nu_1} \ldots v_{\nu_k} \varphi_{\nu_1, \ldots \nu_k}(\mathfrak{x})\Big) \\ &= \sum_{\nu_1, \ldots, \nu_k} v_{\nu_1} \ldots v_{\nu_k} \Big(\sum_{\mu} \psi_\mu(\mathfrak{x}) \big((d\omega_\mu)\varphi_{\nu_1, \ldots, \nu_k}(\mathfrak{x})\big)\Big) \\ &= \Big(\sum_{\nu_1, \ldots, \nu_k} \chi_{\nu_1, \ldots, \nu_k} d\omega_{\nu_1} \ldots d\omega_{\nu_k}\Big)(\mathfrak{v}_1, \ldots, \mathfrak{v}_k)\end{aligned}$$

mit

$$\chi_{\nu_1, \ldots, \nu_k}(\mathfrak{x}) = \sum_{\mu} \psi_\mu(\mathfrak{x}) \big((d\omega_\mu)\varphi_{\nu_1, \ldots, \nu_k}(\mathfrak{x})\big).$$

(2) Es gilt

$$\begin{aligned}[\alpha\mathfrak{x}](\mathfrak{v}, \mathfrak{w}) &= (\mathfrak{v}\cdot\mathfrak{w})\mathfrak{x} - (\mathfrak{x}\cdot\mathfrak{w})\mathfrak{v} \\ &= (v_1 w_1 + v_2 w_2 + v_3 w_3)(x_1, x_2, x_3) \\ &\quad - (x_1 w_1 + x_2 w_2 + x_3 w_3)(v_1, v_2, v_3),\end{aligned}$$

woraus

$$\begin{aligned}&\varphi_{1,1}(\mathfrak{x}) = (0, x_2, x_3), \quad \varphi_{1,2}(\mathfrak{x}) = (-x_2, 0, 0), \quad \varphi_{1,3}(\mathfrak{x}) = (-x_3, 0, 0), \\ &\varphi_{2,1}(\mathfrak{x}) = (0, -x_1, 0), \quad \varphi_{2,2}(\mathfrak{x}) = (x_1, 0, x_3), \quad \varphi_{2,3}(\mathfrak{x}) = (0, -x_3, 0), \\ &\varphi_{3,1}(\mathfrak{x}) = (0, 0, -x_1), \quad \varphi_{3,2}(\mathfrak{x}) = (0, 0, -x_2), \quad \varphi_{3,3}(\mathfrak{x}) = (x_1, x_2, 0)\end{aligned}$$

folgt. Wegen

$$[\beta\mathfrak{x}]\mathfrak{v} = x_1 v_1 + x_2 v_2 + x_3 v_3 + (x_2 v_3 - x_3 v_2) + (x_1 v_2 - x_2 v_1)$$

erhält man weiter

$$\psi_1(\mathfrak{x}) = x_1 - x_2, \; \psi_2(\mathfrak{x}) = x_1 + x_2 - x_3, \; \psi_3(\mathfrak{x}) = x_2 + x_3.$$

Zusammen ergibt dies

$$\begin{aligned}\chi_{1,1}(\mathfrak{x}) &= (x_1 - x_2)\cdot 0 + (x_1 + x_2 - x_3)x_2 + (x_2 + x_3)x_3 \\ &= x_1 x_2 + x_2^2 + x_3^2\end{aligned}$$

und entsprechend

$$\begin{aligned}&\chi_{1,2}(\mathfrak{x}) = -x_1 x_2 + x_2^2, \qquad \chi_{1,3}(\mathfrak{x}) = -x_1 x_3 + x_2 x_3, \\ &\chi_{2,1}(\mathfrak{x}) = -x_1^2 - x_1 x_2 + x_1 x_3, \quad \chi_{2,2}(\mathfrak{x}) = x_1^2 - x_1 x_2 + x_2 x_3 + x_3^2, \\ &\qquad \chi_{2,3}(\mathfrak{x}) = -x_1 x_3 - x_2 x_3 + x_3^2, \\ &\chi_{3,1}(\mathfrak{x}) = -x_1 x_2 - x_1 x_3, \qquad \chi_{3,2}(\mathfrak{x}) = -x_2^2 - x_2 x_3, \\ &\qquad \chi_{3,3}(\mathfrak{x}) = x_1^2 + x_2^2 - x_2 x_3.\end{aligned}$$

Mit den angegebenen Werten folgt jetzt

$$[\gamma \mathfrak{x}](\mathfrak{v}, \mathfrak{w}) = (-2) \cdot 3 \cdot 1 + 1 \cdot 3 \cdot (-1) + 6 \cdot 5 \cdot 1 + 6 \cdot 5 \cdot (-1) = -9.$$

Dasselbe Ergebnis erhält man bei direktem Einsetzen in die Definitionen: Es gilt zunächst

$$[\alpha \mathfrak{x}](\mathfrak{v}, \mathfrak{w}) = \begin{vmatrix} \mathfrak{e}_1 & \mathfrak{e}_2 & \mathfrak{e}_3 \\ 0 & 3 & 5 \\ 2 & -2 & -1 \end{vmatrix} \times \mathfrak{w} = \begin{vmatrix} \mathfrak{e}_1 & \mathfrak{e}_2 & \mathfrak{e}_3 \\ 7 & 10 & -6 \\ 1 & 0 & -1 \end{vmatrix}$$

$$= (-10, 1, -10)$$

$$[\gamma \mathfrak{x}](\mathfrak{v}, \mathfrak{w}) = (2, -2, -1) \cdot (-10, 1, -10) + \begin{vmatrix} \mathfrak{e}_1 & \mathfrak{e}_2 & \mathfrak{e}_3 \\ 2 & -2 & -1 \\ -10 & 1 & -10 \end{vmatrix} \cdot (1, 0, 1)$$

$$= -12 + 21 - 18 = -9.$$

13C (1) $\alpha \vartriangle \varphi = (u^2 - 1)(2u du - dv)(2u du - dv) + (u + v^2)(du 2v dv) dv$

$$= (4u^4 - 4u^2) du \cdot du + (-2u^3 + 3u + v^2) du \cdot dv$$
$$+ (-2u^3 + 2u) dv \cdot du + (u^2 - 1 + 2uv + 2v^3) dv \cdot dv.$$

(2) $[(\alpha \vartriangle \varphi)\mathfrak{u}](\mathfrak{a}, \mathfrak{b}) = 48 \cdot 3 \cdot 1 + (-9) \cdot 3 \cdot 2 + (-12) \cdot (-5) \cdot 1$
$$+ (-3) \cdot (-5) \cdot 2 = 180.$$

Andererseits gilt $\varphi \mathfrak{u} = (5, 3, 2)$ und daher

$$\alpha(\varphi \mathfrak{u}) = (5 - 2) dx \cdot dx - 3 dy \cdot dz = 3(dx \cdot dx - dy \cdot dz).$$

Weiter ist $d_{\mathfrak{u}}\varphi$ die Matrix

$$\begin{pmatrix} 4 & 1 & 0 \\ -1 & -2 & -1 \end{pmatrix}$$

zugeordnet, woraus

$$\mathfrak{a}^* = (d_{\mathfrak{u}}\varphi)\mathfrak{a} = (17, 13, 5) \quad \textit{und} \quad \mathfrak{b}^* = (d_{\mathfrak{u}}\varphi)\mathfrak{b} = (2, -3, -2)$$

folgt. Daher ergibt sich in Übereinstimmung mit dem vorher gewonnenen Ergebnis

$$[(\alpha \vartriangle \varphi)\mathfrak{u}](\mathfrak{a}, \mathfrak{b}) = [\alpha(\varphi \mathfrak{u})](\mathfrak{a}^*, \mathfrak{b}^*) = 3\big(17 \cdot 2 - 13 \cdot (-2)\big) = 180.$$

14A Da es wegen der vorausgesetzten Stetigkeit der Ableitungen nicht auf die Reihenfolge der Differentiationsschritte ankommt, gilt jedenfalls

$$\frac{1}{k!} \sum_{\nu_1, \ldots, \nu_k = 1}^{n} \frac{\partial^k f(\mathfrak{x}^*)}{\partial x_{\nu_1} \ldots \partial x_{\nu_k}} v_{\nu_1} \ldots v_{\nu_k} = \sum_{s_1 + \cdots + s_n = k} \frac{1}{k!} c_{s_1, \ldots, s_k} \frac{\partial^k f(\mathfrak{x}^*)}{\partial x_1^{s_1} \ldots \partial x_n^{s_n}} v_1^{s_1} \ldots v_n^{s_n},$$

wobei $c_{s_1,\ldots,s_n}$ die Anzahl der Zerlegungsmöglichkeiten einer k-elementigen Menge M in Teilmengen $M_1, \ldots, M_n$ mit entsprechend $s_1, \ldots, s_n$ Elementen ist. Nun ist $\binom{k}{s_1}$ die Anzahl der Möglichkeiten, aus M eine Menge M_1 mit s_1 Elementen auszuwählen. Nach Wahl von M_1 ist weiter $\binom{k-s_1}{s_2}$ die Anzahl der Möglichkeiten, aus den verbleibenden $k-s_1$ Elementen eine Menge M_2 mit s_2 Elementen auszuwählen. So fortfahrend erhält man

$$c_{s_1,\ldots,s_n} = \binom{k}{s_1} \cdot \binom{k-s_1}{s_2} \cdot \binom{k-s_1-s_2}{s_3} \cdots \binom{k-s_1-\cdots-s_{n-1}}{s_n},$$

wobei allerdings der letzte Faktor wegen $s_1 + \cdots + s_n = k$, also $k - s_1 - \cdots - s_{n-1} = s_n$ gleich Eins ist. Setzt man die Definition der Binomialkoeffizienten ein, so erhält man

$$\begin{aligned} c_{s_1,\ldots,s_n} &= \frac{k!}{s_1!(k-s_1)!} \, \frac{(k-s_1)!}{s_2!(k-s_1-s_2)!} \cdots \frac{(k-s_1 \ldots - s_{n-1})!}{s_n!0!} \\ &= \frac{k!}{s_1! \ldots s_n!} \end{aligned}$$

und damit die Behauptung.

14B (1) Bereits in 12.I wurde

$$\frac{\partial(u, v, w)}{\partial(x, y, z)} = \begin{pmatrix} 1 & y & z \\ 1 & x-z & z \\ -1 & -y & x+y \end{pmatrix} \quad \textit{und} \quad \operatorname{Det}\left(\frac{\partial(u, v, w)}{\partial(x, y, z)}\right) = x^2 - (y+z)^2$$

errechnet. Es folgt

$$\left(\frac{\partial(u, v, w)}{\partial(x, y, z)}\right)^{-1} = \frac{1}{x^2-(y+z)^2} \begin{pmatrix} x + xy - xz & -xy - y^2 - yz & yz - xz + z^2 \\ -x - y - z & x + y + z & 0 \\ x - y - z & 0 & x - y - z \end{pmatrix}$$

und daher

$$\frac{\partial x}{\partial w} = \frac{x-y-z}{x^2-(y+z)^2} = \frac{1}{x+y+z}, \qquad \frac{\partial y}{\partial v} = \frac{x+y+z}{x^2-(y+z)^2} = \frac{1}{x-y-z}.$$

Man erhält an der Stelle $\mathfrak{y}^* = (3, -4, 4)$ mit der entsprechenden Stelle $\mathfrak{x}^* = (5, -1, 1)$:

$$\left.\frac{\partial^2 x}{\partial u \partial w}\right|_{\mathfrak{y}^*} = \frac{-1}{(x+y+z)^2}\left(\frac{\partial x}{\partial u} + \frac{\partial y}{\partial u} + \frac{\partial z}{\partial u}\right)_{\mathfrak{x}^*} = \left.\frac{-1}{(x+y+z)^2}\,\frac{(x-z)^2 - y^2}{x^2 - (y+z)^2}\right|_{\mathfrak{x}^*}$$

$$= -\frac{3}{125},$$

$$\left.\frac{\partial^2 y}{\partial v^2}\right|_{\mathfrak{y}^*} = \frac{-1}{(x-y-z)^2}\left(\frac{\partial x}{\partial v} - \frac{\partial y}{\partial v} - \frac{\partial z}{\partial v}\right)_{\mathfrak{x}^*} = \left.\frac{-1}{(x-y-z)^2}\,\frac{-2(x+y+z)}{x^2 - (y+z)^2}\right|_{\mathfrak{x}^*}$$

$$= \left.\frac{2}{(x-y-z)^3}\right|_{\mathfrak{x}^*} = \frac{2}{125}.$$

(2) Es gilt

$$\frac{\partial(x, y)}{\partial(u, v)} = \begin{pmatrix} 2uv & 2(u - v^2) \\ u^2 & -4uv \end{pmatrix}, \qquad \operatorname{Det}\left(\frac{\partial(x, y)}{\partial(u, v)}\right) = -2u^2(u + 3v^2).$$

Da der Wert der Funktionaldeterminante an der Stelle $\mathfrak{u}^* = (1, 1)$ von Null verschieden ist, existiert die lokale Umkehrabbildung, und es gilt mit $\mathfrak{x} = \varphi\mathfrak{u}$

$$\left.\frac{\partial(u, v)}{\partial(x, y)}\right|_{\mathfrak{x}} = \left(\frac{\partial(x, y)}{\partial(u, v)}\right)_{\mathfrak{u}}^{-1} = \frac{-1}{2u^2(u + 3v^2)}\begin{pmatrix} -4uv & -2(u - v^2) \\ -u^2 & 2uv \end{pmatrix}.$$

Es folgt

$$\left.\frac{\partial u}{\partial y}\right|_{\mathfrak{x}} = \left.\frac{1}{2(u + 3v^2)}\right|_{\mathfrak{u}},$$

$$\left.\frac{\partial^2 u}{\partial x \partial y}\right|_{\mathfrak{x}} = \frac{-1}{2(u + 3v^2)^2}\left(\frac{\partial u}{\partial x} + 6v\frac{\partial v}{\partial x}\right)_{\mathfrak{u}} = \left.\frac{-4uv + 3v^3}{u^2(u + 3v^2)^3}\right|_{\mathfrak{u}} = f(u, v),$$

$$\left.\frac{\partial^3 u}{\partial x^2 \partial y}\right|_{\mathfrak{x}} = \frac{\partial f}{\partial u}\,\frac{\partial u}{\partial x} + \frac{\partial f}{\partial v}\,\frac{\partial v}{\partial x} = \frac{1}{2u^2(u + 3v^2)}\left(4uv\frac{\partial f}{\partial u} + 2(u - v^2)\frac{\partial f}{\partial v}\right)_{\mathfrak{u}},$$

$$\left.\frac{\partial^3 u}{\partial x \partial y^2}\right|_{\mathfrak{x}} = \frac{\partial f}{\partial u}\,\frac{\partial u}{\partial y} + \frac{\partial f}{\partial v}\,\frac{\partial v}{\partial y} = \frac{1}{2u^2(u + 3v^2)}\left(u^2\frac{\partial f}{\partial u} - 2uv\frac{\partial f}{\partial v}\right)_{\mathfrak{u}}.$$

Wegen

$$\frac{\partial f}{\partial u} = \frac{-4v}{u^2(u + 3v^2)^3} - \frac{(5u + 6v^2)(-4uv + 3v^3)}{u^3(u + 3v^2)^4},$$

$$\frac{\partial f}{\partial v} = \frac{-4u + 9v^2}{u^2(u + 3v^2)^3} - \frac{18v(-4uv + 3v^3)}{u^2(u + 3v^2)^4}$$

erhält man schließlich nach Einsetzen von $u = v = 1$ als Wert der Ableitungen an der Stelle $x = 1$, $y = -1$

$$\left.\frac{\partial^3 u}{\partial x^2 \partial y}\right|_{(1,-1)} = -\frac{5}{2^9}, \qquad \left.\frac{\partial^3 u}{\partial x \partial y^2}\right|_{(1,-1)} = -\frac{81}{2^{11}}.$$

14C Es gilt

$$\frac{\partial(f,g)}{\partial(x,y,u,v)} = \begin{pmatrix} 2xu & y \\ 2yv & x \\ x^2 & -v \\ y^2 & -u \end{pmatrix} \quad \textit{und} \quad \begin{vmatrix} 2xu & y \\ 2yv & x \end{vmatrix} = 2(x^2u - y^2v).$$

Da die Determinante an der angegebenen Stelle von Null verschieden ist, kann lokal nach x und y aufgelöst werden. Man erhält

$$\begin{aligned} \frac{\partial(x,y)}{\partial(u,v)} &= -\frac{1}{2(x^2u - y^2v)} \begin{pmatrix} x^2 & -v \\ y^2 & -u \end{pmatrix} \begin{pmatrix} x & -y \\ -2yv & 2xu \end{pmatrix} \\ &= -\frac{1}{2(x^2u - y^2v)} \begin{pmatrix} x^3 + 2yv^2 & -x^2y - 2xuv \\ xy^2 + 2yuv & -y^3 - 2xu^2 \end{pmatrix}. \end{aligned}$$

Es folgt

$$\frac{\partial x}{\partial u} = -\frac{x^3 + 2yv^2}{2(x^2u - y^2v)} = h(x,y,u,v)$$

und daher

$$\frac{\partial^2 x}{\partial u \partial v} = \frac{\partial h}{\partial x}\frac{\partial x}{\partial v} + \frac{\partial h}{\partial y}\frac{\partial y}{\partial v} + \frac{\partial h}{\partial v}.$$

Nun gilt mit $Z = x^3 + 2yv^2$ und $N = x^2u - y^2v$

$$\frac{\partial h}{\partial x} = -\frac{1}{2N^2}(3x^2N - 2xuZ), \quad \frac{\partial h}{\partial y} = -\frac{1}{2N^2}(2v^2N + 2yvZ),$$

$$\frac{\partial h}{\partial v} = -\frac{1}{2N^2}(4yvN + y^2Z),$$

$$\frac{\partial x}{\partial v} = -\frac{1}{2N}(xy^2 + 2yuv), \qquad \frac{\partial y}{\partial v} = \frac{1}{2N}(y^3 + 2xu^2).$$

Nach Einsetzen der Werte folgt daher

$$\frac{\partial^2 x}{\partial u \partial v} = (-15)(-\tfrac{7}{4}) + (-20)(-\tfrac{15}{8}) + (-\tfrac{11}{2}) = \tfrac{233}{4}.$$

14D (1) Die Kettenregel 11.5 nimmt bei ausführlicher Schreibweise folgende Form an:

$$[(d(\psi\circ\varphi))\mathfrak{x}^*]\mathfrak{v}_1=[((d\psi)\circ\varphi)\mathfrak{x}^*]([(d\varphi)\mathfrak{x}^*]\mathfrak{v}_1).$$

Unter Berücksichtigung von 11.2 bzw. 11.3 und 11.5 folgt dann

$$\begin{aligned}[d^2(\psi\circ\varphi)\mathfrak{x}^*](\mathfrak{v}_2,\mathfrak{v}_1)&=[((d^2\psi)\circ\varphi)\mathfrak{x}^*]([(d\varphi)\mathfrak{x}^*]\mathfrak{v}_2,[(d\varphi)\mathfrak{x}^*]\mathfrak{v}_1)\\&\quad+[((d\psi)\circ\varphi)\mathfrak{x}^*]([(d^2\varphi)\mathfrak{x}^*](\mathfrak{v}_2,\mathfrak{v}_1)),\end{aligned}$$

oder wieder in vereinfachter Schreibweise

$$\begin{aligned}[d^2_{\mathfrak{x}^*}(\psi\circ\varphi)](\mathfrak{v}_2,\mathfrak{v}_1)&=[d^2_{\mathfrak{y}^*}\psi]([d_{\mathfrak{x}^*}\varphi]\mathfrak{v}_2,[d_{\mathfrak{x}^*}\varphi]\mathfrak{v}_1)\\&\quad+[d_{\mathfrak{y}^*}\psi]([d^2_{\mathfrak{x}^*}\varphi](\mathfrak{v}_2,\mathfrak{v}_1)).\end{aligned}$$

Nochmalige Anwendung derselben Regeln führt auf folgenden, jetzt gleich in vereinfachter Schreibweise angegebenen Ausdruck:

$$\begin{aligned}[d^3_{\mathfrak{x}^*}(\psi\circ\varphi)](\mathfrak{v}_3,\mathfrak{v}_2,\mathfrak{v}_1)&=[d^3_{\mathfrak{y}^*}\psi]([d_{\mathfrak{x}^*}\varphi]\mathfrak{v}_3,[d_{\mathfrak{x}^*}\varphi]\mathfrak{v}_2,[d_{\mathfrak{x}^*}\varphi]\mathfrak{v}_1)\\&\quad+[d^2_{\mathfrak{y}^*}\psi]([d^2_{\mathfrak{x}^*}\varphi](\mathfrak{v}_3,\mathfrak{v}_2),[d_{\mathfrak{x}^*}\varphi]\mathfrak{v}_1)\\&\quad+[d^2_{\mathfrak{y}^*}\psi]([d_{\mathfrak{x}^*}\varphi]\mathfrak{v}_2,[d^2_{\mathfrak{x}^*}\varphi](\mathfrak{v}_3,\mathfrak{v}_1))\\&\quad+[d^2_{\mathfrak{y}^*}\psi]([d_{\mathfrak{x}^*}\varphi]\mathfrak{v}_3,[d^2_{\mathfrak{x}^*}\varphi](\mathfrak{v}_2,\mathfrak{v}_1))\\&\quad+[d_{\mathfrak{y}^*}\psi]([d^3_{\mathfrak{x}^*}\varphi](\mathfrak{v}_3,\mathfrak{v}_2,\mathfrak{v}_1)).\end{aligned}$$

(2) Durch Umschreiben dieser Ergebnisse auf Koordinatenfunktionen oder durch sukzessives Ableiten von

$$\frac{\partial h}{\partial x_{\nu_1}}=\sum_{\varrho_1}\frac{\partial g}{\partial y_{\varrho_1}}\frac{\partial f_{\varrho_1}}{\partial x_{\nu_1}}$$

gelangt man zu folgenden Ausdrücken, bei denen die Ableitungen von h und $f_1,\ldots,f_r$ immer in $\mathfrak{x}^*$ bzw. $\mathfrak{x}$ und die von g immer in $\varphi\mathfrak{x}^*$ bzw. $\varphi\mathfrak{x}$ zu bilden sind:

$$\frac{\partial^2 h}{\partial x_{\nu_2}\partial x_{\nu_1}}=\sum_{\varrho_1,\varrho_2}\frac{\partial^2 g}{\partial y_{\varrho_2}\partial y_{\varrho_1}}\frac{\partial f_{\varrho_2}}{\partial x_{\nu_2}}\frac{\partial f_{\varrho_1}}{\partial x_{\nu_1}}+\sum_{\varrho_1}\frac{\partial g}{\partial y_{\varrho_1}}\frac{\partial^2 f_{\varrho_1}}{\partial x_{\nu_2}\partial x_{\nu_1}},$$

$$\begin{aligned}\frac{\partial^3 h}{\partial x_{\nu_3}\partial x_{\nu_2}\partial x_{\nu_1}}&=\sum_{\varrho_1,\varrho_2,\varrho_3}\frac{\partial^3 g}{\partial y_{\varrho_3}\partial y_{\varrho_2}\partial y_{\varrho_1}}\frac{\partial f_{\varrho_3}}{\partial x_{\nu_3}}\frac{\partial f_{\varrho_2}}{\partial x_{\nu_2}}\frac{\partial f_{\varrho_1}}{\partial x_{\nu_1}}\\&+\sum_{\varrho_1,\varrho_2}\frac{\partial^2 g}{\partial y_{\varrho_2}\partial y_{\varrho_1}}\left(\frac{\partial^2 f_{\varrho_2}}{\partial x_{\nu_3}\partial x_{\nu_2}}\frac{\partial f_{\varrho_1}}{\partial x_{\nu_1}}+\frac{\partial f_{\varrho_2}}{\partial x_{\nu_2}}\frac{\partial^2 f_{\varrho_1}}{\partial x_{\nu_3}\partial x_{\nu_1}}+\frac{\partial f_{\varrho_2}}{\partial x_{\nu_3}}\frac{\partial^2 f_{\varrho_1}}{\partial x_{\nu_2}\partial x_{\nu_1}}\right)\\&+\sum_{\varrho_1}\frac{\partial g}{\partial y_{\varrho_1}}\frac{\partial^3 f_{\varrho_1}}{\partial x_{\nu_3}\partial x_{\nu_2}\partial x_{\nu_1}}.\end{aligned}$$

14E (1) Die Existenz von F folgt aus 14.9. Gilt

$$f(x_1^* + v_1, \dots, x_n^* + v_n) - f(x_1^*, \dots, x_n^*) = F_1(v_1, \dots, v_n) + |\mathfrak{v}|^k \delta_1(\mathfrak{v})$$
$$= F_2(v_1, \dots, v_n) + |\mathfrak{v}|^k \delta_2(\mathfrak{v})$$
$$\textit{mit } F_1(0, \dots, 0) = F_2(0, \dots, 0) = 0 \textit{ und } \lim_{\mathfrak{v}\to\mathfrak{o}} \delta_1(\mathfrak{v}) = \lim_{\mathfrak{v}\to\mathfrak{o}} \delta_2(\mathfrak{v}) = 0,$$

so ist $G = F_1 - F_2$ ebenfalls ein Polynom höchstens k-ten Grades mit $G(0, \dots, 0) = 0$ und mit

(*) $\quad G(v_1, \dots, v_n) = |\mathfrak{v}|^k (\delta_2(\mathfrak{v}) - \delta_1(\mathfrak{v}))$.

Nimmt man an, daß G nicht das Nullpolynom ist, so enthält G einen Summanden niedrigsten Grades mit von Null verschiedenem Koeffizienten. Ohne Einschränkung der Allgemeinheit sei

$$a \cdot v_1^{s_1} \cdots v_q^{s_q} \qquad \textit{mit} \qquad a \neq 0 \qquad \textit{und} \qquad s = s_1 + \cdots + s_q \leqq k$$

dieser Summand. Setzt man nun $v_1 = \cdots = v_q = t \neq 0$ und $v_{q+1} = \cdots = v_n = 0$, so folgt wegen (*) der Widerspruch

$$a = \lim_{t\to 0} \frac{1}{t^s} F(t, \dots, t, 0, \dots, 0) = 0.$$

Daher muß G das Nullpolynom sein; d.h. es gilt $F_1 = F_2$.

(2) Wegen

$$f_\varrho(x_1^* + v_1, \dots, x_n^* + v_n) = f_\varrho(x_1^*, \dots, x_n^*) + F_\varrho(v_1, \dots, v_n) + |\mathfrak{v}|^k \delta_\varrho(\mathfrak{v})$$
$$(\varrho = 1, \dots, r),$$

$$g(y_1^* + w_1, \dots, y_r^* + w_r) = g(y_1^*, \dots, y_r^*) + G(w_1, \dots, w_r) + |\mathfrak{w}|^k \delta(\mathfrak{w})$$

$$\textit{mit } \lim_{\mathfrak{v}\to\mathfrak{o}} \delta_\varrho(\mathfrak{v}) = \lim_{\mathfrak{w}\to\mathfrak{o}} \delta(\mathfrak{w}) = 0$$

gilt $-y_\varrho^* = f_\varrho(x_1^*, \dots, x_n^*)$, $w_\varrho = F_\varrho(v_1, \dots, v_n) + |\mathfrak{v}|^k \delta_\varrho(\mathfrak{v})$ gesetzt –

$$h(x_1^* + v_1, \dots, x_n^* + v_n) = g(f_1(x_1^* + v_1, \dots, x_n^* + v_n), \dots, f_r(x_1^* + v_1, \dots, x_n^* + v_n))$$
$$= h(x_1^*, \dots, x_n^*) + G(F_1(v_1, \dots, v_n) + |\mathfrak{v}|^k \delta_1(\mathfrak{v}), \dots, F_r(v_1, \dots, v_n) + |\mathfrak{v}|^k \delta_r(\mathfrak{v}))$$
$$+ |\mathfrak{w}|^k \delta(\mathfrak{w}).$$

Berücksichtigt man $F_\varrho(0, \dots, 0) = 0$, so folgt, daß sich $|w_\varrho|$ in der Form

$$|w_\varrho| \leqq |\mathfrak{v}| a_\varrho$$

mit einer geeigneten Konstante a_ϱ für hinreichend kleine Werte von $|\mathfrak{v}|$ abschätzen läßt. Ferner gilt wegen $G(0, \dots, 0) = 0$

$$G(F_1(v_1,\dots,v_n)+|\mathfrak{v}|^k\delta_1(\mathfrak{v}),\dots,F_r(v_1,\dots,v_n)+|\mathfrak{v}|^k\delta_r(\mathfrak{v}))$$
$$=G(F_1(v_1,\dots,v_n),\dots,F_r(v_1,\dots,v_n))+|\mathfrak{v}|^k\hat{\delta}(\mathfrak{v})$$
$$\textit{mit}\ \lim_{\mathfrak{v}\to\mathfrak{o}}\hat{\delta}(\mathfrak{v})=0.$$

Setzt man nun noch

$$G(F_1(v_1,\dots,v_n),\dots,F_r(v_1,\dots,v_n))=H^*(v_1,\dots,v_n)+K(v_1,\dots,v_n),$$

wobei H^* ein Polynom höchstens k-ten Grades und K ein Polynom mit lauter Gliedern höheren als k-ten Grades ist, so ergibt sich insgesamt

$$h(x_1^*+v_1,\dots,x_n^*+v_n)=h(x_1^*,\dots,x_n^*)+H^*(v_1,\dots,v_n)$$
$$+|\mathfrak{v}|^k\left(\frac{1}{|\mathfrak{v}|^k}K(v_1,\dots,v_n)+\tilde{\delta}(\mathfrak{v})\right)$$
$$\textit{mit}\ \lim_{\mathfrak{v}\to\mathfrak{o}}\tilde{\delta}(\mathfrak{v})=0.$$

Da K nur aus Gliedern höheren als k-ten Grades besteht, gilt aber auch

$$\lim_{\mathfrak{v}\to\mathfrak{o}}\frac{1}{|\mathfrak{v}|^k}K(v_1,\dots,v_n)=0.$$

Da außerdem offenbar $H^*(0,\dots,0)=0$ erfüllt ist, folgt wegen (1) die Behauptung $H^*=H$.

(3) Es gilt $f_1(1,0)=f_2(1,0)=1$ und daher

$$f_1(1+v_1,0+v_2)=(1+v_1)\left(1+v_2+\frac{1}{2!}v_2^2+\frac{1}{3!}v_2^3+\cdots\right)$$
$$=f_1(1,0)+[v_1+v_2+v_1v_2+\tfrac{1}{2}v_2^2+\tfrac{1}{2}v_1v_2^2+\tfrac{1}{6}v_2^3]$$
$$+|\mathfrak{v}|^3\delta_1(\mathfrak{v}),$$

$$f_2(1+v_1,0+v_2)=1+(1+v_1)v_2+\frac{1}{2!}(1+v_1)^2v_2^2+\frac{1}{3!}(1+v_1)^3v_2^3+$$
$$+\cdots=f_2(1,0)+[v_2+v_1v_2+\tfrac{1}{2}v_2^2+v_1v_2^2+\tfrac{1}{6}v_2^3]$$
$$+|\mathfrak{v}|^3\delta_2(\mathfrak{v}),$$

wobei in den eckigen Klammern gerade die Polynome F_1 und F_2 stehen. Weiter gilt $y_1^*=y_2^*=1$, $g(1,1)=0$ und

$$g(1+w_1,1+w_2)=(w_1-\tfrac{1}{2}w_1^2+\tfrac{1}{3}w_1^3-\cdots)$$
$$-(1-w_1+w_1^2-w_1^3+\cdots)(w_2-\tfrac{1}{2}w_2^2+\tfrac{1}{3}w_2^3-\cdots)$$
$$=g(1,1)+[w_1-w_2-\tfrac{1}{2}w_1^2+w_1w_2+\tfrac{1}{2}w_2^2+\tfrac{1}{3}w_1^3$$
$$-\tfrac{1}{3}w_2^3-\tfrac{1}{2}w_1w_2^2-w_1^2w_2]+|\mathfrak{w}|^3\delta(\mathfrak{w}),$$

wobei wieder in der eckigen Klammer das Polynom G steht. Berechnet man nun das vorher mit H^* bezeichnete Polynom, das genau aus den Gliedern höchstens dritten Grades des Polynoms $G(F_1(v_1, v_2), F_2(v_1, v_2))$ besteht, so erhält man nach einigen Zwischenschritten

$$H^*(v_1, v_2) = v_1 - \tfrac{1}{2}v_1^2 + v_2^2 + \tfrac{1}{3}v_1^3 - \tfrac{1}{2}v_2^3.$$

Andererseits ergibt sich unmittelbar

$$h(x_1, x_2) = \log x_1 + x_2 - x_2 e^{-x_2}$$

und daher wegen $h(1, 0) = 0$

$$\begin{aligned} h(1 + v_1, 0 + v_2) &= (v_1 - \tfrac{1}{2}v_1^2 + \tfrac{1}{3}v_1^3 - \cdots) + v_2 - v_2\left(1 - v_2 + \frac{1}{2!}v_2^2 - \cdots\right) \\ &= h(1, 0) + [v_1 - \tfrac{1}{2}v_1^2 + v_2^2 + \tfrac{1}{3}v_1^3 - \tfrac{1}{2}v_2^3] + |\mathfrak{v}|^3 \hat{\delta}(\mathfrak{v}) \\ &\qquad mit \lim_{\mathfrak{v} \to \mathfrak{o}} \hat{\delta}(\mathfrak{v}) = 0. \end{aligned}$$

Das in der eckigen Klammer stehende Polynom H stimmt also tatsächlich mit dem vorher berechneten Polynom H^* überein.

15A (1) Wegen $dy \wedge dx = -dx \wedge dy$ erhält man

$$\begin{aligned} d\alpha &= \frac{x^2 - y^2}{(x^2 + y^2)^2} dy \wedge dx - \frac{y^2 - x^2}{(x^2 + y^2)^2} dx \wedge dy \\ &= \frac{x^2 - y^2}{(x^2 + y^2)^2} (dy \wedge dx + dx \wedge dy) = 0. \end{aligned}$$

(2) $$\begin{aligned} \alpha \vartriangle \varphi &= \frac{1}{r} \sin u (\cos u\, dr - r \sin u\, du) \\ &\quad - \frac{1}{r} \cos u (\sin u\, dr + r \cos u\, du) = -du. \end{aligned}$$

Die durch $f(r, u) = -u$ definierte Koordinatenfunktion beschreibt daher eine reellwertige Abbildung β mit $\alpha \vartriangle \varphi = d\beta$.

(3) Es gelte $\alpha = d\gamma$, und γ werde durch die Koordinatenfunktion g von x und y in einer Umgebung eines festen Punktes von D beschrieben. Dann muß jedenfalls

$$\frac{\partial g}{\partial x} = \frac{y}{x^2 + y^2} \quad und \quad \frac{\partial g}{\partial y} = -\frac{x}{x^2 + y^2}$$

erfüllt sein. Bei festem y folgt aus der ersten Gleichung durch Integration

$$g(x, y) = \int \frac{y}{x^2 + y^2}\, dx = \begin{cases} -\arctan \dfrac{y}{x} + \text{const.} & \text{für } x \neq 0 \\ -\text{arcctg}\, \dfrac{x}{y} + \text{const.} & \text{für } x = 0. \end{cases}$$

Da hierbei aber y als Konstante angesehen wurde, kann die Integrationskonstante noch eine beliebige differenzierbare Funktion h von y sein, so daß

$$g(x, y) = \begin{cases} -\arctan \dfrac{y}{x} \\ -\text{arcctg}\, \dfrac{x}{y} \end{cases} + h(y) \quad \text{für} \quad \begin{matrix} x \neq 0 \\ x = 0 \end{matrix}$$

die allgemeinste Funktion ist, die die erste Gleichung erfüllt. Partielle Ableitung nach y führt bei Berücksichtigung der zweiten Gleichung in jedem Fall auf

$$\frac{\partial g}{\partial y} = -\frac{x}{x^2 + y^2} + h'(y) = -\frac{x}{x^2 + y^2},$$

also auf $h'(y) = 0$, so daß h eine von y unabhängige Konstante sein muß. Die daraus resultierende Funktion

$$g(x, y) = \begin{cases} -\arctan \dfrac{y}{x} \\ -\text{arcctg}\, \dfrac{x}{y} \end{cases} + \text{const.} \quad \text{für} \quad \begin{matrix} x \neq 0 \\ x = 0 \end{matrix}$$

ist aber nicht auf ganz D definierbar: Die Arcusfunktionen erfordern ja die Festlegung auf einen Zweig, etwa den Hauptwert. (Sie sind ja lediglich lokale Umkehrfunktionen!) Umkreist man den Nullpunkt, so ändern sich die Funktionswerte bei Rückkehr zum Ausgangspunkt um den Summanden 2π, so daß g nicht als stetige Funktion auf ganz D definierbar ist.
Dies ändert sich, wenn man aus D etwa eine vom Nullpunkt ausgehende Halbgerade herausnimmt, so daß in dem verkleinerten Definitionsbereich D^* eine Umkreisung des Nullpunkts nicht mehr möglich ist. Auf D^* kann dann g eindeutig als stetige und auch differenzierbare Funktion erklärt werden, die dann eine reellwertige Abbildung γ mit $\alpha = d\gamma$ beschreibt.

Rascher hätte man die Funktion g durch folgende Überlegung gewinnen können: Aus $\alpha = d\gamma$ folgt wegen 15.14 auch $\alpha \vartriangle \varphi = (d\gamma) \vartriangle \varphi = d(\gamma \vartriangle \varphi)$. Wegen (2) kann man daher auf $d(\gamma \vartriangle \varphi) = -du$ und weiter auf $\gamma \vartriangle \varphi = -u + \text{const.}$

schließen. Da lokal $u = \arctan \frac{y}{x}$ bzw. $u = \operatorname{arcctg} \frac{x}{y}$ gilt, führt dies zum selben Resultat. Entscheidend ist offenbar, daß die Abbildung φ zwar in den Punkten von D lokal umkehrbar, nicht aber global auf D umkehrbar ist.

15B (1) Aus $\mathrm{d}\alpha = (2xz + z + f_x')dx \wedge dy \wedge dz = 0$ folgt $f_x' = -(2x+1)z$ und daher

$$f(x, y, z) = -(x^2 + x)z + g(y, z)$$

mit einer beliebigen, für alle Werte von y und z stetig differenzierbaren Funktion g. Und umgekehrt erfüllen auch alle diese Funktionen f die Forderung.
(2) Setzt man $\beta = u\,dx + v\,dy + w\,dz$ mit zweimal stetig differenzierbaren Funktionen u, v, w von x, y, z, so muß wegen

$$\mathrm{d}\beta = (v_x' - u_y')dx \wedge dy + (w_x' - u_z')dx \wedge dz + (w_y' - v_z')dy \wedge dz$$

jedenfalls

$$v_x' - u_y' = xz^2, \quad w_x' - u_z' = -yz,$$
$$w_y' - v_z' = -(x^2 + x)z + g(y, z)$$

gelten. Aus den ersten beiden Gleichungen folgt (y und z als konstant betrachtet) durch Integration nach x

$$(*)\quad \begin{aligned} v(x, y, z) &= \tfrac{1}{2}x^2z^2 + \int u_y'\,dx + p(y, z), \\ w(x, y, z) &= -xyz + \int u_z'\,dx + q(y, z) \end{aligned}$$

mit beliebigen zweimal stetig differenzierbaren Funktionen p und q von y und z. Einsetzen in die dritte Gleichung liefert

$$-xz + \int u_{z,y}''\,dx + q_y' - x^2z - \int u_{y,z}''\,dx - p_z' = -(x^2 + x)z + g(y, z).$$

Wegen der Stetigkeit der zweiten Ableitungen gilt $u_{z,y}'' = u_{y,z}''$, so daß sich die Integrale aufheben und die Gleichung sich auf die Bedingung

$$(**)\quad q_y' - p_z' = g$$

reduziert. Wählt man nun u beliebig und bestimmt die Funktionen p, q gemäß (**), so kann man v und w nach (*) berechnen und erhält so eine Differentialform β mit $\mathrm{d}\beta = \alpha$.
(3) Setzt man in (1) speziell $g(y, z) = -yz$, so erhält man die jetzt gegebene Funktion f. Die Bedingung „$[\beta\mathfrak{x}]\mathfrak{a}_2 = 0$ für alle $\mathfrak{x} \in X$" besagt, daß v die Nullfunktion sein muß. Wegen der ersten Gleichung (*) folgt

$$(***)\quad 0 = \tfrac{1}{2}x^2z^2 + \int u_y'\,dx + p(y, z).$$

Partielle Ableitung nach x *liefert* $u'_y = -xz^2$ *und daher*

$$u(x, y, z) = -xyz^2 + r(y, z).$$

Die Bedingung „$[\beta\mathfrak{x}]\mathfrak{a}_1 = 0$ für alle $\mathfrak{x} \in [\mathfrak{a}_2, \mathfrak{a}_3]$" besagt

$$u(0, y, z) = r(y, z) = 0$$

für alle y und z, also $u(x, y, z) = -xyz^2$. Durch Einsetzen in (***) ergibt sich

$$0 = \tfrac{1}{2}x^2z^2 - \tfrac{1}{2}x^2z^2 + \text{const.} + p(y, z),$$

weswegen p eine Konstante sein muß. Wegen $g(y, z) = -yz$ folgt aus (**) jetzt $q'_y = -yz$ und daher

$$q(y, z) = -\tfrac{1}{2}y^2z + s(z)$$

mit einer beliebigen, zweimal stetig differenzierbaren Funktion s, die nur von z abhängt. Schließlich liefert die zweite Gleichung von (*)

$$w(x, y, z) = -xyz - x^2yz - \tfrac{1}{2}y^2z + s(z) + c,$$

so daß insgesamt

$$\beta = -xyz^2\,dx + [-(x + x^2 + \tfrac{1}{2}y)yz + s(z) + c]\,dz$$

die allgemeinste Differentialform mit den verlangten Eigenschaften ist.

15C (1) $\mathrm{d}\alpha = -2u\,ds \wedge du - v\,dt \wedge du - u\,dt \wedge dv,$

$$\beta \cdot \mathrm{d}\alpha = -2tuv\,ds \wedge du - tv^2\,dt \wedge du - tuv\,dt \wedge dv,$$

$$\begin{aligned} \mathrm{d}(\beta \cdot \mathrm{d}\alpha) &= 2uv\,ds \wedge dt \wedge du - 2tu\,ds \wedge du \wedge dv \\ &\quad -2tv\,dt \wedge du \wedge dv + tv\,dt \wedge du \wedge dv \\ &= 2uv\,ds \wedge dt \wedge du - 2tu\,ds \wedge du \wedge dv - tv\,dt \wedge du \wedge dv. \end{aligned}$$

Die der Abbildung φ zugeordnete Funktionalmatrix lautet

$$\frac{\partial(s, t, u, v)}{\partial(x, y, z)} = \begin{pmatrix} 2xy & 1 & 1 & 0 \\ x^2 & 0 & 0 & 2y \\ 3z^2 & 1 & -1 & 0 \end{pmatrix}.$$

Die dreigliedrigen alternierenden Produkte gehen bei der Übertragung in Differentiale der Form $a\,dx \wedge dy \wedge dz$ über, wobei a die aus den entsprechenden Spalten der Funktionalmatrix gebildete Determinante ist. Da man anschließend aber doch die Koordinaten von $\mathfrak{x}^*$ einzusetzen hat, kann man diese Determinanten auch gleich der Matrix

$$\left.\frac{\partial(s,t,u,v)}{\partial(x,y,z)}\right|_{\mathfrak{x}^*} = \begin{pmatrix} -2 & 1 & 1 & 0 \\ 1 & 0 & 0 & -2 \\ 12 & 1 & -1 & 0 \end{pmatrix}$$

entnehmen. Man erhält so wegen $s^* = 7$, $t^* = 3$, $u^* = -1$, $v^* = 1$

$$\begin{aligned}\big((\mathrm{d}(\beta \cdot \mathrm{d}\alpha)) \vartriangle \varphi\big)\mathfrak{x}^* &= [(-2)\cdot 2 - 2\cdot(-3)(-20) - 3\cdot(-4)]\,dx \wedge dy \wedge dz \\ &= -112\,dx \wedge dy \wedge dz.\end{aligned}$$

Die Anwendung von $dx \wedge dy \wedge dz$ auf $\mathfrak{v}_1, \mathfrak{v}_2, \mathfrak{v}_3$ ergibt die mit $\frac{1}{3!}$ multiplizierte Determinante aus den Koordinaten dieser Vektoren. Es folgt also

$$\big[\big((\mathrm{d}(\beta \cdot \mathrm{d}\alpha)) \vartriangle \varphi\big)\mathfrak{x}^*\big](\mathfrak{v}_1, \mathfrak{v}_2, \mathfrak{v}_3) = -\frac{112}{3!}\begin{vmatrix} 1 & 0 & 1 \\ 2 & -3 & 1 \\ -2 & 0 & 1 \end{vmatrix} = 168.$$

(2) Man erhält

$$\begin{aligned}\alpha \vartriangle \varphi &= (x-z)^2(2xy\,dx + x^2\,dy + 3z^2\,dz) + y^2(x-z)(dx+dz) \\ &= (2x^3y - 4x^2yz + 2xyz^2 + xy^2 - y^2z)\,dx \\ &\quad + (x^4 - 2x^3z + x^2z^2)\,dy \\ &\quad + (3x^2z^2 - 6xz^3 + 3z^4 + xy^2 - y^2z)\,dz, \\ \beta \quad \varphi &= y^2(x+z).\end{aligned}$$

Wegen 15.9 und 15.14 gilt

$$\big(\mathrm{d}(\beta \cdot \mathrm{d}\alpha)\big) \vartriangle \varphi = \mathrm{d}\big((\beta \vartriangle \varphi) \cdot \mathrm{d}(\alpha \vartriangle \varphi)\big).$$

Daher ergibt sich weiter nach kurzen Zwischenrechnungen

$$\begin{aligned}\mathrm{d}(\alpha \vartriangle \varphi) &= 2(x^3 - xy - x^2z + yz)\,dx \wedge dy \\ &\quad + 2(2x^2y + 3xz^2 + y^2 - 3z^3 - 2xyz)\,dx \wedge dz \\ &\quad + 2(x^3 + xy - x^2z - yz)\,dy \wedge dz,\end{aligned}$$

$$\begin{aligned}(\beta \vartriangle \varphi)\cdot \mathrm{d}(\alpha \vartriangle \varphi) &= 2(x^4y^2 - x^2y^3 - x^2y^2z^2 + y^3z^2)\,dx \wedge dy \\ &\quad + 2(2x^3y^3 + xy^4 - 3y^2z^4 + y^4z + 3x^2y^2z^2 \\ &\quad - 2xy^3z^2)\,dx \wedge dz + 2(x^4y^2 + x^2y^3 - x^2y^2z^2 \\ &\quad - y^3z^2)\,dy \wedge dz,\end{aligned}$$

$$\begin{aligned}\big(\mathrm{d}(\beta \cdot \mathrm{d}\alpha)\big) \vartriangle \varphi &= 2(-2x^3y^2 - 2xy^3 - 2y^3z + 6yz^4 - 2x^2y^2z - 6x^2yz^2 \\ &\quad + 4xy^2z^2)\,dx \wedge dy \wedge dz.\end{aligned}$$

Hieraus folgt nach Einsetzen der Koordinaten von $\mathfrak{x}^*$ wie in (1)

$$\big((\mathrm{d}(\beta \cdot \mathrm{d}\alpha)) \vartriangle \varphi\big)\mathfrak{x}^* = -112 dx \wedge dy \wedge dz$$

und damit wie vorher dasselbe Ergebnis.

(3) Wegen $\varphi\mathfrak{x}^* = (7, 3, -1, 1)$ erhält man mit dem in (1) berechneten Ausdruck für $\mathrm{d}(\beta \cdot \mathrm{d}\alpha)$

$$\big(\mathrm{d}(\beta \cdot \mathrm{d}\alpha)\big)(\varphi\mathfrak{x}^*) = -2ds \wedge dt \wedge du + 6ds \wedge du \wedge dv - 3dt \wedge du \wedge dv.$$

Nun gilt ja

$$\begin{aligned}&\big[\big((\mathrm{d}(\beta \cdot \mathrm{d}\alpha)) \vartriangle \varphi\big)\mathfrak{x}^*\big](\mathfrak{v}_1, \mathfrak{v}_2, \mathfrak{v}_3)\\ &\quad = \big[\big(\mathrm{d}(\beta \cdot \mathrm{d}\alpha)\big)(\varphi\mathfrak{x}^*)\big]\big([d_{\mathfrak{x}^*}\varphi]\mathfrak{v}_1, [d_{\mathfrak{x}^*}\varphi]\mathfrak{v}_2, [d_{\mathfrak{x}^*}\varphi]\mathfrak{v}_3\big).\end{aligned}$$

Die Koordinatenzeilen der Vektoren $\mathfrak{w}_\nu = [d_{\mathfrak{x}^*}\varphi]\mathfrak{v}_\nu$ ergeben sich durch Heranmultiplizieren der Koordinatenzeilen der Vektoren $\mathfrak{v}_\nu$ an die schon in (1) benutzte Funktionalmatrix. Man erhält

$$\begin{aligned}\mathfrak{w}_1 &= (10, 2, 0, 0),\\ \mathfrak{w}_2 &= (5, 3, 1, 6),\\ \mathfrak{w}_3 &= (16, -1, -3, 0).\end{aligned}$$

Die Anwendung der dreigliedrigen alternierenden Produkte auf diese Vektoren ergibt bis auf den Faktor $\frac{1}{3!}$ wieder die entsprechenden Unterdeterminanten der Matrix ihrer Koordinaten. So folgt

$$\begin{aligned}&\big[\big(\mathrm{d}(\beta \cdot \mathrm{d}\alpha)\big)(\varphi\mathfrak{x}^*)\big](\mathfrak{w}_1, \mathfrak{w}_2, \mathfrak{w}_3)\\ &\quad = \frac{1}{3!}[(-2)(-18) + 6 \cdot 180 - 3 \cdot 36] = 168,\end{aligned}$$

also wieder das schon gewonnene Ergebnis.

16A Ohne Einschränkung der Allgemeinheit besitze f in x^* ein Minimum; die Eigenwerte $c_{k+1}, \ldots, c_n$ seien also alle positiv, und es gelte

$$d(v_1, \ldots, v_n) = f(x_1^* + v_1, \ldots, x_n^* + v_n) - f(x_1^*, \ldots, x_n^*) \geqq 0$$

für alle Vektoren $\mathfrak{v}$ hinreichend kleinen Betrages. Wegen 14.9 gilt weiter

$$\begin{aligned}d(v_1, \ldots, v_n) &= \frac{1}{2!}(c_{k+1}x_{k+1}^2 + \cdots + c_n x_n^2)\\ &\quad + \frac{1}{3!}\sum_{\nu_1, \nu_2, \nu_3} f'''_{x_{\nu_1}, x_{\nu_2}, x_{\nu_3}}(\mathfrak{x}^* + q_{\mathfrak{v}}\mathfrak{v})v_{\nu_1}v_{\nu_2}v_{\nu_3} \geqq 0\end{aligned}$$

mit einer von $\mathfrak{v}$ abhängenden Zahl $q_{\mathfrak{v}}$ zwischen Null und Eins.

Es sei nun zunächst $f'''_{x_{\nu_1}, x_{\nu_2}, x_{\nu_3}}(\mathfrak{x}^*) = a > 0$ (bzw. < 0) mit $\nu_1 \leqq k$, $\nu_2 \leqq k$, $\nu_3 \leqq k$ angenommen. Dann gilt wegen der vorausgesetzten Stetigkeit der dritten Ableitungen auch noch $f'''_{x_{\nu_1}, x_{\nu_2}, x_{\nu_3}}(\mathfrak{x}^* + q_{\mathfrak{v}}\mathfrak{v}) > \frac{a}{2} > 0$ $\left(\text{bzw. } < \frac{a}{2} < 0\right)$ für alle $\mathfrak{v}$ hinreichend kleinen Betrages. Setzt man daher $v^*_{\nu_1} = v^*_{\nu_2} = v^*_{\nu_3} = t$ mit hinreichend kleinem Wert von $|t|$ und $v^*_\nu = 0$ für $\nu \neq \nu_1, \nu_2, \nu_3$, so folgt

$$d(v_1^*, \ldots, v_n^*) = \frac{1}{3!} f'''_{x_{\nu_1}, x_{\nu_2}, x_{\nu_3}}(\mathfrak{x}^* + q_{\mathfrak{v}^*}\mathfrak{v}^*)\, t^3 < 0$$

im Fall $t < 0$ (bzw. $t > 0$), also ein Widerspruch.

Zweitens sei $f'''_{x_{\nu_1}, x_{\nu_2}, x_{\nu_3}}(\mathfrak{x}^*) = a > 0$ (bzw. < 0) mit $\nu_1 \leqq k$, $\nu_2 \leqq k$ und $\nu_3 > k$ angenommen. Wie vorher schließt man auf $f'''_{x_{\nu_1}, x_{\nu_2}, x_{\nu_3}}(\mathfrak{x}^* + q_{\mathfrak{v}}\mathfrak{v}) > \frac{a}{2} > 0$ $\left(\text{bzw. } < \frac{a}{2} < 0\right)$ für alle $\mathfrak{v}$ hinreichend kleinen Betrages. Jetzt setze man $v^*_{\nu_1} = v^*_{\nu_2} = t$ und $v^*_{\nu_3} = t^3$ mit hinreichend kleinem $|t|$ und weiter $v^*_\nu = 0$ für $\nu \neq \nu_1, \nu_2, \nu_3$. Dann folgt

$$d(v_1^*, \ldots, v_n^*) = t^5 \left(\frac{1}{2!} c_{\nu_3} t + \frac{1}{3!} \quad f'''_{x_{\nu_1}, x_{\nu_2}, x_{\nu_3}}(\mathfrak{x}^* + q_{\mathfrak{v}^*}\mathfrak{v}^*) \right) < 0$$

mit $t < 0$ (bzw. $t > 0$), da bei genügend kleinem $|t|$ das Vorzeichen der Klammer allein durch die dritte Ableitung bestimmt wird. Damit ist auch dieser Fall zum Widerspruch geführt, die Behauptung also bewiesen.

16B (1) Aus

$$f'_x(x, y) = 2(1 + x - y)(3x + y) = 0,$$
$$f'_y(x, y) = -4(1 - y)^3 + 2(1 + x - y)(2 - x - 3y) = 0$$

folgt

(a) $x = 0,\ y = 1,$

(b) $x = 0,\ y = 0,$

(c) $x = \frac{1}{54}(-11 \pm \sqrt{13}),\ y = \frac{1}{18}(11 \mp \sqrt{13}).$

Die Matrix der zweiten Ableitungen lautet

$$A(x, y) = \begin{pmatrix} 6 + 12x - 4y & 2 - 4x - 4y \\ 2 - 4x - 4y & 12(1 - y)^2 - 10 - 4x + 12y \end{pmatrix}.$$

Im Fall (b) ergibt sich $\operatorname{Det} A = 8 > 0$. Es liegt also ein lokales Extremum vor, das wegen $f''_{x,x}(0, 0) = 6 > 0$ ein lokales Minimum ist.
Im Fall (c) erhält man nach einiger Zwischenrechnung für beide Möglichkeiten des Vorzeichens $\operatorname{Det} A < 0$, so daß es sich hier jeweils um einen Sattelpunkt handelt.
Im Fall (a) lautet die Matrix

$$A(0, 1) = \begin{pmatrix} 2 & -2 \\ -2 & 2 \end{pmatrix}.$$

Hier gilt also $\operatorname{Det} A = 0$, so daß keine unmittelbare Aussage möglich ist. Die Matrix besitzt die Eigenwerte 0 und 4 mit $(1, 1)$ bzw. $(1, -1)$ als zugehörigen Eigenvektoren. Setzt man entsprechend $x = u + v$, $y = u - v$, so erhält man

$$f(u + v, u - v) = (1 - u + v)^4 + (1 + 2v)^2 (4u - 1),$$

und der Stelle $x = 0$, $y = 1$ entspricht jetzt die Stelle $u = \frac{1}{2}$, $v = -\frac{1}{2}$, zu der ja der Funktionswert $f(0, 1) = 0$ gehört. Da der Faktor $(4u - 1)$ für $u = \frac{1}{2}$ den Wert 1 annimmt, folgt, daß in einer Umgebung dieser Stelle die Funktionswerte nicht negativ sein können. Es liegt also ebenfalls ein lokales Minimum vor.

(2) Aus

$$g'_x(x, y) = 3x^2 + 2(x + \cos y - 1) = 0,$$
$$g'_y(x, y) = -2\sin y (x + \cos y - 1) = 0$$

folgt

(a) $x = 0$, $\cos y = 1$ (also $y = 2k\pi$ mit $k \in \mathbb{Z}$),

(b) $x = -\frac{2}{3}$, $\cos y = 1$ (also $y = 2k\pi$ mit $k \in \mathbb{Z}$),

(c) $x = -\frac{1}{3} + \frac{1}{3}\sqrt{13}$, $\cos y = -1$ (also $y = (2k + 1)\pi$ mit $k \in \mathbb{Z}$),

(d) $x = -\frac{1}{3} - \frac{1}{3}\sqrt{13}$, $\cos y = -1$ (also $y = (2k + 1)\pi$ mit $k \in \mathbb{Z}$).

Die Matrix der zweiten Ableitungen lautet

$$A(x, y) = \begin{pmatrix} 6x + 2 & -2\sin y \\ -2\sin y & -2\cos y (x + \cos y - 1) + 2\sin^2 y \end{pmatrix}.$$

Im Fall (b) ergibt sich $\operatorname{Det} A = -\frac{8}{3} < 0$. An allen diesen Stellen handelt es sich also um einen Sattelpunkt.

In den Fällen (c) und (d) gilt

$$\operatorname{Det} A = \begin{vmatrix} \pm 2\sqrt{13} & 0 \\ 0 & 2(-\frac{7}{3} \pm \frac{1}{3}\sqrt{13}) \end{vmatrix}.$$

Die rechts unten stehende Zahl ist in beiden Fällen negativ. Im Fall (c) handelt es sich daher um Sattelpunkte, im Fall (d) aber um lokale Maxima.
Schließlich nimmt die Matrix der zweiten Ableitungen im Fall (a) die Form

$$A = \begin{pmatrix} 2 & 0 \\ 0 & 0 \end{pmatrix}$$

an. Hier ist y die zum Eigenwert Null gehörende Koordinate. Wegen $g'''_{x,y,y}(x, y) = -2\cos y$, also $g'''_{x,y,y}(0, 2k\pi) = -2 \neq 0$ muß nach 16A ein Sattelpunkt vorliegen.

16C (1) Aus den notwendigen Bedingungen

$$f'_x(x, y, z) = y - 4x = 0,$$
$$f'_y(x, y, z) = x - 4y = 0,$$
$$f'_z(x, y, z) = -4z^3 + 4z = 0$$

folgt jedenfalls $x = y = 0$ und außerdem

$$\text{(a) } z = 0, \quad \text{(b) } z = 1, \quad \text{(c) } z = -1.$$

Die Matrix der zweiten Ableitungen lautet

$$\begin{pmatrix} -4 & 1 & 0 \\ 1 & -4 & 0 \\ 0 & 0 & -12z^2 + 4 \end{pmatrix}.$$

Sie besitzt das charakteristische Polynom

$$(t^2 + 8t + 15)(-12z^2 + 4 - t),$$

das nach der Zeichenregel jedenfalls zwei negative Nullstellen besitzt. Die dritte Nullstelle ist im Fall (a) positiv, so daß es sich hier um einen Sattelpunkt handelt. In den Fällen (b) und (c) ist sie jedoch negativ, so daß es sich jetzt jeweils um ein lokales Maximum handelt.
(2) Die notwendigen Bedingungen lauten hier

$$f'_x(x, y, z) = 3x^2 + 2x = 0,$$
$$f'_y(x, y, z) = 6yz + 2y = 0,$$
$$f'_z(x, y, z) = 3y^2 + 3z^2 + 2z = 0.$$

Aus der ersten Gleichung folgen die Fälle

(1) $x=0$ *und* (2) $x=-\frac{2}{3}$.

Die anderen beiden Gleichungen führen auf die von (1) und (2) unabhängigen Fallunterscheidungen

(a) $y=0,\ z=0$, (b) $y=0,\ z=-\frac{2}{3}$, (c) $y=\pm\frac{1}{3},\ z=-\frac{1}{3}$.

Setzt man diese Werte in die Matrix

$$\begin{pmatrix} 6x+2 & 0 & 0 \\ 0 & 6z+2 & 6y \\ 0 & 6y & 6z+2 \end{pmatrix}$$

der zweiten Ableitungen ein, so lassen sich die jeweiligen Eigenwerte unmittelbar ablesen. Im Fall (1a) liegt ein lokales Minimum, im Fall (2b) ein lokales Maximum vor. In allen übrigen Fällen hat man es mit Sattelpunkten zu tun.

17A Wegen

$$\frac{\partial h}{\partial u_\kappa}=\frac{\partial f}{\partial x_\kappa}+\sum_{\mu=k+1}^{n}\frac{\partial f}{\partial x_\mu}\frac{\partial q_\mu}{\partial u_\kappa}\qquad(\kappa=1,\ldots,k)$$

mit an der Stelle $\mathfrak{u}^*$ bzw. $\mathfrak{x}^*$ gebildeten Ableitungen folgt mit Hilfe der Kettenregel

$$\frac{\partial^2 h}{\partial u_\kappa\partial u_\lambda}=\frac{\partial^2 f}{\partial x_\kappa\partial x_\lambda}+\sum_{\nu=k+1}^{n}\frac{\partial^2 f}{\partial x_\kappa\partial x_\nu}\frac{\partial q_\nu}{\partial u_\lambda}+\sum_{\mu=k+1}^{n}\frac{\partial^2 f}{\partial x_\mu\partial x_\lambda}\frac{\partial q_\mu}{\partial u_\kappa}$$
$$+\sum_{\mu,\nu=k+1}^{n}\frac{\partial^2 f}{\partial x_\mu\partial x_\nu}\frac{\partial q_\mu}{\partial u_\kappa}\frac{\partial q_\nu}{\partial u_\lambda}+\sum_{\mu=k+1}^{n}\frac{\partial f}{\partial x_\mu}\frac{\partial^2 q_\mu}{\partial u_\kappa\partial u_\lambda}$$
$$(\kappa,\lambda=1,\ldots,k).$$

Diese Gleichungen können mit den vorher definierten Matrizen folgendermaßen zusammengefaßt werden:

$$(1)\quad\left(\frac{\partial^2 h}{\partial u_\kappa\partial u_\lambda}\right)_{\kappa,\lambda=1,\ldots,k}=QAQ^T+\left(\sum_{\mu=k+1}^{n}\frac{\partial f}{\partial x_\mu}\frac{\partial^2 q_\mu}{\partial u_\kappa\partial u_\lambda}\right)_{\kappa,\lambda=1,\ldots,k}.$$

Weiter folgt aus

$$\frac{\partial p_\varrho}{\partial x_\kappa}+\sum_{\mu=k+1}^{n}\frac{\partial p_\varrho}{\partial x_\mu}\frac{\partial q_\mu}{\partial u_\kappa}=0\qquad(\varrho=1,\ldots,n-k;\ \kappa=1,\ldots,k)$$

durch nochmaliges Ableiten

$$\frac{\partial^2 p_\varrho}{\partial x_\kappa \partial x_\lambda} + \sum_{\nu=k+1}^{n} \frac{\partial^2 p_\varrho}{\partial x_\kappa \partial x_\nu} \frac{\partial q_\nu}{\partial u_\lambda} + \sum_{\mu=k+1}^{n} \frac{\partial^2 p_\varrho}{\partial x_\mu \partial x_\lambda} \frac{\partial q_\mu}{\partial u_\kappa}$$

$$+ \sum_{\mu,\nu=k+1}^{n} \frac{\partial^2 p_\varrho}{\partial x_\mu \partial x_\nu} \frac{\partial q_\mu}{\partial u_\kappa} \frac{\partial q_\nu}{\partial u_\lambda} + \sum_{\mu=k+1}^{n} \frac{\partial p_\varrho}{\partial x_\mu} \frac{\partial^2 q_\mu}{\partial u_\kappa \partial u_\lambda} = 0$$

$$(\varrho = 1, \ldots, n-k;\ \kappa, \lambda = 1, \ldots, k)$$

oder in Matrizenschreibweise

$$(2) \qquad Q B_\varrho Q^T + \left(\sum_{\mu=k+1}^{n} \frac{\partial p_\varrho}{\partial x_\mu} \frac{\partial^2 q_\mu}{\partial u_\kappa \partial u_\lambda} \right)_{\kappa,\lambda=1,\ldots,k} = 0 \qquad (\varrho = 1, \ldots, n-k).$$

Nach Definition der *Lagrange*'schen Faktoren gilt

$$\sum_{\varrho=1}^{n-k} v_\varrho \frac{\partial p_\varrho}{\partial x_\mu} = - \frac{\partial f}{\partial x_\mu}$$

so daß aus (2)

$$Q(v_1 B_1 + \cdots + v_{n-k} B_{n-k}) Q^T$$

$$= - \left(\sum_{\mu=k+1}^{n} \left(\sum_{\varrho=1}^{n-k} v_\varrho \frac{\partial p_\varrho}{\partial x_\mu} \right) \frac{\partial^2 q_\mu}{\partial u_\kappa \partial u_\lambda} \right)_{\kappa,\lambda=1,\ldots,k}$$

$$= \left(\sum_{\mu=k+1}^{n} \frac{\partial f}{\partial x_\mu} \frac{\partial^2 q_\mu}{\partial u_\kappa \partial u_\lambda} \right)_{\kappa,\lambda=1,\ldots,k}$$

folgt. Diese letzte Gleichung ergibt zusammen mit (1) unmittelbar die Behauptung.

17B In 16C (1) wurde gezeigt, daß f genau in den Punkten $(0, 0, \pm 1)$ ein lokales Maximum besitzt. Und diese Punkte liegen auch im Inneren von B, so daß sie hier zur Konkurrenz heranzuziehen sind. Es gilt

$$f(0, 0, \pm 1) = 1.$$

Der Rand von B ist durch

$$p(x, y, z) = x^2 + y^2 + 2z^2 - 8 = 0$$

gegeben. Als notwendige Bedingungen für Stellen lokaler Extrema bezüglich dieses Randes erhält man daher mit einem *Lagrange*'schen Faktor v

$$\begin{aligned} y - 4x + 2xv &= 0, \\ x - 4y + 2yv &= 0, \\ 4z(-z^2 + 1 + v) &= 0, \\ x^2 + y^2 + 2z^2 &= 8. \end{aligned}$$

Aus ihnen ergeben sich folgende Stellen mit den zugehörigen Funktionswerten:

(x, y, z)	$f(x, y, z)$	
$(\pm 2, \pm 2, 0)$	-12	
$(\pm 2, \mp 2, 0)$	-20	Minima!
$(0, 0, \pm 2)$	-8	
$\left(\pm\sqrt{\frac{3}{2}}, \pm\sqrt{\frac{3}{2}}, \pm\sqrt{\frac{5}{2}}\right)$	$-\frac{23}{4}$	
$\left(\pm\frac{1}{\sqrt{2}}, \mp\frac{1}{\sqrt{2}}, \pm\sqrt{\frac{7}{2}}\right)$	$-\frac{31}{4}$	

(Die Vorzeichenwahl in der z-Komponente ist unabhängig von den Vorzeichen der x- und y-Komponente.) Das Minimum der Funktionswerte wird also in zwei Randpunkten, das Maximum in zwei inneren Punkten von B angenommen.

17C (1) Die notwendigen Bedingungen lauten

$$\begin{aligned} 2x + yzv &= 0, \\ 8y + xzv &= 0, \\ 32z + xyv &= 0, \\ xyz &= 1. \end{aligned}$$

Hieraus ergeben sich als mögliche Stellen lokaler Extrema die Punkte

$$(2, 1, \tfrac{1}{2}),\ (2, -1, -\tfrac{1}{2}),\ (-2, 1, -\tfrac{1}{2}),\ (-2, -1, \tfrac{1}{2}).$$

Für den *Lagrange*'schen Faktor gilt in allen Fällen $v = -8$. Mit den Bezeichnungen aus 17A (man kann nach z auflösen) gilt im ersten Punkt

$$S = \begin{pmatrix} 2 & 0 & 0 \\ 0 & 8 & 0 \\ 0 & 0 & 32 \end{pmatrix} - 8\begin{pmatrix} 0 & \frac{1}{2} & 1 \\ \frac{1}{2} & 0 & 2 \\ 1 & 2 & 0 \end{pmatrix} = \begin{pmatrix} 2 & -4 & -8 \\ -4 & 8 & -16 \\ -8 & -16 & 32 \end{pmatrix}, \quad Q = \begin{pmatrix} 1 & 0 & -\frac{1}{4} \\ 0 & 1 & -\frac{1}{2} \end{pmatrix},$$

also

$$QSQ^T = \begin{pmatrix} 8 & 8 \\ 8 & 32 \end{pmatrix}.$$

Da diese Matrix zwei positive Eigenwerte besitzt, handelt es sich um ein lokales Minimum. Entsprechend gilt im zweiten Punkt

$$S = \begin{pmatrix} 2 & 4 & 8 \\ 4 & 8 & -16 \\ 8 & -16 & 32 \end{pmatrix}, \quad Q = \begin{pmatrix} 1 & 0 & \frac{1}{4} \\ 0 & 1 & -\frac{1}{2} \end{pmatrix}, \quad QSQ^T = \begin{pmatrix} 8 & -8 \\ -8 & 32 \end{pmatrix}.$$

Dieselbe Matrix ergibt sich in den anderen beiden Punkten. Und da auch sie zwei positive Eigenwerte besitzt, liegen in allen Punkten lokale Minima vor.

(2) Die notwendigen Bedingungen sind jetzt

$$\begin{aligned} 2x + yv_1 + zv_2 &= 0, \\ 8y + xv_1 \qquad &= 0, \\ 32z \qquad + xv_2 &= 0, \\ xy = 3 \quad , \quad xz &= 2. \end{aligned}$$

Es folgt

$$x = \pm\sqrt{10}, \quad y = \pm\frac{3}{\sqrt{10}}, \quad z = \pm\frac{2}{\sqrt{10}}, \quad v_1 = -\frac{12}{5}, \quad v_2 = -\frac{32}{5}.$$

Weiter ergibt sich in beiden Fällen

$$S = \begin{pmatrix} 2 & 0 & 0 \\ 0 & 8 & 0 \\ 0 & 0 & 32 \end{pmatrix} - \tfrac{12}{5}\begin{pmatrix} 0 & 1 & 0 \\ 1 & 0 & 0 \\ 0 & 0 & 0 \end{pmatrix} - \tfrac{32}{5}\begin{pmatrix} 0 & 0 & 1 \\ 0 & 0 & 0 \\ 1 & 0 & 0 \end{pmatrix} = \tfrac{1}{5}\begin{pmatrix} 10 & -12 & -32 \\ -12 & 40 & 0 \\ -32 & 0 & 160 \end{pmatrix},$$

$$Q = (1, -\tfrac{3}{10}, -\tfrac{2}{10}), \quad QSQ^T = (\tfrac{31}{5}).$$

Da das einzige Element dieser Matrix positiv ist, handelt es sich also auch hier in beiden Punkten um lokale Minima. Einfacher wäre man allerdings zum Ziel gekommen, wenn man die aus den Nebenbedingungen folgenden Beziehungen $y = \frac{3}{x}$, $z = \frac{2}{x}$ in f eingesetzt hätte: Man erhält

$$g(x) = f\left(x, \frac{3}{x}, \frac{2}{x}\right) = x^2 + \frac{100}{x^2},$$

und aus

$$g'(x) = 2x - \frac{200}{x^2} = 0$$

folgt $x^4 = 100$ und damit wieder das vorher gewonnene Resultat. Wegen

$$g''(x) = 2 + \frac{600}{x^4} > 0$$

muß es sich außerdem tatsächlich um ein lokales Minimum handeln.

18A Wegen $\mathfrak{t} = \mathfrak{x}'$ folgt aus der ersten *Frenet*'schen Gleichung

$$\kappa = |\mathfrak{t}'| = |\mathfrak{x}''|.$$

Nun gilt $\dfrac{dt}{ds} = \dfrac{1}{|\dot{\mathfrak{x}}|}$ und daher

$$\mathfrak{x}' = \frac{1}{|\dot{\mathfrak{x}}|}\dot{\mathfrak{x}}, \quad \mathfrak{x}'' = \frac{1}{|\dot{\mathfrak{x}}|}\frac{1}{dt}(\mathfrak{x}') = \frac{1}{|\dot{\mathfrak{x}}|^2}\ddot{\mathfrak{x}} - \frac{\dot{\mathfrak{x}} \cdot \ddot{\mathfrak{x}}}{|\dot{\mathfrak{x}}|^4}\dot{\mathfrak{x}}.$$

Es folgt

$$|\mathfrak{x}''| = \frac{1}{|\dot{\mathfrak{x}}|^4}\big||\dot{\mathfrak{x}}|^2\ddot{\mathfrak{x}} - (\dot{\mathfrak{x}} \cdot \ddot{\mathfrak{x}})\dot{\mathfrak{x}}\big| = \frac{1}{|\dot{\mathfrak{x}}|^3}\sqrt{|\dot{\mathfrak{x}}|^2|\ddot{\mathfrak{x}}|^2 - (\dot{\mathfrak{x}} \cdot \ddot{\mathfrak{x}})^2} = \frac{|\dot{\mathfrak{x}} \times \ddot{\mathfrak{x}}|}{|\dot{\mathfrak{x}}|^3}.$$

Weiter ergibt sich mit Hilfe der zweiten *Frenet*'schen Gleichung

$$\tau = \mathfrak{b} \cdot \mathfrak{n}' = (\mathfrak{t} \times \mathfrak{n}) \cdot \mathfrak{n}' = \mathrm{Det}(\mathfrak{t}, \mathfrak{n}, \mathfrak{n}').$$

Wegen

$$\mathfrak{t} = \mathfrak{x}', \quad \mathfrak{n} = \frac{1}{\kappa}\mathfrak{x}'', \quad \mathfrak{n}' = \frac{1}{\kappa}\mathfrak{x}''' - \frac{\kappa'}{\kappa^2}\mathfrak{x}''$$

folgt (das zweite Glied von $\mathfrak{n}'$ kann wegen der linearen Abhängigkeit von $\mathfrak{n}$ bei der Determinantenbildung unberücksichtigt bleiben)

$$\tau = \frac{1}{\kappa^2}\mathrm{Det}(\mathfrak{x}', \mathfrak{x}'', \mathfrak{x}''') = \frac{1}{|\mathfrak{x}''|^2}\mathrm{Det}(\mathfrak{x}', \mathfrak{x}'', \mathfrak{x}''').$$

Berücksichtigt man weiter die oben berechneten Ausdrücke für $\mathfrak{x}'$, $\mathfrak{x}''$ und daß sich $\mathfrak{x}'''$ als

$$\mathfrak{x}''' = \frac{1}{|\dot{\mathfrak{x}}|^3}\dddot{\mathfrak{x}} + a\ddot{\mathfrak{x}} + b\dot{\mathfrak{x}}$$

darstellen läßt, so erhält man (wieder bei Berücksichtigung linearer Abhängigkeiten)

$$\tau = \frac{1}{\kappa^2}\,\frac{1}{|\dot{\mathfrak{x}}|^6}\,\mathrm{Det}(\dot{\mathfrak{x}}, \ddot{\mathfrak{x}}, \dddot{\mathfrak{x}}) = \frac{\mathrm{Det}(\dot{\mathfrak{x}}, \ddot{\mathfrak{x}}, \dddot{\mathfrak{x}})}{|\dot{\mathfrak{x}} \times \ddot{\mathfrak{x}}|^2}.$$

18B (1) $\Rightarrow$ (2): Aus $\mathfrak{x}' \cdot \mathfrak{e} = \mathfrak{t} \cdot \mathfrak{e} = \cos\alpha$ folgt durch Differentiation $\kappa(\mathfrak{n} \cdot \mathfrak{e}) = \mathfrak{t}' \cdot \mathfrak{e} = 0$, also $\mathfrak{n} \cdot \mathfrak{e} = 0$, da man von den durch $\kappa = 0$ gekennzeichneten Geraden absehen kann. Es folgt

$$\mathfrak{x}' = \mathfrak{t} = \cos\alpha\,\mathfrak{e} - \sin\alpha(\mathfrak{e} \times \mathfrak{n}),$$
$$\kappa\mathfrak{n} = \mathfrak{x}'' = -\sin\alpha(\mathfrak{e} \times \mathfrak{n}') = -\sin\alpha\big(-\kappa(\mathfrak{e} \times \mathfrak{t}) + \tau(\mathfrak{e} \times \mathfrak{b})\big).$$

Wegen

$$\mathfrak{e} \times \mathfrak{t} = -\sin\alpha\big(\mathfrak{e} \times (\mathfrak{e} \times \mathfrak{n})\big) = \sin\alpha\,\mathfrak{n},$$
$$\mathfrak{e} \times \mathfrak{b} = \mathfrak{e} \times (\mathfrak{t} \times \mathfrak{n}) = -\cos\alpha\,\mathfrak{n}$$

ergibt sich

$$\kappa\mathfrak{n} = \mathfrak{x}'' = (\kappa\sin^2\alpha + \tau\sin\alpha\cos\alpha)\mathfrak{n},$$

woraus

$$\cos\alpha(\kappa\cos\alpha - \tau\sin\alpha) = 0$$

folgt. Das Verschwinden der Klammer ergibt die Behauptung. Im Fall $\cos\alpha = 0$ handelt es sich um eine in der Orthogonalebene zu $\mathfrak{e}$ verlaufende, also ebene Kurve, für die dann auch $\tau = 0$ und damit wieder die Behauptung gilt.

(2) $\Rightarrow$ (1): Man setze

$$\mathfrak{e} = \cos\alpha\,\mathfrak{t} + \sin\alpha\,\mathfrak{b}.$$

Dann ist $\mathfrak{e}$ für alle Werte von s ein Einheitsvektor, der wegen

$$\mathfrak{e}' = \cos\alpha\,\mathfrak{t}' + \sin\alpha\,\mathfrak{b}' = (\kappa\cos\alpha - \tau\sin\alpha)\mathfrak{n} = \mathfrak{o}$$

sogar konstant ist und für den $\mathfrak{x}' \cdot \mathfrak{e} = \mathfrak{t} \cdot \mathfrak{e} = \cos\alpha$ gilt.

(2) $\Leftrightarrow$ (3): Es gilt allgemein

$$\mathfrak{x}'' = \kappa\mathfrak{n}, \quad \mathfrak{x}''' = -\kappa^2\mathfrak{t} + \kappa'\mathfrak{n} + \kappa\tau\mathfrak{b},$$
$$\mathfrak{x}^{(4)} = -3\kappa\kappa'\mathfrak{t} + (\kappa'' - \kappa^3 - \kappa\tau^2)\mathfrak{n} + (2\kappa'\tau + \kappa\tau')\mathfrak{b},$$

woraus

$$\mathrm{Det}(\mathfrak{x}'', \mathfrak{x}''', \mathfrak{x}^{(4)}) = \kappa^3(\kappa'\tau - \kappa\tau')$$

folgt. Abgesehen von dem Trivialfall $\kappa = 0$, ist das Verschwinden der Determinante also gleichwertig mit dem Verschwinden der Klammer, also damit, daß κ und τ ein konstantes Verhältnis besitzen.

18C (1) Wegen $\mathfrak{e} \cdot \mathfrak{e} = 1$ gilt zunächst $\mathfrak{e} \cdot \dot{\mathfrak{e}} = 0$. Aus

$$\dot{\mathfrak{x}} = c(\mathfrak{e} \times \dot{\mathfrak{e}})$$

folgt

$$\ddot{\mathfrak{x}} = c(\mathfrak{e} \times \ddot{\mathfrak{e}}),$$
$$\dddot{\mathfrak{x}} = c(\dot{\mathfrak{e}} \times \ddot{\mathfrak{e}} + \mathfrak{e} \times \dddot{\mathfrak{e}}),$$
$$\dot{\mathfrak{x}} \times \ddot{\mathfrak{x}} = c^2\big((\mathfrak{e} \times \dot{\mathfrak{e}}) \cdot \ddot{\mathfrak{e}}\big)\mathfrak{e} = c^2\big(\mathrm{Det}(\mathfrak{e}, \dot{\mathfrak{e}}, \ddot{\mathfrak{e}})\big)\mathfrak{e}$$

und damit schließlich

$$\begin{aligned}\mathrm{Det}(\dot{\mathfrak{x}}, \ddot{\mathfrak{x}}, \dddot{\mathfrak{x}}) &= (\dot{\mathfrak{x}} \times \ddot{\mathfrak{x}}) \cdot \dddot{\mathfrak{x}} = c^3\big(\mathrm{Det}(\mathfrak{e}, \dot{\mathfrak{e}}, \ddot{\mathfrak{e}})\big)\big(\mathfrak{e} \cdot (\dot{\mathfrak{e}} \times \ddot{\mathfrak{e}})\big)\\ &= c^3\big(\mathrm{Det}(\mathfrak{e}, \dot{\mathfrak{e}}, \ddot{\mathfrak{e}})\big)^2.\end{aligned}$$

Mit Hilfe des Ergebnisses aus 18A ergibt sich daher

$$\tau = \frac{\mathrm{Det}(\dot{\mathfrak{x}}, \ddot{\mathfrak{x}}, \dddot{\mathfrak{x}})}{|\dot{\mathfrak{x}} \times \ddot{\mathfrak{x}}|^2} = \frac{c^3\big(\mathrm{Det}(\mathfrak{e}, \dot{\mathfrak{e}}, \ddot{\mathfrak{e}})\big)^2}{c^4\big(\mathrm{Det}(\mathfrak{e}, \dot{\mathfrak{e}}, \ddot{\mathfrak{e}})\big)^2} = \frac{1}{c}.$$

Weiter gilt

$$\mathfrak{b} = \mathfrak{t} \times \mathfrak{n} = \frac{1}{|\mathfrak{x}''|}(\mathfrak{x}' \times \mathfrak{x}'') = \frac{1}{|\dot{\mathfrak{x}} \times \ddot{\mathfrak{x}}|}(\dot{\mathfrak{x}} \times \ddot{\mathfrak{x}}) = \pm\mathfrak{e}$$

je nach Vorzeichen der Determinante.

(2) Aus der dritten *Frenet*'schen Gleichung folgt

$$\mathfrak{x}' = \mathfrak{t} = -(\mathfrak{b} \times \mathfrak{n}) = \frac{1}{\tau}(\mathfrak{b} \times \mathfrak{b}').$$

Dies ist die Behauptung mit $\mathfrak{e} = \mathfrak{b}$, $c = \dfrac{1}{\tau}$ und mit der Bogenlänge als Parameter.

18D Für eine sphärische Kurve gilt, wenn man den Mittelpunkt der Sphäre als Ursprung wählt,

$$\mathfrak{x} \cdot \mathfrak{x} = r^2 = \text{const.}, \quad \mathfrak{x} \cdot \mathfrak{x}' = \mathfrak{x} \cdot \mathfrak{t} = 0$$

und daher

$$\mathfrak{x} = r(\cos\alpha\,\mathfrak{n} + \sin\alpha\,\mathfrak{b})$$

mit einem von s abhängenden Winkel α. Es folgt

$$\mathfrak{t} = \mathfrak{x}' = r[-\kappa\cos\alpha\,\mathfrak{t} - (\tau\sin\alpha + \dot{\alpha}\sin\alpha)\mathfrak{n} + (\tau\cos\alpha + \dot{\alpha}\cos\alpha)\mathfrak{b}]$$

und daher wegen der linearen Unabhängigkeit von $\mathfrak{t}$, $\mathfrak{n}$, $\mathfrak{b}$

$$-r\kappa\cos\alpha = 1 \qquad \textit{und} \qquad \tau = -\dot{\alpha}.$$

Damit ergibt sich

$$\left(\frac{1}{\kappa}\right)' = r\dot{\alpha}\sin\alpha, \quad \left(\frac{1}{\tau}\left(\frac{1}{\kappa}\right)'\right)' = -r\dot{\alpha}\cos\alpha = -\frac{\tau}{\kappa},$$

also die behauptete Gleichung. Umgekehrt sei diese jetzt erfüllt. Setzt man dann

$$\mathfrak{y} = \mathfrak{x} + \frac{1}{\kappa}\mathfrak{n} + \frac{1}{\tau}\left(\frac{1}{\kappa}\right)'\mathfrak{b},$$

so folgt bei Berücksichtigung der Voraussetzung

$$\mathfrak{y}' = \mathfrak{t} + \left(\frac{1}{\kappa}\right)'\mathfrak{n} + \frac{1}{\kappa}(-\kappa\mathfrak{t} + \tau\mathfrak{b}) + \left(\frac{1}{\tau}\left(\frac{1}{\kappa}\right)'\right)'\mathfrak{b} - \frac{1}{\tau}\left(\frac{1}{\kappa}\right)'(-\tau\mathfrak{n}) = \mathfrak{o}.$$

Daher ist $\mathfrak{y}$ ein konstanter Vektor. Ferner gilt

$$\frac{d}{ds}|\mathfrak{y} - \mathfrak{x}|^2 = \frac{d}{ds}\left(\frac{1}{\kappa^2} + \left(\frac{1}{\tau}\left(\frac{1}{\kappa}\right)'\right)^2\right) = -2\frac{\kappa'}{\kappa^3} - 2\left(\frac{1}{\tau}\left(\frac{1}{\kappa}\right)'\right)\frac{\tau}{\kappa} = 0.$$

Daher ist auch $r = |\mathfrak{y} - \mathfrak{x}|$ konstant; d.h. die Kurve verläuft auf der Sphäre mit dem Radius r und mit $\mathfrak{y}$ als Mittelpunkt.
Die Voraussetzung, daß es sich um eine nicht ebene Kurve handelt, wurde für $\tau \neq 0$ gebraucht. Hingegen ist $\kappa \neq 0$ bei einer sphärischen Kurve stets erfüllt.

19A Hinsichtlich der gegebenen Basis ist $d\varphi$ die Matrix

$$\begin{pmatrix} \cos u & 0 & -\sin u \\ 0 & \cos v & -\sin v \end{pmatrix}$$

mit den Zeilenvektoren $\mathfrak{x}_u'$ und $\mathfrak{x}_v'$ zugeordnet. Weiter gilt

$$\psi\mathfrak{u} = \frac{1}{|\mathfrak{x}_u' \times \mathfrak{x}_v'|}(\mathfrak{x}_u' \times \mathfrak{x}_v') = \frac{1}{\sqrt{1 - \sin^2 u \sin^2 v}}(\sin u\cos v, \cos u\sin v, \cos u\cos v),$$

so daß $d\psi$ die Matrix

$$\frac{1}{\sqrt{1 - \sin^2 u\sin^2 v}^{\,3}}\begin{pmatrix} \cos u\cos v & -\sin u\sin v\cos^2 v \\ -\sin u\sin v\cos^2 u & \cos u\cos v \end{pmatrix}$$

entspricht. Stellt man die Zeilen dieser Matrix als Linearkombinationen von $\mathfrak{x}'_u$ und $\mathfrak{x}'_v$ dar, so gewinnt man die der linearen Abbildung χ_u hinsichtlich der Basis $\{\mathfrak{x}'_u, \mathfrak{x}'_v\}$ der Tangentialebene zugeordnete Matrix, nämlich

$$\frac{1}{a^3}\begin{pmatrix} \cos v & -\sin u \sin v \cos v \\ -\sin u \sin v \cos u & \cos u \end{pmatrix}$$

mit

$$a = \sqrt{1 - \sin^2 u \sin^2 v}.$$

Diese Matrix ist deswegen nicht symmetrisch, obwohl χ_u selbstadjungiert ist, weil $\{\mathfrak{x}'_u, \mathfrak{x}'_v\}$ keine Orthonormalbasis ist. Das charakteristische Polynom lautet

$$f(t) = t^2 - \frac{1}{a^3}(\cos u + \cos v)\, t + \frac{1}{a^4}\cos u \cos v,$$

so daß man

$$K = \frac{\cos u \cos v}{(1 - \sin^2 u \sin^2 v)^2}, \quad H = \frac{\cos u + \cos v}{2\sqrt{1 - \sin^2 u \sin^2 v}^{\,3}}$$

erhält. Die Eigenwerte und damit die Hauptkrümmungen sind

$$\begin{matrix} c_1 \\ c_2 \end{matrix} = \frac{1}{2a^3}\left[(\cos u + \cos v) \pm \sqrt{(\cos u + \cos v)^2 - 4a^2 \cos u \cos v}\right].$$

Für Flachpunkte muß $c_1 = c_2 = 0$, also

$$\cos u + \cos v = 0 \qquad \textit{und} \qquad \cos u \cos v = 0$$

gelten; und dies ist gleichwertig mit $\cos u = \cos v = 0$. Ein Nabelpunkt liegt hingegen schon dann vor, wenn

$$(\cos u + \cos v)^2 - 4a^2 \cos u \cos v = 0$$

gilt. Dies ist aber z. B. auch für $\cos u = \cos v = \pm 1$ erfüllt, da dann auch $a^2 = 1$ gilt.

Speziell für $u = \frac{1}{6}\pi$, $v = \frac{5}{6}\pi$ ergibt sich

$$\cos u = \tfrac{1}{2}\sqrt{3}, \ \sin u = \tfrac{1}{2}, \ \cos v = -\tfrac{1}{2}\sqrt{3}, \ \sin v = \tfrac{1}{2},$$

und man erhält die Eigenwerte

$$c_1 = +\tfrac{8}{15}\sqrt{3}, \ c_2 = -\tfrac{8}{15}\sqrt{3}.$$

Zu ihnen gehören folgende Eigenvektoren von χ, die in der Tangentialebene liegen und orthogonal sind:

$$\mathfrak{a}_1 = \mathfrak{x}'_u - (4 + \sqrt{15})\mathfrak{x}'_v = (\tfrac{1}{2}\sqrt{3}, \quad 2\sqrt{3} + \tfrac{3}{2}\sqrt{5}, \quad \tfrac{3}{2} + \tfrac{1}{2}\sqrt{15}),$$

$$\mathfrak{a}_2 = \mathfrak{x}'_u - (4 - \sqrt{15})\mathfrak{x}'_v = (\tfrac{1}{2}\sqrt{3}, \quad 2\sqrt{3} - \tfrac{3}{2}\sqrt{5}, \quad \tfrac{3}{2} - \tfrac{1}{2}\sqrt{15}).$$

Durch sie sind die Hauptkrümmungsrichtungen bestimmt, die gleichzeitig die Hauptachsen der durch die Gleichungen

$$x_1^2 - x_2^2 = \pm \frac{15}{8\sqrt{3}}$$

beschriebenen *Dupin*'schen Indikatrix sind. Diese besteht aus zwei gleichseitigen Hyperbeln, deren gemeinsame Asymptoten die Winkel zwischen $\mathfrak{a}_1$ und $\mathfrak{a}_2$ halbieren.

19B Ohne Einschränkung der Allgemeinheit kann man annehmen, daß die Rotationsfläche in der Form

$$\mathfrak{x} = \big(f(u)\cos v,\ f(u)\sin v,\ u\big)$$

gegeben ist. Die Breitenkreise sind dann durch $u = \text{const.}$, die Meridiane durch $v = \text{const.}$ gekennzeichnet. Die $d\varphi$ zugeordnete Matrix ist

$$A = \begin{pmatrix} f'\cos v & f'\sin v & 1 \\ -f\ \sin v & f\ \cos v & 0 \end{pmatrix}.$$

Weiter ist

$$\psi\mathfrak{u} = \frac{1}{\sqrt{1 + f'^2}}(-\cos v,\ -\sin v,\ f')$$

die Flächennormale, und $d\psi$ wird durch die Matrix

$$B = \frac{1}{\sqrt{1 + f'^2}^3}\begin{pmatrix} f'f''\cos v & f'f''\sin v & f'' \\ (1 + f'^2)\sin v & -(1 + f'^2)\cos v & 0 \end{pmatrix}$$

beschrieben. Bei den Breitenkreisen ist wegen $u = \text{const.}$ der Vektor $\dot{\mathfrak{u}}$ ein Vielfaches von (0, 1). Die Vektoren $(d\varphi)\dot{\mathfrak{u}}$ und $(d\psi)\dot{\mathfrak{u}}$ werden daher durch die jeweils zweite Zeile der Matrizen A und B gekennzeichnet, die offensichtlich linear abhängig sind. Entsprechendes gilt bei den Meridianen hinsichtlich der ersten Zeilen von A und B, die ebenfalls linear abhängig sind.

19C Es entspricht $d\varphi$ die Matrix

$$A = \begin{pmatrix} -\sin u \cosh v & \cos u \cosh v & 0 \\ \cos u \sinh v & \sin u \sinh v & 1 \end{pmatrix},$$

$$\psi \mathrm{u} = \frac{1}{\cosh v} (\cos u, \sin u, -\sinh v)$$

ist die Flächennormale, und $d\psi$ wird durch die Matrix

$$B = \frac{1}{\cosh^2 v} \begin{pmatrix} -\sin u \cosh v & \cos u \cosh v & 0 \\ -\cos u \sinh v & -\sin u \sinh v & -1 \end{pmatrix}$$

beschrieben. Es gilt also $B = CA$, wobei

$$C = \begin{pmatrix} \frac{1}{\cosh^2 v} & 0 \\ 0 & -\frac{1}{\cosh^2 v} \end{pmatrix}$$

die χ_{u} zugeordnete Matrix ist. Daß sie bereits Diagonalform besitzt, entspricht der Tatsache, daß $\mathfrak{x}_u'$ und $\mathfrak{x}_v'$ die Hauptkrümmungsrichtungen angeben, was nach 19B (Rotationsfläche!) von vornherein bekannt war. Da die Eigenwerte (Hauptkrümmungen) entgegengesetztes Vorzeichen besitzen, ist die *Gauß*'sche Krümmung negativ. Und da die Beträge der Eigenwerte gleich sind, halbieren die Schmieglinien auch umgekehrt die Winkel zwischen den Krümmungslinien. Nun haben $\mathfrak{x}_u'$ und $\mathfrak{x}_v'$ dieselbe Länge. Die Richtungen der Schmieglinien werden daher durch die Vektoren

$$\mathfrak{x}_u' + \mathfrak{x}_v' \qquad \textit{und} \qquad \mathfrak{x}_u' - \mathfrak{x}_v'$$

repräsentiert. Parameterdarstellungen der durch den zu (u_0, v_0) gehörenden Flächenpunkt gehenden Schmiedlinien erhält man, wenn man in der Parameterdarstellung der Fläche $u = u_0 + t$ und $v = v_0 + t$ bzw. $v = v_0 - t$ substituiert.

19D Aus der Definition der quadratischen Grundformen mit Hilfe der Differentialformen α_1, α_2 folgt zunächst

$$\begin{aligned} E &= \quad [(d_{\mathrm{u}}\varphi)\mathfrak{a}_1] \cdot [(d_{\mathrm{u}}\varphi)\mathfrak{a}_1], \quad F = [(d_{\mathrm{u}}\varphi)\mathfrak{a}_1] \cdot [(d_{\mathrm{u}}\varphi)\mathfrak{a}_2], \\ G &= \quad [(d_{\mathrm{u}}\varphi)\mathfrak{a}_2] \cdot [(d_{\mathrm{u}}\varphi)\mathfrak{a}_2], \\ L &= -[(d_{\mathrm{u}}\psi)\mathfrak{a}_1] \cdot [(d_{\mathrm{u}}\varphi)\mathfrak{a}_1], \\ M &= -[(d_{\mathrm{u}}\psi)\mathfrak{a}_1] \cdot [(d_{\mathrm{u}}\varphi)\mathfrak{a}_2] = -[(d_{\mathrm{u}}\psi)\mathfrak{a}_2] \cdot [(d_{\mathrm{u}}\varphi)\mathfrak{a}_1], \\ N &= -[(d_{\mathrm{u}}\psi)\mathfrak{a}_2] \cdot [(d_{\mathrm{u}}\varphi)\mathfrak{a}_2]. \end{aligned}$$

Wählt man in der Tangentialebene als Basisvektoren die Vektoren

$$\mathfrak{a}_1^* = (d_\mathfrak{u}\varphi)\,\mathfrak{a}_1, \quad \mathfrak{a}_2^* = (d_\mathfrak{u}\varphi)\,\mathfrak{a}_2,$$

so entspricht $\chi_\mathfrak{u} = (d_\mathfrak{u}\psi) \circ (d_\mathfrak{u}\varphi)^{-1}$ hinsichtlich dieser Basis eine Matrix $A = (a_{\mu,\nu})$, deren Elemente durch die Gleichungen

$$\chi_\mathfrak{u}\,\mathfrak{a}_\mu^* = (d_\mathfrak{u}\psi)\,\mathfrak{a}_\mu = a_{\mu,1}\,\mathfrak{a}_1^* + a_{\mu,2}\,\mathfrak{a}_2^* = a_{\mu,1}(d_\mathfrak{u}\varphi)\,\mathfrak{a}_1 + a_{\mu,2}(d_\mathfrak{u}\varphi)\,\mathfrak{a}_2 \qquad (\mu = 1, 2)$$

bestimmt sind. Es folgt

$$[(d_\mathfrak{u}\psi)\,\mathfrak{a}_\mu] \cdot [(d_\mathfrak{u}\varphi)\,\mathfrak{a}_\nu] = a_{\mu,1}[(d_\mathfrak{u}\varphi)\,\mathfrak{a}_1] \cdot [(d_\mathfrak{u}\varphi)\,\mathfrak{a}_\nu] + a_{\mu,2}[(d_\mathfrak{u}\varphi)\,\mathfrak{a}_2] \cdot [(d_\mathfrak{u}\varphi)\,\mathfrak{a}_\nu] \qquad (\mu, \nu = 1, 2).$$

In diesen Gleichungen stehen auf der linken Seite gerade die Funktionen $-L$, $-M$, $-N$, die die Elemente einer symmetrischen Matrix B bilden. Und die auf der rechten Seite stehenden skalaren Produkte sind die Funktionen E, F, G, die ihrerseits eine symmetrische Matrix C bilden. Die vorangehenden Gleichungen sind nun mit der Matrizengleichung $B = AC$ äquivalent, so daß man schließlich

$$K = \operatorname{Det}\chi_\mathfrak{u} = \operatorname{Det}A = \frac{\operatorname{Det}B}{\operatorname{Det}C}$$

erhält. Dies ist aber gerade die Behauptung.

20A *Vorbemerkung:* Diese und die folgenden Aufgaben können ohne Schwierigkeiten durch koordinatenweises Ausrechnen bezüglich einer Orthonormalbasis behandelt werden. Hier werden teilweise Lösungen angegeben, die die Heranziehung von Koordinaten weitgehend vermeiden.

(1) Aus der Definition der Rotation folgt

$$(\operatorname{rot}\varphi(\mathfrak{x})) \times \mathfrak{a} = [d_\mathfrak{x}\varphi - (d_\mathfrak{x}\varphi)^*]\,\mathfrak{a},$$

wobei $(d_\mathfrak{x}\varphi)^*$ die zu $d_\mathfrak{x}\varphi$ adjungierte Abbildung ist. Wegen

$$\begin{aligned}(\operatorname{rot}\varphi(\mathfrak{x})) \cdot (\mathfrak{a} \times \mathfrak{b}) &= [\operatorname{rot}\varphi(\mathfrak{x}) \times \mathfrak{a}] \cdot \mathfrak{b} \\ &= [(d_\mathfrak{x}\varphi)\,\mathfrak{a}] \cdot \mathfrak{b} - [(d_\mathfrak{x}\varphi)^*\,\mathfrak{a}] \cdot \mathfrak{b} \\ &= [(d_\mathfrak{x}\varphi)\,\mathfrak{a}] \cdot \mathfrak{b} - \mathfrak{a} \cdot [(d_\mathfrak{x}\varphi)\,\mathfrak{b}] \\ &= \frac{\partial\varphi(\mathfrak{x})}{\partial\mathfrak{a}} \cdot \mathfrak{b} - \mathfrak{a} \cdot \frac{\partial\varphi(\mathfrak{x})}{\partial\mathfrak{b}}\end{aligned}$$

folgt die Behauptung.

(2) Allgemein gilt für ein Vektorfeld ψ hinsichtlich einer Orthonormalbasis $\{\mathfrak{e}_1, \ldots, \mathfrak{e}_n\}$

$$\operatorname{div}\psi(\mathfrak{x}) = Sp(d_{\mathfrak{x}}\psi) = \sum_{\nu=1}^{n} [(d_{\mathfrak{x}}\psi)\mathfrak{e}_\nu] \cdot \mathfrak{e}_\nu = \sum_{\nu=1}^{n} \frac{\partial\psi(\mathfrak{x})}{\partial\mathfrak{e}_\nu} \cdot \mathfrak{e}_\nu.$$

Wegen (1) erhält man mit $\mathfrak{r}(\mathfrak{x}) = \operatorname{rot}\varphi(\mathfrak{x})$

$$\frac{\partial\mathfrak{r}(\mathfrak{x})}{\partial\mathfrak{e}_\nu} \cdot (\mathfrak{e}_\lambda \times \mathfrak{e}_\mu) = \frac{\partial^2\varphi(\mathfrak{x})}{\partial\mathfrak{e}_\nu\partial\mathfrak{e}_\lambda} \cdot \mathfrak{e}_\mu - \frac{\partial^2\varphi(\mathfrak{x})}{\partial\mathfrak{e}_\nu\partial\mathfrak{e}_\mu} \cdot \mathfrak{e}_\lambda$$

und daher

$$\begin{aligned}
\operatorname{div}(\operatorname{rot}\varphi(\mathfrak{x})) &= \frac{\partial\mathfrak{r}(\mathfrak{x})}{\partial\mathfrak{e}_1} \cdot \mathfrak{e}_1 + \frac{\partial\mathfrak{r}(\mathfrak{x})}{\partial\mathfrak{e}_2} \cdot \mathfrak{e}_2 + \frac{\partial\mathfrak{r}(\mathfrak{x})}{\partial\mathfrak{e}_3} \cdot \mathfrak{e}_3 \\
&= \frac{\partial\mathfrak{r}(\mathfrak{x})}{\partial\mathfrak{e}_1} \cdot (\mathfrak{e}_2 \times \mathfrak{e}_3) + \frac{\partial\mathfrak{r}(\mathfrak{x})}{\partial\mathfrak{e}_2} \cdot (\mathfrak{e}_3 \times \mathfrak{e}_1) + \frac{\partial\mathfrak{r}(\mathfrak{x})}{\partial\mathfrak{e}_3} (\mathfrak{e}_1 \times \mathfrak{e}_2) \\
&= \frac{\partial^2\varphi(\mathfrak{x})}{\partial\mathfrak{e}_1\partial\mathfrak{e}_2} \cdot \mathfrak{e}_3 + \frac{\partial^2\varphi(\mathfrak{x})}{\partial\mathfrak{e}_2\partial\mathfrak{e}_3} \cdot \mathfrak{e}_1 + \frac{\partial^2\varphi(\mathfrak{x})}{\partial\mathfrak{e}_3\partial\mathfrak{e}_1} \cdot \mathfrak{e}_2 \\
&\quad - \frac{\partial^2\varphi(\mathfrak{x})}{\partial\mathfrak{e}_1\partial\mathfrak{e}_3} \cdot \mathfrak{e}_2 - \frac{\partial^2\varphi(\mathfrak{x})}{\partial\mathfrak{e}_2\partial\mathfrak{e}_1} \cdot \mathfrak{e}_3 - \frac{\partial^2\varphi(\mathfrak{x})}{\partial\mathfrak{e}_3\partial\mathfrak{e}_2} \cdot \mathfrak{e}_1 = 0,
\end{aligned}$$

weil wegen der vorausgesetzten Stetigkeit der zweiten Ableitungen die Reihenfolge der Differentiationen vertauscht werden darf. (Vgl. auch 21.6.)

(3) Mit beliebigen Vektoren $\mathfrak{a}$ und $\mathfrak{b}$ gilt wegen (1) und der vorausgesetzten Stetigkeit der zweiten Ableitungen

$$\begin{aligned}
[\operatorname{rot}(\operatorname{grad}\alpha(\mathfrak{x}))] \cdot (\mathfrak{a} \times \mathfrak{b}) &= \frac{\partial \operatorname{grad}\alpha(\mathfrak{x})}{\partial\mathfrak{a}} \cdot \mathfrak{b} - \frac{\partial \operatorname{grad}\alpha(\mathfrak{x})}{\partial\mathfrak{b}} \cdot \mathfrak{a} \\
&= \frac{\partial}{\partial\mathfrak{a}} [\mathfrak{b} \cdot \operatorname{grad}\alpha(\mathfrak{x})] - \frac{\partial}{\partial\mathfrak{b}} [\mathfrak{a} \cdot \operatorname{grad}\alpha(\mathfrak{x})] \\
&= \frac{\partial^2\alpha(\mathfrak{x})}{\partial\mathfrak{a}\partial\mathfrak{b}} - \frac{\partial^2\alpha(\mathfrak{x})}{\partial\mathfrak{b}\partial\mathfrak{a}} = 0.
\end{aligned}$$

Hieraus folgt unmittelbar die Behauptung. (Vgl. auch 21.5.)

20B (Vgl. die Vorbemerkung in 20A.)

(1) Es gilt

$$(d_{\mathfrak{x}}\psi)\mathfrak{a} = \alpha(\mathfrak{x})[(d_{\mathfrak{x}}\varphi)\mathfrak{a}] + [(d_{\mathfrak{x}}\alpha)\mathfrak{a}](\varphi\mathfrak{x}).$$

Wegen $\operatorname{div}\psi(\mathfrak{x}) = Sp(d_{\mathfrak{x}}\psi)$ muß man die Summe der Spuren der beiden auf der rechten Seite auftretenden Abbildungen berechnen. Die Spur der ersten Abbildung ist

$$\alpha(\mathfrak{x}) Sp(\mathrm{d}_{\mathfrak{x}}\varphi) = \alpha(\mathfrak{x})(\operatorname{div}\varphi(\mathfrak{x})).$$

Hinsichtlich einer Orthonormalbasis $\{\mathfrak{e}_1, \ldots, \mathfrak{e}_n\}$ wird die zweite Abbildung durch eine Matrix $A = (a_{\mu,\nu})$ mit

$$a_{\mu,\nu} = [(d_{\mathfrak{x}}\alpha)\mathfrak{e}_\mu][(\varphi\mathfrak{x})\cdot\mathfrak{e}_\nu] = [(\operatorname{grad}\alpha(\mathfrak{x}))\cdot\mathfrak{e}_\mu][(\varphi\mathfrak{x})\cdot\mathfrak{e}_\nu]$$

beschrieben, deren Spur dann

$$\sum_\nu a_{\nu,\nu} = \sum_\nu [(\operatorname{grad}\alpha(\mathfrak{x}))\cdot\mathfrak{e}_\nu][(\varphi\mathfrak{x})\cdot\mathfrak{e}_\nu] = (\operatorname{grad}\alpha(\mathfrak{x}))\cdot(\varphi\mathfrak{x})$$

ist. Zusammen ergibt dies die Behauptung.

(2) Wegen 20A (1) gilt mit beliebigen Vektoren $\mathfrak{a}$, $\mathfrak{b}$

$$\begin{aligned}
(\operatorname{rot}\psi(\mathfrak{x}))\cdot(\mathfrak{a}\times\mathfrak{b}) &= \frac{\partial\psi(\mathfrak{x})}{\partial\mathfrak{a}}\cdot\mathfrak{b} - \frac{\partial\psi(\mathfrak{x})}{\partial\mathfrak{b}}\cdot\mathfrak{a} \\
&= \frac{\partial\alpha(\mathfrak{x})}{\partial\mathfrak{a}}[(\varphi\mathfrak{x})\cdot\mathfrak{b}] - \frac{\partial\alpha(\mathfrak{x})}{\partial\mathfrak{b}}[(\varphi\mathfrak{x})\cdot\mathfrak{a}] + \alpha(\mathfrak{x})\left[\frac{\partial\varphi(\mathfrak{x})}{\partial\mathfrak{a}}\cdot\mathfrak{b} - \frac{\partial\varphi(\mathfrak{x})}{\partial\mathfrak{b}}\cdot\mathfrak{a}\right] \\
&= [(\operatorname{grad}\alpha(\mathfrak{x}))\cdot\mathfrak{a}][(\varphi\mathfrak{x})\cdot\mathfrak{b}] - [(\operatorname{grad}\alpha(\mathfrak{x}))\cdot\mathfrak{b}][(\varphi\mathfrak{x})\cdot\mathfrak{a}] \\
&\quad + \alpha(\mathfrak{x})(\operatorname{rot}\varphi(\mathfrak{x}))\cdot(\mathfrak{a}\times\mathfrak{b}) \\
&= [(\mathfrak{a}\times\mathfrak{b})\times(\operatorname{grad}\alpha(\mathfrak{x}))](\varphi\mathfrak{x}) + \alpha(\mathfrak{x})(\operatorname{rot}\varphi(\mathfrak{x}))\cdot(\mathfrak{a}\times\mathfrak{b}) \\
&= [(\operatorname{grad}\alpha(\mathfrak{x}))\times(\varphi\mathfrak{x})]\cdot(\mathfrak{a}\times\mathfrak{b}) + \alpha(\mathfrak{x})(\operatorname{rot}\varphi(\mathfrak{x}))\cdot(\mathfrak{a}\times\mathfrak{b})
\end{aligned}$$

und damit die Behauptung.

20C (Vgl. die Vorbemerkung in 20A.)

(1) Mit einem beliebigen Vektor $\mathfrak{a}$ gilt wegen 20A (1)

$$\begin{aligned}
[(\varphi\mathfrak{x})\times(\operatorname{rot}\psi(\mathfrak{x}))]\cdot\mathfrak{a} &= (\operatorname{rot}\psi(\mathfrak{x}))\cdot[\mathfrak{a}\times(\varphi\mathfrak{x})] \\
&= \frac{\partial\psi(\mathfrak{x})}{\partial\mathfrak{a}}\cdot(\varphi\mathfrak{x}) - \frac{\partial\psi(\mathfrak{x})}{\partial(\varphi\mathfrak{x})}\cdot\mathfrak{a}.
\end{aligned}$$

Ein entsprechender Ausdruck ergibt sich bei Vertauschung von φ und ψ. Multipliziert man daher die rechte Seite der Behauptung skalar mit $\mathfrak{a}$, so erhält man

$$\frac{\partial\psi(\mathfrak{x})}{\partial\mathfrak{a}}\cdot(\varphi\mathfrak{x}) + \frac{\partial\varphi(\mathfrak{x})}{\partial\mathfrak{a}}\cdot(\psi\mathfrak{x}).$$

Multipliziert man andererseits die linke Seite skalar mit $\mathfrak{a}$, so ergibt sich wegen

$$(\operatorname{grad} \alpha(\mathfrak{x})) \cdot \mathfrak{a} = \frac{\partial \alpha(\mathfrak{x})}{\partial \mathfrak{a}} = \frac{\partial \varphi(\mathfrak{x})}{\partial \mathfrak{a}} \cdot (\psi \mathfrak{x}) + (\varphi \mathfrak{x}) \cdot \frac{\partial \psi(\mathfrak{x})}{\partial \mathfrak{a}}$$

dasselbe Ergebnis.

(2) Hinsichtlich einer Orthonormalbasis $\{\mathfrak{e}_1, \mathfrak{e}_2, \mathfrak{e}_3\}$ gilt

$$\begin{aligned} \operatorname{div} \chi(\mathfrak{x}) &= \sum_\nu [(d_\mathfrak{x} \chi) \mathfrak{e}_\nu] \cdot \mathfrak{e}_\nu \\ &= \sum_\nu [(d_\mathfrak{x} \varphi) \mathfrak{e}_\nu \times (\psi \mathfrak{x})] \cdot \mathfrak{e}_\nu + \sum_\nu [(\varphi \mathfrak{x}) \times (d_\mathfrak{x} \psi) \mathfrak{e}_\nu] \cdot \mathfrak{e}_\nu \\ &= (\sum_\nu [\mathfrak{e}_\nu \times (d_\mathfrak{x} \varphi) \mathfrak{e}_\nu]) \cdot (\psi \mathfrak{x}) - (\sum_\nu [\mathfrak{e}_\nu \times (d_\mathfrak{x} \psi) \mathfrak{e}_\nu]) \cdot (\varphi \mathfrak{x}). \end{aligned}$$

Die in den Klammern stehenden Summen erweisen sich nach kurzer Zwischenrechnung als $\operatorname{rot} \varphi(\mathfrak{x})$ bzw. $\operatorname{rot} \psi(\mathfrak{x})$.

(3) Mit der vorangehenden Bezeichnung gilt wegen 20A

$$\begin{aligned} (\operatorname{rot} \chi(\mathfrak{x})) \cdot \mathfrak{e}_1 &= (\operatorname{rot} \chi(\mathfrak{x})) \cdot (\mathfrak{e}_2 \times \mathfrak{e}_3) \\ &= \left(\frac{\partial \varphi(\mathfrak{x})}{\partial \mathfrak{e}_2} \times \psi \mathfrak{x} + \varphi \mathfrak{x} \times \frac{\partial \psi(\mathfrak{x})}{\partial \mathfrak{e}_2} \right) \cdot \mathfrak{e}_3 \\ &\quad - \left(\frac{\partial \varphi(\mathfrak{x})}{\partial \mathfrak{e}_3} \times \psi \mathfrak{x} + \varphi \mathfrak{x} \times \frac{\partial \psi(\mathfrak{x})}{\partial \mathfrak{e}_3} \right) \cdot \mathfrak{e}_2 \\ &= \left(\mathfrak{e}_3 \times \frac{\partial \varphi(\mathfrak{x})}{\partial \mathfrak{e}_2} - \mathfrak{e}_2 \times \frac{\partial \varphi(\mathfrak{x})}{\partial \mathfrak{e}_3} \right) \cdot (\psi \mathfrak{x}) \\ &\quad - \left(\mathfrak{e}_3 \times \frac{\partial \psi(\mathfrak{x})}{\partial \mathfrak{e}_2} - \mathfrak{e}_2 \times \frac{\partial \psi(\mathfrak{x})}{\partial \mathfrak{e}_3} \right) \cdot (\varphi \mathfrak{x}). \end{aligned}$$

Die erste Klammer auf der rechten Seite hat den Wert

$$\begin{aligned} &(\mathfrak{e}_1 \times \mathfrak{e}_2) \times \frac{\partial \varphi(\mathfrak{x})}{\partial \mathfrak{e}_2} + (\mathfrak{e}_1 \times \mathfrak{e}_3) \frac{\partial \varphi(\mathfrak{x})}{\partial \mathfrak{e}_3} \\ &= \left(\frac{\partial \varphi(\mathfrak{x})}{\partial \mathfrak{e}_1} \cdot \mathfrak{e}_1 \right) \mathfrak{e}_1 + \left(\frac{\partial \varphi(\mathfrak{x})}{\partial \mathfrak{e}_2} \cdot \mathfrak{e}_1 \right) \mathfrak{e}_2 + \left(\frac{\partial \varphi(\mathfrak{x})}{\partial \mathfrak{e}_3} \cdot \mathfrak{e}_1 \right) \mathfrak{e}_3 \\ &\quad - \left(\frac{\partial \varphi(\mathfrak{x})}{\partial \mathfrak{e}_1} \cdot \mathfrak{e}_1 + \frac{\partial \varphi(\mathfrak{x})}{\partial \mathfrak{e}_2} \cdot \mathfrak{e}_2 + \frac{\partial \varphi(\mathfrak{x})}{\partial \mathfrak{e}_3} \cdot \mathfrak{e}_3 \right) \mathfrak{e}_1. \end{aligned}$$

Das skalare Produkt dieses Ausdrucks mit $\psi\mathfrak{x}$ ergibt

$$[(d_{\mathfrak{x}}\varphi)(\psi\mathfrak{x}) - (\operatorname{div}\varphi(\mathfrak{x}))(\psi\mathfrak{x})]\cdot\mathfrak{e}_1 = \left[\frac{\partial\varphi(\mathfrak{x})}{\partial(\psi\mathfrak{x})} - (\operatorname{div}\varphi(\mathfrak{x}))(\psi\mathfrak{x})\right]\cdot\mathfrak{e}_1.$$

Einen entsprechenden Ausdruck erhält man für die zweite Klammer. Zusammen ergibt das die Behauptung für die erste Koordinate. Analoges gilt für die anderen beiden Koordinaten.

20D (1) Im Fall $n=2$ gilt

$$A = \left(\frac{\partial(x,y)}{\partial(r,u)}\right)^{-1} = \begin{pmatrix} \cos u & \sin u \\ -r\sin u & r\cos u \end{pmatrix}^{-1} = \begin{pmatrix} \cos u & -\frac{1}{r}\sin u \\ \sin u & \frac{1}{r}\cos u \end{pmatrix}$$

$$= \begin{pmatrix} \cos u & -\sin u \\ \sin u & \cos u \end{pmatrix} \begin{pmatrix} 1 & 0 \\ 0 & \frac{1}{r} \end{pmatrix} = BD,$$

wobei B eine orthogonale Matrix und D eine Diagonalmatrix ist. Es folgt

$$\frac{\partial f}{\partial(x,y)} = A\frac{\partial g}{\partial(r,u)}$$

und weiter

$$C = \begin{pmatrix} f''_{x,x} & f''_{y,x} \\ f''_{x,y} & f''_{y,y} \end{pmatrix} = A\left(\frac{\partial\left(A\frac{\partial g}{\partial(r,u)}\right)^T}{\partial(r,u)}\right)$$

$$= A\begin{pmatrix} g''_{r,r} & g''_{u,r} \\ g''_{r,u} & g''_{u,u} \end{pmatrix} A^T + A\left[A'_r\frac{\partial g}{\partial(r,u)},\ A'_u\frac{\partial g}{\partial(r,u)}\right]^T,$$

wobei die eckige Klammer die Matrix mit den angegebenen Spaltenvektoren bedeutet. Wegen $\Delta f = Sp\,C$ erhält man das gesuchte Ergebnis als Summe der Spuren der rechts stehenden beiden Matrizen. Bezeichnet man die Matrix der zweiten Ableitungen von g mit G, so gilt speziell für die erste Spur wegen der Orthogonalität von B

$$Sp(AGA^T) = Sp(BDGD^TB^T) = Sp(BDGDB^{-1}) = Sp(DGD);$$

es treten also keine gemischten zweiten Ableitungen von g auf. Das Endergebnis lautet

$$f = \frac{\partial^2 g}{\partial r^2} + \frac{1}{r^2}\frac{\partial^2 g}{\partial u^2} + \frac{1}{r}\frac{\partial g}{\partial r}.$$

Im Fall $n = 3$ gilt mit den entsprechenden Bezeichnungen

$$A = \left(\frac{\partial(x, y, z)}{\partial(r, u, v)}\right)^{-1} = \begin{pmatrix} \cos u \cos v & -\sin u & -\cos u \sin v \\ \sin u \cos v & \cos u & -\sin u \sin v \\ \sin v & 0 & \cos v \end{pmatrix} \begin{bmatrix} 1 & 0 & 0 \\ 0 & \frac{1}{r\cos v} & 0 \\ 0 & 0 & \frac{1}{r} \end{bmatrix} = BD.$$

Auch die weiteren Berechnungen erfolgen nach den analogen Gleichungen und ergeben das Resultat

$$\Delta f = \frac{\partial^2 g}{\partial r^2} + \frac{1}{r^2 \cos^2 v} \frac{\partial^2 g}{\partial u^2} + \frac{1}{r^2} \frac{\partial^2 g}{\partial v^2} + \frac{2}{r} \frac{\partial g}{\partial r} - \frac{1}{r^2} \tan v \frac{\partial g}{\partial v}.$$

(2) Hinsichtlich einer Orthonormalbasis $\{\mathfrak{e}_1, \ldots, \mathfrak{e}_n\}$ seien ψ die Koordinatenfunktionen $f_1, \ldots, f_n$ zugeordnet. Ist $\mathfrak{d}_\mathfrak{x}$ ein Vektor der verlangten Art, so gilt

$$\mathfrak{d}_\mathfrak{x} = \sum_\nu (\mathfrak{d}_\mathfrak{x} \cdot \mathfrak{e}_\nu) \mathfrak{e}_\nu = \sum_\nu \Delta((\psi \mathfrak{x}) \cdot \mathfrak{e}_\nu) \mathfrak{e}_\nu = \sum_\nu (\Delta f_\nu) \mathfrak{e}_\nu.$$

Der Vektor $\mathfrak{d}_\mathfrak{x}$ ist also eindeutig durch ψ bestimmt, und seine Koordinaten erhält man durch Anwendung von Δ auf die Koordinatenfunktionen von ψ. Definiert man umgekehrt $\mathfrak{d}_\mathfrak{x}$ durch den vorher berechneten Ausdruck, so folgt mit $\mathfrak{a} = \sum a_\nu \mathfrak{e}_\nu$

$$\mathfrak{d}_\mathfrak{x} \cdot \mathfrak{a} = \sum_\nu (\Delta f_\nu) a_\nu = \Delta (\sum_\nu f_\nu a_\nu) = \Delta((\psi \mathfrak{x}) \cdot \mathfrak{a}).$$

(3) Bei Berücksichtigung von 20A (1) ergibt sich

$$\begin{aligned}
[\operatorname{rot}(\operatorname{rot}\psi(\mathfrak{x}))] \cdot \mathfrak{e}_1 &= [\operatorname{rot}(\operatorname{rot}\psi(\mathfrak{x}))] \cdot (\mathfrak{e}_2 \times \mathfrak{e}_3) \\
&= \frac{\partial \operatorname{rot}\psi(\mathfrak{x})}{\partial \mathfrak{e}_2} \cdot \mathfrak{e}_3 - \frac{\partial \operatorname{rot}\psi(\mathfrak{x})}{\partial \mathfrak{e}_3} \cdot \mathfrak{e}_2 \\
&= \frac{\partial(\operatorname{rot}\psi(\mathfrak{x}) \cdot \mathfrak{e}_3)}{\partial \mathfrak{e}_2} - \frac{\partial(\operatorname{rot}\psi(\mathfrak{x}) \cdot \mathfrak{e}_2)}{\partial \mathfrak{e}_3} \\
&= \frac{\partial^2(\psi\mathfrak{x} \cdot \mathfrak{e}_2)}{\partial \mathfrak{e}_2 \partial \mathfrak{e}_1} - \frac{\partial^2(\psi\mathfrak{x} \cdot \mathfrak{e}_1)}{\partial \mathfrak{e}_2 \partial \mathfrak{e}_2} \\
&\quad + \frac{\partial^2(\psi\mathfrak{x} \cdot \mathfrak{e}_3)}{\partial \mathfrak{e}_3 \partial \mathfrak{e}_1} - \frac{\partial^2(\psi\mathfrak{x} \cdot \mathfrak{e}_1)}{\partial \mathfrak{e}_3 \partial \mathfrak{e}_3}.
\end{aligned}$$

Addiert und subtrahiert man hier noch $\dfrac{\partial^2(\psi\mathfrak{x} \cdot \mathfrak{e}_1)}{\partial \mathfrak{e}_1 \partial \mathfrak{e}_1}$, so liefert die Summe der positiven Glieder wegen der Vertauschbarkeit der Ableitungsfolge gerade

$$\frac{\partial(\operatorname{div}\psi(\mathfrak{x}))}{\partial \mathfrak{e}_1} = [\operatorname{grad}(\operatorname{div}\psi(\mathfrak{x}))]\cdot\mathfrak{e}_1,$$

und die Summe der negativen Glieder ergibt offenbar

$$\Delta(\psi\mathfrak{x}\cdot\mathfrak{e}_1) = [\Delta\psi(\mathfrak{x})]\cdot\mathfrak{e}_1.$$

Zusammen ist dies die Behauptung für die erste Koordinate. Entsprechendes gilt für die anderen beiden Koordinaten.

20E Die zugehörige Funktionalmatrix

$$\begin{pmatrix} 2y+z+5 & 2(y-z+2) & 3(z+u+1) & z+3u-1 \\ 2(x-u+1) & 2x-u-1 & -(z+u+1) & 4(z+3u-1) \\ x-u+1 & -(2x-u-1) & 3x-y & x+4y+2 \\ -(2y+z+5) & -(y-z+2) & 3x-y & 3(x+4y+2) \end{pmatrix}$$

nimmt im Nullpunkt folgenden Wert an:

$$A = \begin{pmatrix} 5 & 4 & 3 & -1 \\ 2 & -1 & -1 & -4 \\ 1 & 1 & 0 & 2 \\ -5 & -2 & 0 & 6 \end{pmatrix}.$$

Es folgt

$$B = \tfrac{1}{2}(A - A^T) = \begin{pmatrix} 0 & 1 & 1 & 2 \\ -1 & 0 & -1 & -1 \\ -1 & 1 & 0 & 1 \\ -2 & 1 & -1 & 0 \end{pmatrix}, \qquad B^2 = \begin{pmatrix} -6 & 3 & -3 & 0 \\ 3 & -3 & 0 & -3 \\ -3 & 0 & -3 & -3 \\ 0 & -3 & -3 & -6 \end{pmatrix}.$$

Das charakteristische Polynom von B^2 lautet

$$f(t) = t^2(t+9)^2.$$

Eigenvektoren zum Eigenwert Null sind z. B.

$$(1, 1, -1, 0) \qquad \textit{und} \qquad (0, 1, 1, -1).$$

Sie spannen die momentan ruhende Ebene auf. Zum Eigenwert -9 gehören z. B. die Eigenvektoren

$$(1, 0, 1, 1) \qquad \textit{und} \qquad (1, -1, 0, -1).$$

In der von ihnen aufgespannten, zur momentan ruhenden Ebene orthogonalen Ebene ist $\sqrt{9} = 3$ die momentane Drehgeschwindigkeit.

20F In einem beliebigen Punkt gilt

$$(d_{\mathfrak{x}}\varphi)\mathfrak{v} = 2(\mathfrak{x}\cdot\mathfrak{v})\mathfrak{x} + |\mathfrak{x}|^2\mathfrak{v} + (\mathfrak{v}\times\mathfrak{e}_1).$$

Setzt man hier $\mathfrak{x}_1$ bzw. $\mathfrak{x}_2$ ein und wählt für $\mathfrak{v}$ speziell die Basisvektoren, so erhält man folgende Funktionalmatrizen:

$$A_1 = \begin{pmatrix} 4 & 0 & 2 \\ 0 & 2 & -1 \\ 2 & 1 & 4 \end{pmatrix}, \quad A_2 = \begin{pmatrix} 5 & 2 & -2 \\ 2 & 5 & -3 \\ -2 & -1 & 5 \end{pmatrix}.$$

Mit ihrer Hilfe ergibt sich bereits

$$\operatorname{div}\varphi(\mathfrak{x}_1) = 4+2+4 = 10, \quad \operatorname{div}\varphi(\mathfrak{x}_2) = 5+5+5 = 15.$$

Die symmetrisierten Matrizen

$$\tfrac{1}{2}(A_1 + A_1^T) = \begin{pmatrix} 4 & 0 & 2 \\ 0 & 2 & 0 \\ 2 & 0 & 4 \end{pmatrix}, \quad \tfrac{1}{2}(A_2 + A_2^T) = \begin{pmatrix} 5 & 2 & -2 \\ 2 & 5 & -2 \\ -2 & -2 & 5 \end{pmatrix}$$

besitzen die charakteristischen Polynome

$$f_1(t) = (2-t)(t^2 - 8t + 12), \quad f_2(t) = -t^3 + 15t^2 - 63t + 81$$

mit den Eigenwerten 2, 2, 6 bzw. 3, 3, 9.
Im Punkt $\mathfrak{x}_1$ hat in der von den Vektoren

$$(1, 0, -1) \qquad \textit{und} \qquad (0, 1, 0)$$

aufgespannten Ebene die Dilatationsgeschwindigkeit den Wert 2, in Richtung des Vektors $(1, 0, 1)$ den Wert 6. Entsprechend gehört im Punkt $\mathfrak{x}_2$ zur Dilatationsgeschwindigkeit 3 die von den Vektoren

$$(1, -1, 0) \qquad \textit{und} \qquad (1, 0, 1)$$

aufgespannte Ebene, während zur Richtung des Vektors $(1, 1, -1)$ die Dilatationsgeschwindigkeit 9 gehört.
Statt der recht aufwendigen koordinatenmäßigen Berechnung des Rotationsvektors benutzt man hier besser die antisymmetrisierten Matrizen

$$A_1 - A_1^T = \begin{pmatrix} 0 & 0 & 0 \\ 0 & 0 & -2 \\ 0 & 2 & 0 \end{pmatrix}, \quad A_2 - A_2^T = \begin{pmatrix} 0 & 0 & 0 \\ 0 & 0 & -2 \\ 0 & 2 & 0 \end{pmatrix}.$$

Es folgt

$$\mathfrak{rot}\,\varphi(\mathfrak{x}_1) = \mathfrak{rot}\,\varphi(\mathfrak{x}_2) = -2\mathfrak{e}_1,$$

so daß die momentane Rotation um $-\mathfrak{e}_1$ mit der Winkelgeschwindigkeit 1 erfolgt.

21A Es genügt, einen Summanden der Darstellung von α zu betrachten, also

$$\alpha = \varphi\, d\omega_{\nu_1} \wedge \ldots \wedge d\omega_{\nu_k} \qquad (\nu_1 < \ldots < \nu_k)$$

zu setzen.

(1) Wegen 21.9 gilt dann

$$\eta_k \alpha = (-1)^{kn - \binom{k}{2} + \nu_1 + \ldots + \nu_k} \varphi\, d\omega_1 \wedge \ldots \wedge \widehat{d\omega_{\nu_1}} \wedge \ldots \wedge \widehat{d\omega_{\nu_k}} \wedge \ldots \wedge d\omega_n$$

und weiter

$$\mathrm{d}\eta_k \alpha = \sum_{\kappa=1}^{k} (-1)^{kn - \binom{k}{2} + \nu_1 + \ldots + \nu_k + \nu_\kappa - \kappa} \frac{\partial \varphi}{\partial x_{\nu_\kappa}} d\omega_1 \wedge \ldots \wedge \widehat{d\omega_{\nu_1}} \wedge \ldots$$

$$\wedge\, d\omega_{\nu_\kappa} \wedge \ldots \wedge \widehat{d\omega_{\nu_k}} \wedge \ldots \wedge d\omega_n .$$

Dabei ist die Schreibweise so zu verstehen, daß mit Ausnahme von $d\omega_{\nu_\kappa}$ die übrigen Differentiale $d\omega_{\nu_1}, \ldots, d\omega_{\nu_k}$ nicht auftreten. Die Vorzeichenänderung entsteht durch Vertauschung von $d\omega_{\nu_\kappa}$ mit den $\nu_\kappa - 1$ vorangehenden Differentialen, unter denen jedoch noch die $\kappa - 1$ Differentiale $d\omega_{\nu_1}, \ldots, d\omega_{\nu_{\kappa-1}}$ fehlen, so daß es sich insgesamt um $\nu_\kappa - 1 - (\kappa - 1) = \nu_\kappa - \kappa$ Vorzeichenwechsel handelt. Schließlich erhält man dann

$$\mathrm{d}^* \alpha = \eta_{n+1-k}(\mathrm{d}\eta_k \alpha) = \sum_{\kappa=1}^{k} (-1)^a \frac{\partial \varphi}{\partial x_{\nu_\kappa}} d\omega_{\nu_1} \wedge \ldots \wedge \widehat{d\omega_{\nu_\kappa}} \wedge \ldots \wedge d\omega_{\nu_k},$$

wobei in dem $\wedge$-Produkt nur die Differentiale $d\omega_{\nu_1}, \ldots, d\omega_{\nu_k}$ mit Ausnahme von $d\omega_{\nu_\kappa}$ auftreten und der Exponent a sich folgendermaßen zusammensetzt:

$$a = kn + (n+1-k)n - \binom{k}{2} - \binom{n+1-k}{2} + \frac{n(n+1)}{2} - \kappa .$$

Da nämlich in 21.9 jetzt k durch $n+1-k$ zu ersetzen ist, ergeben sich unmittelbar der zweite und vierte Summand. Zu der vorher im Exponenten stehenden Summe $\nu_1 + \cdots + \nu_k + \nu_\kappa$ kommen jetzt außerdem als Summanden alle von $\nu_1, \ldots, \nu_k$ verschiedenen natürlichen Zahlen zwischen 1 und n hinzu und zusätzlich noch ν_κ. Der doppelt auftretende Summand ν_κ kann entfallen,

und es bleibt die Summe der Zahlen von 1 bis n, also $\frac{1}{2}n(n+1)$. Die Berechnung dieses Exponenten zeigt, daß er modulo 2 mit $kn-\kappa$ übereinstimmt.
(2) Nach 21.8 ist $(-1)^{(n+1-k)(k-1)}\eta_{k-1}\circ\eta_{n+1-k}$ die Identität. Daher folgt wegen $\mathrm{d}\,\mathrm{d}=0$ auch

$$\begin{aligned}\mathrm{d}^*(\mathrm{d}^*\alpha) &= \eta_{n+2-k}\mathrm{d}\left[\eta_{k-1}\circ\eta_{n+1-k}\left(\mathrm{d}(\eta_k\alpha)\right)\right]\\ &= (-1)^{(n+1-k)(k-1)}\eta_{n+2-k}\left(\mathrm{d}\,\mathrm{d}(\eta_k\alpha)\right)=0.\end{aligned}$$

(3) Wegen (1) erhält man

$$\begin{aligned}\mathrm{d}(\mathrm{d}^*\alpha) &= \mathrm{d}\Big[\sum_{\kappa=1}^{k}(-1)^{kn-\kappa}\frac{\partial\varphi}{\partial x_{\nu_\kappa}}d\omega_{\nu_1}\wedge\ldots\wedge\widehat{d\omega_{\nu_\kappa}}\wedge\ldots\wedge d\omega_{\nu_k}\Big]\\ &= \sum_{\kappa=1}^{k}\sum_{\substack{\nu=1\\ \nu\neq\nu_1,\ldots,\nu_k}}^{n}(-1)^{kn-\kappa}\frac{\partial^2\varphi}{\partial x_\nu\partial x_{\nu_\kappa}}d\omega_\nu\wedge d\omega_{\nu_1}\wedge\ldots\wedge\widehat{d\omega_{\nu_\kappa}}\wedge\ldots\wedge d\omega_{\nu_k}\\ &\quad+\sum_{\kappa=1}^{k}(-1)^{kn-1}\frac{\partial^2\varphi}{\partial x_{\nu_\kappa}^2}d\omega_{\nu_1}\wedge\ldots\wedge d\omega_{\nu_\kappa}\wedge\ldots\wedge d\omega_{\nu_k}.\end{aligned}$$

Bei den in der letzten Summe zusammengefaßten Ableitungen nach x_{ν_κ} wurde das Differential $d\omega_{\nu_\kappa}$ mit den vorangehenden $\kappa-1$ Differentialen vertauscht, so daß dort der neue Exponent $kn-\kappa+\kappa-1=kn-1$ auftritt. Andererseits gilt

$$\mathrm{d}\alpha=\sum_{\substack{\nu=1\\ \nu\neq\nu_1,\ldots,\nu_k}}^{n}\frac{\partial\varphi}{\partial x_\nu}d\omega_\nu\wedge d\omega_{\nu_1}\wedge\ldots\wedge d\omega_{\nu_k}$$

und wegen (1) weiter (es ist k durch $k+1$ zu ersetzen, und wegen des voranstehenden Faktors $d\omega_\nu$ ist der Exponent κ durch $\kappa+1$ zu ersetzen)

$$\begin{aligned}(-1)^n\mathrm{d}^*(\mathrm{d}\alpha) &= \sum_{\substack{\nu=1\\ \nu\neq\nu_1,\ldots,\nu_k}}^{n}(-1)^{n+(k+1)n-1}\frac{\partial^2\varphi}{\partial x_\nu^2}d\omega_{\nu_1}\wedge\ldots\wedge d\omega_{\nu_k}\\ &\quad+\sum_{\kappa=1}^{k}\sum_{\substack{\nu=1\\ \nu\neq\nu_1,\ldots,\nu_k}}^{n}(-1)^{n+(k+1)n-(\kappa+1)}\frac{\partial^2\varphi}{\partial x_{\nu_\kappa}\partial x_\nu}d\omega_\nu\wedge d\omega_{\nu_1}\wedge\ldots\wedge\widehat{d\omega_{\nu_\kappa}}\wedge\ldots\wedge d\omega_{\nu_k}.\end{aligned}$$

Da modulo 2 der Exponent $n+(k+1)n-1$ mit $kn-1$ und der Exponent $n+(k+1)n-(\kappa+1)$ mit $kn-\kappa-1$ übereinstimmt, ergibt sich bei Zusammenfassung beider Ausdrücke

$$\begin{aligned}\mathrm{d}(\mathrm{d}^*\alpha)+(-1)^n\mathrm{d}^*(\mathrm{d}\alpha) &= (-1)^{kn-1}\left(\sum_{\nu=1}^{n}\frac{\partial^2\varphi}{\partial x_\nu^2}\right)d\omega_{\nu_1}\wedge\ldots\wedge d\omega_{\nu_k}\\ &= (-1)^{kn-1}(\Delta\varphi)\,d\omega_{\nu_1}\wedge\ldots\wedge d\omega_{\nu_k}.\end{aligned}$$

21B (1) Da $\eta_p\alpha$, $\eta_q\beta$ die Ordnungen $n-p$ bzw. $n-q$ besitzen, folgt wegen 15.5 (4)

$$\alpha \vee \beta = \eta_{2n-p-q}\big((\eta_p\alpha) \wedge (\eta_q\beta)\big) = (-1)^{(n-p)(n-q)}\eta_{2n-p-q}\big((\eta_q\beta) \wedge (\eta_p\alpha)\big)$$
$$= (-1)^{(n-p)(n-q)}\beta \vee \alpha.$$

(2) Wegen 21.8 gilt

$$\gamma = (-1)^{p(n-p)}\eta_{n-p}(\eta_p\gamma), \quad \delta = (-1)^{q(n-q)}\eta_{n-q}(\eta_q\delta)$$

und daher

$$\eta_{p+q}(\gamma \wedge \delta) = (-1)^{p(n-p)+q(n-q)}\eta_{p+q}[\eta_{n-p}(\eta_p\gamma) \wedge \eta_{n-q}(\eta_q\delta)]$$
$$= (-1)^{p(n-p)+q(n-q)}(\eta_p\gamma) \vee (\eta_q\delta).$$

Weiter gilt

$$p(n-p) + q(n-q) = (p+q)n - (p^2+q^2)$$
$$\equiv (p+q)n - (p+q) = (p+q)(n-1) \pmod 2$$

und damit die Behauptung.
(3) Zunächst ergibt sich nach 21.9

$$\alpha \vee \beta = \eta_{2n-p-q}(\eta_p\alpha \wedge \eta_q\beta)$$
$$= (-1)^b\varphi\psi\eta_{2n-p-q}[(\ldots \wedge \widehat{d\omega}_{\mu_1} \wedge \ldots \wedge \widehat{d\omega}_{\mu_p} \wedge \ldots)$$
$$\wedge (\ldots \wedge \widehat{d\omega}_{\nu_1} \wedge \ldots \wedge \widehat{d\omega}_{\nu_q} \ldots)]$$

mit

$$b = pn - \tbinom{p}{2} + qn - \tbinom{q}{2} + \mu_1 + \cdots + \mu_p + \nu_1 + \cdots + \nu_q.$$

Wegen $\alpha \neq 0$, $\beta \neq 0$, also $\varphi\psi \neq 0$, und da η_{2n-p-q} ein Isomorphismus ist, gilt $\alpha \vee \beta \neq 0$ genau dann, wenn das $\wedge$-Produkt in der eckigen Klammer nicht verschwindet, wenn also kein Differential doppelt auftritt. Die Gleichung

$$\{\mu_1, \ldots, \mu_p\} \cup \{\nu_1, \ldots, \nu_q\} = \{1, \ldots, n\}$$

besagt aber gerade, daß jede der Zahlen von 1 bis n in mindestens einer der beiden runden Klammern nicht auftritt. Andererseits können nach Anwendung von η_{2n-p-q} nur solche Differentiale auftreten, die in keiner der beiden runden Klammern stehen; und dies sind genau diejenigen Differentiale, deren Index aus der Menge

$$\{\mu_1, \ldots, u_p\} \cap \{\nu_1, \ldots, \nu_q\}$$

stammt, die notwendig aus $p+q-n$ Elementen bestehen muß. Dies ist die Behauptung. Der Exponent a setzt sich aus den von η_p, η_q und η_{2n-p-q} herrührenden Exponenten und der Anzahl der Vertauschungen zusammen, die zur Erreichung der natürlichen Ordnung der Differentiale in der eckigen Klammer erforderlich sind.

(4) Aus der Definition des $\vee$-Produkts folgt unmittelbar die Distributivität und daher

$$\begin{aligned}\alpha = &(d\omega_1 \wedge d\omega_2 \wedge d\omega_4 \wedge d\omega_6) \vee (d\omega_2 \wedge d\omega_3 \wedge d\omega_4 \wedge d\omega_5)\\ &+(d\omega_1 \wedge d\omega_2 \wedge d\omega_4 \wedge d\omega_6) \vee (d\omega_1 \wedge d\omega_3 \wedge d\omega_4 \wedge d\omega_5)\\ &+(d\omega_1 \wedge d\omega_3 \wedge d\omega_5 \wedge d\omega_6) \vee (d\omega_2 \wedge d\omega_3 \wedge d\omega_4 \wedge d\omega_5)\\ &+(d\omega_1 \wedge d\omega_3 \wedge d\omega_5 \wedge d\omega_6) \vee (d\omega_1 \wedge d\omega_3 \wedge d\omega_4 \wedge d\omega_5).\end{aligned}$$

Der letzte Summand verschwindet, weil in ihm der Index 2 nicht auftritt. Man erhält weiter (bei allen Isomorphismen gilt $n=6$, $k=4$)

$$\begin{aligned}\alpha &= \eta_4(-d\omega_3 \wedge d\omega_5 \wedge d\omega_1 \wedge d\omega_6 + d\omega_3 \wedge d\omega_5 \wedge d\omega_2 \wedge d\omega_6\\ &\qquad - d\omega_2 \wedge d\omega_4 \wedge d\omega_1 \wedge d\omega_6)\\ &= \eta_4(-d\omega_1 \wedge d\omega_3 \wedge d\omega_5 \wedge d\omega_6 + d\omega_2 \wedge d\omega_3 \wedge d\omega_5 \wedge d\omega_6\\ &\qquad - d\omega_1 \wedge d\omega_2 \wedge d\omega_4 \wedge d\omega_6)\\ &= d\omega_2 \wedge d\omega_4 + d\omega_1 \wedge d\omega_4 + d\omega_3 \wedge d\omega_5.\end{aligned}$$

(5) Wegen

$$\begin{aligned}\mathrm{d}^*(\alpha \vee \beta) &= \eta_{2n+1-p-q}(\mathrm{d}\eta_{p+q-n}(\alpha \vee \beta)),\\ \alpha \vee \beta &= \eta_{2n-p-q}((\eta_p\alpha) \wedge (\eta_q\beta))\end{aligned}$$

und weil $(-1)^{(p+q-n)(2n-p-q)}\eta_{p+q-n} \circ \eta_{2n-p-q}$ die Identität ist, erhält man bei Berücksichtigung von 15.11 zunächst

$$\begin{aligned}\mathrm{d}^*(\alpha \vee \beta) &= (-1)^{(p+q-n)(2n-p-q)}\eta_{2n+1-p-q}[\mathrm{d}((\eta_p\alpha) \wedge (\eta_q\beta))]\\ &= (-1)^{(p+q-n)(2n-p-q)}\eta_{2n+1-p-q}[(\mathrm{d}(\eta_p\alpha)) \wedge (\eta_q\beta)\\ &\qquad + (-1)^{n-p}(\eta_p\alpha) \wedge (\mathrm{d}(\eta_q\beta))].\end{aligned}$$

Nun gilt weiter

$$\begin{aligned}\mathrm{d}(\eta_p\alpha) &= (-1)^{(n+1-p)(p-1)}\eta_{p-1}(\eta_{n+1-p}\mathrm{d}(\eta_p\alpha))\\ &= (-1)^{(n+1-p)(p-1)}\eta_{p-1}(\mathrm{d}^*\alpha)\end{aligned}$$

und entsprechend

$$\mathrm{d}(\eta_q\beta) = (-1)^{(n+1-q)(q-1)}\eta_{q-1}(\mathrm{d}^*\beta),$$

so daß sich schließlich

$$d^*(\alpha \vee \beta) = (-1)^a (d^*\alpha) \vee \beta + (-1)^b \alpha \vee (d^*\beta)$$

ergibt. Für die auftretenden Exponenten gilt

$$\begin{aligned} a &= (p+q-n)(2n-p-q) + (n+1-p)(p-1) \\ &\equiv (p+q)(n-p-q) + (n+1)(p-1) \qquad (\text{mod } 2), \\ b &= (p+q-n)(2n-p-q) + n - p + (n+1-q)(q-1) \\ &\equiv (p+q)(n-p-q) + (n+1)(q-1) + (n-p) \qquad (\text{mod } 2). \end{aligned}$$

Dies ist die Behauptung.

21C (1) Hinsichtlich einer Orthonormalbasis $\{\mathfrak{e}_1, \ldots, \mathfrak{e}_n\}$ gilt mit

$$d\gamma = \sum_\nu \frac{\partial \gamma}{\partial x_\nu} d\omega_\nu \qquad \text{und} \qquad \alpha_\varphi = \sum_\nu \varphi_\nu d\omega_\nu$$

zunächst

$$\begin{aligned} \eta_1(d\gamma) \vee \alpha_\varphi &= \Big(\sum_\nu (-1)^{n+\nu} \frac{\partial \gamma}{\partial x_\nu} d\omega_1 \wedge \ldots \wedge \widehat{d\omega_\nu} \wedge \ldots \wedge d\omega_n\Big) \vee \Big(\sum_\nu \varphi_\nu d\omega_\nu\Big) \\ &= \sum_\nu (-1)^{n+\nu+n-\nu} \frac{\partial \gamma}{\partial x_\nu} \varphi_\nu . \end{aligned}$$

Es folgt

$$\big(\eta_1(d\gamma) \vee \alpha_\varphi\big)\mathfrak{x} = \sum_\nu \frac{\partial \gamma(\mathfrak{x})}{\partial x_\nu} \varphi_\nu(\mathfrak{x}) = \big(\operatorname{grad} \gamma(\mathfrak{x})\big) \cdot (\varphi \mathfrak{x}).$$

(2) Mit den vorangehenden Bezeichnungen ergibt sich bei positiver Orientierung der Orthonormalbasis

$$\begin{aligned} 2(d\gamma \wedge \alpha_\varphi) = 2\Bigg[&\left(\frac{\partial \gamma}{\partial x_1}\varphi_2 - \frac{\partial \gamma}{\partial x_2}\varphi_1\right) d\omega_1 \wedge d\omega_2 \\ &+ \left(\frac{\partial \gamma}{\partial x_2}\varphi_3 - \frac{\partial \gamma}{\partial x_3}\varphi_2\right) d\omega_2 \wedge d\omega_3 + \left(\frac{\partial \gamma}{\partial x_3}\varphi_1 - \frac{\partial \gamma}{\partial x_1}\varphi_3\right) d\omega_3 \wedge d\omega_1\Bigg], \end{aligned}$$

und dies ist gerade die Koordinatendarstellung der zu dem durch $\psi\mathfrak{x} = \big(\operatorname{grad}\gamma(\mathfrak{x})\big) \times (\varphi\mathfrak{x})$ definierten Vektorfeld gehörenden Differentialform β_ψ.

(3) Wegen

$$\beta_\varphi = 2(\varphi_3 d\omega_1 \wedge d\omega_2 + \varphi_1 d\omega_2 \wedge d\omega_3 + \varphi_2 d\omega_3 \wedge d\omega_1)$$

gilt nach 21A (1)

$$\begin{aligned}\tfrac{1}{2}\,\mathrm{d}^*\beta_\varphi &= -\frac{\partial\varphi_3}{\partial x_1}d\omega_2 + \frac{\partial\varphi_3}{\partial x_2}d\omega_1 - \frac{\partial\varphi_1}{\partial x_2}d\omega_3 + \frac{\partial\varphi_1}{\partial x_3}d\omega_2\\ &\quad - \frac{\partial\varphi_2}{\partial x_3}d\omega_1 + \frac{\partial\varphi_2}{\partial x_1}d\omega_3\\ &= \left(\frac{\partial\varphi_3}{\partial x_2} - \frac{\partial\varphi_2}{\partial x_3}\right)d\omega_1 + \left(\frac{\partial\varphi_1}{\partial x_3} - \frac{\partial\varphi_3}{\partial x_1}\right)d\omega_2\\ &\quad + \left(\frac{\partial\varphi_2}{\partial x_1} - \frac{\partial\varphi_1}{\partial x_2}\right)d\omega_3 = \alpha_{\mathrm{rot}\,\varphi}.\end{aligned}$$

(4) Nach der letzten Gleichung dieses Paragraphen gilt

$$\operatorname{div}\psi = (-1)^{n-1}\mathrm{d}^*\alpha_\psi.$$

Ist nun ψ durch $\psi\mathfrak{x} = (\gamma\mathfrak{x})(\varphi\mathfrak{x})$ definiert, so gilt offenbar $\alpha_\psi = \gamma\alpha_\varphi$, und man erhält

$$\begin{aligned}\operatorname{div}\psi &= (-1)^{n-1}\mathrm{d}^*(\gamma\alpha_\varphi) = (-1)^{n-1}\eta_n[\mathrm{d}\eta_1(\gamma\alpha_\varphi)]\\ &= (-1)^{n-1}\eta_n[d\gamma \wedge (\eta_1\alpha_\varphi) + \gamma\,\mathrm{d}(\eta_1\alpha_\varphi)]\\ &= (-1)^{n-1}[(-1)^{n-1}(\eta_1(d\gamma)) \vee \alpha_\varphi + \gamma(\mathrm{d}^*\alpha_\varphi)].\end{aligned}$$

Bei Berücksichtigung von (1) folgt hieraus

$$\operatorname{div}\psi(\mathfrak{x}) = (\operatorname{grad}\gamma(\mathfrak{x}))\cdot(\varphi\mathfrak{x}) + (\gamma\mathfrak{x})(\operatorname{div}\varphi(\mathfrak{x})),$$

also 20B (1). Weiter erhält man wegen 21.4

$$\begin{aligned}\beta_{\mathrm{rot}\,\psi} &= 2\mathrm{d}\alpha_\psi = 2\mathrm{d}(\gamma\alpha_\varphi) = 2[d\gamma \wedge \alpha_\varphi + \gamma(\mathrm{d}\alpha_\varphi)]\\ &= 2d\gamma \wedge \alpha_\varphi + \gamma\beta_{\mathrm{rot}\,\varphi}.\end{aligned}$$

Verwendet man jetzt (2), so folgt

$$\mathrm{rot}\,\psi(\mathfrak{x}) = (\operatorname{grad}\gamma(\mathfrak{x})) \times (\varphi\mathfrak{x}) + (\gamma\mathfrak{x})\,\mathrm{rot}\,\varphi(\mathfrak{x}).$$

Schließlich gilt mit einem beliebigen Vektorfeld $\psi: \mathbb{R}^3 \to \mathbb{R}^3$ wegen 21A (3), 21.2 und (3)

$$\begin{aligned}\alpha_{\Delta\psi} &= \sum_{\nu=1}^{3}(\Delta\psi_\nu)d\omega_\nu = \mathrm{d}(\mathrm{d}^*\alpha_\psi) - \mathrm{d}^*(\mathrm{d}\alpha_\psi)\\ &= \mathrm{d}(\operatorname{div}\psi) - \tfrac{1}{2}\mathrm{d}^*\beta_{\mathrm{rot}\psi} = \alpha_{\operatorname{grad}(\operatorname{div}\psi)} - \alpha_{\mathrm{rot}(\mathrm{rot}\psi)}\end{aligned}$$

und damit 20D (3).

Namen- und Sachverzeichnis